本书二维码使用说明

为了方便读者学习使用，将书中配套的视频文件以二维码形式呈现：

建议读者在使用时，用手持设备（如手机或平板电脑），在联网状态下直接扫描下方二维码，即可观看视频。

高等职业教育教材

中 国 名 菜

（第二版）

谢定源　主　编
陈金标　副主编

中国轻工业出版社

图书在版编目（CIP）数据

中国名菜/谢定源主编．—2 版．—北京：中国轻工业出版社，2023.7

高等职业教育教材

ISBN 978 –7 –5019 –4620 –4

Ⅰ．中…　Ⅱ．谢…　Ⅲ．菜谱 – 中国 – 高等学校：技术学校 – 教材　Ⅳ．TS972.182

中国版本图书馆 CIP 数据核字（2004）第 106177 号

责任编辑：史祖福　　责任终审：孟寿萱　　封面设计：东远先行

版式设计：丁　夕　　责任校对：郎静瀛　　责任监印：张　可

出版发行：中国轻工业出版社（北京东长安街 6 号，邮编：100740）

印　　刷：三河市万龙印装有限公司

经　　销：各地新华书店

版　　次：2023 年 7 月第 2 版第 20 次印刷

开　　本：787 × 1092　1/16　印张：26.25

字　　数：460 千字

书　　号：ISBN 978-7-5019-4620-4　定价：50.00 元

邮购电话：010 – 65241695

发行电话：010 – 85119835　传真：85113293

网　　址：http://www. chlip. com. cn

Email：club@ chlip. com. cn

如发现图书残缺请与我社邮购联系调换

230935J2C220ZBQ

阅稿弁言

《中国名菜》其实就是一本菜谱，而菜谱则是厨师实际操作的真实记录。因此一本好的菜谱的基本要求就是真实可信；对于名菜谱来说，还要求精选得当，不可徒有虚名；而对于教学名菜谱来说，更要求能够揭示菜肴制作的技术诀窍，便于学生掌握。鉴于本书是高等教育层次使用的教学名菜谱，所以对遴选的名菜，本人以为它应该具有如下的基本特点：

（1）创制历史比较久远，流传范围较广。这说明这种名菜经过历史和地域适应性的考验，确实是中餐菜肴的精粹。

（2）营养结构合理，科学含量较高，能更好地体现菜肴作为食品的营养功能。

（3）在制作方法上有一定的技能难度，有利于对学生进行烹饪基本技能的反复训练，而且在刀工、火候或调味诸方面具有显著特点。

（4）原料价格相对便宜，绝对贯彻生态保护的基本原则，不使用珍稀的野生动植物原料。

中国传统的饮食文化，既有光辉灿烂的一面，也有腐朽落后的一面。前者主要表现在食物资源的合理利用，以及寓礼于食、食以养德的饮食文明成果；后者主要表现在其美食思想上的封建性的糟粕，皇权思想异常严重，民主意识和科学精神都严重缺乏，对此我们应该有明确的是非观念。

在21世纪，要想真正弘扬中国烹饪的“博大精深”，真正体现出中国新一代厨师的科学文化素养，那么使用极普通的原料，烹制出符合三高（高蛋白、高热量、高膳食纤维）三低（低脂肪、低盐、低胆固醇）的营养原则、色香味形质俱佳的美味佳肴，该是受过高等教育的现代餐饮行业的高级技术人才的必备本领，这也是烹饪高等教育和烹饪中等教育的主要区别之一。

目前国内使用相对广泛的高级烹饪教材，主要是中国轻工业出版社和高等教育出版社两家的产品。这两套系列教材中的《中国名菜》，谢定源同志都是主要的主持者之一，因此这次由他来主持《中国名菜》的修订工作，应该是最合适的人选了。更值得提及的是：谢定源同志主编的、由中国轻工业出版社和上海辞书出版社出版的《新概念中华名菜谱》丛书，该是迄今为止在菜谱方面做得最到位的工作，本教材此次修订便充分地注意利用了这一成果。为此，增加了“知识拓展”这一项，更显出教学菜谱综合、比较和开拓学生视野的作用。从整体上认识中国名菜，对提高学生的厨艺水平大有好处。可惜的是限于篇幅，这次修订未能吸收新概念丛书中的“营养保健指导”一项的相关知识，实属美中不足。但是本人仍然希望从事名菜教学的老师们，在教学实践中参考这套新概念丛书，使得中国名菜教学走向现代化。

我国幅员广阔，东西南北在文化和语言等方面都有显著差异，所以各地在撰写菜谱时，都有明显的方言特色，如胶、缔、腻、泥、蓉等，实际都相当于食品科学中的“糜”。诸如此类，对于一本高等教材来说，理应统一，但鉴于目前烹饪学术名词尚未统一厘定，所以也只能部分统一了。然而这样做只是权宜措施，因为统一需要时间做更广泛的沟通和讨论。

这次修订，放弃了按地区分类的做法，改用按原料类别和烹调技法的两级分类方法，目的在于比较各地区对同类型菜肴的烹调特色，可以更好地拓宽学生的视野。

这次修订的另一大成功之处，就是完全删除了用珍稀野生动植物原料做的“名菜”，即便目前仍允许食用的鱼翅、燕窝和某些鸟类、爬虫类也作了大幅度的删节。应该说，这是符合先进文化的发展方向的，值得继续坚持下去。

季鸿崑

2004.6.25

目　　录

第一章　概　　述 …………………………………………………（1）

第一节　中国菜肴的发展概况及分类 ……………………………（1）

一、中国菜肴的发展概况 ……………………………………（1）

二、中国菜肴的分类 …………………………………………（5）

第二节　中国地方菜简况 ……………………………………（6）

一、东北菜 …………………………………………………（6）

二、华北菜 …………………………………………………（7）

三、西北菜 …………………………………………………（9）

四、华东菜 …………………………………………………（9）

五、华中菜 …………………………………………………（12）

六、华南菜 …………………………………………………（13）

七、西南菜 …………………………………………………（15）

第二章　畜类名菜 …………………………………………………（17）

第一节　煮氽涮卤煨炖类菜品 ……………………………………（17）

一、白肉血肠 ………………………………………………（17）

二、白肉片 …………………………………………………（19）

三、白云猪手 ………………………………………………（20）

四、水煮牛肉 ………………………………………………（22）

五、珍珠鹿尾汤 ……………………………………………（24）

六、涮羊肉 …………………………………………………（26）

七、五彩酿猪肚 ……………………………………………（28）

八、天津坛肉 ………………………………………………（31）

九、酸辣狗肉 ………………………………………………（32）

十、开煲狗肉 ………………………………………………（34）

十一、清炖蟹粉狮子头 ………………………………………（36）

第二节　烧焖扒烩类菜品 ……………………………………（38）

一、九转大肠 ………………………………………………（38）

二、翡翠蹄筋 ………………………………………………（40）

三、黄州东坡肉 …………………………………………………………………………（42）
四、扒猪脸 ………………………………………………………………………………（44）
五、三丁烩白云 …………………………………………………………………………（46）
第三节 炸烹熘爆炒煎贴煸类菜品 ……………………………………………………（48）
一、金钱肉 ………………………………………………………………………………（48）
二、蒜香骨 ………………………………………………………………………………（50）
三、锅烧肘子 ……………………………………………………………………………（52）
四、河西酥羊 ……………………………………………………………………………（53）
五、紫果羊肝 ……………………………………………………………………………（55）
六、油泡雪衣 ……………………………………………………………………………（56）
七、炸牛奶 ………………………………………………………………………………（57）
八、糖醋咕噜肉 …………………………………………………………………………（58）
九、熘腰花 ………………………………………………………………………………（60）
十、火爆燎肉 ……………………………………………………………………………（61）
十一、油爆肚仁 …………………………………………………………………………（63）
十二、酱爆羊肉 …………………………………………………………………………（65）
十三、生爆盐煎肉…………………………………………………………………………（65）
十四、鱼香肉丝 …………………………………………………………………………（66）
十五、盘兔 ………………………………………………………………………………（68）
十六、榨菜肉丝 …………………………………………………………………………（70）
十七、大良炒牛奶…………………………………………………………………………（71）
十八、回锅肉 ……………………………………………………………………………（73）
十九、干煸牛肉丝…………………………………………………………………………（74）
二十、牛肉铁锅 …………………………………………………………………………（75）
二十一、黄金肉 …………………………………………………………………………（77）
第四节 蒸烤熏类菜品 …………………………………………………………………（78）
一、珍珠圆子 ……………………………………………………………………………（78）
二、带把肘子 ……………………………………………………………………………（80）
三、胡羊肉 ………………………………………………………………………………（82）
四、粉蒸牛肉 ……………………………………………………………………………（83）
五、蟠龙菜 ………………………………………………………………………………（85）
六、走油豆豉扣肉…………………………………………………………………………（86）
七、甜烧白 ………………………………………………………………………………（89）

八、红扣牛鼻 ……（90）
九、烤肉 ……（91）
十、明炉烤乳猪 ……（93）
十一、烤全羊 ……（94）
十二、西夏石烤羊 ……（95）
第五节　其他制法菜品 ……（96）
一、芝麻糖排骨 ……（96）
二、蜜汁云腿 ……（98）
三、蒜泥白肉 ……（99）
四、金饺驼掌 ……（100）
五、煎焗田鼠 ……（101）
六、灯影牛肉 ……（102）
七、麻辣牛肉干 ……（103）
第三章　水产类名菜 ……（105）
第一节　煮氽涮卤煨炖类菜品 ……（105）
一、奶汁肥王鱼 ……（105）
二、橘瓣鱼氽 ……（106）
三、氽西施舌 ……（108）
四、虫草八卦汤 ……（109）
五、冬瓜鳖裙羹 ……（111）
六、大理沙锅鱼 ……（112）
第二节　烧焖扒烩类菜品 ……（114）
一、干烧鲫鱼 ……（114）
二、红烧鮰鱼 ……（115）
三、鸡蓉鱼骨 ……（117）
四、罗锅鱼片 ……（119）
五、荷包鲫鱼 ……（120）
六、酸辣海参 ……（122）
七、粉皮烧脚鱼 ……（124）
八、腌鲜鳜鱼 ……（126）
九、黄焖鱼翅 ……（127）
十、酱焖林蛙 ……（129）
十一、组庵鱼翅 ……（131）

十二、蚝油网鲍片 …… (134)
十三、明珠鳜鱼 …… (135)
十四、原壳鲍鱼 …… (136)
十五、宋嫂鱼羹 …… (138)
第三节 炸烹熘爆炒煎贴煸类菜品 …… (139)
一、梁溪脆鳝 …… (139)
二、干炸虾枣 …… (141)
三、椒盐银鱼球 …… (142)
四、脆皮炸蟹螯 …… (143)
五、红娘自配 …… (144)
六、奇妙海鲜卷 …… (146)
七、白松大麻哈鱼 …… (148)
八、鸳鸯蝶彩 …… (149)
九、糖醋黄河鲤鱼 …… (150)
十、松鼠鳜鱼 …… (152)
十一、皮条鳝鱼 …… (154)
十二、抓炒鱼片 …… (156)
十三、西湖醋鱼 …… (158)
十四、油爆鲜贝 …… (159)
十五、酱爆鱿鱼卷 …… (160)
十六、鲜贝原鲍 …… (162)
十七、炒青虾仁 …… (163)
十八、瓜姜鱼丝 …… (165)
十九、香滑鲈鱼球 …… (167)
二十、炒鳝糊 …… (169)
二十一、蟹肉桂花翅 …… (170)
二十二、干煸鱿鱼丝 …… (171)
二十三、酒煎鱼 …… (172)
二十四、干煎虾碌 …… (173)
二十五、锅煽鲍鱼盒 …… (175)
第四节 蒸烤熏类菜品 …… (176)
一、潘鱼 …… (176)
二、清蒸武昌鱼 …… (178)

三、荆沙鱼糕 …… (180)
四、夹心虾糕 …… (182)
五、炸鸳鸯青蟹 …… (183)
六、豉汁蟠龙鳝 …… (185)
七、酿海参 …… (186)
八、芙蓉鲫鱼 …… (187)
九、兴国米粉鱼 …… (189)
十、明炉竹筒鱼 …… (190)
十一、五香熏鱼 …… (191)
第五节　其他制法菜品 …… (193)
一、酥馓糊蟹 …… (193)
二、宫门献鱼 …… (194)
三、桃花泛 …… (196)
四、酥鲫鱼 …… (197)
五、白焯虾 …… (198)
六、醉虾 …… (199)
第四章　禽类名菜 …… (201)
第一节　煮氽涮卤煨炖类菜品 …… (201)
一、“寿”字鸭羹 …… (201)
二、清汤燕菜 …… (202)
三、道口烧鸡 …… (204)
四、杜候鸡 …… (205)
五、斜拉 …… (207)
六、贵妃鸡 …… (208)
七、三套鸭 …… (209)
八、清炖乌骨鸡 …… (210)
九、气锅鸡 …… (212)
十、虫草炖靓鸭 …… (213)
第二节　烧焖扒烩类菜品 …… (216)
一、咖喱鸡块 …… (216)
二、红烧野鸭 …… (216)
三、雪魔芋烧鸭 …… (218)
四、三杯鸡 …… (219)

五、黄焖子铜鹅 …………………………………………………………………… (220)
六、捶烩鸡片 ……………………………………………………………………… (222)
七、蟹肉燕窝 ……………………………………………………………………… (223)
第三节 炸烹熘爆炒煎贴煸类菜品 ……………………………………………… (224)
一、风沙鸡 ………………………………………………………………………… (224)
二、炸鸳鸯嘎渣 …………………………………………………………………… (226)
三、软炸羊尾 ……………………………………………………………………… (228)
四、葫芦鸡 ………………………………………………………………………… (229)
五、潮州烧雁鹅 …………………………………………………………………… (230)
六、脆香双雉喜双会 ……………………………………………………………… (232)
七、纸包鸡 ………………………………………………………………………… (233)
八、麻仁香酥鸭 …………………………………………………………………… (234)
九、清烹沙半鸡 …………………………………………………………………… (236)
十、醋熘鸡 ………………………………………………………………………… (237)
十一、姜爆鸭丝 …………………………………………………………………… (238)
十二、宫保鸡丁 …………………………………………………………………… (239)
十三、子姜炒子鸭 ………………………………………………………………… (240)
十四、蛋包虾仁 …………………………………………………………………… (242)
十五、小煎鸡 ……………………………………………………………………… (243)
十六、缠丝鸡饼 …………………………………………………………………… (244)
第四节 蒸烤熏类菜品 …………………………………………………………… (245)
一、茅台鸡 ………………………………………………………………………… (245)
二、正阳烧鸡 ……………………………………………………………………… (248)
三、花菇无黄蛋 …………………………………………………………………… (250)
四、长春罐焖鸡 …………………………………………………………………… (251)
五、北京烤鸭 ……………………………………………………………………… (253)
六、竹筒鸡 ………………………………………………………………………… (254)
七、常熟叫化鸡 …………………………………………………………………… (255)
八、三鲜铁锅烤蛋 ………………………………………………………………… (257)
九、无为熏鸭 ……………………………………………………………………… (258)
第五节 其他制法菜品 …………………………………………………………… (261)
一、醉糟鸡 ………………………………………………………………………… (261)
二、白切鸡 ………………………………………………………………………… (263)

三、东江盐焗鸡 …… (264)
四、清香沙焐鸡 …… (267)
五、冻金钟鸡 …… (269)
六、棒棒鸡丝 …… (270)
七、樟茶鸭子 …… (272)
八、鸡豆花 …… (273)
第五章　植物类名菜 …… (275)
第一节　煮氽涮卤煨炖类菜品 …… (275)
一、半月沉江 …… (275)
二、玻璃芋蓉 …… (277)
三、草堂八素 …… (279)
四、大煮干丝 …… (281)
五、口袋豆腐 …… (282)
六、两香问政山笋 …… (284)
七、奶汤蒲菜 …… (286)
八、文思豆腐 …… (288)
九、西湖莼菜汤 …… (289)
第二节　烧焖扒㸆烩类菜品 …… (291)
一、八公山豆腐 …… (291)
二、扒凉豆腐 …… (293)
三、鼎湖上素 …… (294)
四、琥珀冬瓜 …… (297)
五、镜箱豆腐 …… (298)
六、麻婆豆腐 …… (300)
七、散烩八宝 …… (302)
八、蒜子烧素鱼 …… (304)
九、云腿护国菜 …… (306)
第三节　炸烹熘爆炒煎贴煽类菜品 …… (308)
一、八宝豆腐 …… (308)
二、炒豆腐脑 …… (309)
三、醋熘素鲤 …… (311)
四、冬笋炒底 …… (313)
五、冬笋炒素牛肉 …… (315)

六、干炸响铃 ……………………………………………………………… (316)
七、金边白菜 ……………………………………………………………… (318)
八、素炒银芽 ……………………………………………………………… (320)
九、香酥菜卷 ……………………………………………………………… (322)
十、植物四宝 ……………………………………………………………… (324)
十一、东江酿豆腐……………………………………………………………… (325)
十二、锅煽豆腐 ……………………………………………………………… (327)
十三、徽州毛豆腐……………………………………………………………… (329)
第四节 蒸烤熏类菜品 ………………………………………………………… (331)
一、洛阳素燕菜 ……………………………………………………………… (331)
二、蜜饯捶藕 ……………………………………………………………… (333)
三、牡丹木耳 ……………………………………………………………… (335)
四、三鲜千张卷 ……………………………………………………………… (336)
五、素火腿 ……………………………………………………………… (338)
第五节 其他制法菜品 ………………………………………………………… (340)
一、拔丝西瓜 ……………………………………………………………… (340)
二、桑莲献瑞 ……………………………………………………………… (342)
三、杏仁豆腐 ……………………………………………………………… (343)
第六章 其他特色名菜 ……………………………………………………… (346)
第一节 煮汆涮卤煨炖类菜品 ………………………………………………… (346)
一、白玉藏珍 ……………………………………………………………… (346)
二、佛跳墙 ……………………………………………………………… (348)
三、海南椰子盅 ……………………………………………………………… (350)
四、泥鳅炖豆腐 ……………………………………………………………… (351)
五、四生火锅 ……………………………………………………………… (353)
第二节 烧焖扒㸆烩类菜品 ………………………………………………… (356)
一、扒三白 ……………………………………………………………… (356)
二、鸡粥菜心 ……………………………………………………………… (358)
三、满坛香 ……………………………………………………………… (360)
四、全家福 ……………………………………………………………… (361)
五、烧三合 ……………………………………………………………… (363)
六、羊方藏鱼 ……………………………………………………………… (365)
七、杂烩 ……………………………………………………………… (367)

第三节　炸烹熘爆炒煎贴煽类菜品 …………………………………… (369)
一、油爆双脆 …………………………………… (369)
二、东江炸春卷 …………………………………… (371)
三、锅巴肉片 …………………………………… (373)
四、三不粘 …………………………………… (375)
五、天下第一菜 …………………………………… (377)
六、香蕉锅炸 …………………………………… (378)
七、扬州炒饭 …………………………………… (380)
八、锅煽三鲜菜盒 …………………………………… (382)
第四节　蒸烤熏类菜品 …………………………………… (383)
一、八宝鸳鸯鸽 …………………………………… (383)
二、霸王别姬 …………………………………… (385)
三、嘉禾雁扣 …………………………………… (387)
四、扣三丝 …………………………………… (389)
五、腊味合蒸 …………………………………… (391)
六、竹荪肝膏汤 …………………………………… (392)
第五节　其他制法菜品 …………………………………… (394)
一、美味人参汤 …………………………………… (394)
二、奶豆腐两吃 …………………………………… (396)
三、三丝上汤如意菜 …………………………………… (397)
参考文献 …………………………………… (400)
后　　记 …………………………………… (402)

第一章　概　　述

第一节　中国菜肴的发展概况及分类

一、中国菜肴的发展概况

（一）先秦时期

这一时期为中国菜产生和发展的初期。在生食阶段，人类处于动植物混合杂食状态，没有饭、菜的区分。从熟食之始到陶器发明并用于炊煮食物以前，只是开始了由完全生食向熟食的逐步转变，动植物的混合杂食及主副食无明显区别的状态并没有从根本上改变。陶器用于烹饪食物的初期，食物原料“共煮一器”，也是“混合食品”状态。当时主要为烤、煮类食品。

随着生产的发展、烹饪原料的增多、陶甑的广泛使用、铜制炊具的使用以及烹饪技艺的提高，商周时期，中国菜肴的品种开始明显增多。据记载，当时的主要品种有：羹、炙、脯、脩、菹、齑、醢、臛等。每一类菜又可派生出许多品种。如醢，就多达上百种；羹有牛羹、羊羹、豕羹、犬羹、兔羹、雉羹、鳖羹、鼋羹、鱼羹、藜菜羹、葵菜羹、芹菜羹、苦菜羹等。周代出现了被称为“八珍”的名食。周八珍是黄河流域的宫廷食馔，据《礼记·内则》所载，八珍为淳熬、淳母、捣珍、渍、炮豚、炮牂、熬、肝膋。淳熬为肉酱盖浇稻米饭；淳母为肉酱盖浇黍米饭；炮豚为烤烧、烤、炖制成的小乳猪；炮牂为烧、烤、炖小羊；捣珍为脍肉扒；渍为酒香牛肉；熬为烘烤五香牛羊肉干；肝膋为烤网油狗肝。《楚辞》之《招魂》、《大招》所载食单，反映的是楚国贵族的南味名食。文中要招的虽是死者的“灵魂”，但所列举的食物必然是生活的写照。《楚辞》中记载的楚地名肴有炖牛蹄筋、清炖甲鱼、烧烤羔羊、醋烹天鹅肉、煎炸鸿鸽、卤鸡、红烧龟肉、豺羹、猪肉酱、苦味狗肉、烤鸪鸽、蒸野鸭、氽鹌鹑肉、油煎鲫鱼等。

《周礼》、《礼记》、《吕氏春秋》等书中对菜肴的选料、配料、火候、调味均有精辟论述。这一时期，中国菜的制作已积累了相当丰富的经验。

（二）秦汉时期

中国菜的发展具有下列特点：

（1）菜肴制作技艺有所提高　　据《淮南子·齐俗训》记载：“今屠牛而烹其肉，或以为酸，或以为甘，煎、熬、燎、炙，齐味万方，其本牛之一体。”用一头牛能够采用不同的烹饪方法做出不同口味的菜肴，而且达到“齐味万方”的水平，这反映了汉代烹饪技术已达到相当精湛的水平。

（2）菜肴类型在原有的基础上又有新的拓展　如羹，品种就有很多，仅长沙马王堆一号汉墓出土的遣策上就记有用牛、羊、豕、豚、狗、雉、鸡、鹿、凫等制作的羹20多种。此外，脯、炙、酱等类菜也有较大发展。名肴有《释名》所载的貊炙、衔炙、鸡纤；《史记》所载的胃脯、枸酱；《汉书》所载的鲒酱；《新论》所载的脡酱等。

（3）出现了一些新调料、新制法、新菜肴　如豆豉、酱清（即酱油），在汉代便有黄豆芽、豆浆、豆腐等豆制品，尤其是豆腐的发明，为系列豆制品的产生起了关键作用。出现了杂烩菜、鲊菜、濯菜。据《西京杂记》等书记载，汉代名医娄护曾发明用鱼、肉等原料混合烧煮成的五侯鲭，这实际上是一种杂烩。鲊在先秦时已萌芽，但正式记载其制法的文字见于东汉刘熙《释名：释饮食》：“鲊，菹也。以盐米酿鱼以为菹，熟而食之也。”长沙马王堆一号汉墓出土的遣策上记有牛濯胃、濯豚、濯鸡等，濯在这里类似涮或氽。

（4）菜肴风味特色的地域性差异进一步显现　南方多猪肉、水产菜肴；北方多牛肉、羊肉、狗肉菜肴。蜀地菜肴辛香突出，北方菜肴多咸鲜，南方菜肴重甜酸。

（三）三国两晋南北朝时期

中国菜肴在各区域和各民族间以前所未有的规模、速度融合交汇。其主要特点是：

（1）菜肴的烹饪方法明显增多　据记载，这一时期的烹饪方法已达20多种，主要有炸、炒、烧、煮、蒸、惫、脾、腊、煎、消、炙、腌、糟、酱、醉等。尤其是炒，这种旺火速成的烹饪方法的出现对中国菜肴的进一步发展起了重要的推动作用。

（2）菜肴品种、名肴增多　如《齐民要术》所载的蒲鲊、八和齑、炙豚、腩炙、肝炙、酿炙白鱼、炙蚶、捣炙、五味脯、鲤鱼脯、猪蹄酸羹、鸡羹、胡麻羹、鸭腥、鳖腥、兔腥、蒸熊、蒸鸡、蒸豚、蒸藕、焦小猪、腊鸡、腊白肉、蜜纯煎鱼、鸭煎、蝉脯菹、脾肉、糟肉、油豉、羌煮；《异物汇苑》所载的驼蹄羹；《晋书·王羲之传》所载的牛心炙；《晋书·张翰传》所载的莼羹、鲈鱼脍等。

（3）菜肴风味趋于多样化　菜肴呈现出各种不同色泽、形态、滋味、香味和质感。当时的菜肴制作已比较重视造型，出现了灌肠、肉丸、圆形鱼饼、烤肉圈等。南北朝时，人们开始有意识地在菜肴中使用色素，如用栀染黄、苏木染红等，使菜肴颜色更加美观。酿菜也已出现，如“酿炙白鱼”就是将鸭肉蓉加调味料拌匀后瓤入掏空的鱼腹中烤制而成。

（4）少数民族菜有较大发展　《齐民要术》中提到的胡炮肉、羌煮、胡羹等均是北方和西北少数民族所创制的佳肴。

（5）素菜有较大发展　由于佛教的盛行，儒、释、道文化的融通，加之梁武帝的提倡，佛教素食戒律问题开始提出。在梁时，素食在江南已成为一种典型的饮食原则、风格和社会风气，从而涌现出许多素菜品种，如《齐民要术》中就有专记素食的篇章。

（四）隋唐两宋时期

是中国封建社会的鼎盛期。中国菜肴发展迅速，主要特点：

（1）烹饪技术有较大提高　如制鱼脍的刀工技术相当高超，能将鱼片片得极薄。唐人对炸的菜，往往将原料切成薄片或细丝，入沸油快炸而成；对煮的菜，视原料不同，煮的时间有长有短，如鹿肉可煮一整天，至软烂入味为止。五代时，还用红曲煮羊肉，起到了增色、添香、防腐作用。宋代的烹调方法已达30种以上，新出现或较前代有较大发展的有炒、爆、煎、炸、涮、焙、炉烤、焐、冻等。如炒，已出现将肉片“入火烧红锅、爆炒，去血水，微白即好”的记载，与现代的炒法相似。当时还出现了生炒、熟炒、南炒、北炒的区别。《山家清供》中所记载的“拨霞供”与现在的涮法相似。

（2）出现了大量名肴　如韦巨源《食谱》载有光明虾炙、冷蟾儿羹、凤凰胎、乳酿鱼、葱醋鸡、仙人脔、箸头春、过门香、遍地锦装鳖、汤浴绣丸、升平炙；《岭表录异》中载有蚁卵酱、虾生、炸乌贼、炸水母、炒蜂子；《山家清供》载有蟹酿橙、莲房焦包、拨霞供、东坡豆腐、酒煮玉蕈；《事林广记》载有肉珑松、佛跳墙、鸡子线酒、肉咸豉；《中馈录》载有炉焙鸡、蒸鲥鱼、糖醋茄等。据《东京梦华录》、《梦粱录》、《武林旧事》等书记载，北宋都城汴京，南宋都城临安，市场上有花色多样、数以百计的菜肴。

（3）食雕、花色菜迅速发展　随着唐宋时期为数众多的知识分子开始关注饮食艺术，至宋代，士大夫饮食文化已经形成，中国菜肴的艺术文化色彩大为增强。如韦巨源《食谱》所载的玉露团是在酥酪上进行雕刻；南宋佞臣张俊在孝敬宋高宗的筵席中，有大量的雕刻食品，据《武林旧事》载的食单，其中有“雕花蜜煎一行”，计有十二味；《山家清供》所载的蟹酿橙是将螃蟹肉填入掏空的橙子中蒸制而成，莲房鱼包是将鳜鱼肉块填入掏空的嫩莲蓬中蒸制而成；《清异录》所载的辋川小样是用多种荤素熟原料拼摆的大型组合式风景冷盘，玲珑牡丹鲊则用鱼鲊片拼成牡丹花形蒸制而成。

（4）食疗菜有较大的发展　唐宋时期食疗养生家辈出。孙思邈的《备急千金要方》中列有《千金食治》，是我国历史上现存最早的饮食疗疾专著。孟诜的《食疗本草》、昝殷的《食医心鉴》等均有大量的食疗方。如《食医心鉴》中，用动植物制作的菜肴达数十种，有治中风的蒸驴头，治水气大腹浮肿的煮牛尾、治痔疮的烤野猪肉、治小便涩少疼痛的青头鸭羹、治消渴伤中的黄雌鸡汁等。

（5）素菜迅速发展，市肆素菜发展兴旺　在北宋汴京、南宋临安的市肆上，已有了专营素菜的素食店，这些素食店不仅有精细的素菜品种，而且出现了素筵。宋代产生了象形素菜，即用素菜原料制成荤菜的形状，如素蒸鸭、玉灌肺、罂乳鱼、胜肉侠、夺真鸡、假炙鸭、假煮白肠等。宋代还出现了素食专著《本心斋蔬食谱》、《笋谱》、《山家清供》等。

（6）中国菜肴的重要风味流派已初步形成　唐宋时各地菜肴均有发展，其中比较突出的为北方菜、川菜、江浙的南方菜。苏轼、陆游等人的诗文中屡屡写到了川味、南烹。汴京市肆上出现了北食店、南食店、川食店。

（五）元明清时期

我国各民族文化大交融达到了前所未有的高潮。至清代，中国菜肴的发展进入了鼎盛期。主要特点是：

（1）菜肴的制作技术十分高超　如鸭，可以烤成外酥里嫩的炙鸭，也可以整鸭去骨后填入多种原料制成八宝鸭，还可以制成套鸭；鱼，既可以取其净肉制成鱼圆，也可以用模具压成鱼形，裹糊炸烧；连竹笋也能掏空后酿以肉馅，再煨制成菜。

（2）菜肴名品层出不穷　这一时期的名肴多达数千种。如明代《宋氏养生部》中收录的食物达1300多种，其中菜肴几百种；清代《调鼎集》收录菜有1600多种，仅鸭菜就有160多种；其他如《饮膳正要》、《易牙遗意》、《饮馔服食笺》、《食宪鸿秘》、《养小录》、《醒园录》、《随园食单》、《素食说略》等也分别收录了大量的菜肴。

（3）各地各类菜肴风味特色鲜明，中国菜肴的主要风味流派已经形成　此时，地方风味菜、少数民族菜、素菜等均有较快发展。如北京的烧鹅、炮炒猪肝、烤鸭、涮羊肉、满汉全席等；山东的烧海参、扒鲍鱼、爆肉丁；四川的麻婆豆腐、绣球燕窝、清蒸肥坨；广东的鱼生、烤乳猪、蛇羹；江苏无锡的烧鹅、蟹鳖、煮麸干，扬州的葵花肉丸、大烧马鞍桥、文思豆腐，南京的鸭菜，苏州的松鼠鱼、斑肝汤，淮安的鳝鱼席；浙江的火腿、卷蹄、醋搂鱼等各具特色。蒙古菜、满族菜、清真菜、素菜等均具有鲜明的特色。

（4）中外饮食文化的交流日益频繁　元代，中国与欧亚各国互通使臣，往来不绝，不少国家的饮食文化受到中国饮食文化的影响。外国来中国的使节、商人、传教士络绎于途，中国菜谱中也融入了大量的“四方夷食”。明代，我国与亚洲各国的交流更加频繁。郑和曾率领船队七下西洋，不仅传播了中国饮食文化，也引进了一些他国食品。至清末，随着大批华侨到国外开餐馆谋生，中国菜进一步在世界各地扩大了影响。同时，西洋饮食也传入中国，上海、北京、武汉、广州等地出现了不少西菜馆。

（5）菜肴制作理论有较大发展　菜肴的制作理论在许多著作中有所涉及，如李渔在《闲情偶寄》中论蔬菜之美体现在清、洁、芳馥、松脆上；论鱼的烹煮之法，全在火候得宜，火候不到则肉生，生则不松，过了火候则肉死，死则无味。袁枚在《随园食单》中列有“须知单”、“戒单”，分别阐述了做菜中选料、配菜、用火、调味、装盘等方面的注意事项和应克服的弊端，对当时菜肴制作经验做了全面的总结。

（六）中国菜肴的发展现状

当今，中国形成了一股挖掘传统菜、创制新品菜，重文化、讲科学、求艺术的社会风气。新原料、新能源、新设备与新技术在菜肴制作中广泛应用。科学技术的发展使各类动植物原料及调料的品种和数量日益增多，为菜肴的发展奠定了良好的基础。烹制菜肴的能源已由原来的柴、煤、油逐步向煤气、电、太阳能方面发展。菜肴生产设备日趋现代化，电灶、煤气灶、机械化的切料机、电冰箱、电烤箱、微波炉、保温箱、净水器、搅拌机等设备已被广泛使用。人们的饮食观念开始从满足温饱转变到追求营养、快捷方便、新潮风味以及审美享受上来。厨师的文化水平得到提高，创新意识不断增强，菜肴的科技与文化艺术含量大大增加，中国菜走进了现代化与传统饮食文化有机结合的新时代。新中国成立以来，中国菜肴不断推陈出新，热潮此起彼伏：

（1）地方菜热　20世纪50年代，我国各地纷纷开办代表本地风味特色的地方菜馆、酒家和饭店，以传统和正宗风味为经营特点，至70～80年代达到高潮。在此潮流影响下，“菜系”热潮兴起，先后出现了“四大菜系”、“八大菜系”、“十大菜系”等提法。

（2）造型艺术菜热　此热潮兴起于20世纪70年代，至90年代达到高潮。通过雕刻拼摆、打花刀、制蓉后再塑造等方法，先后出现了花色拼盘、造型热菜、食品雕刻等热潮。

（3）仿古菜热　仿古菜兴盛于20世纪80年代中后期。一些烹饪专家、史学家与厨师一同研制仿造古典菜肴，先后出现了仿清宫御膳菜、仿唐菜、仿宋菜、仿红楼菜、仿孔府菜、仿随园菜等。

（4）食疗保健菜热　20世纪80年代后期以来，随着人们饮食营养保健意识的增强，吃出健康的愿望越来越强烈，营养丰富、天然无污染、保健食疗强的菜肴越来越受人们欢迎，由此兴起了药膳热、绿色食品热、黑色食品热、昆虫食品热、保健食品热、功能食品热等热潮。

（5）快餐热　20世纪80年代开始，肯德基、麦当劳、比萨饼等一批批洋快餐纷纷登陆中国，中式快餐随之兴起，中式快餐公司、快餐店、快餐食品如雨后春笋，迅猛地发展起来。

（6）乡土与民族菜热　在人们目睹嘴尝了大量的造型菜、花色菜后，又开始留恋起带有民族风情、别有一番风味的、实实在在的乡土菜、民族菜，于是从20世纪90年代起，乡土菜、民族菜开始兴盛起来。

（7）“迷宗”菜热　随着人们饮食口味的不断变化和厨师创新意识的增强，大约自20世纪90年代中期起，一批兼取百家之长、融合各种风味于一体、难辨其传承关系的“迷宗”菜产生了，并很快风靡一时。

二、中国菜肴的分类

中国菜肴的品种数以万计，其分类方法很多，如：

（1）按民族分类　可分为汉族菜、回族菜、朝鲜族菜、维吾尔族菜、藏族菜、满族菜、蒙古族菜、壮族菜、侗族菜、苗族菜等。

（2）按地域分类　可分为北京菜、上海菜、天津菜、河北菜、山西菜、内蒙古菜、辽宁菜、吉林菜、黑龙江菜、陕西菜、甘肃菜、宁夏菜、青海菜、新疆菜、山东菜、江苏菜、安徽菜、浙江菜、江西菜、福建菜、台湾菜、海南菜、河南菜、湖北菜、湖南菜、广东菜、广西菜、四川菜、重庆菜、贵州菜、云南菜、西藏菜等。

（3）按时代分类　可分为先秦菜、秦汉菜、三国两晋南北朝菜、隋唐两宋菜、元明清菜、现代菜。

（4）按原料来源分类　可分为水产菜、畜类菜、禽蛋菜、蔬果菜、其他菜。

（5）按烹饪技法分类　可分为炸菜、炒菜、熘菜、爆菜、烹菜、炖菜、焖菜、煨菜、烧菜、扒菜、煮菜、氽菜、烩菜、煎菜、贴菜、煽菜、蒸菜、烤菜、涮菜、卤菜、冻菜、酥菜、熏菜、拌菜、炝菜、腌菜、蜜汁菜、挂霜菜、泥烤菜等。

（6）按菜肴的风味特色分类　可分为红色菜、黄色菜、褐色菜、白色菜、绿色菜、黑色菜、花色菜；酥脆菜、滑嫩菜、松软菜、爽脆菜；咸味菜、甜味菜、酸味菜、苦味菜、辣味菜、鲜味菜、咸鲜味菜、咸辣味菜、咸甜味菜、酸甜味菜、酸辣味菜、煳辣味菜、鱼香味菜、家常味菜、麻辣味菜、五香味菜、酱香味菜、甜香味菜、糟香味菜、烟熏味菜、怪味菜以及冷菜、热菜、汤菜、工艺菜等。

（7）按档次规格分类　可分为高档菜、中档菜、低档菜，大菜、小菜，大件菜、中件菜、小件菜等。

（8）按消费类别分类　可分为家常菜、市肆菜、公共食堂菜、寺观菜、官府菜、宫廷菜、药膳菜等。

第二节　中国地方菜简况

一、东　北　菜

东北菜包括辽宁省、吉林省、黑龙江省三省菜品。东北地区东部、北部环我国著名的长白山脉、小兴安岭，西部是土质肥沃的平原，松花江、嫩江、黑龙江及东北角的辽河、乌苏里江纵横交错，松花湖点缀其间，南部临渤海，有数百里长的海岸线。这样的地理环境，是动植物种养的良好场所，稻谷果蔬种类繁多，禽畜品种质量上乘，海河塘鲜十分出名，尤其是山珍野味，更是闻名遐迩。辽宁的鲍、参、虾、贝，吉林的人参、蕨菜、四大贡品，黑龙江的四珍、松茸、松仁、黄瓜香等等，均是素负盛名的特产，为东北风味菜的发展提供了优良的条件。经过世代相传，形成了东北风味的基本特色是善用山珍原料，咸鲜浓味为主，菜品质感偏于酥烂，与黑龙江少数民族风味明显交融等。

辽宁省山海环抱，平原辽阔，江河纵横，海岸线连绵，属大陆性季风气候，夏季湿润多雨，春秋凉爽宜人，为动植物的繁衍生长提供了优越的条件。山区盛产野生动植物，如兔、鹌鹑、铁雀、沙半鸡、榛蘑、黄蘑、蕨菜等。辽宁海产品丰富，在广阔的滩涂海面上，生长着牡蛎、沙蚬、毛蚶、文蛤等贝类，海参、鲍鱼、扇贝、贻贝等珍品产量可观。在东北地区，辽宁菜最擅长烹制海产品。绥中的白梨、辽东半岛的苹果久负盛名。在辽宁的大地上，可以说是"北有粮仓，南有渔场，西有林棉，东有果园"，为烹饪提供了丰富的物质基础。辽宁菜的发展也有一个演进的过程。在金代，北方素"以羊为贵"，进入清代，受到满族风味的影响，由于京鲁菜馆的进入，出现了众多风味熔于一炉的风味菜点。

吉林省东部为高山和丘陵，林木葱茏，西部为松辽平原，沃野千里。在这片半湿润的地带，动植物资源十分丰富。可用作珍馐的原料有人参、松茸蘑、狍子、山鸡、沙半鸡、哈士蟆、山蕨菜和大量的鱼虾。利用本地特产，在吸收各民族烹饪技术的基础上，吉林创制了著名的长白山山珍宴、松花湖全鱼宴。吉林是满族的故乡，吉林的饮食习俗中满族风味尤为突出，养猪、吃猪肉为其食好。15 世纪后，中原饮食文化与当地风俗交融，在漫长的发展过程中，逐步形成了选用山珍野味、烹制技法多样、复合味型多用、民族风味融合等一些特点。

黑龙江省五大山岭山峦起伏，林木繁茂，深山密林中野生动物颇多，可供食用的兽类有狍子、獐子、野猪、马鹿等；山里有很多菌类，如猴头蘑、元蘑、白蘑、榛蘑、木耳等，还有很多水果和野果。黑龙江省有五条大江，即黑龙江、松花江、乌苏里江、嫩江和牡丹江，湖泊有兴凯湖、镜泊湖、五大连池和莲花泡，生长着大麻哈鱼、鲟鱼、"三花五罗"、大鲤鱼、大鲫鱼等名贵鱼种。哈士蟆、荚果蕨（俗名黄瓜香）是当地特产。运用这些名贵特产制作菜肴和宴席，深得食家喜爱。黑龙江菜可分为两大类：一类是当地传统的民族菜，其中以火锅菜特别受欢迎；一类是由鲁菜与俄、英、法菜技法融合，选用当地名特原料所创制的新流派菜肴。当地还有围坐在一起、用佩刀切割烧烤之肉而食、斟酒传杯而饮的风俗，这就是源于草原牧民、林间猎手架起柴火烧烤猎物、抽出佩刀切割而食的粗犷豪爽的习惯。

二、华 北 菜

华北菜包括北京市、天津市、河北省、山东省、山西省、内蒙古自治区等地菜品。华北位于我国北方，地处华北平原、内蒙古草原和黄土高原，东临渤海和黄海，处于暖温带和中温带，物产丰富。以小麦、大豆、杂粮等为主要农作物；牲畜有猪、黄牛、马、驴、骡及绵羊、山羊等；禽类以鸡、鸭为主；沿海盛产水产品，主要有黄鱼、鳓鱼、鲅鱼、带鱼、鲥鱼、鲱鱼、真鲷、对虾、乌贼、海参、鲍鱼、西施舌、牡蛎等；淡水产品主要有鲤鱼、鲫鱼、赤眼鳟鱼、虾、蟹等；蔬菜有大葱、白菜、萝卜、茄子、黄瓜、蒲菜、口蘑等；水果有苹果、梨、蜜桃、葡萄、板栗、红枣、核桃等；调味品也很丰富，并有不少山珍野味。丰富的食物原料，为该区菜肴的发展提供了物质基础。

北京市自古为中国北方重镇和著名都城，长期是全国政治、经济、文化的中心，各地风味和名厨高手云集京城，各民族的饮食风尚也在这里相互影响和融合。北京菜的烹调方法主要有爆、烤、涮、炸、熘、烩、煎等，尤以烤涮最有特色。北京菜的风味特点，过去讲求味厚、汁浓、肉烂、汤肥，如今开始向清、鲜、香、嫩、脆的方向转化，更加讲究火候的掌握、色形的美观和营养保健功能，代表菜有北京烤鸭、涮羊肉、烤肉、白肉、黄焖鱼翅、抓炒鱼片、炒黄瓜酱等。

天津市位于华北平原东北部，东临渤海。早在明代，天津就成为“舟楫之所式临，商贾之所萃集”的漕运、盐务、商业繁盛的都会。明清之际，天津菜已有长足发展。中华民国前期，清朝皇族迁居津门，买办、官僚、军阀、洋商云集于此，饮食业空前繁荣。天津菜见长的技法有炸、爆、炒、烧、煎、熘、氽、炖、蒸、熬、煸、扒、烩等，尤以勺扒、软熘、清炒和煸最为独特。天津菜以咸鲜、清淡为主，有咸鲜、酸甜、咸甜辣、咸酸甜、酸辣、咸甜等味型。表现味厚、突出酸甜味的菜，多以姜丝、蒜片、葱丝炝锅；表现清淡的菜，尤其是河鲜、海鲜的菜，多用鲜姜汁配食醋调味，口感上讲究软、嫩、脆、烂、酥。代表菜有扒通天鱼翅、罾蹦鲤鱼、炸熘软硬飞禽、天津坛肉、七星紫蟹、煸羊眼等。

河北省地处华北平原。先秦时期，河北便有饭铺、酒肆出现，后经历代发展，形成了自身的特点。河北菜长于熘、炒、炸、烧、烤等技法，讲究咸淡适度、咸鲜适口，以咸鲜、醇香为主，酸甜、香辣、咸酸等味菜肴也不少见，注重菜肴的脆、嫩、酥等质感。代表菜有金毛狮子鱼、白玉鸡脯、王大山爆肚、熘腰花、坛焖肉、蜜汁鲜桃等。

山东省为我国古文化发祥地之一，大汶口文化、龙山文化反映了新石器时期齐鲁地区的饮食文化。春秋战国时期，俞儿、易牙善于辨味，孔子提出了关于饮食的系统主张，并对后世产生了很大影响。北魏贾思勰所撰《齐民要术》中记述了大量的山东食品。鲁菜影响及于黄河中下游及其以北地区，远及东北。其特点为长于用汤，长于扒、熘、爆、炒、烤等技法。讲究调味纯正，以咸鲜为主，擅用葱、蒜，突出清、鲜、脆、嫩、香。代表菜有白扒鱼翅、油爆鲜贝、油爆双脆、九转大肠、德州五香脱骨扒鸡、糖醋黄河鲤鱼、原壳鲍鱼、奶汤蒲菜等。

山西省地处黄土高原东部，古代民风淳厚，崇尚节俭，素有“千金之家，食无兼味”的说法，但上层社会却对佳肴美味很崇尚。山西菜擅长爆、炒、熘、炸、烧、扒、蒸等技法。基本味型以咸鲜、甜酸为主，具有油大、色重、味厚、香浓、火强的特点。代表菜有过油肉、红焖猴头、黄芪柏子羊肉、烧羊肉、炸八块、芝麻糖排骨、六味斋叉烧肉等。

内蒙古自治区地处北国边陲，历史上是北方少数民族集聚的地方，其饮食具有鲜明的鞍马民族的特点。明代以后，不断有汉族人迁居蒙古草原，开垦种植，在与汉族及其他民族的交往、交流过程中，该地区也吸收了各地饮食的精华和制作技术，形成了独特的民族风味。内蒙古菜长于烤、烧、煮、汆、炸等技法。常用的味型有咸鲜、酸甜、煳辣、奶香、烟香等，菜肴具有朴实无华的特点。

三、西 北 菜

西北菜主要是指陕西省、甘肃省、宁夏自治区、青海省、新疆自治区等地菜品。其特点是“三突出”：一为主料突出，以牛羊肉为主，以山珍野味为辅；二为主味突出，一个菜肴所用的调味品虽多，但每个菜肴的主味却只有一个，其他味属从属地位；三为香味突出，除多用芫荽作辅料外，还常选干辣椒、陈醋和花椒等。随着古丝绸之路的兴盛，大西北地区的政治、文化、经济、贸易得到了快速的发展，同时也带来了膳食饮馔的相应发展。西北风味，主要由衙门菜、商贾菜、市肆菜、民间菜和以清真菜为主的少数民族菜组成。衙门菜，又称官府菜，历史悠久，以典雅见长，如带把肘子、箸头春等。商贾菜以名贵取胜，如佛手鱼翅等。市肆菜以西安、兰州等重镇中心的名楼、名店的肴馔为主，为了招徕顾客，竞争激烈，各有千秋，代表名菜有明四喜、奶汤锅子鱼、煨鱿鱼丝、烩肉三鲜等。民间菜经济实惠，富有深厚的乡土气息，如光头鱼片、肉丝烧茄子、葫芦头等。清真菜，历经明清两代，初具规模，如“全羊席”，闻名遐迩。西北风味的五个组成部分各有特色，但由于市肆菜品种繁多，名厨如云，接触面广，且在保持传统特色的基础上，不断创新发展，充实提高，因此始终居西北菜的主导地位，对衙门菜、商贾菜、民间菜和少数民族菜的发展，有一定影响。

四、华 东 菜

华东菜包括江苏省、上海市、浙江省、安徽省、江西省、福建省、台湾省等地菜品。

江苏省素称鱼米之乡，兼有海产之利，著名的水产有太湖银鱼、长江鲥鱼、刀鱼、鮰鱼、龙池鲫鱼、扬州青鱼、两淮鳝鱼、南通文蛤、盐城醉螺、中堡醉蟹等。水生植物也十分丰富，太湖莼菜、茭白、淮安蒲菜、宝应莲藕以及境内众多河湖所产的鸡头米、水芹等十分出名。名产有高邮双黄蛋、南京香肚、如皋火腿、无锡油面筋、靖江肉脯等。江苏菜的特点是用料以水鲜为主，汇江淮湖海特产为原料，禽蛋蔬菜四季常供，刀工精细，注重火候，擅长炖、焖、煨、烧，追求原料本身美味，清鲜平和，菜品风格雅丽，有酥烂脱骨不失其形、滑嫩爽脆而尽显其味之说。江苏菜由淮扬、金陵、苏锡、徐海四个地方风味构成。

淮扬风味以扬州、两淮（淮安、淮阴）为中心。历史上扬州是我国南北交通枢纽、东南经济文化中心，饮食市场繁荣，扬州肴馔素有“饮食华侈，制作精巧，市肆百品，夸视江表”之誉。名菜有将军过桥、醋熘鳜鱼、三套鸭、大煮干丝等。两淮以鳝鱼菜出名，其中炒软兜长鱼、炝虎尾、生炒蝴蝶片、大烧马鞍桥、白煨脐门等各有活嫩、软嫩、松嫩、酥嫩等特色。镇扬水晶肴蹄、南通的天下第一鲜、虾仁珊瑚皆脍炙人口。金陵风味又称南京菜。南京古为六朝金粉之地，又是当今江苏省政治、经济、文化中心，饮食市场繁盛。南京菜兼取四方之美，适应八方之需，菜肴的滋味以平和、醇正适口为特色，名菜有炖菜盒、清炖鸡孚等。苏锡风味以苏州、无锡为中心，含太湖、阳澄湖等周边地区，烹饪技艺自古已具相当造诣。苏锡菜原重甜出头、咸收口、浓油赤酱，近代逐渐趋向清新爽适、浓淡相宜，名菜有松鼠鳜鱼、梁溪脆鳝、雪花蟹斗等。徐海风味指自徐州沿东陇海线至连云港一带。传说厨师鼻祖彭铿为徐州人。连云港为我国天然良港，海产品较多，徐海菜以鲜咸为主，五味兼蓄，风格淳朴，注重实惠，名菜有霸王别姬、彭城鱼丸、沛公狗肉、羊方藏鱼、凤尾对虾、红烧沙光鱼等。

上海菜包括本地风味传统菜（俗称本帮菜），和汇集并经过变革的各种风味菜俗称海派菜两大组成部分，上海菜的发展与上海城市的演进密切相关。上海菜原以本地风味为主，后来随着上海的发展，人们从世界各国和全国各地蜂拥而至，他们给上海带来了丰富多彩的饮食文化。至 19 世纪 40 年代，上海出现了史无前例的汇集京、津、粤、川、宁、扬、苏、锡、甬、杭、闽、徽、湘、豫、清真、素菜及上海本地菜近 20 种风味，英、美、法、意、俄、德等各式西菜、西点的特殊局面。各风味有机会相互借鉴，受益的是食家。许多餐馆想方设法跟上时尚需求，充分利用有利条件，开创出川扬味、京津味、苏锡加本帮味并存等多种风格，有名的菜肴如虾子扒乌参、炒素蟹粉、贵妃鸡、松仁玉米、扣三丝、炒蟹黄油、烟鲳鱼、清炒虾仁等。上海地处温带，气候温和湿润，一年四季分明，常绿蔬菜常年供应不断，鱼、虾、蟹等河塘海鲜资源丰富。上海菜具有清新秀美、温文尔雅、风味多样、富有时代气息等特点。

浙江省濒临万顷东海，气候温和，物产丰富，交通方便，文化繁荣。境内北半部处于我国“东南富庶”的长江三角洲平原，土地肥沃，河汊稠密，盛产稻、麦、粟、豆、果、蔬，水产资源丰富，四季时鲜常年不断；西南部分系丘陵地带，林木修竹漫坡，多产山珍野味，农家鸡鸭成群，牛豕肥壮，殷实富足；东西沿海地区，海涂广漠，岛屿星罗棋布，有我国最著名的舟山渔场，出产各种经济鱼类和贝类水产品 500 余种。浙江菜具有醇正、鲜嫩、细腻、典雅等特色。

浙江烹饪源远流长。1973 年，我国考古工作者在浙江余姚河姆渡发掘出一处新石器时代早期的文化遗址，出土了大量的籼稻、谷壳和很多菱角、葫芦、酸枣的核以及猪、鹿、虎、麋（四不像）、犀、雁、鸦、鹰、鱼、龟、鳄等 40 多种动物的残骸，还发掘出陶制古灶和一批釜、罐、盆、盘、钵等生活用陶器。据专家考证，这些文物距今约有7000年的历史。在春秋末年，越国定都会稽（今绍兴市），隋唐开通京杭大运河，特别是宋室南渡，定都临安（今杭州），北方名流巨族和居民大批南移浙江，带来了京城烹饪文化。宋人吴自牧所著《梦粱录》卷十六“分茶酒店”中记载，当时杭州诸色菜肴有280种之多，精巧华贵的酒楼林立，普通食店“遍布街巷，触目皆是”，烹调的菜肴风味南北皆具，饮食市场一派兴旺景象。自南宋以后经几百年的发展，浙江菜形成了选料刻求细、特、鲜、嫩，烹调擅长炒、炸、烩、熘、蒸、烧等，口味注重清鲜脆嫩，保持主料的本色和真味，形态讲究精巧细腻、清秀雅丽的特点。

浙江代表菜有：杭州名菜东坡肉、薄片火腿、宋嫂鱼羹、龙井虾仁、叫化童鸡、油焖春笋、西湖莼菜汤等。宁波、绍兴名菜雪菜大汤黄鱼、锅烧鳗、黄鱼羹、干菜焖肉，白鲞扣鸡、糟熘虾仁、鲨鱼烧豆腐、清汤鱼圆等。温州名菜三丝敲鱼、爆墨鱼花、马铃黄鱼、蒜子鱼皮等。

福建省位于我国东南部，倚山傍海，气候温和，雨量充沛，漫长的浅海滩湾，鱼、虾、螺、蚌、蚝、鲟等海鲜佳品常年不绝。苍茫的山林溪涧，盛产茶叶、竹笋、香菇、银耳、莲子以及鹿、石鳞、河鳗、甲鱼等山珍野味。辽阔的江河平原盛产禽畜、蔬果和稻米，这些富饶的物产为别具一格的闽菜提供了丰富的资源。

福建菜有四大鲜明特征：①刀工巧妙，寓趣于味。②汤菜考究，变化无穷，素有“一汤十变”之说。③调味奇特，别具一格。闽菜调味偏于甜、酸、淡。闽菜还善于使用红糟、虾油、酒、沙茶、辣椒酱、芥末、橘汁等调味品。④烹调细腻，雅致大方。闽菜的烹调技法以熘、爆、炸、焖、氽、焗等为特色，以炒、蒸、煨等最为突出。

福建菜拥有福州、闽南、闽西三路不同的技术和风味。福州菜是闽菜的主流，其菜肴特点是清爽、鲜嫩、淡雅，汤菜较多，代表名菜有佛跳墙、煎糟鳗鱼、淡糟鲜竹蛏、鸡丝燕窝等。闽南菜包括厦门、晋江、龙溪地区及台湾省，其菜肴具有鲜醇、香嫩、清淡的特色，并且以讲究作料、善用香辣而著称，代表名菜有东壁龙珠、炒鲎片、八宝芙蓉鲟等。闽西菜盛行于客家话地区，以烹制山珍野味见长，代表名菜有油焖石鳞、爆炒地猴等。

台湾省四面环海，北回归线拦腰穿过，属热带、亚热带气候。因受海洋性季风调节，终年气候宜人，多雨潮湿，夏无酷暑，冬无严寒，四季满山碧绿，物产十分丰富，是祖国名副其实的宝岛。由于地理位置和历史渊源的关系，台湾菜风味受闽南菜影响最大。

安徽省地处华东腹地，气候温和，雨量适中，四季分明，物产丰富。皖南山区、大别山区盛产山珍野味，长江、淮河、巢湖是中国淡水鱼重要产区。辽阔的淮北平原、肥沃的江淮、江南地区自然是生产禽畜、蔬果、粮油的优良场所。安徽菜的形成和发展与徽商的兴盛有密不可分的关系，可以说，哪里有徽商，哪里就有徽菜馆。由于徽商足迹几遍天下，使得徽菜能与各地交流。

安徽菜常用烹调技法有30多种，其中最具代表性的是滑烧、滑炖和生熏。安徽菜的基本味型是咸鲜微甜。地方风味分皖南、沿江和淮北三大类。皖南风味以徽州地方菜为代表，喜用火腿佐味，以冰糖提鲜，要求原汁原味；沿江风味习惯用糖调味，常用味型有咸鲜微甜、浓甜微咸、酸甜、辣味酸甜、咸香等；淮北风味以咸鲜辣为主，很少用糖调味，常用味型有五香咸鲜、辣味咸鲜、椒盐辣味、鲜辣味、糖醋味、葱香味等。安徽菜饮食礼俗比较突出，讲究配套，因此安徽菜菜式分为筵席菜、和菜、五簋八碟十大碗菜、大众便菜和家常风味菜等多种规格和程式。

安徽菜的特征可从以下四个方面体现：①就地取材，选料严谨。就地取材充分发挥了盛产山珍野味禽畜的长处；选料立足于原料的新鲜活嫩。②巧妙用火，功夫独特。一个菜品常会用几种不同的火候烹制，创造了多种巧控火候的特殊技艺。③擅长烧、炖，浓淡适宜。安徽菜烹调方法很多，各具特色，尤为擅长的是烧、炖、熏、蒸。烧菜讲求软糯可口，余味隽永；炖菜要求汤醇味鲜，肉质酥嫩；熏菜重在色泽鲜艳，芳香馥郁；蒸菜做到原汁原味，软嫩可口。它们共同创造着安徽菜酥、嫩、香、鲜的特色。④讲究食补，以食养身。安徽菜继承了祖国医学“医食同源、药食并重”的传统，历来讲究食补，以食养身。安徽菜注重的食补、以食养身不同于在菜肴中配以药材烹调的药膳，这是安徽菜的又一个特色。

江西省位于长江中下游南岸，史称“吴头楚尾，粤产闽庭”。江西菜由南昌、鄱阳湖区和赣南三路菜肴构成。特点是味浓、油重、主料突出、注重原汁原味。在品味上侧重咸鲜、香、辣。蜀人、湘人嗜辣，赣人亦在伯仲之间。在质地上讲究酥、烂、脆、嫩，技法上以烧、焖、蒸、炖、炒著称。烧焖者酥烂、味香、汁浓，蒸炖者原汁原味；炒菜油重保持鲜嫩。注重提高传统名菜质量，吸收外帮长技，善于变化更新，丰富花色品种，尤擅湖鲜、鱼、虾、蟹的烹制。

五、华　中　菜

华中菜包括湖北省、湖南省、河南省等地菜品。该区域位于我国中部，区内地形复杂，江汉、洞庭、华北三平原与众多的丘陵、山地及密布的河湖交错。大部处于亚热带，小部处于暖温带，气候温暖湿润（少数地区半湿润）。湖北、湖南以稻谷为主粮，河南以小麦为主粮，其他作物还有甘薯、玉米、大豆等；牲畜有猪、水牛、黄牛、山羊、狗等；禽类以鸡、鸭、鹅为主，并以鸭、鹅放养为特色；淡水产品极为丰富，主要有青鱼、草鱼、鲢鱼、鳙鱼、鳊鱼、鳝鱼、鲤鱼、鲫鱼、鳜鱼、鮰鱼、鳡鱼、鳢鱼、甲鱼、乌龟、虾、蟹、蚶等；四时蔬菜不断，有猴头蘑、香菇、黑木耳、白木耳、笋、寒菌、黄花菜、萝卜、莲藕等；水果有柚、橙、橘、梨、杨梅、枣、李、杏、苹果、柿、板栗等。丰富的原料为该区菜肴的发展提供了良好的物质基础。

湖北省位于长江中游。早在先秦时期，楚地饮食文化已有相当水平，影响所及近半个中国，《诗经》、《楚辞》均有鄂菜的记载。汉代，枚乘《七发》记述了系列荆楚佳肴。经历代发展，湖北菜形成了独特风格。湖北菜以淡水鱼菜最负盛名，擅长蒸、煨、炸、烧、烩、熘等技法；注重汁浓芡亮，突出嫩、烂、酥、糯等质感；滋味以咸鲜为主，咸鲜甜、咸鲜甜酸、纯甜、纯甜酸、咸鲜甜辣等也颇有特色，其中以咸鲜甜味型最具地方特色。代表菜有鸡蓉笔架鱼肚、冬瓜鳖裙羹、红烧鮰鱼、珊瑚鳜鱼、明珠鳜鱼、清蒸武昌鱼、荆沙鱼糕、橘瓣鱼氽、虫草八卦汤、珍珠圆子、蟠龙菜、紫菜薹炒腊肉、母子大会、黄陂烧三合等。

湖南省位于长江中游南岸。湘菜历史悠久，《吕氏春秋·本味篇》中称赞湖南洞庭湖区的水产："鱼之美者，洞庭之鳟。"1972 年从长沙马王堆汉墓出土的随葬遣策中，记载了精美菜品近百种。至明清时期，其风格已基本定型。湖南菜以蒸、煨、炒、炸、熘见长；常见味型有咸鲜、咸甜、咸鲜酸辣、咸鲜甜酸等，其中以咸鲜酸辣最具特色；质感以嫩为多，酥、烂、脆也不少，味浓色重与清鲜自然兼备。代表菜有组庵鱼翅、翠竹粉蒸鱼、芙蓉鲫鱼、洞庭金龟、子龙脱袍、走油豆豉扣肉、酸辣狗肉、东安子鸡、麻辣鸡丁、冰糖湘莲、腊味合蒸等。

河南省位于黄河中下游。商朝先后在河南商丘、偃师、安阳建都，五代（除后唐）、北宋曾在开封建都，因此河南菜有较深厚的饮食文化底蕴。河南菜长于蒸、烧、炸、扒、爆、熘、炖等技法，味型以咸鲜为主，咸鲜甜、咸鲜麻等也颇有特色；质感上注重嫩、脆、酥、烂等。代表菜有糖醋软熘鲤鱼焙面、白扒鱼翅、道口烧鸡、三鲜铁锅烤蛋、洛阳燕菜、琥珀冬瓜、清汤素鸽蛋等。

六、华 南 菜

华南菜包括广东省、广西壮族自治区、海南省、香港特别行政区、澳门特别行政区等地菜品。该区域位于我国南部，有沿海，有内陆，也有海岛。区域内山地、丘陵、平原与河流交错，加上该地区处于热带、亚热带，气候温暖，雨量充沛，使得物产丰饶，四季富足，用奇花异果遍野，珍禽野味漫山，海鲜水产生猛，瓜果时蔬常青，家畜家禽满栏，粮油糖酱充足来形容一点也不夸张。清代屈大均在《广东新语》一书中对岭南得天独厚的物产就发出了这样的感叹："天下所有之食货，粤东几尽有之，粤东所有之食货，天下未必尽有也。"从中国历史来看，与中原相比，岭南文明进步较晚，在较长的一个时期里，饮食文化、烹调工艺的发展十分缓慢。秦代在南海等地设郡，西汉以后中原人因各种原因以多种方式的南迁，为岭南地区带来了中原饮食文化和烹调技艺的精华。加之后来当地经济逐步发展，贸易日益频繁，对外交往增加，西餐烹调技艺同时进入，这些因素影响着当地烹饪技术的发展，并形成了思想开放、博采众长的烹艺风格，出现了许许多多南北融合、中西合璧的名菜，促进了饮食文化的快速发展。广西壮族自治区、海南省是少数民族聚居之地，两地少数民族饮食文化颇具特色。

广东菜的形成有着悠久的历史。汉武帝时，广州已是对外贸易的重要口岸。唐代时，广州已成为世界著名的港口。在经济往来和文化交往中，国内各地和外国名菜及烹饪技术随之陆续进入广东，对广东烹饪及饮食文化的发展产生一定的影响。经过了一个长期的演进和改革过程，广东菜发展到今天已独树一帜、自成体系、引人瞩目。

广东菜的特征是：①选料广、博、奇、精、细，鸟兽蛇虫均可入馔。西汉《淮南子》就有“粤人得以蚺蛇以为上肴”的记载，南宋《岭南代答》也做过粤人“不问鸟兽虫蛇，无不食之”的夸张描述。自古以来岭南地区就有杂食的食风，选料范围十分广泛，飞潜动植、鼠兽蛇虫均可入馔。②菜肴注重良好的口感，讲究清、鲜、爽、嫩、滑，有浓厚的岭南特色。③五滋六味是调味基础；因料施味，味型鲜明；惯用酱汁，浓淡得宜。④烹调技法以我为主，博采中外为我所用。⑤烹调方法运用灵活，创新品种层出不穷。

广东菜由广州菜、潮州菜、东江菜三个地方风味组成。潮州菜以烹制海鲜见长，汤菜功夫独到，善烹素菜与甜食，菜肴口味清醇，注重保持原料鲜味，偏重香、鲜、甜，红炖大群翅、潮州豆酱鸡、冷脆烧雁鹅、佛手排骨、香滑芋泥等都是潮味十足的菜品。东江菜又称客家菜，菜品主料突出，朴实大方，口味上偏于浓郁，沙锅菜很出名，具有独特的乡土风味，其特色名菜有东江盐焗鸡、扁米酥鸡、爽口牛丸、玫瑰焗双鸽、东江酿豆腐等。

港、澳菜的风味特色与广州菜非常接近。虽然港澳地方不大，特产不明显，但由于他们更易于与各国交往，因而可以大量地选用世界各地原料，使得菜品的选料范围更广，特别是可以更早地选用外来原料和调味品，这样，港澳菜就具有了融合南北风味和中外风格、不拘一格、变化较快、潮流明显等特点，从沙律大龙虾、泰式焗花蟹、蒜蓉西生菜、葡汁焗四蔬、千岛汁乳鸽、新奇橙花骨、粤式椒盐骨等菜品可以领略到这一特点。

海南岛是我国第二大岛，也是海南省的主体。海南菜的形成与发展与海南岛的开发密切相关，而当地丰富的特产为烹饪的发展提供了有利的条件。海南四面临海，渔业发达，附近海域盛产石斑鱼、对虾、龙虾、海蟹、海蛇、海参、鲍鱼等名贵海产品。海南最著名的特产有文昌鸡、嘉积鸭、东山乳羊、和乐羔蟹。文昌鸡养在竹林中，向以肥美著称。嘉积鸭产于嘉积镇，鸭养至1000g左右时用椰丝、米糠、米饭填喂，故此鸭肉嫩骨软。东山羊是指东山岭出产的羊，东山羊食青草、饮矿泉，皮薄肉厚，质嫩无膻味。和乐镇附近海域特别适于蟹类的生长。此外，临高猪、万宁大洲岛的燕窝、椰子、菠萝、胡椒等等也非常出名。

海南菜原属于广东菜范围，菜品风味与广东菜有许多共同之处，取料立足于本地特产，料以鲜活为主，味以清鲜居首，重原汁原味，喜好清淡。烹调特点与粤菜基本相同，具有特色的菜品有白切文昌鸡、白汁东山羊、清蒸和乐蟹、沙锅海龙凤、海南椰奶鸡、海南椰子盅、椰蓉焗子鸡、明炉羊肉等。民族名菜有待开发。

广西壮族自治区处于亚热带湿润的季风气候区，气温高，雨量充沛，有利于农作物的生长，盆地、平原、浅丘陵有利于家禽家畜的饲养。岑溪三黄鸡、容县烟霞鸡、沙田柚、陆川猪、桂北冬笋冬菇等都是名产。山区还盛产蛤蚧、竹鼠、山蛙、水鱼等野味。江河里有鳜鱼等各种江鲜。丰富的物产为烹饪发展打下了基础。

广西菜发展于宋元时期。明清时期广西经济有了显著发展，1876年起，先后将北海、梧州、南宁、龙州辟为通商口岸，百商云集，贸易频繁，饮食市场日益繁荣，推动了烹饪技艺的发展。广西菜在长期的发展中形成了善于变化、注重味香、讲究配菜、粗料精制等特点。

广西菜主要由桂北菜、桂东南菜、滨海菜和民族菜四个小流派组成。广西是多民族聚居的地方，各民族有独特的饮食风俗，但饮食习惯相互间也有影响。桂北菜口味醇厚，色泽浓重，善炖扣，嗜辛辣，尤善于山珍野味入菜，名菜有双冬烧竹鼠、蛤蚧炖全鸡、五彩黄京丝、清蒸漓江鳜鱼、荔芋扣肉等。桂东南菜讲究鲜嫩爽滑，用料多样，以禽畜、蔬果菜式为多，名菜有梧州纸包鸡、邕城醉子鸡、串烧金钱鸡、蚝油柚皮鸭、挂绿爽肉果、红烧豆腐等。滨海菜擅长海产品制作，河鲜、家禽、野禽菜式也有独到之处，名菜有春梅红烧海参、葵花扣鲜鱿、花衣趸皮、芍药虾扇、核桃斑鸠片等。民族菜多是就地取材，讲究实惠，制法独特，富有乡土气息。壮族的焖狗肉、巧酿南瓜花、清蒸豆腐圆、酸笋炒牛肉，侗族的竹笋肉，苗族的竹板鱼，毛南族的烤香猪都是颇有影响的民族风味菜。

七、西 南 菜

西南菜包括云南省、贵州省、西藏自治区、四川省、重庆市等地菜品。该区域位于我国西南和青藏高原。

云南省地处云贵高原，山脉绵亘，平坝与湖泊镶嵌其间，形成绮丽多姿的风光景致和立体气候，极其有利于动、植物的生长。时鲜瓜果、山珍野味、家养畜禽相当丰富，并有一定量的淡水产品。云南菜于先秦打下了基石，于汉魏初具雏形，兴于唐宋，盛于元明，形成于清。云南省少数民族众多，各民族饮食文化互相交融，交相辉映。云南菜长于蒸、炸、卤、炖、烤、腌、冻、焐等技法，具有民族特色的烤、腌、冻、舂、焐等与古代食风一脉相承，其特点是偏酸辣微麻、鲜香清甜、讲究本味和原汁原味，鸡纵菜、昆虫菜颇有盛名。代表菜有气锅鸡、竹筒鸡、酸辣海参、竹荪鱼丸、红扣牛鼻、大理沙锅鱼、网油鸡纵、蜜汁云腿、凤翅龙爪菜、酸辣螺黄、清蒸金线鱼等。

贵州省地处云贵高原东部。境内山川纵横，树木四季常青，为亚热带湿润季风气候，盛产大米、玉米、麦类、洋芋、果蔬，特产有刺梨、魔芋、竹荪、猴头蘑、灵芝、鸡纵、威宁火腿等，猪、牛、鸡、鸭、鱼广泛养殖。西周中叶的牂牁国、春秋战国时期的夜郎国就和中原、四川、云南、广东有政治、经济联系；经两汉、三国，特别是蜀汉诸葛亮的“南抚夷越”政策，使贵州经济、文化有了较大发展；至明清，贵州菜已趋成熟，形成了独特的风格。贵州菜长于爆、炒、蒸、煮、炖、烧、烤、煎拔法，总的特色是辣香适口、酸辣浓郁、咸鲜醇厚。代表菜有捣鱼、奢香玉簪、金钱肉、盐酸菜烧鱼、天麻鸳鸯鸽、三鲜鸡纵等。

西藏自治区位于我国西南部青藏高原，是地球上海拔最高的高原，湖泊众多，以高原气候为主。生产以畜牧业为主，靠近城市以及与汉族或其他民族毗邻、杂居的地区有农业及手工业。历史上饮食主要是糌粑、酥油、牛奶、茶和牛羊肉等，野牲常猎黄羊、岩羊、雪鸡等，偶尔采食野葱、野韭。新中国成立后，藏民的饮食有了很大变化，常用烤、炸、煎、煮等法。原料除牛、羊肉外，猪、鸡等也列为肉食。以米、面、青稞为主食，常用蔬菜有结球甘蓝、土豆、萝卜、胡萝卜、蔓菁等。食品重油、厚味、香酥、甜、脆的特色突出。代表菜有手抓羊肉、炸灌肺、蒸牛舌、氽灌肠、夏河蹄筋、吹肝、爆焖羊羔肉、香煮油脾、火烧蕨麻猪等。

四川菜是中国主要菜系之一，素来享有“一菜一格，百菜百味”的称誉。一般人提到川菜，就会想到它又“麻”又“辣”，于是就有人以“麻辣”代表川菜，其实不然。据统计，川菜品种繁多，比较有名的菜式就超过4000种，属于辣的只占少数，绝大多数都是不辣的。四川菜可分为五类，即高级筵席、普通筵席、大众菜、家常风味和民间小吃。高级筵席多是采用山珍海味，配上时令鲜蔬制成，在整个筵席中，没有一道菜是辣的。普通筵席，即通常所说的“三蒸九扣”，就地取材，讲究实惠，一般保留传统菜式，筵席中只有极少数麻辣味菜，如怪味鸡块、椒麻牛肉之类，或者完全没有辣味菜。大众菜的菜式多种多样，以经济方便为原则，菜式中有辣味者居多。家常风味，是制作比较简单的菜式，具有地方特色。民间小吃是四川乡村特有的菜式。

四川菜运用不同的调味方法，制造出别具风味的美味佳肴，它不仅是一般的烹调技术，而且是历史悠久的中国传统民族文化和民族艺术结晶的一个方面。中国的劳动人民，经过不断地发明创造，显示出无穷的智慧，积累了丰富的经验。自古以来，有不少四川的文学家、艺术家也参与了菜肴的研究，使四川菜日新月异，在中国烹调史上独树一帜。

第二章　畜类名菜

第一节　煮氽涮卤煨炖类菜品

一、白肉血肠

（一）菜品简介

“白肉血肠”是具有满族风味的吉林名菜，是以猪五花白肉、猪大肠和猪血为主料，由煮法制成的汤菜。本菜用料并不昂贵，但由于风味独特，深受食客喜爱，流传已有近百年历史。

（二）烹调方法

煮。

（三）原料组成

主料：熟五花肉 100g，血肠① 150g。

配料：酸菜 250g。

调辅料：精盐 5g，味精 2g，汤 500g，姜丝 5g，葱丝 3g，芝麻油数滴，胡椒粉 1g。

作料：酱油，韭菜花酱，辣椒油，腐乳，蒜蓉，虾油，芝麻油，芫荽末等。

（四）制作过程

(1) 把熟五花肉切成长约 10cm 的薄片，酸菜切丝，血肠切 0.5cm 圆片。

(2) 先用开水烫一下白肉②片，然后在锅内加入汤水，烧开后加入酸菜、白肉片和精盐、味精、汤，用旺火烧开后撇去泡沫，转用慢火煮 4min。

(3) 把白肉、酸菜连汤放进汤碗内，加入姜丝、葱丝、芝麻油。

(4) 将切好的血肠放在漏勺内用热汤烫一烫后，铺放在面上，撒上胡椒粉即可。可

注 ① 血肠制法

猪肠用盐、醋搓洗干净后，放进冰柜内备用。取杀猪时流出的鲜血 1000g，坐清两次，把清血和混血分开。清血和混血分别加入清水 125g，精盐 10g，味精 1g，砂仁面、桂皮面、丁香面、西边桂面、紫蔻面各 4g，搅匀。从冰柜中取出猪肠洗净，一头用水草扎牢，另一头灌入猪血。灌好后，把口扎牢，再从中间扎住成两段。放进沸水锅内慢火煮 10min 左右至血肠浮起，捞出放进冷水中漂冷即成血肠。

② 白肉制法

取新鲜带皮骨五花肉切成大方块，置明火上烧至外皮焦煳。把烧好的肉放在清水中浸 30min，刮洗干净。肉皮向下放进沸水锅内，烧开后转慢火加热 2h，抽去筋骨，即为白肉。

带作料食用。

（五）制作要领

（1）选用新鲜、膘厚薄适当、带骨带皮的五花肉；

（2）五花肉烤好后要放在水中浸，冬天用热水，夏天用温水；

（3）肉切片时，要趁热切；

（4）猪血要新鲜，灌肠时注意搅匀。

（六）风味特点

白肉软烂，皮色棕黄，肥而不腻；血肠呈蘑菇状，清香软嫩；酸菜脆嫩，味道多样。

（七）知识拓展

煮是原料加多量汤或清水，旺火烧沸转中小火加热成菜的烹调方法。先秦时期的羹、汤大都使用此法制作。周代“八珍”之一“炮豚”的最后一道工序，就是以清水作传热介质，在鼎中煮制而成。魏晋南北朝时期，煮法又称“脏”，如“纯脏鱼法”。两宋时，煮法有所发展，除了“山煮羊”等“以活水煮之”的菜肴外，还有把原料洗净之后，先以“水煮少熟”，再用“好酒煮”制成菜肴的酒煮法。清代出现白煮的方法，如“白煮羊肉”。煮法常用生料，或为初步成熟、成型的半成品。一般可分为白煮和汤煮两种。

白煮又称水煮、清煮，是把主料或半成品直接放入清水中煮熟的方法。煮时不加调味料，有的加入料酒、葱、姜等以除去腥膻异味。食用时把主料捞出，经过刀工处理装盘后，或将对成的调味汁浇在上面，如北京的“白肉片”；或外带调味汁蘸食，如广东的“白云猪手”。

汤煮是以鸡汤、肉汤、白汤或清汤等煮制原料的方法。所烹菜肴汤宽汁浓，或汤汁清鲜，通常汤与主料一起食用，如吉林的“白肉血肠”、甘肃的“杏花肠子”、开封的“银煮肺”、北京的“沙锅羊肉”、扬州的“鸡汁煮干丝”等。

“杏花肠子”：甘肃传统名菜。制法：①先将鸡蛋黄和鸡蛋清分别打入两个碗内，蛋黄再分两小碗，一碗为黄，一碗加苋菜红少许调匀成杏黄色。鸡蛋清均分到三个小碗里，一碗为纯白，一碗加菠菜末成绿色，另一碗加苋菜红为红色。每碗各加水一半搅匀，再分别加入味精、盐各少许，待用。②将羊小肠冲洗干净后分切成五段，再分别将调好的五色蛋汁灌入。一段羊肠灌一色封扎。进锅用小火煮熟，捞出后晾凉。将晾凉的肠子分别切成 2cm 长的节，每隔 0.4cm 剞一刀（刀剞至羊肠直径的 2/3 处），勿剞断，共剞四刀。③炒锅置火上，倒入清汤 500g，放入盐、胡椒粉、味精各少许，再将切好的羊肠段不停地小心投入。肠壁收缩、花瓣显露后自然卷起，待煮熟后盛入汤碗即可。上桌随上香葱、胡椒粉各一小碟。

思考题

煮前为什么要用开水烫一下白肉片？

二、白　肉　片

（一）菜品简介

“白肉片”是北京传统名菜，又称“白煮肉”、“白片肉”、“白肉”，是用猪通脊肉（或五花肉）白煮而成。此菜源于明末的满族，清入关后从宫中传到民间。北京沙锅居饭庄制作此菜最为著名。据传，清乾隆六年（公元1741年），沙锅居（原名和顺居）初建时，用一口直径133cm的大沙锅煮肉，每天只进一头猪，因生意兴隆，午前便卖完，摘掉幌子，午后歇业，在民间流传着“沙锅居的幌子——过午不候”的歇后语。此菜为凉菜。

（二）烹调方法

煮。

（三）原料组成

主料：去骨通脊肉（或五花肉）1000g。

调辅料：酱油50g，蒜泥10g，腌韭菜花10g，酱豆腐汁15g，辣椒油25g。

（四）制作过程

（1）将猪肉切成20cm长、13cm宽的块，刮洗干净。

（2）将肉皮朝上放在锅内，加清水盖好锅盖，先用旺火烧开，再改用微火煮约2h（肉老皮厚的则需煮3h左右），用筷子扎一下肉，以筷子一戳即入、拔出时肉无嘬力为适度。肉煮好后，先撇净浮油，再捞出晾凉，撕去肉皮，切成10～13cm长、0.15cm厚的薄片，在盘内码整齐。

（3）将酱油、蒜泥、腌韭菜花、酱豆腐汁和辣椒油等调料一起放在小碗内调匀，同肉片一起上桌，供客人蘸食。

（五）制作要领

（1）煮肉时，所加清水以浸没肉块10cm为宜，并且只加清水，不添加调料；

（2）用微火煮肉，水始终保持微开状态，中途不得添水；

（3）肉要煮得极烂，放凉后再切，切成大块形薄片。

（六）风味特点

肉片薄如纸，粉白相间，肥而不腻，瘦而不柴。蘸酱油、蒜泥等调料，就着荷叶饼或芝麻烧饼吃，别有风味。

（七）知识拓展

中国养猪的历史已很悠久。据考古发现，在公元前5000～6000年前的河北武安磁山和河南新郑裴李岗二遗址，均出土了猪的遗骸，被认为是中国北方已知最早的家畜遗存；南方则于广西桂林甑皮岩和浙江余姚河姆渡遗址发现家猪骨骸，均在公元前5000年以前。

到商代早期，中国已育成特征稳定的家猪品种。据先秦文献记载，猪被列为五畜或六畜、六牲之一，常用作祭品，与羊并称为少牢。是时，猪已成为经常的肉食之一，用其制作的菜肴已有膮（猪肉羹）、炙（炮猪肉）、濡豚（整煮小猪）、豕胾（大块煮猪肉）、蒸豚（蒸小猪）等。著名的炮豚则为周代八珍之一。其后至今，猪肉名肴历代迭出，如“东坡肉”、“烤乳猪”、“清炖蟹粉狮子头”、“粉蒸肉”等。下面介绍几例煮制菜肴：

“煳肘”：北京传统名菜。是将猪肘子表皮先用火燎煳，再煮制而成。蘸着调料吃，有一种独特的煳香味，很受老北京人喜爱。制法：①将猪肘子1只（约重1000g）叉在铁叉上，用火把肉皮燎成焦煳色并起小泡。再把猪肘子放到温水里泡30min，刷去糊皮，使肉皮呈金黄色。②将猪肘放入清水锅里煮熟，再把猪肘切成0.15cm的大薄片。③将酱油、蒜泥、腌韭菜花、酱豆腐汁、辣椒油放在小碗内调匀（调料也可不混合，分别放在小碗内上桌），随肉片一起上桌，由食者蘸着调料吃。

“大薄片”：云南名菜。制法：①把猪头放在明火上将皮烤焦，放入温水中用小刀刮净焦面，用清水漂洗后，用砍刀从头盖骨中央劈开，取出脑髓。②将猪头入汤锅煮至八成熟，取出放进冷开水中，冷却后剔去骨头，又入冷开水中，食用前将猪头肉片为大薄片，将肉片入冷开水中再漂1h。③将芝麻酱、辣芝麻油入碗调开，加甜酱油、酱油、醋、蒜泥、姜末、葱末、盐、味精拌匀。将肉片沥去水分入盘，撒上芝麻、芫荽末，将叶汁均匀地淋在肉上，拌匀即成。

思考题

1. 此菜的风味有何独到之处？
2. “煮白肉”的关键是什么？
3. “煳肘”与“煮白肉”的烹制方法、风味有何异同？两者同锅煮好不好？为什么？
4. 燎猪肘时应掌握什么技巧？
5. 制“大薄片”时猪头用火烤起什么作用？为何猪肉煮至断生即可？为何用开水浸漂，临上桌再捞出调味？

三、白云猪手

（一）菜品简介

“白云猪手”是早期广州菜中清鲜脆嫩风味菜的代表——“三白名菜”之一。相传白云山有一小和尚趁主持寺院的长者外出化缘，偷偷弄了一只猪肘回寺中煮食，刚煮熟长老便回来了，小和尚怕犯戒受责罚，慌忙把熟猪肘扔进山后小溪中。第二天，一樵夫路过拾获此猪肘，于是拿回家滚过后加盐和糖醋吃。樵夫吃了猪肘感到非常奇怪，以往猪肘都是软绵的，这只猪肘却是爽脆的（也有人说，是小和尚自己捡回来吃的）。他把自己的疑问告诉了大家。一些有心的厨师研究认为，猪肘变爽脆不油腻也许是漂过白云山九龙泉水的结果。据《香禺县志》记载："九龙泉，……泉极甘，烹之有金石气。"宋代诗人苏东坡在游白云山时，也深感这座名山的泉水甘美。九龙泉含丰富的矿物质，晶莹澄澈，泉甘水滑，用它泡浸肥腻的猪肘，自然能解油腻。过去，广州市郊沙河饮食店因离泉较近，得泉水之便，故其泡制的"白云猪手"优于别处。

（二）烹调方法

煮。

（三）原料组成

主料：猪肘 2 只（约 1250g）。

配料：五柳料 60g，红辣椒 2 个。

调辅料：白醋 1500g，精盐 40g，白糖 500g。

（四）制作过程

（1）用刀刮去猪肘的毛，去蹄甲洗净。

（2）把猪肘放锅内用水煮 30min，取出用清水冲漂 90min，然后斩件，每件重约 25g。

（3）将猪肘块洗净后再放锅内煮 20min，取出冲漂 90min，按此法反复煮与漂，直至猪肘达六成软烂，捞起冷却。

（4）把白醋烧开，加入白糖、精盐溶解后用洁布过滤，放凉，把猪肘放进已晾凉的白醋内浸 6h 即可食用。

（5）五柳料、红辣椒均切丝，把猪肘块捞出，沥净醋液后盛于碟上，撒上五柳丝和红椒丝便可上席。

（五）制作要领

（1）猪肘煮制时间不宜过长，要注意火候。

（2）猪肘漂水时间要足够。

（3）猪肘浸醋时两者均要先晾凉。

（六）风味特点

猪肘色泽洁白，口感软中带爽脆，味道微酸甜，肥而不腻。

（七）知识拓展

下面介绍两例煮制菜肴：

"卷肘花"：东北名菜。制法：①用火烧去猪肘表面余毛，浸 15min 后，用刀刮去表面毛根及污物，切开表皮，剔出骨头，洗净。姜切块。②将精盐和花椒分别放入锅内炒出香气，碾碎花椒成椒盐，用椒盐、绍酒揉擦去骨的猪肘，同时用竹扦在肉皮表面插小眼，接着腌 24h，然后洗净。③将清洗好的猪肘从一端卷起，卷成筒状，越紧越好，外面用纱布卷好，用绳扎牢。④把卷好的猪肘放在清水锅中，加入调料，用大火烧开，转用慢火煮约3h至猪肘身软糯，取出放凉。⑤把已放凉的猪肘解去绳、纱布，横切成片，整齐地摆在盘上，跟作料蒜蓉上桌。

“水晶肴蹄”：镇扬传统名菜。肴蹄肉红皮白，光滑晶莹，卤冻透明，犹如水晶，故而得名。肴蹄具有香、酥、鲜、嫩四大特点，瘦肉香酥，肥肉不腻，食时佐以姜丝和香醋，别具风味。为了适应顾客需求，厨师按肴蹄不同部位，切成各种肴蹄块：猪前蹄爪上的部分老爪肉切成片形，状如眼镜，叫“眼镜肴”，食之筋纤柔软，味美鲜香；前蹄爪旁的肉切下来弯曲如玉带，叫“玉带钩肴”，其肉极嫩；前蹄爪上的走爪肉，叫“三角棱肴”，肥瘦兼有，清香柔嫩；后蹄上部一块连同一根细骨的净瘦肉，名为“添灯棒肴”。水晶肴肉宜批量制作。

思考题

1. 先把猪肘煮一煮再斩件有什么好处？应注意什么？

2. 猪肘漂水起什么作用？

3. 制“水晶肴蹄”时猪蹄腌制要考虑哪些方面因素？请浅释“水晶肴蹄”的汤卤澄清凝固透明的原理。

四、水煮牛肉

（一）菜品简介

“水煮牛肉”属四川名菜之一，相传起源于北宋时期的盐都自贡。因自贡一带为四川的主要产盐地区，而牛则被作为抽取盐卤的动力工具。当老弱役牛被淘汰后，盐工就地宰杀，剁成大块，抛入锅中煮熟后，略加精盐、辣椒、花椒等调味佐食。后经历代盐工和厨师的不断改进，才有了今天这款最能代表川味麻辣特点的菜肴，食者无不称绝。

（二）烹调方法

煮。

（三）原料组成

主料：净牛肉250g。

配料：芹菜100g，蒜苗100g，大葱100g。

调辅料：鲜汤500g，菜子油150g，干辣椒10g，花椒20余粒，姜末5g，精盐5g，豆瓣50g，绍酒15g，酱油15g，湿淀粉50g，味精0.5g。

（四）制作过程

（1）牛肉切成4cm长、2.6cm宽的薄片，芹菜、蒜苗、大葱切成6.6cm长的段，豆瓣剁细，干辣椒切成节。

（2）炒锅置旺火上，下油烧热，下干辣椒、花椒炸至深黄色时起锅，倒在墩子上用刀剁细；油锅中即下豆瓣、姜末炒上色，掺鲜汤，放精盐、酱油、绍酒烧沸，下芹菜、蒜苗、大葱煮至断生，将菜捞出放在汤碗内垫底。牛肉片用绍酒、精盐、湿淀粉拌匀后，抖散入锅内，煮约5min便熟，放入味精后，舀在碗里，在面上撒上剁细的干辣椒和花椒，再用油50g烧沸淋在肉片上即可。

（五）制作要领

（1）牛肉片在拌湿淀粉时要拌得厚些，否则不嫩；

（2）牛肉片下锅后必须用炒勺或筷子将其轻轻拨散，以免粘连；

（3）干辣椒和花椒在油炸时注意不要炸煳，油温不宜太高。

（六）风味特点

色泽红亮，香味浓烈，肉片鲜嫩，麻辣烫突出。

（七）知识拓展

中国是早期驯养牛为家畜的国家之一。至先秦时期，牛已列为六畜之一，并以牛为牺牲，列为三牲之首，称为太牢。《礼记》所记周代八珍中捣珍、渍、熬、糁四种都用牛肉制作。秦汉以后，重农思想发展，许多朝代都曾下过禁屠令以保护耕牛。除从事畜牧业生产的一部分少数民族外，一般都于冬闲以淘汰牛供食直至近代，故其肉的消费量一直很低。

牛肉的肌纤维比猪、羊肉长而粗糙，肌间筋膜等结缔组织多，初步加热后蛋白质凝固时收缩性强，持水性相对降低，失水量大，肉质较老韧。烹调时多用切块炖、煮、焖、煨、卤、酱等长时间加热的烹调法。牛的背腰部及部分臀部肌肉肌纤维斜而短，筋膜等结缔组织少，用刀切成丝、片等形状，用旺火速成的炒、爆等法成菜，可获得柔嫩的效果。

为改善牛肉的肉质，传统的方法用悬挂法，将大件牛肉吊挂起来，利用其自重拉伸肌肉，使其僵直时肌纤维不收缩，并使其易于断碎，此法可使其嫩度提高30%。在炒牛肉丝抓浆时，加1～2汤匙生植物油，静置20～30min后炒，利用油分子配合水分子在肌纤维中遇热膨胀而爆开的效果，可使菜品细嫩松软。现代则取往肌肉里注射木瓜蛋白酶的方法，利用加热时酶活化的作用破坏肉中的胶原纤维，提高其嫩度；炖煮时添加木瓜蛋白酶或加凤仙花籽、山楂、冰糖、茶叶，或于炖前一天涂芥末等法，也可取得同样效果。下面再介绍几例畜肉煮制菜肴：

“沙锅丸子”：甘肃名菜。沙锅是我国烹调技术中的一种烹制、盛装、食用三者结合的特殊器具。用沙锅烹制的菜肴，汤鲜菜嫩，醇香持久，风味别致。制法：①将白菜心洗净，撕成小块，粉丝用温水泡软、剪短。②把猪肉250g制成肉末放在盆内，倒入酱油（分两次），顺着一个方向用筷子不停地搅拌，待肉发黏时，加入葱末、姜末、精盐、味精、淀粉，再掺少量清水，用筷子不停地搅拌，待肉末有黏性时即可。③沙锅置旺火上，加入开水。白菜下锅烧开，用小勺将搅拌好的肉馅倒入锅内，放入粉丝，汤开后用盐、味精调好味即成。

“明炉羊肉”：海南名菜。制法：①将羊肉斩成 3cm 长方件，洗净，拌入姜蓉 20g，精盐 5g，味精 5g，酱油 15g，花生油 100g，腌制 30min。②在餐桌上摆上明炉，放上涮锅，加入汤水、精盐、味精、熟猪油，再放进腌制好的羊肉、支竹、黄花菜、木耳、粉丝等原料，滚 10min 便可食用，食用时，把酱油 50g，味精 5g，姜蓉 15g，芝麻油 1g，熟花生油 20g 和匀作作料，生菜随滚随食。

“家乡南肉”：浙江名菜。制法：将咸肉刮净皮上余毛和污腻，用热水洗净，斩成 2 块，放在大锅内，舀入清水浸没肉身，加入绍酒、葱结、姜块，用旺火烧煮。沸后，改用微火焖煮，至七八成熟时捞出，然后再将咸肉上蒸笼蒸熟，取出剔净骨头，摊平压实，冷却后将肉块周围修齐，改刀切成 8cm 长的条，放在钵内，置于热水中保温。临食时取出，用斜刀切成 1.5cm 厚的小长方块（每块约重 60g），装盘即成。

思考题

1. “水煮肉片”同一般的“水煮白菜”有何区别？
2. 成菜后淋入沸油的用意何在？
3. 制“沙锅丸子”时如何做到丸子煮好后浮而不沉？

五、珍珠鹿尾汤

（一）菜品简介

鹿尾是由马鹿或梅花鹿尾巴干制而成，其内部毛细血管丰富，富含血质，中医认为它具有滋阴壮阳之功效，因而成为人们喜爱的滋补佳品。《随园食单》中“鹿尾”条载，“文端品味以鹿尾为第一”，并认为“其最佳处在尾上一道浆耳”。鹿尾可清蒸、红烧、汆汤、烩羹或炖，制馔前都要先经涨发过程。“珍珠鹿尾汤”是运用汆法烹制而成的汤菜。

（二）烹调方法

汆。

（三）原料组成

主料：发好鹿尾 1 条，鱼蓉 100g，油菜软 20g，鲜笋花 20g。

调辅料：清汤 750g，湿冬菇 10g，绍酒 10g，芝麻油 1g，干淀粉 2g，精盐 6.5g，味精 3.5g，花椒水 15g。

（四）制作过程

（1）将鱼蓉放在碗内，加入精盐 1.5g，味精 1.5g，搅打至起胶，取清水 10g 加干淀粉 2g，搅匀后加入鱼蓉中再搅至起胶，挤成 10g 重的鱼丸，用汤水汆熟成“珍珠”。

（2）将鹿尾在骨节缝处切成段，笋、火腿切成长方形片，油菜软洗净。

（3）笋、冬菇、油菜软焯水捞起备用。

（4）锅内放清汤、绍酒、精盐、味精、花椒水、鹿尾、鱼丸，烧开，撇去泡沫，加入芝麻油后盛入碗内，把笋、冬菇、火腿、油菜软排砌在碗内即可。

（五）制作要领

（1）鹿尾要涨发好，尤其注意涨发中蒸制的时间，防止过火。

（2）要注意选用做鱼丸的鱼肉，如鲮鱼、马鲛等，也可选现成的鱼丸、虾丸、墨鱼丸等。

（3）冬菇要选形状圆、个头不大的为好。

（4）氽汤时，汤不能大滚，以免汤浊不清。

（六）风味特点

汤清澈，味鲜美，口感爽滑，造型美观。

（七）知识拓展

氽是小形原料在沸汤中快速致熟的烹调方法。氽法多用于制作汤菜，有的原汤供食，称氽汤，有的换清汤上桌；也用于原料的初步熟处理。适用于动物性原料的，如牛、羊、猪的肚头，鸡、鸭、鹅的肫、肝，仔鸡仔鸭的脯肉，海产贝类，以及畜、禽和鱼、虾肉的蓉泥制品；植物性原料如冬笋、鲜菇以及菜心等，均需新鲜的。氽制前，大形原料需切成丝、片或花刀块，利于快速成熟，并使成熟度一致。氽时一般不上浆、不挂糊。调味有的先码味，有的在汤中调味，也有的成菜后蘸调味料食用。特点是清鲜柔脆或软嫩，爽利适口。

氽法始见于宋元时文献。如宋代的“氽鸡”、“清撺鹌子”、“清撺鹿肉”、“蝌蚪撺鱼肉”、“改汁羊撺粉”等；元代的“熄肉羹”、“青虾卷熄”等；明清时有“生爨牛”、“爨猪肉”、“熄蟹”等，并有了以肉制成丸子后氽制的记载，如“水龙子”（即氽丸子）、“氽鱼圆”等。现代氽法主要有两种：①清氽：将主料投入沸水中快速氽透，捞入汤碗内，另加新鲜清汤，调味后供食。如杭州“西湖莼菜汤”、四川“清汤腰方”等。也有将主料焯水后再放入清汤的，如陕西“清汤里脊”、甘肃“猴头过江”、广东“清汤爽口牛丸”等。②混氽：先将清汤烧沸，再把主料投入，汤沸料熟后盛装供食，如四川、山东、河南等地的氽丸子，江苏“莼菜氽塘鳢片”等。

“清汤爽口牛丸”：广东东江传统名菜。牛丸制作的技法由周代“八珍”中的“捣珍”演变而来，客家人的祖先从中原迁徙到广东时，带来了此技艺。制法：①把牛肉500g切成数小块，放在砧板上，用铁锏一对将牛肉捶打成蓉，再用刀剁5min。②把牛肉蓉放在盆内，加入精盐7.5g、味精3g、姜汁1g、干淀粉25g和清水125g拌匀，然后边拌边打至起胶（干淀粉与清水要待起胶后再放）。③把牛肉胶挤成丸子，每颗重约1.5g，放在清水锅中，挤毕，把锅置于炉火上，慢火加热浸制，仅保持微沸，直至牛丸浮出水面便熟。④把牛丸捞出，盛于汤窝中，加入葱球和猪油，撒入胡椒粉。同时在炒锅内放进清汤，调入精盐2g，味精2g，烧至微沸，撇去汤面泡沫，轻轻淋入汤窝内。

思 考 题

1. 鹿尾汆前要如何处理?

2. 汆汤时，汤为什么忌大滚?

3. 制“清汤爽口牛丸”时拌牛肉蓉为什么要用捶打的手法?浸熟牛肉丸时为什么火不能太猛，仅需保持水微沸?

六、涮 羊 肉

(一) 菜品简介

“涮羊肉”是北京传统名菜，又称“羊肉火锅”。涮羊肉历史悠久，公元17世纪，清代宫廷冬季膳单上就有关于羊肉火锅的记载。在民间，每到秋冬季节，人们普遍喜食涮羊肉。据清代徐珂《清稗类钞》载:“(京师)人民无分教内教外，均以涮羊肉为快。”清咸丰四年(公元1854年)，北京前门外肉市的正阳楼开业，这是第一家出售涮羊肉的汉民馆。民国初年，北京东来顺羊肉馆用重金把正阳楼切肉师傅请去，专营涮羊肉，从选料到加工、工具均做了改进，因而名声大振，赢得了“涮肉何处嫩，首推东来顺”的赞誉。

(二) 烹调方法

涮。

(三) 原料组成

主料:羊肉750g。

配料:白菜头250g，水发细粉丝250g，糖蒜100g。

调辅料:芝麻酱100g，绍酒50g，酱豆腐1块，腌韭菜花50g，酱油50g，辣椒油50g，卤虾油50g，芫荽末50g，葱花50g。

(四) 制作过程

(1) 将剔尽板筋、肉枣、骨底的羊肉放入冷库(−5℃的条件下)冷藏约12h，使羊肉冻僵。

(2) 将冰冻好的肉削平整，片去肉上的一层薄膜，盖上白布，露出1cm宽的肉块。当将肉锯切至肉厚度一半时，用刀刃把切好的一半折下，再继续切到底，使每片肉都成对折的两层(也可切成卷如刨花形的肉片)，并将不同部位的肉片分别码在盘中。

(3) 将各种调料分别盛在小碗中，端至席面，由食者根据个人喜好调配。羊肉片上桌。火锅内加清水（也可加入适量虾米和口蘑汤），用炭火烧开后即可涮食。

（五）制作要领

（1）宜选用内蒙古集宁所产的小尾巴绵羊，而且要羯羊（即阉割过的公羊）。取其上脑（肉质最嫩，瘦中稍带肥肉）、小三岔（五花肉）、大三岔（肉质一头肥一头瘦）、磨裆（瘦中带一点肥肉边）、黄瓜条（质地较嫩，瘦肉上有一点肥肉边）等五个部位的羊肉。

（2）切片时，左手掌应压紧肉块和盖布，防止肉块滑动。每250g肉可切出20cm长、5cm宽的肉片40～50片，并要求达到薄、匀、齐、美。

（3）涮羊肉由食者自己将少量的肉片夹入火锅里的沸汤中抖散，当肉片变成灰白色时，夹出蘸调料食用。肉片要随涮随吃，不要一次放得过多。肉片涮完后再放入配料。

（六）风味特点

选料精致，调料多样，肉片薄匀，涮熟后鲜嫩醇香。

（七）知识拓展

涮是由食用者将备好的原料夹入沸汤中，来回晃动至熟供食的烹调方法。所用炊具以火锅为主，锅中备汤水，供涮制用。原料须先加工成净料，肉类并经刀工处理成薄片。涮制调味料一般有芝麻酱、料酒、腐乳卤、酱油、辣椒油、卤虾油、腌韭菜花、芫荽末、葱花等，分置在小碗中，由食者各自对制成蘸料，供边涮、边蘸、边吃；也有的于汤中调味。因涮法系由食用者自涮自吃，热烫鲜美，别有情趣。

涮法始见于南宋林洪《山家清供》的“拨霞供”。至17世纪中叶，清宫御膳菜单上的“羊肉片火锅”即为涮羊肉。后来乾隆年间所办的几次千叟宴，也均供有涮羊肉火锅。另有一说，认为涮羊肉为回族清真菜的传统风味，故多见于华北、西北等地。涮法南北均有，仅工具、吃法略有不同。除涮羊肉外，还有：

“涮九门头”：见于福建连城一带，又称米酒涮牛肉，逢年过节、亲友团聚必不可少。主料为牛里脊和牛的舌、肝、腰、心、脾、肚（含百叶肚、草肚壁、肚尖、蜂肚头），治净后肉切片，其他剞刀后切块。用火锅加鲜牛肉及陈皮、姜片、香藤根、花椒、山柰（沙姜）、料酒煮制的汤，汤滚沸后，下入主料边涮边吃，蘸盐酒等调味料。此法因加有草药，民间认为具健脾补肾、清热祛湿、通气活血、强壮筋骨等功用。

“打边炉”：多见于广东等地，又称“便炉”、“锅边炉”、“御寒生馊”，广西称“神仙钵”，台湾因多用沙茶酱调味称“沙茶火锅”，贵州、云南调味重辣椒称“油辣椒火锅”。民间常用红泥炭炉，上置小锅（铁锅、铝锅、沙锅均可），内盛水。旺火将水烧沸，下入菜料，边涮边吃。水中可加猪油，使菜料香滑。蘸料有酱油、芝麻油等。菜料有多种，如虾、鱼及其所制的小丸，鸡、牛、猪肉切的片以及鱿鱼、蛤蜓和新鲜蔬菜等。

“菊花生锅”：见于江苏、上海、浙江、山东、湖南等地，又称生片锅、白滚、生锅。因涮制前先向锅中投入一把白菊花瓣，故名，现多已省去。因所备原料的数量不同，分为四生、六生、八生、十二生等。原料多为生品，如鱼，虾，猪的肉、肚、肝、腰，鸡鸭的肉、肫、肝，野鸡，野鸭，鱿鱼及贝类等，分别切片，配以粉丝、白菜、豆腐、菠菜、馓子等。所用炊具为一特制的铜锅，置于铜制镂花炉圈上，下为一有圆凹槽的铜盘，供贮酒精。使用时将锅置于桌中，点燃酒精，锅中下鸡汤、火腿、香菇、冬笋等烧沸，然后由食者夹取各料于锅内涮熟后，蘸调味料食用。

“抽刀白肉”：吉林传统名菜，该菜因需用长约 50cm 的长片刀，通过推、拉、抽刀法将半熟五花肉抽片成薄而长的白肉片而得名。“抽刀白肉”为朝阳镇春和园厨师田福于 1927 年创制。田福从小司厨，擅烹猪肉菜，他制作的红烧肉、清汤扣肉等别具特色。对于白肉菜火锅，他为了改变因白肉片厚而短而产生的油腻感，先把刀切改为刨子推，解决了肉片的厚，但未解决短，后特制了一把 50cm 的长片刀，运用推、拉、抽的娴熟刀法，抽片出薄可透字、长约 40cm 的白肉片，除去了肉片的油腻感。从此，“抽刀白肉”便以它奇特的薄且长誉满全城，不但顾客喜食，还成为馈赠亲朋的礼品。“抽刀白肉”既可做火锅菜，也可做蒸制的热菜。火锅菜制法：①将去骨五花肉 1500g 的皮面用火烤至焦黄，放入清水中浸 30min，用刀刮净皮面。②把刮净的五花肉用清水滚至八成熟，取出压平待切。③用长刀把熟五花肉抽片出薄且长的白肉片（以长约 40cm，长短厚薄均匀一致，每 16 片不足 300g 为佳）。酸菜切成丝，山鸡肉、狍仔肉等均切成薄片，粉丝切成 15cm 的段，其他原料也分别浸洗切改好。④把鲜汤烧沸，转倒进火锅内加热。⑤将所有原料分别整齐地装在盘上，各种调料也分别装入小碗中。⑥火锅、主料、辅料、调料端上桌，由客人自涮自调味。若单独食用白肉，可将肉片从两头向中间折叠成形后，摆在盘子上，每 8 片摆一层，16 片为一盘，蒸熟后沥去油分，以蒜酱、韭菜花为作料。

思考题

1. 涮羊肉在选料上有什么讲究？
2. 怎样才能切出薄、匀、齐、美的肉片？

七、五彩酿猪肚

（一）菜品简介

“五彩酿猪肚”是广东一道借鉴外来菜品经过改进而成的名菜。“酿猪肚”是传统名菜。元末明初苏州人韩奕的《易牙遗意》中有记：“酿肚子，用猪肚一个，治净，酿入石莲肉。洗净苦皮，十分净白，糯米淘净，与莲肉对半，实装肚子内，用线扎紧，煮熟，压实，候切片。”“五彩酿猪肚”沿用此法，但改进了馅料，成为一道味道更甘美、色彩更斑斓、食欲感更强的佳肴。这道菜的创新成功，反映了粤菜博取众长、兼收并蓄、为我所用的烹饪风格。之后，又陆续创出“酿猪肠”、“酿鱿鱼筒”、“酿鸡翅”等颇受欢迎的名菜。

（二）烹调方法

卤。

（三）原料组成

主料：猪肚1个（约600g）。

配料：咸鸭蛋黄4个，去壳皮蛋3个，瘦猪肉750g，猪皮250g，熟瘦火腿15g，芫荽75g。

调辅料：精盐7.5g，味精5g，芝麻油10g，汾酒25g，白卤水5000g。

（四）制作过程

（1）将猪肚内壁翻出，洗净黏液再翻回原状。

（2）咸蛋黄、皮蛋切成1.5cm方粒，瘦猪肉切成0.6cm方粒，火腿切成0.3cm细粒，芫荽切1cm段，猪皮刮洗干净，滚至六成烂后切成0.5cm方粒。

（3）把猪肉粒放在盆内，加入精盐、味精搅拌至起胶，加入鸭蛋黄、皮蛋、猪皮拌匀，再加入芫荽、芝麻油搅拌成馅料。

（4）将馅料酿进猪肚内用棉线缝口，放进汤锅内，用中火煲30min，捞起，用铁针将两面都扎几个孔，再放入汤锅内煲2h至烂。

（5）将煲烂的猪肚放进滚沸的白卤水中，改用慢火卤15min，端离炉火，加入汾酒浸15min，捞起晾凉。

（6）把晾凉的猪肚放进熟食冰箱中冷藏约2h，取出，用刀横切成两段，每段又切成两半，然后切成0.3cm厚的片，呈扇形或圆形摆在碟子上即可。

（五）制作要领

（1）猪肚要洗干净。

（2）猪皮要预先煲烂。

（3）猪肚应煲烂再卤，猪肚在煲前要用铁针扎一些小孔。

（4）冷藏和切片时要注意卫生。

（六）风味特点

五彩缤纷，色泽和谐艳丽，造型整齐美观，滋味甘美爽嫩，冷冻食用，别有一番风味。

（七）知识拓展

卤是将原料用卤汁以中、小火煨、煮至熟或烂并入味的烹调方法。适用原料有：猪、牛、羊、鸡、鸭、鹅及其脏杂，各种野味、蛋类，以及香菇、蘑菇、豆干、百叶、素鸡等。原料治净后直接入卤卤制，有的也可先腌后卤。卤制品称卤货，或称卤菜，因卤汤多用香料调配制成，具有醇厚浓郁的鲜香味，滋味隽永，宜于下酒。一般晾凉后食用，常作筵席冷盘，也可以热吃，有时也用作菜肴原料。

卤法约源于先秦时期。至北魏，《齐民要术》引《食经》的“绿肉法”，属卤制法，即将猪、鸡、鸭肉切成方块，用盐、豆豉汁、醋、葱、姜、橘皮、胡芹、小蒜作调味料，一起煮制而成。至宋代，《梦粱录》上出现“卤”的名称，如“鱼鲞名件”之一的“卤虾”。清代的《随园食单》、《调鼎集》上有“卤鸡”、“卤蛋”等，并有了卤料的配方和卤制方法。

卤菜必须用卤汁。卤汁又称卤汤，第一次现配，用后保存得当，可以继续使用。经常制作卤制品并保存好的卤汁，称为老卤。再次用时，适当添加水、香料和其他调味料，可一次次使用下去。用老卤卤制，制成品滋味更加醇厚。卤汁的配制，需用多种香料及调味料，可分为红卤、白卤、清卤（又称盐水）等类。老卤的保存，关键在于防止污染而致发酵变质。常用的方法是：卤制品出锅后，滤清卤汤里的肉渣等，再烧沸，然后倒入装卤汁的罐中，静待其自然冷却。现举两例卤菜如下：

“手把羊肉”：内蒙古名菜，因其成品块大，就餐时用手刀割食，故而得名。此菜的烹制方法分传统方法与现代方法两种。传统方法不加任何调料，煮至断生即成。这里介绍的是现代城镇蒙民的制法：①将羊劈成 16 块，洗净。将小茴香、花椒、黑胡椒粒、草果、山柰用干净纱布包好。②将羊肉块放入清水锅内煮沸，撇净浮沫，下葱、姜、大蒜、精盐、香料包，用微火将羊肉煮熟后捞入盘内，加少许鲜汤、味精拌匀即成。

“陇西腊羊肉”：其实是卤羊肉，为历史悠久的传统名菜。制法：①取一小锅，加少量清水，将红曲米放入小锅内，用小火烧开，待红曲米溶化后，熄火放凉。②将羊肉 1500g 剁成块，刮洗干净，沥干水分，将熬好的红曲米水抹在肉上，然后放入锅内，加入清水、精盐、绍酒、姜、香料，用旺火烧开后改用小火焖煮，待肉烂后，捞出，沥干水分，抽去骨头，在肉皮上抹芝麻油，放凉后改刀装盘，即可上桌。

“手抓羊肉”：逢年过节、丰收和有远方客人来的时候，蒙古族、维吾尔族、哈萨克族等十多个民族，都喜欢吃“手抓羊肉”，用来庆祝和敬客。当地的汉族人民，亦奉此品为传统名菜，凡来大西北观光者，无不以食此菜为快。制法：①将羊肉斩成 13cm 长、2cm 宽的条块，洗净。②将芫荽末、蒜末、胡椒粉、醋、盐、酱油、味精、芝麻油、辣椒油等放在碗内调成味汁。③将锅置火上，放入羊肉，加足水。先用大火烧开，撇去浮沫后，捞出洗净，倒去水，换入适量清水，再放入羊肉、大茴香、花椒、桂皮、葱段、姜片、绍酒、精盐，用大火烧开。然后盖上锅盖，煮至肉烂，将肉捞出，盛在盘内，用手抓着羊骨蘸味汁吃。

思 考 题

1. 试分析辅料配伍的设计思路。
2. 为什么猪皮要先煲烂而其他则用生的？

3. 制“陇西腊羊肉”时加红曲米起何作用？

4. “手抓羊肉”为什么要求羊肉要带骨？

八、天津坛肉

（一）菜品简介

“天津坛肉”是天津历史名菜，以文华斋所制最为有名，系选用猪带皮五花肉与酱豆腐等多种调料，装入平肩瓷坛内煨烧而成。因坛口密封，空气隔绝，既可保持原料的原质原气，使营养成分不失不散，又可使成品增添独特风味。

（二）烹调方法

煨。

（三）原料组成

主料：猪带皮五花肉5000g。

调辅料：精盐20g，白糖50g，绍酒100g，酱油500g，酱豆腐65g，八角10g，葱段50g，姜片50g，花生油8g。

（四）制作过程

（1）将五花肉刮洗干净，切成3.3cm见方的块。酱豆腐切成碎块。

（2）将肉块下沸水锅烫煮2min后捞出沥水。将八角、葱段、姜片、精盐、绍酒、酱油、酱豆腐放入用沸水烫洗过的坛子内，加热水1500g，放入肉块。炒锅置中火上，下花生油烧热，放入白糖炒至呈焦黄色，加清水50g搅匀成糖色，将其倒入坛内，并加适量热水。

（3）将坛子置旺火上，待坛内汤水沸腾后盖严坛盖，改用小火煨1.5h后再将坛子移上微火煨0.5h即成。

（五）制作要领

（1）肉块先用沸水烫煮以去腥气。

（2）煨制坛肉先后采用旺火、小火和微火三种火候，以达到理想的滋味、香气和质感。若用陈年老坛，可令菜品味道更加醇厚。

（六）风味特点

开启坛盖后，含有酱豆腐气息的独特香气扑面而来，肉酥不烂，入口即化，原汁浓稠，咸香味厚，余香满口。

（七）知识拓展

煨是将原料加多量汤水后用旺火烧沸，再用小火或微火长时间加热至酥烂而成菜的烹调方法。煨法适用于质地粗老的动物性原料。炊具有时用陶制器皿，如沙锅、陶罐，甚至陶瓮、坛子等。调味以盐为主，不勾芡。成菜特点是主料软糯酥烂，汤汁宽而浓，口味鲜醇肥厚。

煨原指将原料埋入火灰中加热成熟的方法，现多指原料入锅中加汤水制成带汤汁菜肴的方法，此法由熬、煮演化而来，始见于清代的《食宪鸿秘》。《随园食单》中汤煨法应用渐多，如“海参三法”中指出“大抵明日请客，则先一日要煨，海参才烂”；鲍鱼则“火煨三日，才拆得碎”；其他如鱼翅、淡菜、乌鱼蛋、猪头、猪蹄、猪爪、猪筋、猪肚等，均指出要加汤水“煨烂”。该书已提到红煨、白煨、清煨、汤煨、酒煨等，并有“黄芽菜煨火腿”、“蘑菇煨鸡”、“红煨鳗”、“汤煨甲鱼”等菜式。清代《调鼎集》上所收煨法菜更多。

煨法与炖法相似，不同处在于旺火烧沸后改用小、微火乃至炉火余热进行长时间加热，有时甚至要 24h 以上，直至原料酥烂为止。调味注意突出原料本味，仅用盐、姜、葱、酒，红煨时才用酱油、冰糖等，一般要在原料酥烂后才下调味料。下面介绍另几种坛子肉：

“坛焖肉”：河北名菜，以猪肉或牛、羊肉为主料用坛子煨制而成。坛焖各种动物肉是河北传统烹肉方法，特别是承德地区擅长此法。制法：①将猪肉 5000g（牛、羊肉均可）切成菱形块，放入酱油、花椒水、姜、桂皮、丁香、八角、白糖腌渍。②把腌渍好的肉块装入坛内，加鲜汤、绍酒、精盐，坛口放一个小碗，碗内放小米和水。将坛置火上，用旺火烧开后改用小火焖煨 1h 左右，再改用旺火加热。这样采用旺火与小火交替加热，反复 4h 左右，见坛口小米成粥状即成。

“坛子肉”：山东名菜，由清末时济南的凤集楼饭店推出。该店厨师用猪肋条肉加调味品和香料，放入瓷坛中慢火煨煮而成，色泽红润、汤浓肉烂、肥而不腻、口味清香，食之感到非常适口，于是食者日多，菜肴便因此成名。

“李记坛肉”：辽宁铁岭地区的传统名菜，在东北颇有声誉，因其创制者姓李而得名。该菜始于民国初期，天津人李学新来到铁岭银川镇开设了一家小饭馆，最初用铁锅和沙锅煨炖猪肉，后来改用坛罐。由于入口肥而不腻、瘦而不柴、酥烂味厚、香浓可口，深受当地人的欢迎，很快就流传开来，成为东北名肴。

思考题

1. “天津坛肉”与其他地区的坛子肉相比较有何独特之处？
2. 煨肉时用旺火、小火、微火三种火候有何道理？

九、酸辣狗肉

（一）菜品简介

“酸辣狗肉”是湖南名菜。湖南人喜食狗肉，擅烹多种狗肉菜肴，如“酸辣狗肉”、

“红煨狗肉”、“红烧全狗”等。民国时期的湖南督军谭延凯曾写了一首颂扬狗肉宴的打油诗：“老夫今日狗宴开，不料请君个个来，上菜碗从头顶落，提壶酒向耳边筛。”谭氏设狗肉宴“个个来”，可见人们对狗肉的喜爱。

（二）烹调方法

煨。

（三）原料组成

主料：鲜狗肉1500g。

配料：泡菜100g，冬笋50g，小红辣椒15g，青蒜50g，芫荽200g，干红椒5只。

调辅料：精盐5g，酱油25g，味精1.5g，绍酒50g，胡椒粉1g，桂皮10g，葱15g，姜15g，醋15g，湿淀粉25g，芝麻油15g，熟猪油100g。

（四）制作过程

（1）将狗肉去骨，用温水浸泡并刮洗干净，下入冷水锅内煮开后捞出，用清水洗净。放入沙锅内，加拍松的葱、姜，以及桂皮、干红椒、绍酒25g、清水，煮至五成烂时捞出。

（2）将狗肉切成5cm长、2cm宽的条，泡菜、冬笋、小红辣椒切末，青蒜切花，芫荽洗净。

（3）炒锅置旺火上，下熟猪油50g，烧至240℃时下狗肉爆出香味，烹入绍酒，加精盐、酱油和原汤，烧沸后倒入沙锅内，用小火煨至软烂，收干汁盛在盘内。

（4）炒锅置旺火上，下熟猪油烧热，下入冬笋、泡菜和红辣椒煸香，倒入狗肉原汤烧开，加味精、青蒜，用湿淀粉勾芡，淋芝麻油和醋，浇在狗肉上，用芫荽围边点缀即成。

（五）制作要领

（1）煨狗肉必须用陶质器皿作煨具，不宜用金属炊具。

（2）煨的火宜小，时间应长，汤汁一次加足，煨制过程中不要加水。

（3）红辣椒、泡菜要煸香，煸去生辣之味，达到酸辣适口，辣而不燥的效果。

（六）风味特点

色泽红亮，汤叶稠浓，肉质软烂，滋味咸鲜酸辣，香气浓郁。

（七）知识拓展

早在商周时期，狗肉便是宫廷宴饮、祭祀大典上不可缺少的美味。秦汉代已有专业屠狗者出售狗肉。现今徐州沛县“龟汁狗肉”据说是汉高祖刘邦嗜食狗肉而传下。《食疗本草》、《日华本草》、《本草纲目》等医书中，也多有狗肉供馔与饮食保健方面的记载。民间并用作冬令补品。现全国各地均见食用，以广东和东北朝鲜族最为嗜食。

狗肉纤维细腻鲜嫩，以仔狗入馔为佳。入馔为菜，最宜沙锅炖、焖，质地酥烂，肉香汤醇；也可煨、煮、烧，还可卤煮拌食。但狗肉的土腥味令人不快，因此加工烹调时一定要注意除腥。一般先将狗肉放在清水中浸泡数小时后取出，再用清水充分洗净，投入沸水锅内，加姜片、葱段、花椒、黄酒等料煮透即可。烹调时或烹调后，若加些蒜泥、辣椒酱，可使成菜味道更美。名菜有江苏的"龟汁狗肉"，广东的"狗肉煲"，海南的"火锅狗肉"等。另外，各地尚有"椒盐狗肉"、"红烧狗肉"、"黄焖狗肉"、"沙锅狗肉"等狗肉菜品。下面介绍一道羊肉煨菜：

"黄芪柏子羊肉"：山西名菜，用恒山黄芪和中阳县柏子羊肉煨制而成。中阳县所产的柏子羊与众不同，它饥食柏叶、柏子，渴饮涧水、山泉，几乎一年四季奔驰在陡壁悬崖，体格健壮，肉质细密，色泽鲜艳，不腻不膻。制法：①将羊肉1000g切成核桃块，黄芪切片，葱切段，姜切片。②炒锅置旺火上，下清水烧沸，放入羊肉焯水后捞出沥水。③羊肉装入陶坛内，下清水1500g、黄芪片、姜片、葱段、精盐、绍酒、八角等，置旺火上烧开后将坛口盖严，移至微火上煨3～4h后，待汁浓、肉烂时倒入盘内，拣去姜片、八角等即成。

思考题

1. 煨狗肉对煨具、火候有什么要求？
2. 菜肴怎样才能达到"辣而不燥"的效果？

十、开煲狗肉

（一）菜品简介

广东人特别爱好吃狗肉，他们用这样一句话来赞美自己所喜好的狗肉的浓香美味：狗肉滚三滚，神仙企唔稳（企唔稳就是站不稳）。意思是神仙也为狗肉的浓香美味所陶醉。广东人好吃狗肉，除因为其味美香浓外，还相信狗肉营养丰富，有安五脏、补血脉、益气、补胃、壮阳、暖腰膝等功效。

（二）烹调方法

炖。

（三）原料组成

主料：光狗1只（取肉1500g）。

配料：生菜1000g，塘蒿1000g，菠菜1000g，汤水1500g。

调辅料：蒜蓉15g，青蒜150g，生姜200g，辣椒丝30g，柠檬叶丝10g，陈皮末3g，生食用油50g，熟食用油200g，精盐10g，片糖50g，味精8g，腐乳25g，芝麻酱25g，生抽10g，绍酒25g。

（四）制作过程

（1）用稻草烧去光狗表皮汗毛，刮洗干净，开肚取出内脏后斩件，洗净。心、肝、肺、肚洗净切件，飞水后滤去水分。狗肠洗净后要先用肥皂水腌制 2h，再浸漂至无肥皂味，洗净待用。

（2）将狗肉放在锅内干炒至不见水溢，取出。

（3）重新将净锅放在炉火上，下生油，爆香姜、蒜后，下酱料爆香狗肉及内脏，加入调味料、汤水，然后转入瓦罉焖制至烂。

（4）食用时，广东人喜将原煲置于炭炉上，炽以明火坚炭，围坐于炉旁边滚边吃。先尝狗肉，后以狗汁烫熟青菜来吃。红红的炉火，香喷喷的狗肉，十分有情趣。

（五）制作要领

（1）狗肉爆炒时要炒透炒香。

（2）焖制时汤水量一定要足够，并用慢火，不可烧焦，否则香气尽失，滋味尽变。

（3）辣椒丝、柠檬叶丝作作料用。

（六）风味特点

此菜香气馥郁、酱味浓厚，边滚边吃，食趣十足，是冬令佳品。

（七）知识拓展

下面介绍几道不同风味的炖肉菜：

“薇菜炖猪肉”：甘肃久负盛名的传统菜。薇菜，属野生蕨类植物，生长在海拔800～1400m 的地带，为餐桌珍品。制法：①将薇菜 750g 入开水中浸泡 1～2 天，去其苦味，再换清水浸泡，然后切成 3cm 长的段。②五花猪肉 200g 洗净，切成樱桃状拌入酱油，入油锅中炸至金黄，然后加入清水，再将葱段、姜、白糖、绍酒、芫荽和剩余酱油加入锅中，改微火炖 2h，盛入碗内上桌。

“蘑菇炖羊肉”：甘肃名菜。甘肃夏河县美武乡的丁字蘑菇洁白如玉，形如丁字，肉厚、味醇，有“蘑菇王”之称。夏河县阿木曲呼的羊肉无膻气、鲜美无比，用它与美武乡的丁字蘑菇烹制的“蘑菇炖羊肉”妙不可言。制法：①将羊肉用水漂洗干净，剔骨切成 3.3cm 见方的小块，放入开水锅内氽一下捞出，用清水冲洗两次。蘑菇去蒂、根洗净，切成菱形块。各种调料用纱布打包。②沙锅置中火上，下油烧至六成热，加入肉汤烧沸，再加入羊肉、绍酒和调料包，移置小火上炖制成熟时，放入蘑菇，炖酥烂，捞去调料包。③蒜苗、芫荽洗净后切成碎末，羊肉出锅时连锅带汤入凹盘里，撒上芫荽和蒜苗，滴入芝麻油少许即上桌。

“樱桃肉”：江苏传统名菜，因其形、色似樱桃而得名。早期樱桃肉是做成一粒一粒的，装上绿色梗柄。后经过改制，在质量不变的情况下，改成在一块见方的五花肋条肉上剞上刀纹，烹制成熟。此菜宜于春末夏初食用，可用青嫩蚕豆米作配料点缀，也可用鲜樱桃点缀。制法：①将猪肋条肉一方块（约重 650g）刮洗干净，放入沸水锅中，用旺火煮约 10min，取出洗净。肉皮朝上，用刀在肉皮面上直剞 1.6cm 见方的小块（深度至第一层瘦肉)。②将竹箅置于沙锅内垫底，放入肉块（皮朝上），舀入猪肉汤，加炸香的葱结、姜片、绍酒、精盐 10g、红曲水，盖上锅盖，置大火上烧约 30min，放入冰糖 32.5g，再盖上锅盖，移至小火上，焖至酥烂（约 1h），再加入冰糖 32.5g，移回中火烧至卤汁收稠，离火，拣去葱、姜，去掉肋骨，放入长腰盘中间（皮朝上）浇上原卤。③将锅置旺火上烧热，舀入色拉油，放入豌豆苗，加盐 1.5g、味精，煸炒至翠绿色，起锅盛放在肉块两端即成。

“腌焋鲜”：上海风味汤菜。此菜“腌”指咸猪肉，“鲜”指新鲜猪肉，“焋”是指用小火滚烧猪肉时所发出的声音，故名。制法：①将鲜肋条肉 200g 刮洗干净后，放在汤锅内，加入绍酒，煮到八成熟，捞入大盆里加煮肉原汤淹没。冷却后，取出切成约 2cm 见方的块。原汤留用。②将咸猪腿肉 200g 刮洗干净，用刀斩断大骨，皮朝上放入锅中，加水淹没，先用旺火烧开，再用小火烧 30min。然后，将腿肉翻过来，继续用小火烧到肉皮发软取出，趁热拆去全部骨头，去掉四边油膘和边皮，切成大小相似的方块。春笋洗净，切成约 2cm 长的滚料块。③将成肉、鲜肉、春笋放在沙锅内，加入煮鲜肉原汤，放进色拉油，先在旺火上烧开，改用中火烧到笋熟肉酥，再用旺火把汤汁烧浓，随后加入精盐，原锅上桌。

“桶子肉”：甘肃古河州回民创制的一种民间佳肴。河州，古为“西羌之地”。在清光绪年间，有个姓马的回民，在临夏一个偏僻的深巷经营羊肉，专靠肉香、量足吸引顾客，但生意很不景气。他便做了一个能背的木桶，选羊前胸一块肉，把后背从第五根肋骨处卸两块，前后腿里面各卸两块，用水少量，先用旺火煮，后改小火加调料煨制直至煨烂，装入桶内，背到闹市，改刀配大饼同食，故称“桶子肉”。制法：①把羊宰杀、剥皮，除去头、蹄、肚、内脏，将前胸卸一块，后背从第五肋骨处卸两块，腿里面卸四块，洗净，清水下锅。水开前，去尽血污，将精盐、胡椒、草果、姜、蒜瓣入锅内，用旺火煮 1h。②将肉捞出，擦抹开净，用清油抹肉上，把剩余的肉汤澄清，入锅内盖严防止跑气，用小火焖熟，装入木桶内，盖严上市。

思考题

1. “开煲狗肉”为什么要边滚边吃?
2. 此“炖”法与其他炖法有何异同?
3. 炖菜为什么要求一次将汤加足?

十一、清炖蟹粉狮子头

（一）菜品简介

“清炖蟹粉狮子头”又名“蟹黄斩肉”，此菜已有近千年历史。因形态丰满，犹如雄狮之首，故而得名。此菜选用七成肥、三成瘦的猪肋条肉，配以螃蟹肉和蟹黄加调料制成肉圆，上垫青菜心，焖制而成。猪肉肥嫩，蟹粉鲜香，菜心酥烂，需用调羹舀食，食后清香满口，齿颊留芳，令人久久不能忘怀。周总理曾多次用此菜招待贵宾，深受欢迎。

淮扬的斩肉品种很多，随季节不同而异。如初春的“河蚌斩肉”，清明前后的“笋焖斩肉”，夏季的“面筋斩肉”，冬季的“凤鸡斩肉”等，都是脍炙人口的美味佳肴。

“清炖蟹粉狮子头”属热菜。

（二）烹调方法

炖。

（三）原料组成

主料：净猪肋条肉（肥七成、瘦三成）800g。

配料：蟹黄 50g，蟹肉 125g，青菜心 125g。

调辅料：绍酒 100g，精盐 12g，葱姜汁水 300g，干淀粉 25g，色拉油 50g，猪肉汤 300g。

（四）制作过程

（1）将猪肉细切斩成石榴粒状，放入钵内加葱姜汁、蟹肉、盐 7g、绍酒、干淀粉搅拌上劲。选用 7cm 长的青菜心洗净，菜头用刀剖成十字刀纹，切去菜叶留用。

（2）将锅置旺火上烧热，舀入色拉油 40g 放入青菜心煸至翠绿色，加精盐 5g、猪肉汤，烧沸离火。取沙锅一只，用色拉油擦抹锅底，再将菜心排入，倒入肉汤，置中火上烧沸。将拌好的肉分成 10 份，逐份放在手掌上，用双手来回翻抟 4～5 下，抟成光滑的肉圆，逐个排放在菜心上，再将蟹黄分嵌在每只肉圆上，上盖青菜叶，盖上锅盖，烧沸后移微火焖约 2h。上桌时揭去青菜叶。

（五）制作要领

（1）猪肉是用刀一刀刀切成细粒，即俗说“一刀不斩的扬州狮子头”。

（2）这是一道火工菜，一定要掌握好火候，火力要小，加热时间要长。

（六）风味特点

沙锅上席，鲜香扑鼻，肥嫩腴美，用勺舀食，口味鲜美。

（七）知识拓展

炖是将原料加汤水及调味品，旺火烧沸后用中、小火长时间烧煮成菜的烹调方法。成菜特点是汤汁鲜浓、本味突出、滋味醇厚、质地酥软。

炖法由煮法演变而来，至清代始见于文字记载。《食宪鸿秘》上有“炖豆豉”、“炖鸡”、“炖鲟鱼”、“蟹炖蛋”、“炖鲂”等，《调鼎集》中炖已多见，并且出现了酒炖、白糟炖、神仙炖、红炖、干炖、葱炖等不同炖法。《随园食单》有赤炖法。现在炖已广泛应用。习惯上将炖分为隔水炖和不隔水炖两种：①隔水炖是将原料焯水洗净后放入陶、瓷钵中，加清水及葱、姜、料酒，盖上盖并用湿桑皮纸封住缝隙，置于小锅内，盖严锅盖，用旺火烧 3h 左右，再经调味而成。另有一法，是将放入原料及汤水的陶、瓷器皿置于笼屉中，旺火猛蒸而成，此法又称为蒸炖。原料与汤汁受热稳定，封盖严密，菜肴鲜香味不易散失，汤汁清澈如水，如“雪峰驼掌”。②不隔水炖是将原料焯水后洗净，放入陶钵中，加水及葱、姜、料酒，置旺火上烧沸，撇去汤上浮沫，盖上盖转用小火加热 2～3h，再经调味而成。此法操作简便，但成菜效果不及隔水炖法。清炖法以江苏、浙江一带最为擅长，传统名菜有江苏“清炖蟹粉狮子头”、安徽“清炖马蹄鳖”等。

“雪峰驼掌”：甘肃敦煌的厨师所创制。制法：①驼掌 2 个洗净，下入开水锅煮约 4h 捞出，除去骨头；猪蹄去毛，刮洗干净，用刀顺长剖为两半；火腿洗净，切菱形片；冬菇去蒂，洗净泥沙，切成片。②将猪蹄、鸡腿、驼掌放在一煮锅内，掺入冷水，下葱（挽结）、老姜（拍松）和花椒，先置旺火上烧沸后改用温火炖烂。将驼掌取出，改成片，放入锅内，面上放冬菇片、火腿片，加精盐 10g、绍酒 50g，上笼蒸熟，使其入味。③鸡蛋清打入锅内，挥打成高丽糊，加入面粉，再加胡椒粉和剩余的精盐搅拌均匀，用大托盘在其四周堆成雪峰状，上笼蒸约 5min，将驼掌翻扣于托盘中央，然后用锅内肉汤挂白汁浇在驼掌上即成。

思考题

1. “扬州狮子头”要求猪肉一刀不斩，这对风味特色起了什么作用？
2. 用沙锅炖制，为什么先放入青菜心垫底？

第二节 烧焖扒烩类菜品

一、九转大肠

（一）菜品简介

“九转大肠”是山东名菜，它以猪肥肠为主料烧制而成。此菜创制于清光绪年间，由济南九华酒楼首创。道家炼丹，有“九转仙丹”之名，“九转大肠”仿此而起名。

（二）烹调方法

烧。

（三）原料组成

主料：熟猪肥大肠 750g。

调辅料：精盐 4g，酱油 25g，醋 50g，白糖 100g，绍酒 10g，胡椒粉 0.5g，葱末 5g，姜末 2.5g，蒜末 5g，芫荽末 2g，肉桂粉 0.25g，砂仁粉 0.25g，清汤 150g，花椒油 15g，熟猪油 500g（约耗 100g）。

（四）制作过程

（1）将大肠切成 2.5cm 的段，下沸水中焯水。

（2）炒锅置旺火上，下熟猪油烧至 210℃时，下入大肠，炸至红色时捞出。

（3）炒锅内留油 25g，下葱、姜、蒜末煸香，烹入醋，加精盐、酱油、白糖、清汤、绍酒，下入大肠，移至微火上烧至汤剩 1/4 时，加胡椒粉、肉桂粉、砂仁粉，淋上花椒油，炒匀后装盘，撒上芫荽末即成。

（五）制作要领

（1）猪大肠异味较重，须经焯水、炸、烧等多道工序，且要加葱、姜、蒜、醋、胡椒、绍酒、肉桂、砂仁、花椒等提香去异味。

（2）大肠要用微火烧至软烂、入味。

（六）风味特点

色泽红润，质地软烂，兼具咸、鲜、甜、酸、辣味，肥而不腻。

（七）知识拓展

烧是将经过初步熟处理的原料加适量汤（或水）用旺火烧开，中、小火烧透入味，旺火收汁成菜的烹调方法。烧菜的汤汁一般为原料的 1/4，并勾入芡汁（也有不加芡汁的），使之黏附在原料上。成菜特点是卤汁少而浓，口感软嫩而鲜香。

古代烧法有不同的内涵。最初指将食物原料直接上火烧烤成熟；后来，将食物封于锅中，在锅下加热，亦称烧。到了南北朝时，出现了烧饼之类，是一种入炉炙烤烧熟法。宋元时始有汤汁烧法，如烧猪脏、烧猪肉等。清代烧法有了广泛应用，如烧肚丝、烧皮肉等，同时出现红烧、煎烧等方法。近代的烧法多种多样，变化很大。以色泽分：有红烧、白烧；以风味分：有葱烧、酱烧、糟烧；此外还有老烧、干烧等。其中常用的是红烧、白烧、软烧、干烧、葱烧等。

红烧：因成菜色泽为酱红色或红黄色故名。适用于色泽不太鲜艳的原料。原料烹制前一般经过焯水、过油、煎炒等方法制成半成品，以汤与带色的调味品（酱油、糖色等）烧成金黄色，或柿黄色、浅红色、棕红色与枣红色，最后勾入芡汁（或不勾芡汁）收浓即成。如河南“红烧鲤鱼”、山东“红烧肉”、四川“红烧鱼唇”、湖南“红烧寒菌”等。

白烧：原料经过汽蒸、焯水等初步熟处理，加汤（或水）及盐等无色调味品进行烧制的方法。汤汁多为乳白色，勾芡宜薄，使其清爽悦目、色泽鲜艳，如河南“烧二冬”、北京“烧素四宝”等。

软烧：将经过汽蒸、焯水的原料直接烧制成菜的方法。先把原料以有色的调味品煮上色，然后添汤烧制。如河南“软烧肚片”、北京“软烧羊肉”，山东“软烧豆腐”等。

干烧：成菜汤汁全部渗入原料内部或裹附在原料上的烧制方法，多为红烧。烧制时先将原料炸或煎上色后，再用中火慢烧，将汁自然收浓，或见油不见汁。在风味上有辣味和鲜咸的区别。如四川“干烧岩鲤”、河南“干烧冬笋”等。

葱烧：原料经焯水等初步熟处理后，加炸或炒黄的葱段、煳葱油及其他调味品烧制成菜的方法。也有把炸葱加汤蒸制后放在烧好的主料一边，以蒸葱的汤汁勾芡浇上的。一般烧成红色，成菜油亮光滑，具有葱香浓郁的特点，如北京“葱烧海参”、“葱烧蹄筋”等。下面介绍两例烧肉菜：

“番茄烧牛肉”：西北名菜，由古菜“腩炙”演变而来，所不同之处是“腩炙”用盐豉汁，而此菜改用番茄，增色增味。1958 年 8 月，越南劳动党主席胡志明路过兰州，对兰州的“番茄烧牛肉”甚是赞美。制法：①将牛肋条肉 500g 洗净，改刀切成小方块。②锅置火上烧热，加植物油 500g，烧至油温升高后，将切好的牛肉投入，炸去部分水分，倒入漏勺内；锅内留底油，注入清水，加入调料。③番茄经开水烫泡片刻，剥皮，改刀成月亮块，投入牛肉锅中，改小火烧约 1h，盛盘上桌即成。

“红烧羊肉”：上海名菜。制法：①将羊肉 1000g 泡洗干净，放入清水锅内焯水捞出洗净。青蒜叶切段备用。②将羊肉、绍酒、红酱油、精盐、葱结、姜块（拍松）放入锅内，添加清水淹没肉块，用旺火烧开，撇去浮沫，加冰糖用小火焖 3h 左右，见已酥透时捞出拆去骨，改切成 3.5cm 的方块，再放入原汁锅内用旺火稠浓原汁。稠时加味精、青蒜叶，用湿淀粉勾芡烧开即成。

思考题

1. 此菜的滋味有何特点？
2. 怎样烹制才能达到此菜的质感要求？
3. “番茄烧牛肉”与“土豆烧牛肉”两者有何异同？

二、翡翠蹄筋

（一）菜品简介

“翡翠蹄筋”采用水油发猪蹄筋制作而成，主要以丝瓜之绿色定名。随季节不同，亦可用莴苣、银杏、青菜心之类绿色蔬菜代替。若只加入鸡丝、笋片、香菇烹调，则称“白汁蹄筋”；周围镶以小蛋烧卖，称“蛋美蹄筋”；若用油发蹄筋烧之称“虎皮蹄筋”。

（二）烹调方法

烧。

（三）原料组成

主料：干猪蹄筋 100g

配料：丝瓜 300g，熟火腿片。

调辅料：鸡清汤 250g，精盐 3g，色拉油 500g（实耗 100g），湿淀粉 40g。

（四）制作过程

（1）将干猪蹄筋投入三成热温油中，焐至收缩透明、内部水分排尽后捞出，用碱水洗净，投入热水锅中，反复焖焐 10h 左右，使蹄筋恢复至原来体积。内部发软后，盛入容器中，加入碱水，发至原体积的 2～3 倍时，捞起放入清水中，反复漂洗、去净碱味待用。

（2）将猪蹄筋切成 6cm 长的段。丝瓜刮去表皮呈翠绿色，切去两头，剖成两片，挖去瓜瓤，洗净，切成长约 4cm、宽约 1cm 的条。

（3）将锅上火，舀入色拉油，烧至四成热时，放入丝瓜条焐油至碧绿色，倒入漏勺。炒锅再上火，舀入鸡清汤，放入蹄筋、火腿片、色拉油 50g，烧至蹄筋软糯，再加盐、丝瓜条，烧沸后用湿淀粉勾芡，起锅盛入盘内即成。

（五）制作要领

丝瓜焐油时油温不宜高，且不可长时间烧煮。

（六）风味特点

丝瓜碧绿似翠，蹄筋白糯肥软，色泽鲜明，口味鲜咸。

（七）知识拓展

“白烧鹿筋”：黑龙江名菜。制法：①鹿筋切成 5cm 长、粗细均匀的白段，冬笋切日字形片。冬菇去蒂后切成片，油菜心取头部剪成 10cm 长的段，洗净。②用清水将鹿筋滚过后，再放在鲜汤中，加入精盐 3g、味精 1g 煨 2min，取起备用。③用清水分别将冬笋、冬菇滚过，除去异味。④烧热炒锅，用油滑过，放入油菜心炒，放进少量鲜汤及精盐 1g、味精 1g，待油菜心熟后用湿淀粉勾芡，加尾油后出锅，均匀地围伴在盘子周围。⑤烧热炒锅，加入植物油，烧至 140℃时，放入鹿筋泡油，然后沥去油。⑥原锅下姜块、葱段爆炒后溅入绍酒，加鲜汤 200g，滚 1min 后去掉姜、葱，加入精盐 4g、味精 3g、白糖 1g 及鹿筋、冬笋、冬菇，略烧后用湿淀粉勾芡，加入芝麻油，出锅，盛在油菜心中间。

《周礼·天官》、《礼记·内则》及《孟子》等篇均有食鹿的记载。北魏《齐民要术》中载有用鹿肉制作的“捣炙”一菜，另“羌煮”、“菹消”等肴馔也用及鹿。唐代有用鹿血煮鹿肠制作的“热洛河”，《食医心鉴》中载有“角鹿蹄”。元代陶宗仪《辍耕录》“迤北八珍”条记有鹿唇。到了清代，鹿之肴馔见多。《随园食单》载有制作鹿肉、鹿筋、鹿尾的技法。“鹿尾”条载：“尹文端品味以鹿尾为第一。”《醒园录》、《调鼎集》、《清稗类钞》等古籍均有食鹿之记载。鹿肉质细嫩，味鲜美，瘦肉多，结缔组织少，适于炒、炝、烩、煮、炸、烤、煎、烧、蒸、焖等多种烹调技法。鹿尾制馔，最宜切丝，亦可切片，适于做清汤、烩菜、蒸菜、芙蓉菜，尤以蒸、烩为佳。鹿筋质地柔韧，富含胶原蛋白，多以扒、烧、炖、烩等法烹制；适于咸鲜、红油、麻酱、家常、麻辣、鱼香、酸辣等口味。鹿鞭含有丰富的胶原蛋白质，经初加工后，以沙锅清炖或烧、烩为宜；口味宜清淡，以咸鲜为佳，若配以蘑菇、鸡同烧，其味更美。鹿茸为名贵的滋补品，可制作“三鲜鹿茸羹”、“鹿茸三吃虾”等高级滋补名菜。

思考题

1. 为什么绿色蔬菜经焐油后色泽更鲜艳?
2. 鹿筋为什么要用清水滚过才煨?

三、黄州东坡肉

（一）菜品简介

“黄州东坡肉”是湖北名菜。苏轼（号东坡居士）不仅是北宋文学家、书画家，还是历史上著名的美食家。他常吃猪肉，并写诗记述了制作方法：“净洗锅，少著水，柴头罨烟焰不起，待它自熟莫催它，火候足时它自美，黄州好猪肉，价贱如泥土。贵者不肯吃，贫者不解煮。早晨起来打两碗，饱得自家君莫管。”此诗在民间广为流传，后人即将此法所烹制的猪肉菜，称之为“东坡肉”。

（二）烹调方法

焖。

（三）原料组成

主料：带皮猪五花肉600g。

配料：笋片100g。

调辅料：精盐1g，酱油40g，味精2g，胡椒粉2g，绍酒25g，冰糖35g，葱结75g，姜片50g，葱花5g。

（四）制作过程

（1）将猪五花肉刮洗干净，切成8块正方形肉块，入清水锅煮5min捞出。

（2）锅洗净，锅底铺上葱结和姜片，放入肉块，下入冷水1250g、绍酒、精盐、酱油、冰糖、笋片，盖上盖，旺火烧沸，微火煨2h左右，加味精、胡椒粉、葱花，扣入特制的汤盆中即可。

（五）制作要领

（1）猪肉要刮洗干净，若先将猪肉皮烤黄再刮洗烹制，其色、香、味别具特色。

（2）最好用沙锅煨肉。水不宜多，且一次加足，中途不加水。

（3）火一定要小，火大则水分烧干，猪肉难以软烂，不要经常揭盖，以减少香气散失，适时给猪肉翻面。

（六）风味特点

汤汁黏稠，色泽红亮，肉软烂而不糜，味咸中带甜，香气浓郁。

（七）知识拓展

焖是将经初步熟处理的原料加汤水及调味品后密盖，用中小火较长时间烧煮至酥烂而成菜的烹调方法。多用于具一定韧性的鸡、鸭、牛、猪、羊肉，以及质地较为紧密细腻的鱼肉等。初步熟处理需根据原料质地选用焯水、煸炒、过油等法，然后进行焖制。焖法有的用陶瓷炊具，焖时要加盖，并须严密，有些甚至要用纸将盖缝糊严，密封以保持锅内恒温，促使原料酥烂。焖时要注意经常晃锅，以防原料粘底。焖菜一般不勾芡，汤汁自行黏稠，有些也可于出锅时勾芡，有的可淋明油装盘。成菜特点是质地酥烂，滋味醇厚香美，汤汁稠浓，形态完整，吃口软滑。

焖法由烧、煮、炖、煨演变而来。焖法始见于宋代，如《吴氏中馈录》"治食有法"中；元代《居家必用事类全集》中记有焖制方法；明代《遵生八笺·饮馔服食笺》上开始出现"闷"字，如"水煤肉"中的"蒲盖闷，以肉酥起锅食之"；清代"闷"字应用已多，并出现了"焖"字，如《随园食单》"鸭脯"中"用肥鸭斩大方块，用酒半斤，秋油一杯，笋、香蕈、葱花焖之"。例如：

"东坡肉"：浙江名菜。相传宋代元佑年间，苏东坡第二次到杭州任职，发动民众疏浚西湖，在大功告成时，他把百姓馈赠的猪肉、绍兴黄酒等礼物，命厨师按照他总结的烧肉经验："慢著火，少著水，火候足时它自美"，烹制成佳肴给民工们品尝，故有"东坡肉"之说。当代烹调高手师承前贤的经验，制作"东坡肉"的技术和用料又有了新的发展，用浙江名产绍酒，代之于"少著水"。制法：①将猪五花肋肉（以金华"两头乌"猪为佳）刮洗干净，切成10块正方形（每块约75g）的肉块，放在沸水锅内煮5min，取出洗净。②取大沙锅一只，用竹箅子垫底，先铺上葱，放入姜块，再将猪肉皮面朝下整齐地排在上面，加入白糖、酱油、绍酒，最后加入葱结，盖上锅盖，用桃花纸围封沙锅边缝，置旺火上，烧开后改用微火焖2h左右，至八成熟，启盖将肉块翻转（皮朝上），再加盖密封，用微火焖酥后，将沙锅端离火口，撇去浮油，将肉皮面朝上装入特制的小陶罐中，加盖置于蒸笼内，用旺火蒸30min至肉酥透，即成。

"白汁东山羊"：海南传统名菜。东山羊产于海南省万宁市东山岭，以皮嫩、肉厚、味美、无羊膻味而闻名。早在宋代，东山羊就被列为贡品。制法：①将东山羊肉2000g斩成4cm长方的方块，用70℃左右温水洗去血污，沥干水分。②把蒜蓉、姜丝、精盐5g、味精5g、曲酒、香料、胡椒粉等调料拌入羊肉中，腌制20min。③在炒锅内加入植物油，烧热后，下羊肉猛火爆炒至香，加入少许鲜汤，盖上锅盖焖20min，转入沙锅内，加满鲜汤（要淹过羊肉面），用中火焖至熟，加入豆腐块再焖60min，至羊肉软烂滑即可。

"普宁豆酱骨"：广东名菜。主要调味料是潮汕地区著名的普宁豆瓣酱，这种酱香醇略带甜味。"普宁豆酱骨"由焖排骨改进而来，这种改进不仅使菜品造型上了档次，更重要的是它较好地保存和突出了普宁豆瓣酱的香气，并使排骨更加入味。制法：①把排骨750g斩成长3cm的件（硬骨不取用），洗净，沥干水分。②将露酒3g、姜片5g、葱段10g、普宁豆瓣酱60g、白糖20g、精盐2g、味精5g、芝麻酱15g、花椒末0.2g、芝麻油5g与排骨拌匀，腌制1h（豆瓣酱要压烂）。③在炒锅内放进植物油，放入排骨煸炒至香，加汤水用中火焖制10min，然后转慢火焖制，逐步将汤汁收干，把排骨放到锡箔纸中，把锡箔纸包好。④食用时把锡箔纸排骨放蒸笼里蒸10min即可上席，上席时用玻璃圆碟承托，四周铺芫荽。上席后，当客人的面用剪刀把锡箔纸剪开。

思 考 题

1. 用沙锅焖肉与用铁锅焖肉比，形成的风味有何不同？
2. 制好此菜的关键是什么？
3. 制“普宁豆酱骨”时先腌制再焖制有何好处？为什么要当客人的面剪开锡箔纸？

四、扒 猪 脸

（一）菜品简介

“扒猪脸”是东北名菜。由于民间认为“肥猪拱门”是吉祥的象征，因此，猪头一向是神坛前供奉神灵的祭品或作为婚丧嫁娶的摆设物，后来厨师把它变成了人们餐桌上的美食。猪脸肉软中带脆，口感甚好。“扒猪脸”用酱法烹制，经过长时间的酱，使其脂肪、饱和脂肪酸和胆固醇含量下降，蛋白质含量上升。

（二）烹调方法

酱。

（三）原料组成

主料：生猪脸肉半边（约1000g）。

调辅料：肉桂15g，桂皮20g，白芷20g，大料30g，生姜50g，葱50g，蒜50g，花椒10g，绍酒150g，酱油250g，白糖150g，精盐50g，味精10g，汤水2500g。

（四）制作过程

（1）将猪脸上的绒毛刮净，用清水洗刷干净。

（2）把净猪脸放进清水中煮10min，取出，洗净。

（3）汤水和调味料放进锅内，烧开，撇去泡沫，放进猪脸，转慢火加热至入味质软，取出，皮面朝上放在盘上。取适量汤汁加热后淋在猪脸上即成。

（五）制作要领

（1）不选有淤血的原料，若批量生产还应注意原料的重量和老嫩。

（2）猪脸的绒毛等杂物要刮洗干净，要用清水滚过。

(3) 注意火候。

(4) 药材要洗过，并用纱布袋装好。

(六) 风味特点

色泽酱红，口感软略带柔韧，入口化渣，形状完整而不散架，气味芳香，滋味浓郁，肥而不腻。

(七) 知识拓展

扒是将经过初步熟处理的原料整齐入锅，加汤水及调味品，小火烹制收汁，保持原形成菜装盘的烹调方法。用料大多为高档原料，如鱼翅、海参等；或用于整只、整块的鸡、鸭、肘子等；或用于经过刀工处理的条、片等动植物原料。主料须先经过汽蒸、焯水、过油等初步熟处理，有时需用复合的方法，使其入味后扒制。扒制前原料要经过拼摆成形处理，使其保持较整齐美观的形状。原料下锅时应平推或扒入，加汤汁也要缓慢，或沿锅边淋入，以防菜形散乱。烹制时用小火，避免汤汁翻滚影响菜形完整。如需勾芡，则用淋芡、晃锅。有的在烹制完成后，主料装盘，留汤汁收浓后浇在菜肴上。扒菜特点是主料软烂、汤汁浓醇、菜汁融合、丰满滑润、光泽美观。

扒法有多种，最常见的为用炒锅或沙锅扒制。炒锅扒即直接用锅扒制成菜，也有在锅中用竹箅扒制的，一般将主料焯水后排在竹箅上，用切成大片的猪肘或鸡肘等覆盖，入锅加汤汁烹制，至汤汁浓稠，取去鸡、肘等，将主料扣入盘中，再将汤汁收浓浇上，如河南“白扒鱼翅”等。沙锅扒即主料用纱布包住，与鸡腿、肘子等一起放进沙锅，并用鸡骨、猪骨、竹箅等垫底，加汤烧至主料软烂入味时取出，放入盘内，同时整理菜肴形状，另外起锅将原汤汁勾芡浇上；或主料排入沙锅，上放纱布包好的鸡、猪肘，扒制成菜，如“扒海参”等。

根据初步熟处理方法不同，扒有先蒸后扒的，即主料经煮或炸后放在碗内，加入配料、调料和汤汁，上笼蒸熟后用原汤汁扒制，如河南“扒窝鸡”；或将主料蒸熟后，直接扣入盘内，用蒸时的原汤汁勾芡后浇上，如山东“扒雏鸡”。也有先煎后扒的，即把主料两面煎黄后再扒制，如河南“煎扒青鱼头尾”。

根据菜肴成品色泽的不同，扒有用无色调味品进行扒制的白扒，如清真菜“白扒鸡肚羊”、河南“白扒鱼翅”、黑龙江“白扒鹿筋”等，也有用有色调味品进行扒制的红扒，如“红扒羊肉”。例如：

“扒烧整猪头”：乾隆年间，扬州瘦西湖法海寺有一莲性和尚烧的猪头很好吃，远近游客皆喜尝之。当时还流传着一首歌谣：“绿扬城、法海僧，不吃荤，烧猪头，是专门，价钱银，值二尊，瘦西湖上有名声，秘诀从来不告人。”当时有一姓乌的厨师与莲性和尚是知己，经莲性和尚传授，也烧猪头出售，从此：“扒烧整猪头”就成为扬州一大名菜。制法：①将猪头1个（约重6000g）镊净毛，放入清水中刮洗干净。猪面朝下放在砧板上，在后脑中间劈开（不可割破舌头和面皮），剔去骨头和猪脑，放入清水中浸泡约2h，漂净血污，入沸水锅煮约20min，捞出，放入清水中刮洗，用刀刮净猪睫毛，挖出眼球，割下猪耳（镊净耳中毛），切下两腮帮肉，再切下猪舌，剔除淋巴肉，刮去舌膜。再将眼、耳、腮、舌和头肉一起放入锅内，加满清水，用旺火煮2次，每次煮约20min，至七成熟时取出。把桂皮、八角、小茴香放入纱布袋中扎好口，成香料袋。②锅中用竹箅垫底，铺上姜片、葱结，将猪眼、耳、舌、腮帮、头肉按顺序放入锅内，再加冰糖、酱油、绍酒、香醋、香料袋、清水（水以浸过猪头为度），盖上锅盖，用旺火烧沸后，改用小火焖约2h，直至汤稠肉烂。③将猪舌头放在大圆盘中间，头肉面部朝上盖住舌头，再将腮肉、猪耳、眼球按猪头的原来部位装好，成整猪头形，浇上原汁，点缀上芫荽叶即成。

思考题

1. 猪脸肉在酱制前为何要用清水滚过？
2. 为什么要用慢火酱制？
3. 酱是一种什么样的烹调法？
4. 为何“淋巴肉”不能食用？
5. 6000g的整猪头，剔除骨再经烹调，估计成品的重量是多少？

五、三丁烩白云

（一）菜品简介

“白云”并非白色的云彩，而是羊脑，羊脑洁白如云，故有“白云”之称。据考证，此菜由“全羊席”中的“烩白云”衍生而来。“全羊席”又名“全羊大菜”，是我国历史悠久的名筵。据说，此席以羊体不同部位制作多种菜肴，但菜名不提一个“羊”字，全冠以象征性的别名。羊脑不称其名，而谓“白云”，其源大概于此。

（二）烹调方法

烩。

（三）原料组成

主料：生羊脑250g。

配料：水发蘑菇50g，羊腰100g，鸡蛋2个。

调辅料：芫荽25g，湿淀粉50g，葱15g，胡椒粉2g，精盐2g，芝麻油50g，味精2g，蒜15g。

（四）制作过程

(1) 羊腰洗净，一剖两片，除去臊，切成1cm见方的丁，用开水汆透捞出。水发蘑菇切成1cm见方的小丁，氽洗干净。鸡蛋破壳入碗内，加精盐、味精搅匀，上笼蒸成老蛋糕，取出切成1cm见方的丁。

(2) 葱剥皮洗净，剖两半切成段。蒜剥皮，用刀轻轻拍破。芫荽洗净，切成段。

(3) 羊脑下锅煮熟，取出剥去皮，掰成拇指大的块。

(4) 锅置火上，加油25g烧热，放葱、蒜炸出香味。加鸡汤500g，用漏勺捞去葱、蒜，倒入腰丁、蛋丁、蘑菇丁、胡椒粉、味精、精盐烧开，用湿淀粉勾芡，轻轻烩匀，淋上芝麻油，撒上芫荽即成。

(五) 制作要领

此菜要突出脑花的白，胡椒粉要少放，否则，影响成色。

(六) 风味特点

羊脑白嫩，色彩分明，汤宽汁厚，口味鲜美。

(七) 知识拓展

烩是将几种原料混合在一起，加汤水用旺水或中火烧制成菜的烹调方法。烩制前原料须经刀工处理成大小相近的料形，并经焯水、过油等初步熟处理，个别鲜嫩易熟的原料也可生用。一般都在原料下锅前起油锅或用葱、姜炝锅，原料下锅后加水或汤，旺火烧煮，至汤汁见稠即可，有的须勾薄芡。成品特点是汤宽汁稠，口味鲜浓或香醇、软嫩等。烩制菜肴，主料有上浆和不上浆之分。凡生料经细加工后，需要上浆或经滑油后再以汤烩制；熟料则经细加工后，以汤直接烩制。烩菜的主料与汤的比例基本相等或略少于汤汁。烩菜汤汁较多，除了清汤烩菜不勾芡外，其他烩制菜肴一般均需勾芡，故勾芡是烩菜与其他汤菜不同的特征之一。在加热过程中，主料不可久煮，汤开即勾芡，芡汁要浓淡适宜，以保持主料质地鲜嫩和软滑。

"奶油葫芦头"：晋北家常菜。葫芦头，或称瓠头，并非葫芦，而是猪大肠的一段。此肠形似葫芦，故而得名。制法：①将猪大肠5副、心1副、肺1副、肚1个用温水洗净，依次下锅，先用旺火煮升，煮熟后用冷水浸泡；鸡宰杀，煺毛，去内脏，煮熟捞出；猪肝1副用清水煮0.5h捞出；猪腰子3对切成腰花。②把大肠、心、肺、肚、肝、鸡肉、鱿鱼、玉兰片等改好刀。③将肉汤、鸡汤每次以一碗或数碗，分别烩上大肠、心、肺、肚、腰、瘦肉、丸子、鱿鱼、玉兰片，配以葱段、面酱、辣子酱等上桌。

思 考 题

1. "三丁烩白云"的"三丁"是指哪三种原料？可否用其他原料代替，为什么？
2. 如何保证汤白如奶？

第三节 炸烹熘爆炒煎贴煸类菜品

一、金钱肉

（一）菜品简介

“金钱肉”是贵州名菜，它以猪肉为主料炸制而成，因其制成后每片都如古钱币形状而得名。

（二）烹调方法

炸。

（三）原料组成

主料：带皮净猪肥肉500g，瘦肉500g。

调辅料：精盐8g，酱油20g，姜末20g，葱花20g，花椒粉10g，植物油2000g（不耗油），芝麻油10g。

（四）制作过程

（1）将猪肥肉切成截面为5cm见方的块，下开水锅内煮透捞出，除去肉皮，用刀修成圆形，片成0.4cm厚的片。生猪瘦肉去筋，制成与肥肉大小相同的片，加精盐、酱油、姜末、葱花、花椒粉5g腌入味。再将肥瘦肉片交错重叠在一起，用竹签或铁签从圆片中间穿成串，两头穿上熟肉皮。

（2）炒锅置中火上，烧至180℃，用热油淋炸金钱肉串。淋熟后，将炸好的肉片扒散装盘，撒上花椒粉，淋上芝麻油即成。

（五）制作要领

（1）猪肥肉应煮熟至质硬，肥、瘦肉应制成大小一致的圆片。

（2）瘦肉片腌渍的时间要适中，以0.5h左右为宜。

（3）采用淋炸法炸制，在炸制过程中，如发现肉片串得过紧，可用手调整片与片之间的距离。

（六）风味特点

外沿色深，中心色浅，形似金钱，外酥内嫩，椒盐香味突出。

（七）知识拓展

炸是以多量食油旺火加热使原料成熟的烹调方法。成品特点是酥、脆、松、香。

炸法出现于青铜炊具诞生之后。唐代称炸法为油浴，如“油浴饼”。《卢氏杂说》上还记载了一个精于炸制槌子的尚食令的故事，所述炸制技术已很精湛。至宋代，炸法应用已较多见，如“油炸鲂鱼”、“油炸假河魨”、“油炸鱼茧儿”、“炸肚山药”等。此后，炸法成为主要烹饪方法之一。清代以前，用沸水焯水也称为炸。清人翟灏的《通俗编·

杂字》谓："今以食物纳油及汤中，一沸而现曰炸。"现今，炸法专指油炸。炸法根据所用的原料质地及其操作工艺的不同，可分为清炸、干炸、软炸、酥炸、卷炸、包炸、特殊炸等多种。

清炸是原料不经挂糊、上浆，码味后即投入油锅内炸制的方法。一般是先用165℃左右的油温把原料炸至八成熟捞出，再入255℃左右的热油中复炸一遍成熟，如山东"清炸大肠"、河南"炸八块"等。干炸是原料码味后经拍粉或挂糊，再入油锅炸制的方法，如江苏"干炸刀鱼"、北京"干炸里脊"等。软炸是将质嫩、形小的原料用调味品拌渍后，挂薄糊入油锅炸制的方法。通常是先用165℃左右的油温炸至断生后，再用225℃左右的热油复炸即出，如河南"软炸小鸡"、四川"软炸子盖"等。酥炸是把经调味后煮或蒸熟烂的原料挂全蛋糊（或不挂）用油炸制的方法。一般用195℃左右的油温，炸到外层呈深黄色并发酥为止，如江苏"香酥鸭子"、广东"酥炸胗肝"等。此外还有将原料拌渍后挂蛋泡糊的松炸，如"炸凤尾虾"；把加工成小形的原料用调味品拌渍后，再用其他原料（豆腐衣、蛋皮、猪网油等）包裹或卷起来的卷炸，如"炸春卷"；用无毒的玻璃纸包裹起来的纸包炸，如"纸包虾仁"等。下面介绍几例清炸菜肴：

"金钱鹿肉"：黑龙江传统名菜。制法：①将鹿肉1000g修切成厚0.8cm、直径4cm的圆片，肥肉修切成厚0.3cm、直径4cm的圆片。蘑菇均摘干净后，在菇中间修切出方眼孔。②把精盐4g、味精4g、绍酒8g、芹菜末25g、干淀粉10g放进鹿肉中拌匀，腌制3h。③每3片鹿肉、1片肥肉用竹签穿起来，共12串。④把精盐1g、味精1g加进鸡蓉中搅拌至起胶后，加入鸡蛋清和湿淀粉3g，继续搅拌均匀，然后酿进蘑菇方眼孔中，呈"金钱"形。⑤鹿肉串用中火蒸15min，鲜榆黄蘑用中火蒸5min至熟。⑥烧热锅，加入植物油烧至180℃，放入蒸好的鹿肉串炸至金黄色，捞起沥去油。⑦鹿肉串摆在盘中间，抽去竹签，四周摆上蒸好的"金钱"。⑧原锅把油倒回油盆后，溅入绍酒，加入汤水和精盐1g、味精0.5g，用湿淀粉勾芡，加尾油后淋在"金钱"上。

"脆皮炸大肠"：广州一道传统名菜，特别适于佐酒。制法：①将猪肠头500g洗净，用清水煲1h至烂，取出转放在白卤水中用微火卤制30min。②将麦芽糖10g、浙醋5g、绍酒5g、干淀粉3g置于盆内和匀成糖浆，把卤好的猪肠放到盆内，用糖浆涂匀猪肠表面，穿挂在叉烧环上，放通风处晾2h至干爽。③在沙锅内下油烧至150℃，放进晾干的猪肠，边炸边翻动，直炸至皮脆色大红，捞起沥去油。④原锅余少许底油，放入蒜蓉3g、辣椒末5g、葱末3g，略爆后加入糖醋，用湿淀粉勾芡，分盛两小碟作作料。⑤将炸好的肠头斜切成3cm长的菱形件，按原形排在碟上，即可跟糖醋芡上席。

"新奇橙花骨"：广东创新菜。制法：①将肋排骨斩成重约25g的日字形件，洗净，沥干水分，加入精盐5g、味精5g、小苏打2.5g、嫩肉粉3g、鸡蛋液75g、干淀粉30g、吉士粉1g，拌匀，放冰柜内腌制6h。②将鲜橙洗净，开边，切成薄片待用。③将排骨放到180℃的热油内，略炸后转150℃浸炸至熟，升高油温炸至金黄色，捞起，沥去油。④原锅留少许油，下橙花汁、一半鲜橙片和排骨，用湿淀粉勾芡，加包尾油后上碟，用余下鲜橙片伴边。

思考题

1. 此菜有何风味特点？

2. 制作此菜应注意什么问题？

3. 制“金钱鹿肉”穿鹿肉和肥肉时，为什么不要靠得太紧？炸鹿肉串时，为什么不能炸得太久？

4. 制“脆皮炸大肠”时加麦芽糖起什么作用？猪肠的外皮为什么能脆？

5. 制“新奇橙花骨”加吉士粉有何作用？

二、蒜 香 骨

（一）菜品简介

“蒜香骨”出现的时间不太长，但是它那浓浓的蒜香、酥脆的口感、新颖的食法颇得食家钟爱，直到现在仍十分受欢迎。“蒜香骨”是从“京都排骨”发展起来的。10多年前香港饮食市场上创出了“京都排骨”，给人以新颖的感觉。“京都排骨”新在何处？新在腌料上。以往腌制排骨只用姜、葱、绍酒、精盐、味精等，“京都排骨”用了多种原料，包括多种酱料，使其肉味十分浓郁，尤其是腌料中首次用了蒜蓉和吉士粉，使得排骨香气异常。但是调味过浓毕竟不合南方人习惯，吉士粉气味又过于怪异，于是腌料中的许多原料被淘汰，保留了蒜味。此外，京都骨封汁影响了酥脆感，为此，封汁程序被舍去，改进后的菜式就叫做“蒜香骨”。

（二）烹调方法

炸。

（三）原料组成

主料：肉排500g。

调辅料：鸡蛋液25g，面粉15g，干淀粉50g，植物油1500g，小苏打15g，蒜汁10g，白糖10g，精盐3g，味精5g，南乳10g，西芹汁8g，胡萝卜汁20g。

作料（可省去）：淮盐、喼汁各一小碟。

（四）制作过程

（1）将排骨斩成6cm长的段，并在其中一端1.5cm处用刀把肉削离骨枝，洗净，沥干水分。

（2）把小苏打放进排骨拌匀，腌1h后漂清水30min，用洁净毛巾吸干水分。

(3) 把蒜汁、白糖、精盐、味精、南乳、西芹汁、胡萝卜汁放进排骨拌匀，用保鲜盒装好，放进冰箱冷藏腌制10h。

(4) 取出排骨，加入鸡蛋液和面粉拌匀，然后在排骨表面沾上一层薄干淀粉。

(5) 在炒锅内加入植物油，烧至180℃，逐件放进排骨，放完后转130℃油温将排骨浸炸至熟透，最后略升高油温，待排骨表层酥脆后捞出，沥净油，逐件用锡箔纸包裹无肉的一端骨枝，放在碟内纸垫上排好，跟上作料上席。

(五) 制作要领

(1) 排骨宜选带肋骨的部位，其他部位留作他用。

(2) 由于腌制时间长，要注意腌制环境的温度，以防排骨变质。

(六) 风味特点

诱人的蒜香，金红的色泽，甘香的口味，外酥内嫩的口感，食后齿颊留香，回味无穷。

(七) 知识拓展

"蒜香骨"是一道干炸菜，下面再举两例：

"冬梨肉"：甘肃名菜，因形似冬梨，故而得名。制法：①将肥瘦肉各150g切成细末，加盐、姜末、葱、鸡蛋清搅匀，做成12个冬梨形的丸子。玉兰片切成3.3cm长的细条，作梨把。②鸡蛋黄加面粉、清水搅成糊状。③锅内加油烧至六成熟，将肉丸挂上糊，下油锅炸至浅黄色捞出。汤锅内加盐、酱油、白糖、醋，放丸子，烧约5min捞入盘内。菠菜洗净，切成3.3cm长的段，煸熟，拼在盘边，用汤勾薄芡，放味精，浇在丸子上即成。

"干炸果肉"：潮汕传统名菜。"干炸果肉"是热菜，可演变为"糖醋果肉"。制法：①猪肉、荸荠、糖冬瓜均切成丝。②把肉丝、荸荠丝、糖冬瓜丝、葱丝、姜丝、芝麻放在盆里，加入绍酒、精盐6g、味精5g、白糖5g、五香粉10g、芝麻油10g、芝麻酱25g、鸡蛋液30g、胡椒粉1g和干淀粉100g，把以上原料拌匀成馅料。③将网油洗净摊开，铺上馅料，然后卷成圆条形，直径约为2.5cm，用刀切成每段3cm的块，两端沾上淀粉。④炒锅置于炉上，加入植物油，烧至150℃时放进果肉块，浸炸至熟，升高油温后捞起，沥去油，整齐地排在碟上，伴上芫荽，跟上作料即可上席。

思考题

1. 两次腌制的作用是什么？
2. 此菜用各种汁来腌制有何意义？
3. 如何确保排骨软嫩不柴？
4. 制"冬梨肉"为什么要选用肥肉和瘦肉？

三、锅烧肘子

（一）菜品简介

“锅烧肘子”是山东传统名菜，在“锅烧肉”的基础上衍变而来。“锅烧肉”早在元代的古籍中就有记述，后逐渐改用猪肘子肉制作。需经煮、蒸、炸多道工序，两次改刀。本菜是一道热菜。

（二）烹调方法

炸。

（三）原料组成

主料：去骨带皮猪前肘 500g。

调辅料：精盐 3g，酱油 75g，甜面酱 25g，绍酒 50g，湿淀粉 200g，花椒盐 5g，葱段 100g，姜片 25g，鸡蛋 1 个，花生油 1000g（约耗 100g）。

（四）制作过程

（1）将猪肘放入水锅内，在旺火上煮透，取出洗净，切成 1.5cm 厚的大片，皮朝下摆入碗内，加酱油 50g、葱段 25g、姜片、绍酒 35g，入笼蒸 1h 取出沥汁。

（2）用湿淀粉、鸡蛋、绍酒 15g、酱油 25g 调和成糊。将一半糊摊在平盘内，把肘子皮朝下摆在糊的上面（保持肘子原形），再将剩余的糊均匀地倒在肘子上，将表面抹平。

（3）炒锅置旺火上，下花生油烧至 210℃时移到小火上。端起盛肘子的平盘，使盘接近油面，轻轻将肘子推入油锅，炸至稍硬时用手铲将肘子轻轻托起，将锅移至旺火上，当油温达到 240℃时，再移至微火上炸至肘子表面呈金黄色，用手铲翻面再炸，并用铁筷子戳几个小孔，以便炸透。当快炸好时，锅移旺火上，待油温升高后捞出沥油。

（4）将炸好的肘子切块摆入盘内呈马鞍形。将葱段一劈为四，再切成 3cm 长的段放一碟内；另一碟放入甜面酱、花椒盐，与猪肘一同上桌。

（五）制作要领

（1）糊应调制得干一些，以便能有效地将猪肘粘在一起。

（2）糊入平盘前，应在盘内抹一层油，便于滑入油锅。裹糊猪肘下锅炸时，动作要轻，不要弄散。

（3）采用旺火、微火、旺火几种火力交替炸制，既要炸透、炸酥，又要注意不要炸煳、少含油。

（六）风味特点

色泽金黄，外酥里嫩，干香味鲜，肥而不腻，上席时外带葱段、甜面酱、花椒盐等调料以荷叶饼卷食，则又是一番风味。

（七）知识拓展

下面再举两例酥炸菜：

“酥炸春花肉”：山东烟台蓬莱饭店的传统名菜。制法：①将鸡蛋3个磕入碗内，加精盐2g、湿淀粉10g、清汤50g搅匀，在锅中摊成3张蛋皮。②每张蛋皮切成大小相等的块，共计21块。里脊肉150g切成5cm长、0.2cm粗的丝。③将面粉40g同老酵面加水搅匀，再加15g熟猪油、食用碱，调成发酵糊。④炒锅置中火上，下熟猪油25g，烧热后放入葱、姜丝煸香，再下入肉丝、荠菜、冬笋丝、冬菇丝、木耳丝、酱油略炒，随后加入清汤150g、精盐2g、味精、绍酒，烧开后用湿淀粉勾芡，加芝麻油盛出为馅。⑤将面粉10g加水调成糊，再将炒好的馅料分别放在21张蛋皮上，逐个卷成食指粗的卷，用面糊黏住口。⑥炒锅置旺火上，下熟猪油烧至240℃时，将蛋卷逐个沾匀发酵糊，下锅炸熟，呈金黄色时捞出沥油，外带花椒盐上桌佐食。

“炸紫酥肉”：河南传统名菜，又称“小烧烤”。相传为清末开封府皇差局的管厨（即厨师长）孙可发所创制。制法：①将硬猪肋肉750g切成6.6cm宽的条，入汤锅用旺火煮透后片去肉皮厚度的2/3，放盆中加精盐、绍酒、味精、葱片、姜片、花椒、八角、水，腌2h。②将腌过的猪肋肉上笼用旺火蒸至八成熟取出。③炒锅置旺火上，下花生油烧至150℃时，将晾凉后的猪肋肉下油中浸炸约10min捞出；在肉皮上抹一层醋，然后用210～240℃的油将肉炸酥，至内皮呈棕黄色捞出。④将炸好的肉切成约0.2cm厚的片，装盘。上菜时随带甜面酱、葱段。

思考题

1. 制作此菜的糊应注意什么问题？
2. 如何调节火候，使此菜具有外酥里嫩的特点？
3. 发酵糊有何特点？
4. “炸紫酥肉”经煮、蒸、炸多道工序，各工序分别起什么作用？

四、河西酥羊

（一）菜品简介

“河西酥羊”是古凉州、甘州、肃州、敦煌一带的一道传统佳肴，相传始于明代洪武年间长城的终点——嘉峪关。嘉峪关气势雄伟，巍峨壮观，世称“天下雄关”。相传在修筑城墙、城垛时请了一个会算的工匠，名叫易开占，此人不论用工还是用料都十分节省。负责承修嘉峪关的监事官名叫张不信，他根本不相信易开占有这么大的能耐。有一次，两人打赌，易开占说：“老爷在上，我可以夸个海口，保证修城墙的砖不多一块。”张不信斗气说：“你干脆多出来一块吧！这一块砖，我给你永远放在重关的小楼上，为你扬名，怎么样？”结果易开占赢了。修完嘉峪关后一查，建筑所用的砖刚好多出来一块，这一块砖至今还放在重关的小楼上。当地老百姓为庆祝雄关的落成，用精湛的技艺烹以鲜美的羊肉，款待易开占，创造了风味独特的“河西酥羊”。

（二）烹调方法

炸。

（三）原料组成

主料：阉羊前腱肉1副。

配料：鸡蛋4个。

调辅料：熟猪油750g，淀粉10g，面粉25g，葱段25g，老姜片25g，花椒5g，独头蒜1个，酱油50g，精盐3g，绍酒50g，草果2个，甜面酱2碟，椒盐、芫荽各1碟。

（四）制作过程

（1）把羊肉剔骨，用凉水漂洗干净，入锅煮沸，煮至三成熟时捞起，晾凉，改成10cm见方的大块，装大碗内压上葱段、老姜片、草果、蒜、酱油、绍酒、盐，浇羊肉汤200g，上笼蒸约20min。

（2）鸡蛋打入碗内，加淀粉10g、面粉25g、熟猪油25g，搅拌成糊。

（3）锅置火上，加熟猪油烧热，然后用笼蒸好的羊肉逐块沾上蛋糊，下油锅炸至金黄色，改成块，入盘中，配甜面酱、椒盐、芫荽碟上桌。

（五）制作要领

油炸时，温度不宜过高，应采用酥炸的方法。

（六）风味特点

色泽金黄，味透酥香。

（七）知识拓展

中国食用羊肉，古已有之。新石器时代仰韶、龙山文化遗址中都曾发掘出羊骨。距今3000年前后的殷商甲骨文记述祭祀用羊曰“少牢”。《周礼·天官》篇所载“八珍”中，捣珍、渍均用羊肉烹制而成。不过，西周时期，羊仅限于士大夫阶段享用，至春秋战国时期才成为人们普遍的肉食。秦汉时供人们食用的养羊业得到很大发展，羊肉名馔大量涌现。北魏《齐民要术》中以羊肉、羊蹄、羊肠、羊肚、羊肝等烹制的名馔就近10种。唐宋时期，随着烹调方法的改进提高，不仅出现了“殁忽羊羹”、“天真羊脍”、“于阗全蒸羊”以及用羊、鹿舌各半烹制的“升平炙”，而且还出现了用羊肉（或兔肉）涮着吃的“拨霞供”，开当今涮羊肉之先河。元代，随着蒙古族统一中国，蒙古肥尾绵羊南迁，羊肉名馔更加丰富多彩，忽思慧《饮膳正要》记载的“聚珍异馔”共94款，其中以羊肉为主料或配料的就达73款。明清以来，特别是清真菜，以羊肉为原料的肴馔更向精细方向发展。目前，中国能用羊的各个部位做出千余款风味各异的肴馔来。再举两例酥炸菜：

“大炸羊”：内蒙古名菜，因将羊肉切成大片而得名。此菜在内蒙古广为流传，大小餐馆及家庭均常制作。制法：①将羊肉切成1cm厚的大片，入炒锅，加鲜汤、酱油、味精、葱、姜、蒜、小茴香上火㸆入味，捞出沥干水分。②鸡蛋加湿淀粉、芝麻油 10g 调成糊。③炒锅置中火上，下植物油烧至 180℃时，将羊肉逐片沾匀糊，下油中炸至金黄色捞出，切成 5cm 长、1cm 宽的肉条码入盘内，淋上芝麻油，带胡椒盐一同上桌。

“锅烧牛肉”：西北名菜。制法：①把牛肉洗净，投入锅内煮熟捞出，改刀成 0.8cm 厚、4cm 宽、6cm 长的片，放入盘内，加入酱油、花椒粉，将葱白切成段，大蒜、生姜拍松放在牛肉上面，然后入笼蒸 20min 取出，滗去汤汁，拣去葱、姜、蒜待用。②将鸡蛋清打入盘内，掸泡，加入湿淀粉、面粉，搅拌均匀待用。③锅置火上，倒入植物油烧热，将牛肉沾挂上鸡蛋清糊，逐片下入油锅，直到收身捞出。待油温再升高时，再将炸过的牛肉片投入油锅内，复炸一次，使其色呈金黄色时再滗油，然后将牛肉改切成条，摆放盘内，随同椒盐上桌即食。

思考题

1. 如何烹制才能体现羊肉的酥香？

2. 什么是“锅烧法”？

五、紫果羊肝

（一）菜品简介

羊肝早就为古人所喜食。《盐铁论·散不足》、《礼记·内则》等古文献中就有记载。“紫果羊肝”是一道传统的地方名菜，它选用新鲜羯羊肝，因这种羊肝上有指甲盖大的一块紫斑，形状似果而得名。

（二）烹调方法

炸。

（三）原料组成

主料：羯羊肝 300g。

配料：羊网油 200g，鸡蛋清 3 个。

调辅料：湿淀粉 40g，植物油 500g（耗 100g），精盐 2g，绍酒 25g，葱丝 25g，姜片 5g，胡椒粉少许，芝麻油 25g，椒盐少许。

（四）制作过程

（1）将羊肝洗净，去筋膜，用刀切成丝，加入精盐、葱丝、姜丝、胡椒粉、绍酒拌匀。

（2）将网油用温水洗净，揩干水分，用湿淀粉制成糊；然后将网油铺在案板上，抹上淀粉糊，把切好的肝丝放在上面，卷成 1.6cm 粗的条，上笼蒸 3min 取出。

（3）将鸡蛋清打泡，加入湿淀粉、面粉，制成高丽糊。将蒸好的羊肝卷挂上糊。

(4) 锅置火上，加油烧至滚热，下羊肝卷炸至金黄色时捞出，淋芝麻油，改刀盛盆，加椒盐、蒜片和芫荽上桌。

(五) 制作要领

(1) 在裹羊肝丝时一定要裹紧，封口处要用湿淀粉粘一下。

(2) 油炸时一般要炸两次，第一次定型，第二次炸熟。

(六) 风味特点

色泽红黄，皮酥质嫩，口味独特。

(七) 知识拓展

“核桃丸子”：西北名菜。制法：①将猪瘦肉 250g 剁细，拌入蛋黄，加盐、味精、姜末、湿淀粉拌匀；核桃取仁，去膜剁碎；虾米用开水泡软，剁细；火腿切成末；将核桃仁、虾米、火腿混合，加盐、味精、芝麻油，拌成馅。②鸡蛋清加水、淀粉搅成糊。③用猪肉泥作皮，包入核桃仁馅，捏成核桃般大小的圆球。④锅内加油烧热，将包馅的小圆球蘸上蛋糊，下锅炸两次至金黄色捞出，淋上芝麻油装盘，盘边摆上花椒盐上桌。

“佛手排骨”：潮汕传统名菜，因排骨造型像握拳的佛手而得名。此菜可演变为“酸甜佛手排骨”、“芝麻佛手排骨”、“茄汁佛手排骨”等等。制法：①把排骨斩成 7cm 长，共 20 根，把每根排骨 4/5 的肉用刀刮向一端，并用刀在肉上剁松肉筋，拌入露酒 10g、生抽 10g、味精 2g，腌制 15min。②把瘦猪肉、虾肉、方鱼分别剁成蓉，加入精盐 10g、味精 6g、川椒末 1g、芝麻油 5g 拌匀，再加入淀粉拌匀。肥猪肉、荸荠、红辣椒分别切成细粒，葱切成葱花，均拌进肉蓉中，拌匀成肉馅。③先将排骨的肉卷起，然后把肉馅镶在排骨肉上，捏圆，使其成佛手握拳状，沾上面粉，压实，保持骨枝洁净。④把鸡蛋磕开，打散。炒锅内放油，烧至 150℃时，每枝佛手骨蘸过蛋液后放进油锅内炸至熟，捞起，沥油，放在有花纸垫底的碟上，排好形，跟作料上席。

思 考 题

1. 制作此菜时要掌握哪些关键？

2. 制“佛手排骨”时为什么馅料中有的原料剁成蓉，有的则切成粒？炸制前为什么要先沾上面粉再蘸蛋液？

六、油 泡 雪 衣

(一) 菜品简介

“雪衣”即爽肚片，取猪肚最厚肉部位——猪肚蒂铲去内衣后斜刀切片而得。由于该部位十分爽脆，故称爽肚。又由于其色泽洁白，所以又叫“雪衣”。“油泡雪衣”主料虽取自猪肚，但由于其口感爽脆，色泽高雅，因而常常用于高档筵席的热荤菜，堪称粗料精制的典范。广州南园酒家名厨谭发新烹制的“油泡雪衣”功夫最到家。

（二）烹调方法

油泡。

（三）原料组成

主料：猪肚蒂3个（约1200g）。

调辅料：a. 绍酒5g，植物油1000g。b. 小苏打3g，精盐3g，味精2g，干淀粉10g。c. 姜花5g，青葱5g。d. 芡汤（一种复合制调味品，它由一定比例的盐、糖、味精溶于定量的汤水中制成）35g，精盐1g，味精1g，胡椒粉0.5g，芝麻油0.5g，湿淀粉10g。

（四）制作过程

（1）将猪肚蒂切开，使其由杯形成为三角片形。用刀铲去内衣（即猪肚内膜）和表面肥油，然后用斜刀法将净精肚蒂横片成厚0.1cm、宽3cm的片状，放在清水中漂浸20min。

（2）捞起肚片，用干洁毛巾吸干其水分，加入调料b拌匀，腌制60min。

（3）将调料d全部放在芡碗内和匀，调成芡汁。

（4）在炒锅内烧一锅清水，约1500g，水开后把腌好的肚片撒落在水中，用漏勺把爽肚片搅散后便捞起，沥净水分。

（5）洗净炒锅，烧热后下植物油，烧至130℃时放入肚片泡油30秒，即沥去油。

（6）刮净原锅余油，放进调料c、肚片，烹入绍酒，调入芡汁，迅速炒匀，加包尾油后即可上碟。

（五）制作要领

（1）猪肚蒂铲去内衣后，若有留下的筋膜也要铲净。

（2）肚片要片切得均匀，厚度合适。

（3）腌制前要吸干肚片的水分，腌制时要冷藏。

（4）焯水、泡油动作要快，时间不能长。

（六）风味特点

菜品色泽洁白，点缀几段青葱与姜花，十分高雅，芡汁均匀油亮，口感鲜爽脆嫩，味道可口，食而不厌。

思 考 题

1. 为什么要铲去猪肚蒂的内衣及筋膜？内衣可作何用？
2. 为什么要控制好加热时间？

七、炸 牛 奶

（一）菜品简介

广东人喜欢在吃的方面出新招，以前创出“大良炒牛奶”已使人感到惊异，1976年前后，牛奶品质优良的广东顺德又推出了“炸牛奶”。此菜外皮酥脆，内软滑清香，很快被广大食客接受，成为一道新名菜。

（二）烹调方法

炸。

（三）原料组成

主料：鲜牛奶500g。

配料：脆浆300g。

调辅料：鹰粟粉75g，白糖125g，椰糠25g，牛油100g，花生油1000g。

（四）制作过程

（1）先用100g牛奶与鹰粟粉调匀，然后加入全部牛奶、白糖、椰糠搅匀，放在一铝盆内，把铝盆放在沸水锅内，隔水煮牛奶，边煮边搅动，直至成糊状。

（2）取一个铝方盆，涂上牛油，然后倒进奶糊，入蒸笼蒸熟，取出晾凉后，放到冰箱中冷冻至硬。

（3）将奶糕切成5cm×2cm的长方形块或菱形块，沾上脆浆放进180℃热油中炸至松脆、色泽浅金黄便可捞起，放在有纸垫的碟上便可。

（五）制作要领

（1）煮牛奶前，鹰粟粉、白糖要先搅匀。

（2）奶糕要放凉后才可入冰箱。

（3）脆浆要预先调好。

（4）奶件不要沾太厚的脆浆。

（六）风味特点

色泽浅金黄，成型整齐起发好，外皮松脆，内馅嫩滑，奶香浓郁。

思考题

1. 为什么要先用少量牛奶调开鹰粟粉？
2. 为什么奶件挂浆不要太厚？
3. 此菜油温应如何控制？

八、糖醋咕噜肉

（一）菜品简介

“糖醋咕噜肉”又名“古老肉”，是广东尽人皆知的一道传统名菜。此菜始于清代。当时广州的许多外国人都非常喜欢食用中国菜，尤其喜欢吃“糖醋排骨”，但是他们不习惯吃带骨的排骨，于是广东厨师便改排骨为五花肉，用原方法烹制成菜。此菜因不需吐骨，咀嚼后可咕噜地吞下去，所以就被形象地称为“咕噜肉”。由于此菜历史长，故又有人称它为“古老肉”。

（二）烹调方法

熘。

（三）原料

主料：去皮五花肉300g。

配料：熟笋肉150g（可用菠萝、酸萝卜等代替）。

调辅料：a. 鸡蛋液30g，湿淀粉40g，干淀粉100g，植物油1000g，精盐3g。b. 蒜蓉3g，辣椒块15g，葱段5g。c. 糖醋——调制糖醋有多种配方，以下是其中之一。白醋500g，白糖300g，精盐19g，茄汁35g，喼汁35g，将以上原料和匀溶化便得糖醋。

（四）制作过程

（1）将笋肉切成菱形块，用清水滚过待用。

（2）把五花肉片切成1.5cm厚片，并在肉面上浅浅剞上横竖花纹，然后切成2cm宽的条，再斜切成菱形，长3cm。洗净，沥净水，加入精盐拌匀。

（3）把肉块放碗里，加入湿淀粉30g拌匀，加入鸡蛋液拌匀，然后沾上干淀粉。

（4）在炒锅内加入植物油，烧至180℃，逐块放进已上粉的肉块，转慢火浸炸2min。升高油温后，捞出肉块，放进笋块炸1min，捞起，再放进肉块炸1min捞起，沥去油。

（5）原锅留少许底油，放进调料b，再放入糖醋，用湿淀粉勾芡，然后放入肉块和笋块迅速拌炒至芡均匀，加包尾油后即可上碟。

（五）制作要领

（1）肉块上粉后要摊开，不要堆在一块。

（2）下锅时油温要高，下锅后要降温浸炸。

（3）肉块应返炸才脆。

（4）应勾芡后才下肉块。下肉块炒匀即上碟，时间不宜长。

（六）风味特点

菜品色泽大红，滋味香脆，酸甜可口，略带微辣，芡汁紧裹油亮。

（七）知识拓展

“酸辣里脊”：西北名菜。制法：①将里脊肉250g除去筋膜，改刀为1.5cm大小的方丁，加熟猪油10g、酱油5g、姜末和花椒各少许，用湿淀粉200g搅拌成硬糊状。②用湿淀粉25g，加肉汤或水100g、盐2g、酱油20g，对成芡汁。葱白切马耳朵形，蒜切片，辣椒切成丝待用。③炒锅置火上，加熟猪油1000g，油温烧至六成热时，将拌好的里脊分散投入，炸至熟透，捞出。锅内留油50g，将辣椒丝、葱、蒜入锅，并用醋30g炝，然后将对好的芡汁倒入，待烹透后，加油5g，再将炸好的里脊倒入锅内，颠翻几下，使里脊全沾上芡汁即可盛盘上桌。

“鹅黄肉”：并非是用鹅肉制成的，而是因菜肴成菜后的形态、色泽与鹅掌相似而得名。制法：①猪肉剁细，姜、蒜切末，葱切成葱花状。②鸡蛋3个打破，倒在碗中加少许湿淀粉调匀，然后在锅内摊成蛋皮两张；肉末、绍酒、精盐、酱油、姜末5g、葱花5g、豆粉30g、胡椒粉、鸡蛋1个搅拌均匀成馅。③将蛋皮铺开，全部抹上蛋清、豆粉，将肉馅裹成6条蛋卷，用手拍成9.9cm长、2cm厚的扁形卷，用刀在蛋卷的半面切成丝，另半面不切，然后再按3.3cm的距离切成30段。④炒锅置旺火上，下菜子油烧热，放入切好的蛋卷在油锅中炸熟，捞起入盘，锅内留油约10g，放入姜、蒜末、泡辣椒，再烹入白糖、醋、味精、酱油，下湿淀粉，加明油，淋在蛋卷上即可。

思考题

1. 肉块表面为什么要剞上花纹？
2. 为什么勾芡后才下炸好的肉块？
3. 制“酸辣里脊”为什么要选用里脊肉？选用其他部位的肉行不行？为什么？

九、熘腰花

（一）菜品简介

“熘腰花”是河北名菜，以猪腰子为主料熘制而成。中医认为，猪腰子性平味咸，有助于补肾，治腰脊疼痛、身面水肿、遗精盗汗。“熘腰花”是一道热菜。

（二）烹调方法

熘。

（三）原料组成

主料：猪腰子200g。

配料：油菜心25g，玉兰片20g。

调辅料：精盐1.5g，酱油15g，醋10g，葱2.5g，生姜2g，蒜2g，湿淀粉50g，芝麻油15g，花生油1000g（约耗50g）。

（四）制作过程

（1）将猪腰子从中间剖开，去净腰臊，剞上麦穗花刀，改成长形块。玉兰片切成薄片。猪腰用水漂后加精盐1g、湿淀粉30g上浆。

（2）炒锅置于旺火上，下花生油烧至200℃左右时下腰花，迅速拨散，然后把腰花倒入漏勺中沥油。

（3）炒锅内留油20g，上葱、姜、蒜煸香，再放入菜心、玉兰片煸炒，下腰花，加醋、酱油、精盐、芝麻油，用湿淀粉勾芡，炒匀装盘即成。

（五）制作要领

（1）打花刀时下刀要均匀一致，深度为原料的2/3～4/5，不要剞破。

（2）过油时油温要高，速度要快。熘制时动作要迅速，这样才能保持腰花脆嫩。

（六）风味特点

质地脆嫩，形似麦穗，芡汁紧裹腰花，味咸鲜微酸。

（七）知识拓展

熘是将烹制好的熘汁浇淋在预熟好的主料上，或把主料投入熘汁中快速翻拌均匀成菜的烹调方法。适用于新鲜的鸡、鸭、鱼、肉、蛋，以及质脆鲜嫩的蔬菜等原料。常用过油、汽蒸、焯水等法做初步熟处理，多旺火加热，快速操作，以保持主料酥脆或滑软或鲜嫩等的口感特点。

熘法由南北朝时期的“白菹”和“臆鱼”法演化而来。宋元时期的“醋鱼”为后来的熘法奠定了制作基础。明清时期始称“搂”或“熘”，如“醋搂鱼”、“醋熘鱼”等。

根据加工方法及成菜风味的不同，熘法可分为焦熘、滑熘、软熘等。焦熘为主料码味后挂糊，下油锅炸至外部酥脆、内部软嫩，再将熘汁浇淋在主料上，或者与主料一起迅速翻拌均匀成菜的方法，如江苏“松鼠鳜鱼”、广东“糖醋咕噜肉”等。滑熘为主料上浆后用温油或沸水滑透，再与熘汁一起翻拌成菜的方法。成菜滑嫩鲜香，如河南“滑熘鱼片”、山东“滑熘里脊”等。软熘为主料直接在温油中浸炸，或蒸、烫、氽、煮至熟。根据不同菜肴的要求，或将烹制的熘汁与主料翻拌在一起，或浇淋在主料上面而成菜。成品具有软嫩如豆腐的特点，如浙江“西湖醋鱼”、河南“软熘鲤鱼”等。

思 考 题

1. 此菜有何风味特点？
2. 制作此菜要注意什么问题？

十、火爆燎肉

（一）菜品简介

“火爆燎肉”是山东名菜，用猪肉片在热油沸腾时形成的火苗中爆燎而成。其烹制方法称为“火爆”或“火燎”，此法需旺火热油，锅内油料引燃，火苗升起后投入主料，迅速爆炒，观其景、品其味，别有情趣。

（二）烹调方法

爆。

（三）原料组成

主料：猪臀尖肉400g。

调辅料：甜面酱 40g，酱油 10g，绍酒 15g，葱丝 25g，葱白 50g，姜丝 1g，蒜片 1g，芝麻油 10g，花生油 125g。

（四）制作过程

（1）将猪肉切成 4.5cm 长、2.5cm 宽、0.2cm 厚的片。

（2）将肉片放入碗内，加葱丝、姜丝、蒜片、酱油、甜面酱 15g、芝麻油、绍酒一起拌匀浸渍 10min。

（3）炒锅置旺火上，下花生油烧至极热，倒入腌渍好的肉片，此时火苗沿锅边升起，引燃锅里的油，火苗高达 0.6m 多，用手勺急速煸炒，同时颠翻炒锅，使肉片在热油中半炒半燎约 1min 盛入盘内。

（五）制作要领

（1）猪肉片所腌的时间要适中，以 10min 左右为宜，时间过长过短均有损风味形成。

（2）用油火爆肉片时，应火旺、油温高，采用半炒半燎法使肉片成熟。

（六）风味特点

成菜颜色紫红，香嫩味美，略带燎焦味，用大葱白、甜面酱佐食，风味尤美。

（七）知识拓展

爆法由宋代的“爆肉”和“暴齑”演变而来。明代始见油爆，如“油爆猪”、“油爆鸡”。清代出现焯水、油炸、爆制的操作工序，如“爆肚”。由于两宋时期制作“肉生”曾出现“爆炒”一词，所以从明代起也有把油爆叫做爆炒或生爆的。元代出现汤爆，如“汤肚”、“腰肚双脆”。清代出现水爆。汤爆和水爆又都是借用“爆”的快速操作和快速成熟而得名。现代爆法根据传热介质的不同，一般分为油爆、汤爆两类。

油爆有两种方法：一是主料不上浆，先在沸水中稍汆，再在 255℃左右的油中速炸，然后急炒成菜的方法。北京、山东、东北等地多用此法，如“油爆肚仁”、“油爆鸡胗”。也有不经水汆而直接将主料速炸后而急爆的，如福建的“油爆海螺”、上海的“油爆生肠”等。二是主料上一层薄浆，用 165℃左右的油滑透再急炒成菜的方法。河南、陕西、浙江、江苏、福建等地都用此法，如“油爆双脆”、“油爆肚尖”等。原料如不经初步熟处理而直接爆制，即为生爆。当使用沸点的油温，油面燃烧呈现飞火时，就在火焰中爆炒，称为火爆，如山东的“火爆燎肉”、四川的“火爆腰花”。为了快速操作，一般先将所需要的调味料、清汤和湿淀粉放在一起对汁，一次放入锅内，与主料、配料快速颠翻均匀成菜。由于调味料的不同，油爆又派生了葱爆、芫爆、酱爆、糟爆、姜爆、盐爆等法。汤爆与汆类似，把加工成花刀块或薄片的主料在沸汤中快速焯至断生后捞入碗内，另外用相当于两倍主料体积的沸汤进行调味，盛入主料碗内而成菜。也有将胡椒面、葱椒泥、芫荽分别盛装上桌，由食者自选调味，如河南、山东、陕西、云南等地的“汤爆肚”、“汤爆双脆”等。如将主料在沸水中急焯后装盘或捞入凉开水中快速降温后再捞入盘内，然后与配料和调味料同时上桌，由食者自行对汁蘸食的，称为水爆，如“爆肚”。下面介绍“火爆腰花”的制法：

“火爆腰花”又名“凤尾腰花”，因猪腰经刀工处理后形似凤凰的尾羽而得名，四川名菜。制法：①猪腰2个（约250g）撕去膜，洗净，一剖为二，片去腰臊，先用斜刀法按0.6cm的间隔剞刀片，再将猪腰换个方向用直刀法垂直于已剞花纹，三刀一断，切成宽约1.3cm的长条，放一碗内；干木耳用水浸泡，涨发后去蒂淘洗干净，滴干水分；葱白切马耳朵形；泡红辣椒也切马耳朵形并淘洗干净；豆尖淘洗干净，滴干水分。②猪腰码上绍酒、精盐、湿淀粉。另备一碗，碗内放胡椒粉、酱油、白糖、味精、冷鲜汤、湿淀粉，搅和均匀。③炒锅置旺火上，下混合油烧热，倒入腰花、姜片、蒜片合炒，待炒散时即下木耳、豆尖、马耳葱，炒断生时倒入芡汁，收汁起锅即成。

思 考 题

1. 此菜的风味有何独到之处？
2. 制作此菜时应注意什么问题？
3. 炒腰花时为什么要求急火快炒？
4. 为什么腰花在码芡时，芡汁浓度要薄一些，而勾芡时却要浓一些？

十一、油爆肚仁

（一）菜品简介

西北厨师素以烹制牛羊肉见长，“肚仁”即羊下水的肚领，用肚领烹制菜肴，对其刀工、火候、勾芡、操作等要求都比较高。先将肚领用开水氽一下，使其紧缩发脆，除去腥腻，肚领要切得厚薄均匀，大小一致，油温、火候要恰到好处。芡汁不宜太多，以裹住原料为度。

（二）烹调方法

爆。

（三）原料组成

主料：羊肚领400g。

配料：酱笋25g。

调辅料：湿淀粉40g，植物油500g（耗100g），精盐2g，葱末25g，绍酒25g，姜末2g，蒜末10g，胡椒粉1g，味精2g，肉汤150g。

（四）制作过程

（1）将羊肚领用碱水反复揉搓洗净，撕去筋皮，改刀切成1.3cm见方的块，用凉水浸泡待用。

（2）酱笋切成末，用肉汤150g，加精盐、绍酒、味精、胡椒粉、湿淀粉对成芡汁待用。

（3）锅内加油，烧热，将切好的肚仁先置漏勺中，在开水中筛烫后，沥水投入油锅，炸熟即捞出。随即将锅内油倒出，留少许底油，再将锅置火上，先用葱、姜、蒜末炝锅，再投入炸好的肚块，倒入调味芡汁，颠翻数下即成。

（五）制作要领

（1）油温不能过低，芡汁不能过稀。

（2）炒菜时动作要快，时间要短。

（六）风味特点

旺油包汁，色泽美观，质地脆嫩。

（七）知识拓展

“油爆驼峰”：甘肃名菜，驼峰为古代“八珍”之一。“油爆驼峰”是晋隆安西凉王李嵩离开敦煌居酒泉时，酒泉厨师为他烹制的一道佳肴，距今已有1600年的历史。制法：①将驼峰1250g用温水泡6h，修去杂物，洗净，放锅内煮3h，捞出洗净，切成1cm厚的片，两面剞上直花刀，再改成1cm见方的丁。放开水锅内，加绍酒25g汆两次，捞出沥干水分，加20g淀粉拌匀。②芫荽择洗干净，切成0.66cm长的段。红酱油、味精、精盐、胡椒粉、淀粉、肉汤150g对成汁。③锅内加油烧热，将驼峰下入，滑散倒入漏勺内控油。锅内留油50g，放葱、姜、蒜炝锅，倒入芡汁爆起，倒驼峰颠匀盛盘中，撒芫荽即成。

“红白腰花”：云南名菜，此菜为昆明海棠春、三合楼的看家菜。海棠春创办于20世纪20年代，于1949年关店。1950～1953年，由原在此店的罗富贵、解德坤、赵掉揖合开三合楼，此菜仍为拳头菜品。制法：①将猪肚头300g剞上斜十字花，再切成3cm见方的块，入碱水浸泡2h，换水除净碱。猪腰300g去腰臊，改刀同猪肚，用清水漂洗除去异味。葱切马蹄形。姜切成指甲片大小。②炒锅置旺火上，下清水烧沸，倒入肚头稍汆捞出，用净毛巾搌去水分。炒锅置旺火上，下猪油烧至180℃时，下肚头过油捞出；腰花沥去水后，用精盐5g、绍酒拌匀，下入180℃的油中过油捞出。③炒锅置旺火上，下猪油20g，下葱煸香，下姜、茭瓜、肚头、腰花、精盐、味精，烧沸后用湿淀粉勾芡，颠锅拌匀，淋上芝麻油装盘。

思考题

1. 什么是油爆？用此法烹制菜肴时应注意哪些要点？
2. 驼峰为什么要事先用开水汆两次？
3. 除去猪肚头、猪腰子的异味时应注意什么问题？

十二、酱爆羊肉

（一）菜品简介

“酱爆羊肉”为甘肃武威厨师陈永亭所创。相传1941年，我国国画巨匠张大千先生在前往举世闻名的敦煌莫高窟途中，客居古城武威。在款待大千先生时，素以烹制羊肉闻名的厨师陈永亭，为适应南方人之口味，选当地质地细嫩的羊肉，用甜面酱爆制，旺油包汁，汁包其肉，色、香、味、形俱佳。大千连声称赞，从此“酱爆羊肉”遐迩闻名。

（二）烹调方法

爆。

（三）原料组成

主料：羊肉350g。

调辅料：甜面酱50g，鸡蛋清1个，湿淀粉50g，植物油500g（耗100g），葱50g，精盐2g，酱油25g，姜2g，芝麻油25g，绍酒25g，白糖15g，味精2g，蒜4g。

（四）制作过程

（1）将羊肉洗净，改刀切成3.3cm长、1.6cm宽、0.33cm厚的肉片，装于碗中，加入精盐、酱油、鸡蛋清，用湿淀粉拌匀上浆。葱洗净，剖两半，切成葱段；姜洗净，切末；蒜剥去皮，洗净切片。

（2）炒锅置旺火上烧热，用植物油少许滑锅后，加油烧至四成热时，将羊肉投入锅内滑散，再倒入漏勺控油。锅内留油约50g，加甜酱炒出香味，加汤50g和绍酒、白糖，投入葱段、姜末、蒜片，稍炒，然后加入肉片，使酱汁紧包肉片，淋芝麻油即成。

（五）制作要领

（1）羊肉过油时，油温不宜过高。

（2）甜面酱一定要事先炒香后再放调料。

（六）风味特点

色如红枣，咸中带甜。

思考题

“酱爆羊肉”与“葱爆羊肉”的不同之处是什么？

十三、生爆盐煎肉

（一）菜品简介

“生爆盐煎肉”又名“生爆肉”或“盐煎肉”，是川菜中一道极有特色的菜肴，其名气仅次于“回锅肉”。菜品红绿相间，蒜苗飘香，诱人下箸，备受食客推崇。

(二) 烹调方法

爆。

(三) 原料组成

主料：猪后腿肉 250g。

配料：蒜苗 100g。

调辅料：混合油 100g，郫县豆瓣 25g，精盐 2g，豆豉 10g，绍酒 10g，老姜 2g，白糖 5g，味精少量。

(四) 制作过程

(1) 猪肉洗净去皮切成约 4.9cm 长、0.3cm 厚的片；蒜苗洗净切成马耳朵形；老姜切成指甲片状；豆瓣剁细。

(2) 炒锅置旺火上，下油烧热，放入生肉片、姜片煸炒至吐油时，烹入绍酒，下豆豉、白糖、精盐、豆瓣炒上色，再放入蒜苗，炒至断生，放入味精推转起锅即可。

(五) 制作要领

(1) 猪肉要选用肥瘦相连的，并且要求肥三瘦七。

(2) 在煎炒时一定要炒至吐油，再放调料。

(3) 蒜苗数量要少，一定要滴干水分再下锅。

(六) 风味特点

红绿相间，微辣清香。

思考题

此菜与“回锅肉”有什么不同?

十四、鱼香肉丝

(一) 菜品简介

鱼香味是四川特有风味，因采用四川民间独具特色的烹鱼调味方法，故而得名。其特点为咸、甜、酸、辣兼备，姜、葱、蒜香浓郁，以泡红辣椒、精盐、白糖、醋、姜末、蒜末、葱花等调味而成，有“吃鱼而不见其鱼”之说。

(二) 烹调方法

炒。

(三) 原料组成

主料：猪肥瘦肉 200g。

配料：水发木耳 50g，水发玉兰片 50g。

调辅料：葱花 15g，蒜末 20g，泡红辣椒 30g，精盐 4g，醋 10g，白糖 10g，酱油

15g，湿淀粉 30g，味精 2g，鲜汤 40g，姜末 20g，绍酒 5g，混合油 75g。

（四）制作过程

（1）猪肉切成两粗丝；姜切成细末；泡红辣椒剁细；水发木耳、水发玉兰片切成细丝。

（2）在切好的肉丝里放入绍酒、精盐、湿淀粉拌匀，将白糖、醋、酱油、湿淀粉、鲜汤、味精对成芡汁。炒锅放火上，放入混合油烧热，下肉丝快速炒散，即下泡红辣椒、姜、蒜末炒香，加入玉兰片丝、木耳丝，倒入对好的芡汁，推转炒匀收汁亮油，撒上葱花起锅即可。

（五）制作要领

（1）泡红辣椒的量要掌握好，不能过少或过多，否则影响色泽。

（2）糖、醋的比例要恰当，酸味要大于甜味。

（3）芡粉浓稀要适度，要求成菜亮油不亮汁。

（六）风味特点

色泽红亮，肉丝亮油，味酸甜微辣，姜、葱、蒜味突出。

（七）知识拓展

炒是以少油旺火快速翻炒小形原料成菜的方法。因其成熟快，原料要求形体小，大块者要改刀成薄、细、小的丝、片、丁、条、末或花刀块，以利于均匀成熟与入味。炒制时油量要小，锅先烧热、滑锅，旺火热油投料，翻炒手法要快而匀。成菜特点是汁或芡均少，并紧包原料，菜品鲜嫩，或滑脆，或干香。

炒法由煎法发展而来，在北魏《齐民要术》中已有“炒”字出现。其中“鸭煎法”有将肥嫩子鸭肉“炒令极熟，下椒姜末食之”的记载。至宋代，炒法应用已很广泛，如《东京梦华录》、《梦粱录》、《吴氏中馈录》上的“炒白腰子”、“炒白虾”、“炒兔”等。当时且有了生炒、南炒、爆炒等不同炒法。明清以来，又有了酱炒、葱炒、烹炒、嫩炒等，炒法成为使用最广泛的烹调法之一。炒法种类很多，根据技法、传热介质以及调味、调色、配料等的不同，主要分为滑炒、生炒、熟炒、水炒、软炒、小炒等几类。

滑炒：主料上浆后用 165℃左右的热油滑散至断生，再以少量油与配料（或无配料）、调味料炒制成菜的方法，如“滑炒肉丝”、“清炒虾仁”、“过油肉”、“枸杞头炒肉丝”等；或将主料上浆后用沸水滑散至熟，再炒制成菜，如“滑炒肉片”。

生炒：又称煸炒。生料不上浆、不滑油，直接用旺火热油速炒至断生而成菜的方法，如“炒肉丝”、“生煸草头”等。也有经较长时间加热，将原料水分煸干再炒的，称干煸，如“干煸牛肉丝”、“干煸鳝丝”、“干煸冬笋”等。

熟炒：将已制熟的原料经细加工后直接以少量油炒制成菜的方法，如“回锅肉”。

水炒：多用于蛋类原料，以水为传热介质，原料下锅后不断搅动炒制成菜的方法，如上海“水炒鸡蛋”、河南“老炒鸡蛋”等。

软炒：用于液体原料（如牛奶）或加工成蓉泥的固体原料，炒制时牛奶加蛋清搅成糊状，蓉泥用清汤澥成糊状，用适量油炒成粥状而成菜，如广东“大良炒牛奶”、河南“炒鸡蓉”、北京“炒三不粘”等。

小炒：原料经码味、上浆，不过油，用适量油急火短炒成菜的方法，如四川“鱼香肉丝”、“宫保鸡丁”等。

“过油肉”：山西名菜。相传早在南北朝时临汾一带官府中即有此菜，后来传到太原，到宋代已成普通饮食业普遍经营的品种，明代传入北京，又广泛流传于各省。制法：①将猪里脊肉150g按肉纹横切成2.6cm长、1.6cm宽、0.3cm厚的片。玉兰片切薄片，黄瓜切成斜象眼片。②肉片加精盐、蛋黄、湿淀粉50g上浆。③炒锅置旺火上，下猪油烧至200℃时下肉片过油，约5～6s倒入漏勺沥油。④炒锅置旺火上，下油15g，下入葱、姜、蒜煸香，放入水发木耳、玉兰片、黄瓜片稍煸，加酱油、绍酒、鸡汤、醋、味精、肉片，烧沸后用湿淀粉勾芡，淋入芝麻油炒匀装盘。

“枸杞头炒肉丝”：华东名菜。制法：①将猪腿肉250g洗净、剔筋后，切成约0.2cm粗的丝。枸杞头50g用清水洗净，沥干。②将炒锅置旺火上烧热，用油滑锅后，放入色拉油50g，烧到沸热时，放入猪肉丝快速炒散，煸至肉丝紧缩发白时，再放入春笋丝、枸杞头，炒至枸杞头油润时，放入绍酒、酱油、精盐、白糖和肉汤，继续炒到枸杞头柔软时，加入味精，淋入色拉油10g，颠锅均匀，即可出锅。

思考题

1. 如何突出鱼香味？
2. 如果没有泡红辣椒，还可用什么替代？

十五、盘　兔

（一）菜品简介

“盘兔”是河南传统名菜。因其用兔肉切丝，配以萝卜丝、葱白丝制成，盛到以细面条炸成的“鸟巢”上，故而得名。北宋时，《东京梦华录》把它列在冬月佳肴之首。到了南宋，人称其为“盘兔糊”，作为“贵官家品件”之一，登上了大雅之堂。元代饮膳太医忽思慧又将其作为“奇珍异馔”载入《饮膳正要》，成为元代的宫廷食品。明代开国功臣刘基又将其收入《多能鄙事》的“烹调法”中。

（二）烹调方法

炒。

（三）原料组成

主料：净兔肉400g，一窝丝面条150g。

配料：白萝卜 100g。

调辅料：精盐 3g，味精 2g，绍酒 10g，胡椒粉 2g，鸡蛋清 2 个，湿淀粉 25g，清汤 150g，葱白 25g，熟猪油 750g（约耗 50g），花生油 750g（约耗 50g）。

（四）制作过程

（1）将兔肉、白萝卜分别切成 4cm 长、0.1cm 粗的细丝，葱白切丝。兔肉加精盐 1g、鸡蛋清、湿淀粉上浆。

（2）炒锅置旺火上，下花生油烧至 210℃，将一窝丝面条约 15g 放在特制的漏勺内，下油锅炸成鸟巢形，呈柿黄色时捞出，共炸制 10 个。

（3）炒锅置旺火上，下熟猪油烧至 130℃时放入兔肉丝过油。

（4）炒锅内留少许油，烧热后下葱丝煸香，再先后下萝卜丝、兔肉丝，随即加精盐、味精、胡椒粉、清汤、绍酒，用湿淀粉勾芡，盛入“鸟巢”内装盘即成。

（五）制作要领

（1）兔丝用精盐、鸡蛋清、淀粉上浆时应搅拌上劲。

（2）兔丝过油的油温要适中，过低易“脱袍”，过高易致兔肉质老。炒制速度要快。

（六）风味特点

造型美观，色泽黄白相配，兔肉鲜嫩。

（七）知识拓展

下面再举几例滑炒菜：

“薹干羊肉丝”：华东名菜。制法：①将羊肉 250g 剔去筋膜，片成 0.2cm 厚的薄片，再顺着肉纹路切成 5cm 长的肉丝放在碗里，加绍酒、盐 1g、白胡椒粉 0.5g、湿淀粉 10g 和鸡蛋清调匀浆好。薹干用热水浸泡 30min 左右，捞出沥干水分直剖成两半，每一半再切为两半，然后理齐切成 3cm 长的段。②锅放在旺火上放入熟猪油，烧至五成热时，浆好的羊肉丝下锅，用手勺翻炒至七成熟时，遂将薹干菜下锅略炒，再放入葱、姜末、酱油、盐 1.5g、味精、鸡汤、湿淀粉调稀勾芡，淋上芝麻油出锅装盘，撒上白胡椒粉即可。

“姜芽牛肉”：广东传统名菜。这道菜用料价格虽然不是很高，但其中的子姜因出产期很短而很难得到，所以难以吃到优质的姜芽牛肉。姜芽牛肉还带出了许多新菜。如子姜少了或开始变老时，菜品便用一半子姜、一半菠萝，名为“紫（子姜）萝牛肉”；没有子姜时，就做“菠萝牛肉”。菠萝原是水果，这就打开了水果入菜作辅料的思路。制法：①子姜 300g 去皮后切成薄片，下精盐 10g 拌匀，腌 30min，搓出姜汁，用清水冲洗后，用毛巾拧干水分，放在碗里，加入白醋 150g、白糖 75g、精盐 2g、糖精 0.05g 腌制 1h。②将牛肉 250g 按横纹切成片，放在碗内，加入精盐 2g、小苏打 2.5g、干淀粉 10g、花生油 10g 和清水 35g 拌匀，其中花生油用于封面。腌 30min。③将芡汤 20g、糖醋 10g、湿淀粉 8g 和匀成芡汁。④在炒锅内下油，烧至 130℃，将牛肉与封面食油拌匀后放进锅内滑油至刚熟，沥去油。⑤原锅留少许底油，放进蒜蓉3g、红椒块5g、葱段10g，捞起子姜沥干醋液后放进锅内略炒，下牛肉，烹绍酒，调入芡汁，快手炒匀，加包尾油上碟。

“牛肉炒百合”：贵州名菜。贵州西南布依族苗族自治州普安县盛产百合，聚居青山区的回民用百合与牛肉烹制出多种名菜佳肴，尤以“牛肉炒百合”最负盛名。制法：①将牛肉150g切成薄片，加精盐1g、酱油3g、湿淀粉20g上浆。百合150g逐瓣分开，焯水。糟辣椒切小片，青蒜切段。②炒锅置中火上，下菜子油250g，烧至150℃时下牛肉片炒散，捞出沥油。③炒锅留油30g，置旺火上烧热，下糟辣椒煸香，再下百合、青椒、姜丝煸炒，加牛肉片、精盐、酱油、味精、湿淀粉炒匀装盘。

“赛蜜羊肉”：是一道藏族菜，它以羊里脊肉为主料炒制而成。以藏族的风俗，此菜专为男子打猎而归所制。在家中，妻子制作此菜等待满载而归的丈夫，以示凯旋归来、美满甜蜜，故名。制法：①将羊肉500g切成3cm长、2cm宽、0.5cm厚的片，入冷水漂洗后捞出沥水，加鸡蛋黄、酱油20g、湿淀粉8g上浆。②用酱油10g、白糖、青稞酒、醋、姜汁、湿淀粉、清水制成对汁芡。③炒锅置旺火上，下菜子油烧至150℃时，下肉片过油，肉呈灰白色时捞出沥油。炒锅留油20g，上旺火，下肉片、对汁芡，迅速翻炒至汁浓稠时，淋入酥油装盘。

思考题

1. 怎样才能将“鸟巢”制好？
2. 炒制兔丝的关键是什么？
3. 加工中怎样除去百合的苦涩味？
4. 用薹干还可做哪些风味菜肴？

十六、榨菜肉丝

（一）菜品简介

榨菜是四川省著名的四大腌菜（榨菜、冬菜、芽菜、大头菜）之一，盛产地为重庆市所属的涪陵地区。它以茎用芥菜（又名青头菜、羊角菜）为原料，经穿剥、晾架、腌制、修剪、淘洗、拌料、装坛而成，因必须在生产中用木榨压出多余水分而得名。成品以干湿适度、咸淡适口、块头均匀、色红无斑、气味芳香、质地脆嫩为上品，具有爽口开胃、增进食欲的作用，有鲜、香、嫩、脆的特点。在川菜烹调中，既可作咸菜上席，又可作为烹制菜肴的辅料。榨菜与德国的甜酸甘蓝、欧洲的酸黄瓜共誉为世界三大咸菜。

（二）烹调方法

炒。

（三）原料组成

主料：去皮猪肥瘦肉250g。

配料：榨菜100g，香葱25g。

调辅料：干辣椒1只，精盐5g，味精1g，绍酒5g，冷鲜汤适量，湿淀粉50g，混合油100g，芝麻油5g，老姜5g。

（四）制作过程

（1）猪肉切成两粗丝；榨菜先用清水洗一下，滴干水分，再切成两粗丝；香葱切成3.3cm长的段；干辣椒切成细丝；老姜切成细丝。

（2）将切好的肉丝放入一碗内，加精盐、绍酒、湿淀粉拌匀；另取一碗，碗内放味精、精盐、冷鲜汤、湿淀粉对成芡汁。

（3）炒锅置旺火上，下油烧热，倒入猪肉丝、辣椒丝、姜丝同炒，炒散时烹入绍酒，放入榨菜丝炒转，烹入芡汁，淋上芝麻油，起锅即成。

（五）制作要领

（1）榨菜若已经加工成丝，则可直接入锅；若是整块的则应先淘一下，再滴干水分后切成两粗丝。

（2）干辣椒丝与香葱段主要起配色作用，注意其用量。

（六）风味特点

色泽美观，质地细嫩，鲜香味浓。

思　考　题

1. 在烹制“榨菜肉丝”时，为什么不宜放酱油？

2. 榨菜如过咸怎么办？

3. “榨菜肉丝”除了采用炒的技法外，还可采用其他哪些技法？

十七、大良炒牛奶

（一）菜品简介

“大良炒牛奶”又名“四宝炒牛奶”，是广东名菜。该菜源于广东顺德大良镇，故命名为“大良炒牛奶”。清代《羊城竹枝词》云：“鲜酪炒来味倍香，大良巧手早名扬，尝来一篮鲜留频，软滑鲜甜见所长。”抗日战争胜利后此菜颇为流行，并传至港、澳及华南各地，均获好评，散文大师秦牧盛赞此菜“风格独特，莫测高深”。作家端木蕻良则形容它“如同白玉一般”。“大良炒牛奶”是软炒技法中的一款典型菜例，“白雪虾仁”与“大良炒牛奶”炒法一样，只是辅料全用虾仁，这点有所不同。

（二）烹调方法

软炒。

（三）原料组成

主料：鲜牛奶（浓度在30%以上）400g。

配料：腌虾仁 50g，蟹肉 50g，鸡肝 100g，榄仁 80g，火腿蓉 10g，鸡蛋清 200g。

调辅料：鹰粟粉 30g，精盐 5g，味精 3g，猪油 500g。

（四）制作过程

（1）用清水将榄仁滚过，再用盐水略滚，然后用 120℃热油将榄仁炸至金黄色且松脆，摊开散热。

（2）将鸡肝切成粒。

（3）盛 40g 牛奶放在大碗内，加入鹰粟粉、精盐、味精拌匀。余下牛奶放在锅内加热至微沸，亦倒进此碗内搅匀。

（4）鸡肝粒氽水后滑油，虾仁滑油，把滑油后的鸡肝粒、虾仁、蟹肉一齐放进牛奶内，加入蛋清略搅匀。

（5）洗净锅，烧热后用油滑过，将牛奶全部倒进锅内，用中火均匀翻炒至整体刚熟凝结（边炒可边下油），撒上炸好的榄仁然后上碟，堆叠成山形，最后在牛奶面上撒上火腿蓉。

（五）制作要领

（1）牛奶要新鲜，浓度要够高，否则味差。

（2）锅、油均要干净，尽量用清色拉油。

（3）牛奶滚热后炒制较好。

（4）炒制时火力要适合，用中火或中慢火。

（5）炒制手法要灵活有序，不要太频繁，并掌握熟度，及时出锅。

（6）炒制时下油要适量。

（7）牛奶、鸡蛋清、鹰粟粉比例要恰当。

（六）风味特点

主色洁白如雪，口感软滑如膏，配色鲜明亮丽，滋味甘香鲜美，牛奶香气突出，尝后齿颊留香。

（七）知识拓展

炒鲜奶采用的是软炒技法。炒牛奶一般要加入适量的蛋白和鹰粟粉（或者上等淀粉），净牛奶是炒不成的（因净牛奶含有大量水分）。要将鲜奶炒得漂亮，必须选用上等奶料。牛奶是否新鲜，浓度是否适当都关系到成菜，所以在炒鲜奶之前首先要鉴别牛奶的新鲜程度。以当天没有经过加工的淡奶为佳，如经加工的饮用奶已被加糖是不能用来炒制的，加糖的奶既影响调味，又容易焦边。下面再举牛奶菜肴数例供参考。

“牛奶酥”：开薄面皮，并包入牛油。把牛奶煮开后（加糖），再加鹰粟粉（用开水调成浆）勾芡推成糊状，再放入冰柜速冻。最后，以面皮包牛奶馅，炸或烤成浅金黄色即成。

“绿衣风味奶”：牛奶煮开，加鹰粟粉推芡，冷却成型。制脆浆（以生粉、小苏打、菠菜汁调配）。然后用筷子夹起牛奶块蘸浆放入油锅炸制（油温在120℃左右）即可。

江苏炒牛奶的做法是选用鲜牛奶、鸡蛋清、熟火腿、红辣椒、芫荽菜等原料，将红辣椒、火腿改刀成小象眼片，芫荽菜切成段，焯水后沥干，再将鸡蛋清打入盆内，加入鲜牛奶、湿淀粉、精盐、味精调成汁，将炒锅上火加热，倒入色拉油，烧至五成热时，将调好的鲜奶汁慢慢用勺舀入油内，吊成圆片，捞出后放入开水盆内，漂净油后捞出沥干水。最后在锅内加底油30g烧热，加葱段、蒜片略炒后捞出去掉，随即加清汤、鲜奶片、精盐、味精、红辣椒、芫荽菜、火腿片烧开，用湿淀粉勾芡，盛盘即成。成菜色泽素净、雅淡，食之爽滑、软嫩。类似炒牛奶创意的还有“油炸冰淇淋”，敢于标新立异的烹调师将冰镇的冰淇淋采用挂糊高温油炸之法，制成“脆皮冰淇淋”、“火烧冰淇淋”，外脆里冻。

思 考 题

1. 牛奶浓度对此菜肴质量有没有影响？
2. 应在何时下榄仁？为什么？
3. 为什么大部分牛奶要先加热？不加热行不行？
4. 为什么用猪油炒制？

十八、回 锅 肉

（一）菜品简介

四川菜以擅烹猪肉享誉中外，其中尤以“回锅肉”为代表。“回锅肉”号称“川菜第一菜”，旧有“过门香”之称，由产于巴蜀盆地的农家土猪与川西平原栽种的香蒜苗合烹而成，香气浓郁，四处飘溢，令对门邻居垂涎欲滴。由于其制作方法简便，原料易购，故川人多以此菜待客，既循“待客无肉不恭”之中华饮食传统，又展主人之厨艺。

（二）烹调方法

炒。

（三）原料组成

主料：连皮猪后腿肉300g。

配料：红头蒜苗100g。

调辅料：老姜20g，精炼油40g，郫县豆瓣50g，永川豆豉5g，酱油15g，白糖25g，精盐5g，味精3g，甜酱5g。

（四）制作过程

（1）猪肉去掉残毛，刮洗干净，放入冷水锅内。放块洗净拍松的老姜，置火上煮沸，待肉煮至八九成熟时，捞出；肉汤另作他用。

(2) 将猪肉切成0.3cm厚、4cm宽、5cm长的片；郫县豆瓣剁细；蒜苗洗净切成4cm长的节。

(3) 锅置火上，下油烧至120℃时，下肉片炒至吐油呈灯盏窝时，下精盐、甜酱、豆瓣炒上色，再加豆豉、酱油、白糖、蒜苗炒至断生，放入味精，起锅入盘即成。

(五) 制作要领

(1) 煮肉时不能太软也不宜太硬，以煮至皮软为宜。

(2) 切肉时每片厚薄一致，大小均匀。

(3) 蒜苗不能炒得过熟，断生即可。

(六) 风味特点

色红绿相衬，香味浓郁，味微辣回香。

(七) 知识拓展

下面再举一例熟炒菜：

"发丝牛百叶"：湖南传统名菜。此菜是长沙市清真菜馆李合盛的名菜，该馆曾以擅烹牛肉菜肴著称，其中"发丝牛百叶"、"烩牛脑髓"、"红烧牛蹄筋"尤为出色，被誉为"牛中三杰"，而"发丝牛百叶"更是其中的佼佼者。制法：①将生牛百叶750g分割成5块放入桶内，倒沸水以浸没为度，用木棍不停地搅动3min，捞出用力搓揉去掉表面的黑膜，用清水漂洗干净，下冷水锅煮1h，至七成烂捞出。②将牛百叶逐块平铺在砧板上，剔去外壁，切成约5cm长的细丝。玉兰片尖50g切成略短于牛百叶的细丝，葱切成2cm长的段。③将牛百叶丝盛入碗中，加黄醋10g、精盐1g拌匀，用力抓揉去其腥味，再用冷水漂洗干净，挤干水分。④用牛清汤、味精、芝麻油、黄醋、葱段和湿淀粉在小碗中对成混合味汁。⑤炒锅置旺火上，下菜子油，烧至240℃，先把玉兰片丝和干红椒末下锅煸香，随即下牛百叶丝、精盐炒香，倒入混合味汁快炒几下起锅装盘即成。

思考题

1. "回锅肉"呈灯盏窝的原理是什么？
2. 熟炒、软炒、生炒之间有何不同？
3. "回锅肉"的辅料可否替代？
4. 怎样才能除尽牛百叶的异味？

十九、干煸牛肉丝

(一) 菜品简介

干煸，又称干炒，是川菜中颇有特点的一种烹调方法，是指将精加工处理成丝、条等形状的原料放入锅中加热、翻炒，使之脱水、成熟、干香的方法。它不挂糊、不上浆、不勾芡，炒的时间较长，多用于纤维较多、结构紧密以及水分较少、质地易脆的原料。

（二）烹调方法

煸。

（三）原料组成

主料：牛肉400g。

配料：芹菜75g。

调辅料：菜子油100g，姜丝5g，绍酒15g，精盐2g，醋几滴，红油2g，酱油10g，郫县豆瓣50g，花椒粉2g，芝麻油100g，味精2g。

（四）制作过程

(1) 牛肉去筋，横切成两粗丝；芹菜切成3cm长的节；豆瓣剁细。

(2) 炒锅置旺火上，下菜子油烧至160℃左右，放入牛肉丝反复煸炒，炒至散时加入姜丝、精盐、豆瓣继续煸炒，边炒边将余下的菜子油分次放入，煸至牛肉待酥时，下绍酒、酱油、芹菜炒至断生，加入味精、红油、醋、芝麻油炒转起锅入盘，撒上花椒粉即可。

（五）制作要领

(1) 牛肉切丝时要横切，不可顺切。如是冷冻过的牛肉，一定要解冻之后再切，否则长短不一。

(2) 煸炒时一定要煸干水分。

（六）风味特点

牛肉干香，味道麻辣。

思考题

1. 此菜加醋的作用是什么？

2. 冻牛肉如何操作才能符合要求？

二十、牛肉铁锅

（一）菜品简介

“牛肉铁锅”是颇具北国风味的传统名菜，始创于吉林。清末年间，吉林一些回族人到内蒙古购买牛羊时，见蒙古牧人在野外架火烤牛肉，经品尝发现火烤的牛肉鲜嫩可口，惟稍嫌熟得不透，因而根据自己的习惯加以改进。他们将用火直接烧烤改为垒石头、烧木柴、架铁锅、用锅煎，牛肉改大块为切片，煎熟后蘸盐水而食。这种边煎边食、既简便又可口的吃法很快便流行开来。餐馆继续改进炊具和调味方法，演变为现在的“牛肉铁锅”。

（二）烹调方法

煎。

（三）原料组成

主料：净牛肉（牛里脊肉、上脑肉、三叉肉、尾巴根、腰窝油各选一部分）共2000g。

配料：粉丝250g，酸菜400g，海米10g。

调辅料：鲜汤750g，芫荽10g，葱10g，姜3g，精盐2g，味精2.5g。

作料：辣椒油，蒜蓉50g，腐乳2块，虾油2.5g，芝麻酱50g，韭菜花酱25g，花椒面1g。

（四）制作过程

（1）牛肉全部切成薄片，酸菜切细丝，姜、葱也切丝。

（2）粉丝、海米均洗净，用水泡好，芝麻酱用凉开水调开。

（3）食用时，取炭炉一个，加炭燃着，把干净的平底铁锅架在炉上。锅热时先放进几片腰窝油煸炒，使锅内有一层油，然后便可放肉煎，边煎边吃，吃时，各人根据自己的喜好选蘸作料。

（4）吃完肉时，在锅内放进调料、海米、酸菜丝和粉丝，汤烧开后可继续吃。

（五）制作要领

（1）牛肉要选好料，牛肉片要薄而均匀。

（2）边煎边吃。

（3）最后的酸菜汤必不可少，这更能显出地道风味。

（六）风味特点

牛肉焦香软嫩，外味自由选择，别具北国食风。

（七）知识拓展

煎是原料平铺锅底，用少量油，加热使原料表面呈金黄色而成菜的烹调方法。原料生熟均匀，需加工成扁平形，有的视需要可先上浆、挂糊或拍粉再进行煎制。煎制品可先码味；或煎时烹汁调味；也可煎成后拌味、蘸味食用。一般要求先煎一面再煎另一面，油以不淹没原料为准，采用晃锅或拨动的手法，使原料受热均匀，色泽一致。煎制成品不带汤汁，外酥脆里软嫩。

煎在古文献中有多种含义，常指㸆、熬、煮、烧等法。至北魏时的《齐民要术》上，煎始成为独立的烹调技法。如“鸡鸭子饼”，将蛋液下入“锅铛中，膏油煎之，令成团饼”；或将鱼肉制成蓉泥，如“手团作饼，膏油煎之”的“鱼肉饼”。南宋《山家清供》出现有挂糊煎。《岭外代答》上记有岭南煎鱼不加油，利用鱼身析出的油煎制的自裹煎法。元代出现酿煎，如《居家必用事类全集》上的“七宝卷煎饼”；明代称其为藏煎。至清代又出现了酥煎、香煎等法。

据加工方法和调味品的不同分，煎法有多种类型，如：①干煎：将主料渍腌入味，用面粉（或芡粉）、鸡蛋沾匀，用少量油将两面煎成金黄色，如山东“干煎鱼”、河南“真煎丸子”等。也有煎过之后用少量调味汁收干的，如北京“干煎鱼”、广东“干煎虾碌”等。②糟煎：以糟腌制主料后煎制的方法，如河南“煎糟鱼”、江苏“糟煎白鱼”等。③酒煎：以酒腌渍主料后煎制的方法，如“酒煎鱼”。④水油煎：原料坯整齐地排入平锅内，先洒少量的稀面水焖熟，至水耗尽后再用油将一面煎成金黄色的方法。⑤酥煎：又称蛋煎，原料上浆后沾以面包屑（或馒头屑）煎制的方法，如“煎鳜鱼片”。⑥酿煎：原料酿入馅料后煎制或再经挂糊后煎制的方法，如江苏“煎蟹盒”、山东“煎肉盒”等。

思考题

为什么此菜用腰窝油煸炒出的油来煎牛肉而不用其他油？

二十一、黄金肉

（一）菜品简介

“黄金肉”又叫“油煬肉片”。据传，此菜是清太祖努尔哈赤少年时在辽东总兵家做客时创制的，由于肉色金黄，故名为“黄金肉”。此菜一直在清宫御膳房流传不衰，到了清朝末年慈禧太后还经常要品尝这道传统菜。她说：“这是祖先赐予儿孙们的珍馐，切切不可忘怀。”此菜在东北地区的流行时间比较长。

（二）烹调方法

煬。

（三）原料组成

主料：猪瘦肉300g。

配料：鸡蛋1个。

调辅料：植物油500g，花椒面2g，干淀粉30g，蒜片10g，姜丝10g，葱丝10g，芫荽段20g。a. 精盐4g，绍酒5g，味精2g。b. 酱油15g，米醋10g，白糖15g，精盐1g，味精2g，鲜汤50g。

（四）制作过程

（1）将瘦猪肉片切成厚片，洗净。

（2）把调料a放进厚肉片中拌匀，腌制30min。

（3）把鸡蛋液、干淀粉拌进肉片中，使肉片均匀上浆。

（4）烧热铁锅，用油滑锅后，把厚肉片铺排在锅内，用中火把肉片煎至熟并呈金黄色。

(5) 把蒜片、姜丝放进锅内略爆后，再把葱丝、芫荽放在肉片上，把调料 b 混合调匀后也加进锅中，转小火收干味汁，最后撒花椒面，略翻后装盘。

（五）制作要领

(1) 上浆时，蛋浆要均匀包裹住肉片。

(2) 煎制时，肉片的两面要煎至金黄色。

(3) 烹汁后要收干味汁，使肉片酥嫩。

（六）风味特点

此菜色泽金黄，肉片外酥内嫩，口味鲜美酸甜可口，味汁均匀不澥汁。

（七）知识拓展

㸆是原料挂糊后煎制并烹入汤汁，使之回软并将汤汁收尽的烹调方法。对已经干硬的食品，加入汤水使之吸收水分并回软，适用于质地软嫩的动、植物原料，如蒲菜、芦笋或里脊肉片、鱼肉片等。整料要切割、整理成片状，挂全蛋糊或拍粉拖蛋糊，放在盘子内。炒勺（或平底锅）加少量油烧至 180℃左右，把原料推入勺中，用中火煎至两面金黄；再加调味品和少量汤汁，使之慢慢把汤汁收尽。操作时为了使两面受热一致，可用大翻勺使原料完整地翻转。汤汁一般是调味品及清汤对成，用量不宜过多，味咸鲜为主。成菜特点是色泽黄亮、软嫩香鲜，如“锅㸆豆腐”、“锅㸆鱼扇”、“黄金肉”等。

思考题

1. 此菜选哪个部位的肉较好？
2. 蛋浆是厚一点好还是薄一点好？

第四节 蒸烤熏类菜品

一、珍珠圆子

（一）菜品简介

“珍珠圆子”是湖北沔阳名菜。沔阳的蒸菜素享盛誉，人们以“沔阳三蒸”称之。关于“三蒸”，有多种说法。一说蒸鱼、蒸肉、蒸藕；一说为“珍珠圆子”、“蒸白圆”、“粉蒸肉”；还有一说为蒸“海、陆、空”，即水里游的、陆地上生长和跑的、天上飞的都可以蒸，但以“珍珠圆子”和“粉蒸肉”最为脍炙人口。

（二）烹调方法

蒸。

(三) 原料组成

主料：猪瘦肉 400g，猪肥肉 100g。

配料：鳜鱼肉 100g，糯米 300g，荸荠 100g。

调辅料：精盐 18g，味精 5g，胡椒粉 2g，绍酒 2g，淀粉 40g，姜末 15g，葱花 20g。

(四) 制作过程

(1) 猪瘦肉剁成蓉，猪肥肉切成黄豆大的颗粒，鳜鱼肉剁成蓉，荸荠切成黄豆大的颗粒。

(2) 糯米淘洗干净，用温水浸泡 2h 后沥干。

(3) 鱼蓉、猪肉蓉加盐、味精、绍酒、胡椒粉、淀粉，逐次加水搅拌上劲，加姜末、葱花、肥肉丁、荸荠丁一起拌匀。然后挤成直径约 1.5cm 的圆子，逐个放入盛有糯米的罗筛内滚动，沾匀糯米，边做边在笼内排放整齐。

(4) 盖好笼盖，在旺火沸水锅中蒸 15min 取出装盘。

(五) 制作要领

(1) 猪瘦肉的筋膜要剔去，猪肉蓉应剁得粗一些，鱼蓉应尽量剁细。

(2) 应选用优质糯米，糯米浸泡要适度。

(3) 用圆子沾糯米时，既要沾匀，又要顺其自然，动作要轻柔。

(4) 蒸制时要旺火猛蒸，一气呵成。

(六) 风味特点

成菜糯米色泽晶莹，洁白透明，犹如粒粒珍珠，肉圆软糯松泡，味道鲜美。

(七) 知识拓展

蒸是利用蒸汽传热使原料成熟的烹调方法。蒸法工具有笼屉、甑、箅以及蒸箱、蒸柜等。蒸法一般要求火大、水多、时间短。成品富含水分，比较滋润或暄软，极少燥结、焦煳等情况。因其不在汤水中长时间炖煮，营养成分保存也较好。

蒸法起源于陶器时代，最初的蒸器是陶甑，距今已 5000 多年历史。《齐民要术》专列了“蒸缹”之篇，有“蒸熊”、“蒸鸡”、“蒸羊”、“毛蒸鱼菜”、“蒸藕”等。至两宋时期，蒸法有了更多变化，如裹蒸、排蒸、酒蒸、烂蒸（如“烂蒸两片”）、脂蒸、乳蒸、盏蒸、糖蒸、酿蒸等。至清代出现了干蒸、粉蒸等。近代又有了煎蒸等法。蒸法因受热方式、手法、配料和调味等的不同，分为多种，常用的有干蒸、清蒸、粉蒸三种。

干蒸又称旱蒸，即不加汤水，直接蒸制的方法。一般是将加工好的主料先在沸水中氽煮一下，然后用调味料浸渍片刻码入盛器，摆上配料，不加任何汤水，以旺火蒸制，成熟后再把另外准备好的调味汁浇在成品上。也有的将原料码味后包裹起来蒸制，不用浇汁，又称包蒸、裹蒸。河南、山东、湖南等地常用，如“旱蒸全鸡”、“干蒸鲤鱼”等。此外，甜菜也常采用此法，如“干蒸莲子”、“干蒸山药”等。

清蒸是蒸制中不用酱油等有色调味品，使成品色泽清淡的方法；或指主料不经挂糊、拍粉或煎、炸等处理而直接蒸制的方法；或指不加配料蒸制的方法。一般制法是将主料细加工后，有的下入清汤氽透、再与配料一起调味后，放入盛器蒸制；有的加入清汤蒸制，如湖北“清蒸武昌鱼”、江苏“清蒸鲥鱼”、四川“清蒸江团”等；有的不加汤汁，于蒸成后浇汁供食，如湖南的“清蒸甲鱼”等。

粉蒸是将主料加工成片状或块状，与炒香的碎粳米（或糯米）粒、调味料和适量汤汁拌匀，装入盛器蒸制的方法。以湖北、江西、湖南、四川为常用，如湖南“粉蒸白鳝”等。为增加菜肴的清香味，也有的用荷叶将主料包裹起来蒸制，如浙江“荷叶粉蒸肉”等。

“山东蒸丸”：山东名菜，又称“招远蒸丸”。现流传于山东广大城镇乡间，常作为一般酒席的大件热菜登席，尤以冬季使用广泛。制法：①将猪瘦肉250g剁泥，猪肥肉250g切成0.6cm见方的丁。虾米、鹿角菜、大白菜均洗净剁成细末。芫荽洗净，取20g切成3cm长的段，30g切成细末。②猪瘦肉蓉加鸡蛋、葱末、姜末、海米末、大白菜末、芫荽末、鹿角菜末、肥肉丁，加精盐3g、味精2g、胡椒粉3g搅拌均匀成糊。③将肉糊挤成直径3.3cm的丸子，平摆在盘内，入笼旺火蒸熟取出，放入大汤碗内。④锅置旺火上，下清汤、精盐2g、葱丝、芫荽段，烧沸后加味精1g，倒入大汤碗中，淋上芝麻油、醋，撒上胡椒粉2g即成。

“扣三丝”：上海传统菜，三丝紧扣盆中，状如小山，寓意团圆和金（火腿）银（鸡脯肉）堆成山，讨一个吉利。制法：①将熟猪臀肉切成丝。冬茹去蒂，洗净，面朝下放在小碗底中央。②将熟火腿丝125g分成3份，按六等分间隔地排列在碗边。鸡脯肉丝分2份，笋丝1份，分别排列在火腿丝边空位处，然后，将熟猪臀肉丝抖散，填在碗中心揿实，加上盐2.5g、味精1g、鸡清汤50g，上笼用旺火蒸15min出笼，翻扣在大汤碗中。③炒锅置火上，舀入鸡汤，再把生猪肉丝放入搅散，烧开，待肉丝浮上汤面，用漏勺捞出，撇净浮沫，加入精盐、味精，淋入色拉油，浇在三丝上面、上席时取走扣碗即成。

思考题

1. 为何鱼蓉要剁细而肉蓉要剁得粗一些？
2. 糯米泡至怎样为适度？未泡透和泡过了的糯米对菜肴质量有何影响？
3. 制作此菜为何要旺火猛蒸？

二、带把肘子

（一）菜品简介

此菜源于古同州，即今陕西省大荔县一带，因选用带脚爪的猪前肘，成菜后脚爪酷似把柄，故而得名。此菜为明朝弘治年间，同州名厨李玉山所创，为西北名肴。

（二）烹调方法

蒸。

（三）原料组成

主料：带脚爪猪前肘1个（重约1250g）。

调辅料：红豆腐乳1块，甜面酱150g，精盐15g，酱油60g，绍酒30g，蒜片50g，姜末10g，八角3个，桂皮5g，葱200g。

（四）制作过程

（1）将猪前肘刮洗干净，肘头朝外，肘把朝里，肘皮朝下放于案板上，用刀在正中由肘头向肘把沿着腿骨将皮剖开，剔去腿骨两边的肉，使底部骨肉相连，露出骨头。然后将两节腿骨从中间用刀背砸断，投入锅内煮七成熟时捞出，用净布擦干水，趁热用酱油涂抹肉皮。

（2）取蒸盆一个，盆底放入八角、桂皮，先将肘把上的骱骨用手扳断，不伤外皮，再将肘皮朝下装入蒸盆内，撒入精盐，用纱布盖在肉上，再将甜面酱、葱、红豆腐乳、酱油、绍酒、姜、蒜等均匀地抹在纱布上，上笼用旺火蒸约3h，直至蒸烂取出，揭去纱布，扣入盘中，拣去八角，上菜时另带葱段、甜面酱和面食。

（五）制作要领

（1）注意保持带把肘子原形，肘皮应完整。

（2）此菜用旺火蒸制，注意蒸的时间不宜过长。

（六）风味特点

形状美观，酥烂不腻，香酥味美。

（七）知识拓展

“走油蹄”：华东名菜。制法：①将青菜心洗净，菜头修削成锥形，在顶头刻十字刀。猪蹄1只（约重750g）放在水里刮洗干净，用刀在猪蹄内侧顺长剖开（刀深至骨），再在大骨两侧各划一刀，使其摊开。然后，放入汤锅里，烧到手指能掐动猪蹄皮（接近五成熟）时捞出沥干，在皮上涂层酱油（约10g），皮朝下放在漏勺里。②将炒锅置旺火上，放入色拉油，待油八成热时，将猪蹄放入油锅内炸至外皮已脆硬并呈金红色时，捞入冷水里，浸到肉皮皱缩起纹时，皮朝下放入大碗里，加酱油30g、白糖10g，上笼用旺火蒸酥（约1h）取出。③炒锅上火，舀入色拉油30g，投入青菜心煸炒至变色，加入酱油40g、白糖5g、肉汤，再把走油蹄翻扣在菜心一边，在旺火上烧开，加盖后改用中火烧10min左右。然后，先将菜心放入大汤碗里，再将猪蹄（皮朝上）放在上面。炒锅里剩下的卤汁，加入味精，用湿淀粉勾芡，推匀浇在猪蹄上即成。

思 考 题

1. 此菜为什么称为“带把肘子”?
2. 制作此菜时应掌握哪些关键?

三、胡 羊 肉

(一) 菜品简介

“胡羊肉”为我国历史悠久的名菜。相传西汉张骞出使西域，疏通东西方之路后，中外商客和旅行者在悠扬的驼铃声中就以食“胡羊肉”为快。南宋诗人陆游吃过“胡羊肉”后，写下著名诗句“东门彘肉更奇绝，肥美不减胡羊酥”，称赞“胡羊肉”酥软浓香；宋仁宗品尝后，叹谓其“味果甘脆”。因而时人重之，曰“宜惹宋仁宗夜半之思也”。今“胡羊肉”是先大块煮，然后蒸，配黑木耳、黄花和其他调料，属古菜新做。

(二) 烹调方法

蒸。

(三) 原料组成

主料：羊胸脯肉 800g。

配料：水发木耳 15g，黄花 15g，蒜苗 15g，葱段 25g，芫荽 15g。

调辅料：湿淀粉 10g，花椒 5g，精盐 5g，生姜 15g，鲜汤适量，小茴香 5g，姜片 5g，山奈 5g，草果 1 个，酱油 15g，芝麻油 15g，味精 1g，花椒粉 5g。

(四) 制作过程

(1) 将羊肉漂洗干净，整块投入锅中，用旺火煮约 0.5h，去净血沫，然后改微火。将花椒、小茴香、姜皮、山奈、草果用纱布包好，用水冲去尘土，投入锅内，视肉煮至快熟时取出晾凉。

(2) 将煮熟的羊肉切成 7cm 长、0.3cm 厚的长条，摆放在大汤碗内，再放上葱段、姜片，加入适量鲜汤，调上花椒粉、精盐、味精，上笼蒸约 40～50min，肉烂而调料入味，出笼翻扣在凹盘内。

(3) 炒锅置火上，将盘内的汤滗入炒锅内，投入木耳、黄花，调上酱油，用湿淀粉勾芡，在羊肉上淋芝麻油，撒芫荽、蒜苗丝即成。

(五) 制作要领

(1) 注意切刀，羊肉条既要长短一致、厚薄均匀、码放整齐，又不得松散。

(2) 此菜勾“二流芡”，要求芡汁不能过干或过稀。

(六) 风味特点

羊肉嫩软，口味清淡，香味浓郁。

(七) 知识拓展

“蜜枣羊肉”：湖北随州风味名菜。所用主要原料金黄蜜枣和羊肉均为随州特产。早在清代乾隆四十年（公元1775年），从咸宁到随州安居镇落籍的胡陵兴，用罗汉枣、白糖等制作的蜜枣成为当地进献清高宗的贡品；随州山羊肉质细嫩，品质优良。以这两种原料制成的“蜜枣羊肉”风味独特，脍炙人口。制法：①将蜜枣500g去核，换上用橘饼制作的“枣核”。净羊肉1000g改刀切成2cm见方的块，泡好的通心莲子掰成两半。②炒锅置旺火上，下清水烧沸，放入羊肉焯水，捞出沥干。锅中下猪油烧至240℃时下羊肉过油，捞出沥油。③将莲子摆在蒸碗内，周围摆上蜜枣，上面码羊肉，撒上白糖入笼蒸3h，出笼扣入窝盘。炒锅置旺火上，将蜂蜜入锅熬一会儿，淋在蜜枣羊肉上。

思考题

1. 为什么此菜适宜勾“二流芡”？
2. 羊肉为何有膻味？如何除去？

四、粉蒸牛肉

(一) 菜品简介

以牛肉做菜，主要适用炒、煸、烧、煮、炸、炖、蒸、拌、卤、腌、炸收等方法。川菜中的“水煮牛肉”、“红烧牛肉”、“夫妻肺片”、“粉蒸牛肉”、“灯影牛肉”、“麻辣牛肉干”等即为其代表。粉蒸牛肉要求蒸的时间要短，人们习惯称之为“抢火牛肉”，拌味时离不开四川特制的醪糟汁和豆腐乳汁，回味绵长，深受食者喜爱。

(二) 烹调方法

蒸。

(三) 原料组成

主料：净牛肉250g。

调辅料：芫荽25g，米粉100g，甜豆瓣50g，生菜子油25g，白糖10g，姜末10g，豆腐乳汁15g，醪糟汁15g，精盐5g，绍酒15g，花椒粉、辣椒粉各1g，味精1g。

(四) 制作过程

(1) 牛肉切成6.6cm长、3.3cm宽、0.33cm厚的片，放入一盆内；豆瓣剁细，放在肉上，依次再放入姜末、精盐、白糖、绍酒、豆腐乳汁、醪糟汁、生菜子油拌和均匀后，再加米粉裹匀。

(2) 锅置旺火上，放一蒸笼，笼格刷上油；将拌好味的牛肉抖放其上，盖上笼盖，入沸水锅中蒸约30min取出，倒在一圆盘内，撒上花椒粉、辣椒粉、味精、芫荽即成。

(五) 制作要领

(1) 在调味时，冬季宜稍重一些，夏季则应清淡些。

（2）在制作大米粉时，应放块陈皮一同炒香，并磨成粉，米粉不能磨得过细或过粗。

（3）豆瓣一定要剁细。

（4）蒸牛肉时间宜短不宜长，否则上水就不香。

（六）风味特点

色泽棕红，香糯化渣，麻辣爽口。

（七）知识拓展

“粉蒸肉”：是著名的“沔阳三蒸”之一，旧时盛行于天门、沔阳（今仙桃市）、洪湖、潜江地区。沔阳蒸菜的特色在于将鱼、肉、菜与米粉同蒸，其历史相当悠久。据记载，古代的沔阳，“一年雨水鱼当粮，螺虾蚌蛤填肚肠”，平民常以稻米、杂米与野菜、虾、藕等混合蒸制充饥。相传元朝末年，农民起义军首领之一陈友谅带领义军在沔阳一带与官兵作战，掌管军中后勤膳食的陈友谅夫人罗氏，将鱼、肉、藕分别拌上大米粉，配以作料，装碗上笼用火猛蒸至熟烂，味美质溶，将士们赞不绝口。从此民间百姓纷纷效法，每逢喜庆佳节，常以“三蒸”款待宾客。用猪五花肉为主料，加老藕、米粉制成的“粉蒸肉”是“三蒸”的代表品种之一。制法：①将大米 75g 淘净沥干，置锅中微火炒黄，加桂皮、丁香、八角再炒 3min 起锅，磨成鱼子大小的米粉。②将猪五花肋条肉 500g 切成 4cm 长、2.5cm 宽、1cm 厚的块，加盐 3g、酱油、甜面酱、红乳汁、姜末、黄酒、味精、白糖拌匀，腌渍 5min。然后用五香米粉拌匀，整齐地码在碗内。③将老藕 150g 刮洗干净，去藕节，切成 3cm 长、1cm 粗的条，加盐 1g、五香米粉拌匀，放入钵内。④将猪肉和藕放在一个笼里用旺火蒸 1.5h 左右取出，先将藕放入盘内垫底，然后将蒸肉翻扣在藕上，撒上胡椒粉、葱花即成。

“荷叶粉蒸肉”：出自杭州名园“曲院风荷”的故事。南宋绍兴年间在西湖洪香桥溪流旁有一个曲院，专门酿造官酒，院内种植荷花，碧叶红荷，曲醇莲香，为了适应夏季时令饮酒赏景的游客需要，心灵手巧的厨师取用西湖荷叶，创制了这道既可佐酒，又可下饭、作点心的方便美肴。制法：①将粳米 100g 和籼米 100g 洗净，沥净水晒干，把八角、山柰、丁香、桂皮同米一起放在炒锅内，用小火炒至呈黄色（防止炒焦）出锅，冷却后碾磨成粗粉。②将猪五花肋条肉 600g 刮去皮上的细毛，用清水洗净，切成长 6cm、宽 2cm 的块（共 10 块），并在每块中间直剞一刀。③将肉块放入盛器，加甜面酱、酱油、白糖、绍酒、葱丝及姜丝拌和，腌渍 1h 入味。然后和入米粉搅匀，使每块肉的表层和中间的刀口处都沾上米粉，制成粉肉生坯。④把荷叶用沸水焯一下，切成 10 小张，每张放上粉肉 1 块，包扎成小长方块，上蒸笼用旺火蒸 2h 左右即成。

“卷筒粉蒸肉”：徽州传统菜，其与众不同之处是肉经刀工处理成长而薄的大片，不是码在碗里蒸，而是每片肉卷成圆筒状，立放在小笼里，下垫豆腐衣当“笼布”蒸制而成。制法：①将籼米 125g 淘洗干净，沥去水晒干置锅中，加入丁香、桂皮、八角，一起用小火将米炒至呈黄色出香时取出，晾凉后磨成粗米粉，豆腐衣用温水泡软。②选用猪槽头后面的二刀肉400g，刮洗干净，切成约10cm长、0.3cm厚的长薄片（每片都带有肉皮），放在小盆中。加入酱油、绍酒、白糖拌匀，腌渍约1h，使调味品汁渗入肉内，再加入米粉拌匀。③取小笼一个，把泡软的豆腐衣铺在笼垫上，再将每片肉卷成圆筒形整齐地立放在豆腐衣上，用旺火蒸约2h后原笼上桌。

“荷叶粉蒸肉”：湖南名菜。制法：①刮净五花肉（500g）及肉皮上的毛，切成7cm长、4cm宽、0.7cm厚的片，加绍酒、酱油25g、精盐、白糖，与五花肉片拌匀腌5min左右。②将八角与糯米、粳米一起下锅干炒，待米炒成淡黄色时起锅，碾成粗粉。③用米粉将肉片拌匀，再逐片平放盘内，上笼用旺火蒸至半熟时，取清水50g，放入酱油5g，均匀地淋在粉蒸肉上，继续蒸至软烂。④将鲜荷叶洗净，取出蒸过的粉蒸肉，逐片用鲜荷叶包好，整齐地摆入钵内，均匀地淋上熟猪油15g，再上笼蒸10min取出扣入盘中。

思考题

1. 为什么“粉蒸牛肉”的蒸制时间比“粉蒸猪肉”短？
2. 试比较“粉蒸牛肉”与“粉蒸猪肉”之异同。
3. 如何制作米粉？米粉制作有什么要求？
4. 制“荷叶粉蒸肉”选用什么肉最好？为何不先包裹上荷叶？

五、蟠龙菜

（一）菜品简介

“蟠龙菜”又称“蟠龙卷切”，是湖北钟祥的传统名菜。据《钟祥县志》记载，此菜起源于明朝嘉靖年间（1522～1566年），已有400多年历史。传统“蟠龙菜”是用猪肉、鱼肉、淀粉、鸡蛋清等制成蓉泥，外包鸡蛋皮蒸熟，切片码装而成的一道热菜。

（二）烹调方法

蒸。

（三）原料组成

主料：猪瘦肉500g，猪肥肉250g。

配料：鱼肉350g，鸡蛋4个。

调辅料：精盐10g，味精3g，淀粉150g，鸡清汤50g，芝麻油75g，姜末5g，葱花5g，熟猪油15g。

（四）制作过程

（1）将鱼肉剁成蓉，猪肥肉切成丝，猪瘦肉剁成蓉，放入清水中浸泡去掉血水，至肉蓉呈粉白色时，倒入纱布袋内，挤去水分。

(2) 肉蓉、鱼蓉加水、精盐 9g、淀粉 100g、鸡蛋清 1 只、味精搅拌上劲，将猪肥膘肉丝倒在一起拌匀。

(3) 鸡蛋打入碗内，加淀粉 75g、清水 50g，搅成蛋液。炒锅置中火上摊蛋皮 2 张，每张从中切开成 4 块。

(4) 将蛋皮用干淀粉抹匀，将鱼、肉糊均匀抹在蛋皮上，卷成长筒蛋卷 4 条。笼屉内先用芝麻油抹匀，再放入蛋卷。

(5) 在旺火沸水锅上蒸 0.5h 取出晾凉，切成 3mm 厚的蛋卷片。取碗 1 只，抹匀熟猪油，将蛋卷码入再蒸 15min。

(6) 将蛋卷翻扣入盘。炒锅上火，加鸡清汤、精盐、味精，烧沸勾芡，淋熟猪油浇上即成。

(五) 制作要领

(1) 肉蓉应漂白，鱼蓉应尽量剁细。

(2) 和制鱼、肉糊时要注意投料顺序，应用力顺一个方向搅拌上劲。

(3) 摊蛋皮时注意先将锅滑好，锅中油不可多。

(4) 用碗蒸时，碗内要抹油，应将蛋卷片互相衔接盘卷成型。

(5) 入笼蒸制时，要火大、水沸、汽足。

(六) 风味特点

此菜形似盘龙，白中透黄，兼有肉、鱼之味，质地软嫩，咸鲜适口。

思考题

1. 怎样才能将鱼、肉糊搅拌上劲？为何要搅拌上劲？
2. 蒸制此菜对火力有何要求？为什么？

六、走油豆豉扣肉

(一) 菜品简介

“走油豆豉扣肉”是湖南传统名菜。它以猪五花肉为主料，经煮、炸，配浏阳豆豉等调料制作而成。著名的浏阳“一品香”窝心豆豉，享誉国内外，色亮、味浓、香足，经炸制后的扣肉，表皮皱起一道道棕红色斑纹，故又有“虎皮扣肉”之称。

(二) 烹调方法

蒸。

(三) 原料组成

主料：方形带皮五花猪肉 750g。

调辅料：浏阳豆豉 50g，甜酒汁 50g，酱油 25g，精盐 1.5g，菜子油 500g。

（四）制作过程

（1）将五花肉放在冷水中刮洗干净。

（2）锅内加入清水，放入五花肉煮至断生捞出，擦干肉皮上的水，趁热在肉皮上抹上甜酒汁。

（3）炒锅置旺火上，放入菜子油，烧至 240℃，将五花肉入锅走油，待肉皮呈红色时捞出，放入热汤锅内稍煮，至肉皮起皱纹时捞出。

（4）将五花肉皮朝下，先切成 10cm 长、1cm 厚的大片，再横中切一刀，但不切断。再将切好的五花肉皮朝下整齐地排列在钵中，淋上酱油，撒放精盐、豆豉，上笼蒸烂后取出扣入盘中即成。

（五）制作要领

（1）五花肉皮上的毛一定要刮干净。

（2）炸五花肉时，应将皮朝下。

（3）五花肉改刀时，横中所切的一刀切至肉皮即可，不要切断。

（六）风味特点

色泽红亮，香味浓郁，肥而不腻，软烂鲜美。

（七）知识拓展

扣肉各地皆有，但因各地物产不同，饮食嗜好不同，扣肉的制法、辅料和特点也有所不同。

“千张肉”：湖北传统名菜，也是江陵传统筵席上的“三大碗”之一，相传为唐代段文昌在荆州时所创。此菜是用猪五花肉先煮后炸，再切成极薄的长片，以豆豉垫底，在旺火上长时间蒸制而成，“千张”是形容肉片数量很多。制法：①将猪五花肉 500g 刮洗干净，皮朝上放入炒锅内，加清水用旺火煮 30min，用金酱（金酱的熬制方法是：锅置小火上，下芝麻油 50g、红糖 25g，边加热边搅拌，熬至糖汁起泡快要冒烟时，再下清水 100g，熬沸即成）涂匀猪皮。②炒锅置旺火上，下芝麻油烧至 180℃时下猪肉炸 2min，待呈红色时捞出晾凉，切成 5cm 长的薄片 80 片。③取大碗 1 只，用花椒、葱段、姜片垫底，将肉片码入，再将酱油、红方腐乳汁倒在肉块上，加豆豉、精盐、味精，上笼用旺火蒸 4h，取出晾凉。临食用时再入笼蒸透，取出翻扣入盘，去掉花椒、葱段、姜片，撒上葱花、胡椒粉即成。

“张掖大菜”：俗称“杂烩”，西北名菜，乃古丝绸之路上脍炙人口的传统佳肴。制法：①将五花肉 500g 洗净，投入清水锅内煮熟，捞入盆内晾凉，改刀切成长约 6.6cm、厚约 0.33cm 的薄片，摆成木梳背形，放在大碗两边。②将羊肝、肺洗净，剁成泥，加入葱、蒜末及面粉，浇肉汤，搅拌均匀，然后，卷成圆周长 3.3cm 的圆条，再改刀切成小段，投入油锅炸熟后，改刀成0.66cm厚的薄片，摆入大碗中间。③将碗摆满后，取肉汤适量，加入盐和酱油调好味，浇到碗中，上笼蒸约1h，下笼扣入盘内。④将鸡蛋打入碗内，用筷子打散，加盐适量，入油锅内摊成薄片，切成细丝，镶在盘子两边。⑤炒勺置火上，加清汤适量，用湿淀粉勾芡，淋芝麻油，浇大盘内即成。

“荔浦扣肉”：是以广西荔浦县特产的芋头与猪五花肉做成的名菜。此菜清嘉庆年间在民间出现，20世纪30年代初已广为流传，到50年代为餐馆引入，始登大雅之堂，逐渐成为名菜，现在已可做成罐头畅销国内外。制法：①将猪五花肉500g刮净猪皮上的毛，放进沸水锅中滚至七成熟（即用筷子插入后可提起），取出，用毛巾抹净表皮后，抹上老抽，并用铁针均匀地扎上许多小孔。②把芋头切成6cm×3cm×1cm的长方形块，其中一长边的两角略修圆。③在炒锅里放进油，置于炉火上烧至180℃，用笊篱托着猪皮，放热油内炸约3min至皮色大红（炸时切记要用锅盖盖好，以防油溅伤人）。捞出后放清水中漂30min。同时把芋头块也放进油中炸3min至略收缩。④把炸过漂水后的猪肉切成与芋头大小一样的长方形块。⑤把蒜蓉5g、八角末1g、南乳15g、精盐3g、白糖8g、味精3g和匀后拌到猪肉块中。⑥取一大碗，猪肉与芋头间隔地摆砌在碗内（排时猪皮朝下），摆砌至满碗，加二汤150g。中火蒸1h至软烂。⑦取出扣肉，将原汁滗入锅内，加入二汤50g，调入老抽调成浅酱红色，用湿淀粉勾芡，加包尾油。将扣肉覆盖在圆碟上，掀起碗，把味芡淋在扣肉上。

“爽口扣肉”：广东名菜。制法：①将五花肉1250g洗净，切成两块，放汤中煲至七成熟，取起，用铁针均匀扎小孔于肉皮上，然后用精盐涂匀于肉皮上。②炒锅内将油烧至180℃，皮向下把猪肉放到油锅内，加盖，端离炉火炸制，炸至锅中无油爆声时，将猪肉取起，烧热油，按上法再炸，直炸至猪皮布满细泡，呈现金红色。③猪肉晾凉后放入冷水中浸透，取起切成长5cm、厚0.8cm长方形件，放在沸水锅内滚5min，捞起漂清水30min，捞起，沥去水。然后在炒锅加入沸水1000g，放进八角、葱段和猪肉件，滚2min，捞起，沥去水。④烧热炒锅，下花生油20g，下蒜蓉7g、南乳爆香，烹绍酒，加二汤，下白糖6g、老抽10g、味精3g和猪肉煮2min，取起肉，皮朝下整齐地排放在扣碗内，加入原汁，上蒸笼中火蒸15min。⑤烧热炒锅，下花生油25g，下蒜蓉、蕹菜，加入精盐2g、白糖1g，用猛火将蕹菜炒熟，取起，沥去水。⑥取出扣肉滗出原汁，把蕹菜放在扣肉上，然后覆扣于盘中，取起碗，烧热炒锅用油滑过，加入原汁和老抽，用湿淀粉勾芡，加包尾油后淋于扣肉面上即成。

思考题

1. 此菜应突出什么风味特点？为何选用五花肉而不选用纯瘦肉？
2. 炸、蒸五花肉时应注意什么问题？

3. 制“荔浦扣肉”，芋头为什么要炸过？此菜为什么用盐少而用糖多？试分析此菜肥而不腻的原因。

七、甜 烧 白

（一）菜品简介

在筵席的种类当中，四川田席极具特色。在乡村，农户每当逢年过节都要庆贺一番，风俗要求席面要大、要有排场，故宴请的人多，少则10多桌，多则几十桌，摆满自家的院坝和田地。乡厨受其条件和技艺所限，安排菜式时就没有过多讲究，而以蒸菜最为方便，一桌筵席仅蒸菜就近10种，如“蒸酥肉”、“蒸炸肉”、“蒸肉丸子”、“蒸肘子”、“蒸鸡”、“蒸鸭”、“甜烧白”、“咸烧白”等等，故有“三蒸九扣”之说。在蒸菜中，“甜烧白”和“咸烧白”是对鸳鸯菜，万万不可缺少。“甜烧白”，又名“夹沙肉”，系选用猪肥膘肉加洗沙馅和糯米饭蒸熟而成，又软又甜，十分适合妇女、老人的口味。

（二）烹调方法

蒸。

（三）原料组成

主料：猪肥膘肉400g。

配料：洗沙馅150g，糯米200g。

调辅料：化猪油25g，红糖50g，白糖50g。

（四）制作过程

(1) 选用猪肥膘肉或猪五花肉，洗净，去毛，入锅内煮熟，捞出趁热在其皮面抹上红糖上色，冷却后，用刀切成8.25cm长、5cm宽、0.66cm厚的片子16片，切时第一刀不切断，第二刀切断，即成火夹片状。糯米淘干净后倒入沸水内煮至无硬心时，捞出，滴干米汤，趁热抹上化猪油和红糖。

(2) 从片好的肉片破口处逐一塞入洗沙馅，压成扁形，再逐片摆在蒸碗内呈一本书状，然后放上糯米饭，入笼蒸2h至软。上桌时翻扣于圆盘上，上面撒上白糖即可。

（五）制作要领

(1) 糯米一定要事先做成半成品后再装盘。

(2) 火夹片不要切得太宽。

（六）风味特色

入口香甜，肥而不腻。

（七）知识拓展

“咸烧白”：在川菜中能成双配对的菜，大概要数“甜烧白”和“咸烧白”这两道菜了，名为烧，实际是蒸，为何以烧命名，不得而知。“咸烧白”因配用著名的四大腌菜之一的宜宾芽菜，而使其香甜兼备；加之主料选用五花猪肉，不肥不瘦，瘦多肥少，蒸熟后香气漫溢，十分诱人。制法：①猪五花肉500g入锅中煮熟捞出，趁热抹上一层糖色，入油锅中炸上色，铲起，稍晾，将之切成长约9cm、宽约2.6cm、厚约0.6cm的片。芽菜淘洗干净，滴干水汽后切节，放入化猪油，锅中煸干水汽后铲出。②将切好的肉片，皮朝下一片接一片地摆成书形，依次放入酱油、豆豉、花椒、泡红辣椒等，上面放芽菜，入笼蒸2h取出，吃时翻扣在圆盘上即可。

思考题

1. 如何制作洗沙馅？

2. “甜烧白”为什么要选用肥膘肉？

3. 制“咸烧白”时垫底料若无芽菜还可用什么代替？为何不选用肥膘肉而要用五花肉？

八、红扣牛鼻

（一）菜品简介

“红扣牛鼻”是云南名菜，它以牛鼻为主料蒸制而成。俗话说：“熊舔掌而掌美，牛舔鼻而鼻珍”。牛鼻富含胶质，难于软烂和入味。牛鼻经煮、炸、蒸多道工序制作，形成风味独特的“红扣牛鼻”一菜。

（二）烹调方法

蒸。

（三）原料组成

主料：牛鼻子700g。

配料：水发冬菇、干贝各50g，芫荽12根，樱桃2粒。

调辅料：精盐、葱、姜各6g，酱油15g，甜酱油5g，胡椒3g，蜂蜜、味精各2g，肉清汤50g，湿淀粉20g，菜子油1000g（约耗100g），芝麻油30g。

（四）制作过程

（1）将牛鼻入热水锅氽烫，刮洗干净，拔净鼻毛，切片，入汤锅煮熟。干贝蒸发，芫荽洗净。冬菇用菜子油50g、精盐1g稍㸆。

（2）炒锅置旺火上，下菜子油烧至180℃时，将牛鼻抹上蜂蜜下油锅炸成黄色捞出沥油，切成大薄片。

（3）将牛鼻片整齐地摆入碗中，碗边用干贝镶嵌，放上冬菇，再加葱、姜、肉清汤、精盐、甜酱油、咸酱油，上笼蒸2～3h，至极烂，拣去葱、姜。炒锅置火上，将蒸牛鼻的汤汁滗入锅中，牛鼻扣入盘中心。锅中汤汁加味精、胡椒，用湿淀粉勾芡，淋入芝麻油，浇在牛鼻上，盘边摆上芫荽，在两朵冬菇上各放一粒樱桃点缀而成。

（五）制作要领

（1）必须将牛鼻的毛和污物刮洗干净。

（2）因牛鼻含有丰富的胶质，不易入味和软烂，须较长时间充分加热。

（六）风味特点

色泽红亮，质地软烂肥糯，味咸鲜。

思　考　题

1. 此菜有何风味特点？
2. 制作此菜的关键是什么？

九、烤　　肉

（一）菜品简介

“烤肉”是北京传统名菜，它以羊肉或牛肉片为主料，配以大葱、芫荽和调料，自烤自食。烤是最古老的烹饪方法之一。北京最负盛名的两家烤肉店是位于宣武门内大街的“烤肉宛”和什刹海北岸的“烤肉季”，两店一南一北，素有“南宛北季”之称，两店分别经营烤牛肉和烤羊肉，因烤肉质嫩味鲜香浓而深受人们喜爱。“烤肉”为热菜。

（二）烹调方法

烤。

（三）原料组成

主料：羊肉或牛肉 500g。

配料：大葱 150g，芫荽 50g。

调辅料：酱油 75g，味精 5g，白糖 25g，绍酒 10g，姜汁 40g，芝麻油 30g。

（四）制作过程

（1）剔除肉筋、肉枣、骨底筋膜等，再放入冷库或冰柜内冷冻至硬。

（2）按涮羊肉切片方法切片。500g 肉切成 16.5cm 长、3.3cm 宽的片约 50 片，再将肉片横切两刀成 3 段。

（3）将烤肉炙子烧热，用生羊尾油擦一擦。然后将肉片放入由酱油、味精、绍酒、白糖、姜汁、芝麻油（有的加鸡蛋）调匀的调料碗中稍浸，随即将切好的约 3.3cm 长的大葱丝放在烤肉炙子上，再把浸好的肉片放在葱丝上，边烤边用特制的大竹筷子翻动。葱丝烤软后，将肉和葱摊开，放上 1.3cm 长的芫荽段继续翻动，待肉呈粉红色（牛肉则呈紫色）时装盘。

（五）制作要领

（1）要严格选料，羊肉的选择与涮羊肉的要求基本相同。烤牛肉宜选用体重 150kg

以上，畜龄为四五岁的西口羯牛（即阉割过的公牛）或乳牛肉，选择上脑、排骨、里脊等三个部位的牛肉为好。

（2）由于烤肉的炙子温度较高，肉片不宜切得太薄。

（3）此菜讲究现烤现吃，适宜佐酒和就着烧饼、糖蒜吃，也可佐以嫩黄瓜食用。

（六）风味特点

选料严格，肉嫩味香，自烤自食，佐以美酒，风味独特。

（七）知识拓展

烤是利用柴草、木炭、煤、可燃气体、太阳能或电为能源所产生的辐射热，使原料成熟的烹调方法。烤制过程中一般不进行调味，原料或在烤前先进行码味处理，如叉烤鱼，鱼腌渍入味后再烤，或烤制成熟后佐调味品食用，如烤鸭佐以葱段、甜酱等；有的则现烤现吃，如烤羊肉串。烤制菜肴的特点多为外皮酥脆、内里鲜嫩或酥烂。

烤法是最原始的烹饪法之一。据考古资料，在"北京人"遗址发现有在火中烧食后的动物骨骼。后来出现了将原料移至火焰之外的烤法，古称为炙。《诗经·小雅·瓠叶》："有兔斯首，燔之炙之。"烤制名菜，历代均有，如商代的"烤羊"、周代的"牛炙"、汉代的"烤肉串"、南北朝的"炙豚"、唐代的"光明虾炙"、宋代的"烧羊"、元代的"柳蒸羊"、明代的"炙蛤蜊标"、清代的"烧鸭子"等。在魏晋南北朝时，烤法有很大的发展，据《齐民要术》记载，当时有貊炙、衔炙、范炙、酿炙等十多种明炉烤法。烤法通常先将生原料进行修整，或腌渍，或加工成半成品之后再行烤制。整只或大块的动物性原料则需经烫皮、涂糖上色、晾皮等处理，有的还需要用猪网油、黄泥等包裹后再行烤制。烤法一般使用特制的烤炉，根据烤炉的不同，烤法可分为明炉烤、暗炉烤两类。

明炉烤包括叉烤、挂炉烤、炙子烤等。叉烤即用特制的烤叉叉插原料，然后置于明火上烤制，如广东"烤乳猪"、江苏"叉烤鱼"等；挂炉烤即把原料钩吊起后挂在敞炉中烤制，适用于形体较大、烤制时间较长的原料，北京"挂炉烤鸭"、新疆"烤全羊"等；炙子烤即把原料置于特制的烤肉炙子上边烤边吃，适用于形体较小的原料，如北京"烤肉"。

暗炉烤又称焖炉烤。将原料挂在烤钩上，或放在烤盘里，然后送进可以封闭的烤炉内烤制的方法。此法温度稳定，原料受热均匀，烤制时间较短。北京"焖炉烤鸭"以及"烤面包"等多用此法。

"金条肉"：云南名菜，为基诺族风味。基诺族居住在西双版纳攸乐山，是云南的土著民族，人口不多，但居住集中，常以直接火烤和水煮的方法制作食品，喜食酸辣，调味多用野生香料。金条肉经先腌后烤制成，用酸橘叶调酸。制法：①将猪肉500g切成6cm长、2cm宽、1cm厚的肉条24条。八角炒香，碾成粉。姜、葱、酸橘子叶舂碎，取汁入碗，放入八角粉、白糖、精盐、味精、肉条腌渍1h。②用竹签将肉条串好，外露竹签6cm，上栗炭火上烘烤，不停地转动，烤至呈金黄色。③将鸡蛋、菜叶分别制成蛋松和菜松，蛋松置于盘中间，菜松摆在周围，肉条摆在菜松上，竹签向外。

思　考　题

1. 此菜在选料上有何讲究？
2. 做好此菜的诀窍是什么？

十、明炉烤乳猪

（一）菜品简介

“明炉烤乳猪”是广州最著名的特色名菜。“烤乳猪”早在西周时代已列为“八珍”之一，即“炮豚”。后来在《齐民要术》中也记有烤猪的制作方法，并说它“色同琥珀，又类真金，入口则消，状若凌雪，含浆膏润，特异非凡也”。在清代，“烤乳猪”是名席“满汉全席”中的一道主要菜肴。“烤乳猪”传入广东后，经广东厨师研究改进，遂改为现在的劈头开膛成扁平形再烧烤。这种造型的改进，不仅使乳猪造型美观，别具一格，而且使得上色均匀，成熟较快，烤乳猪质量有了飞跃的提高。1988年，广东特一级厨师杨海又创出了与众不同的“金龙乳猪”，在大红的猪背上烧出了一条青黑龙形图案，图案线条清晰，栩栩如生。杨师傅把此技艺传授于徒弟冯秋，冯秋带此技艺参加第二届全国烹饪比赛，结果不负众望，一举夺得金牌。“金龙乳猪”是以“明炉烤乳猪”为基础烧烤而成的，故本例仅介绍“明炉烤乳猪”。

（二）烹调方法

烤。

（三）原料组成

主料：乳猪1头（约4000g）。

调辅料：五香盐60g，植物油500g，饴糖50g，白醋500g，绍酒100g。

作料：葱球50g，白糖粉50g，甜酱100g，千层饼200g，酸甜菜150g。

（四）制作过程

（1）将光猪顺开膛刀口劈开头部，取出猪脑，在两旁牙关节各斩一刀，使头部可摊开成扁平形。继而劈开脊骨，切离肋骨，起出前腿扇骨和第三四根肋骨，割开踭骨，把厚肉部位修薄，剥去网油，冲洗干净。

（2）把五香盐均匀地抹在内腔肉面上，腌制25min。

（3）用专用的不锈钢乳猪叉从后腿刺进，穿过肋骨，插进头部。理顺后用木条紧压住脊骨和肋骨，使乳猪固定成扁平形。用铁丝扎牢猪脚。

（4）用沸水冲淋乳猪表皮至表皮收缩绷紧。把饴糖、白醋、绍酒和匀成糖水，用排笔均匀地把糖水扫在乳猪表面上。

(5) 扫糖水后，把乳猪放在通风处自然风干或放在烧烤炉里，用微热把乳猪表皮焙干。

(6) 在卧式炉上燃着木炭，把乳猪架在炉边，转动钢叉均匀地烧烤乳猪，边烧烤边在表皮扫油，并用特制钢针刺皮排气，一直烧至皮色大红、皮酥脆。

(7) 上席前，先脱出钢叉和木条，把乳猪放在大碟上。在乳猪背上片出32片方形猪皮片，放回猪背的原位上，跟作料上席。

(8) 当客人吃完片出的皮后，再把乳猪的耳、尾、前腿、嘴、腰、舌、前额、腮、腩皮改刀，放在碟上，砌成猪形，再次上席。

(五) 制作要领

(1) 乳猪的皮不能染血污。

(2) 腌制时五香盐要抹匀。

(3) 必须待乳猪皮焙干才可烧制。

(4) 片皮时不可带太多的肥肉。

(六) 风味特点

皮色大红，皮酥脆甘香，肉质鲜嫩味香。整猪上席十分有气派，分两次进食，充分显示菜品的名贵身价。

思 考 题

1. 刀工时为什么要在脊背至腹部处切离肋骨和修薄肉厚的部位?

2. 烧烤时为什么要针刺排气?

十一、烤 全 羊

(一) 菜品简介

“烤全羊”是内蒙古、新疆、甘肃、青海等省区的传统宴席名菜，有炉烤和叉烤两种。炉烤之法常见，而叉烤则多见于篝火表演，其源可追溯到“八珍”之一的“炮羊”，《礼记·内则篇》记录了“炮豚炮羊”及其技艺，令人叹服。

(二) 烹调方法

烤。

(三) 原料组成

主料：羊羔1只（重约7500g）。

调辅料：植物油100g，白酱油200g，大葱段250g，芫荽100g，芝麻油100g，虾酱100g，甜面酱100g，花椒粉、胡椒粉、白糖各适量。

(四) 制作过程

(1) 将羊宰杀后，伏在桌上，从脊背把毛分向两边，然后用60℃开水浇入，把羊毛刮干净，投入80℃的热水锅中，浸泡一下捞出，用白酱油擦抹于皮面，再用花椒、胡椒水抹于羊腹腔内。

(2) 用铁叉将羊腹腔撑开，用两个铁钩分别钩住两条后腿，将植物油分两次抹于羊的表皮，视火膛烧热后，将羊挂炉内。烤至金黄色，下炉放入大盘中，随薄饼、葱段、虾酱（浇芝麻油拌匀）、甜面酱（拌入白糖）、芫荽而食。

（五）制作要领

(1) 羊经宰杀整理后，内外都要抹味。

(2) 烤时注意掌握好时间，不能过短或过长。

（六）风味特点

色泽金黄，香嫩可口，咸鲜微麻，形状美观。

（七）知识拓展

“炉烤带皮整羊”：内蒙古名菜。用去毛带皮整羊烤制而成。此菜为内蒙古传统菜的代表，为蒙古族重大喜庆宴会的第一佳肴。制法：①将羊颈部的动脉割断，放血后在85℃的水中烫过，去毛，在后腿里侧横拉一刀，打进空气，刮洗净。在腹部顺开一刀口，掏出内脏，擦净膛内血污，以专用铁链将羊拴挂好。②将葱、姜、花椒、八角、小茴香、精盐75g填入膛内。在羊腿里处用尖刀捅上洞，放入炒干辗成末的花椒、八角、小茴香、精盐，在羊皮上刷上酱油、糖色、芝麻油晾30min。③将羊仰挂在用木柴烧约3h的烤羊炉内，烤炉口盖上铁锅，用黄泥密封，约烤3～4h至羊皮金红、焦脆，羊肉熟香即开炉取羊。④将整羊卧于特制的木盘内，羊角系上红绸，抬至餐室请宾客观赏，献上哈达，随后剥下羊皮剁块装盘上席，再割下肉切成厚片配以葱丝、面酱、荷叶饼上桌。

“蜜汁叉烧”：广东传统名菜。制法：①把去皮半肥瘦肉5000g切成宽5cm、厚2cm的长条状，洗净。②把猪肉放在盆里，加入精盐100g、生抽50g、老抽50g、柱候酱25g、白糖200g、片糖200g、五香粉10g、大茴粉5g、汾酒150g、芝麻酱80g和匀，腌制45～60min。③把猪肉穿在叉烧环上挂好，随即放进烧烤炉内，用中火烧烤30min至熟。④把麦芽糖2500g加沸水250g和匀成糖浆，取出烧熟的叉烧，淋上糖浆，再回炉烤3min即可切件上碟。

思　考　题

1. 炉烤与叉烤有何区别？
2. 叉烧条为什么要切改成扁平形？

十二、西夏石烤羊

（一）菜品简介

“石烹法”是我国最古老的烹饪技法之一。其方法有二：一种为将石烧烫，推入装有兽肉块的坑内，谓之“石煮法”；另一种是选用一平板石，面上铺肉，底下生火，谓之“石烤法”。“石烤羊”则是选用河西走廊丰富的羊肉在青石板上烤炙而成，是西夏传统的民族佳肴。

（二）烹调方法

烤。

（三）原料组成

主料：去骨羊肉 3000g。

调辅料：胡麻油 300g，花椒粉 8g，胡椒粉 3g，丁香 3g，桂皮 3g，绍酒 25g，精盐 12g。

（四）制作过程

（1）选用青石板一块，厚 1.5～2.5cm，削平，用木炭或木柴烧热，擦油。

（2）将肉洗净，削为薄片，贴在烧热的石板上，用瓦盆扣盖在上面。

（3）将各种调料研磨成碎末，加精盐和绍酒搅拌均匀，在羊肉每烤 7～10min 时，起盆将调料撒在肉上，直到烤熟呈金黄色时，盛盆趁热食用。

（五）制作要领

羊肉要片得薄而大张。

（六）风味特点

味鲜肉嫩，香酥可口。

思 考 题

用青石板烤羊与用烤炉烤羊有何差异？

第五节 其他制法菜品

一、芝麻糖排骨

（一）菜品简介

“芝麻糖排骨”是山西名菜。以猪肋条排骨为主料经炸制、挂白糖浆制成。因风味独特而深受人们喜爱。

（二）烹调方法

拔丝。

（三）原料组成

主料：猪肋条排骨 500g。

调辅料：酱油 500g，白糖 100g，面粉 100g，鸡蛋 2 个，绍酒 10g，花椒粉 0.5g，熟芝麻 2.5g，花生油 1000g（约耗 100g）。

（四）制作过程

（1）将排骨洗净，剁成 3.5cm 长的块。

（2）用酱油、绍酒、面粉、鸡蛋、花椒粉调匀成糊，放入排骨块，裹匀糊。

（3）炒锅置旺火上，下花生油烧至 240℃，下排骨炸至成熟，表面金黄时捞出沥油。

（4）炒锅置中、小火上，加少量水、白糖熬成糖浆，倒入炸好的排骨搅拌均匀，撒上熟芝麻装盘即成。

（五）制作要领

（1）炸排骨的油温要适中，炸至表面发硬，用手勺敲击时响声清脆为好。

（2）熬糖必须用中、小火交替加热，火力不可过猛，防止白糖炭化以致色深味苦。

（3）炸排骨与熬糖应配合进行，动作要迅速，装菜的盘底应抹上一层油或撒上一层糖。

（六）风味特点

色泽黄亮，质感脆爽，香甜可口。

（七）知识拓展

拔丝是将糖熬成能拉出丝的糖液，包裹于炸过的原料上的成菜方法。多用于去皮核的鲜果、干果，根茎类蔬菜以及动物的净肉或小肉丸等。成菜具有色泽晶莹金黄，口感外脆里嫩、香甜可口的特点，挟起时可拉出细长的糖丝，颇有情趣。

拔丝法由元代制作麻糖的方法演化而来。《易牙遗意》记载，制麻糖时，“凡熬糖，手中试其黏稠，有牵丝方好”。清代出现“拔丝”名称。《素食说略》载有“拔丝山药”一菜：将山药“去皮，切拐刀块，以油灼之，加入调好冰糖起锅，即有长丝……”。

拔丝法的一般程序是将原料加工成段、条、块状，或用原有形状，按需要挂糊或不挂糊，下入 180℃左右的热油中炸至适度，沥油；另锅炒制糖液，糖与主料比例约为 1∶3；至可拔丝时迅速投入炸好的主料，炒匀至每块均已裹匀糖液，立即出锅盛入抹有油的盘内，迅速上桌供食。炸后主料不宜放置时间过长，否则温度降低，下锅后使糖液温度降低，即裹不匀糖液；成菜装盘后要立即供食，否则稍冷后便拔不出丝；寒冷季节盘下可托一沸水碗保温，可延长拔丝时间，避免冷却过快。吃拔丝菜品时应备凉开水一碗，供食者挟食物拔丝后蘸一下，快速降温，既避免烫口，也可使糖衣变脆而不粘牙。拔丝法的关键在于熬糖液。熬糖液有干熬、水熬、油熬、油水混合熬 4 种方法。如：油熬法的油与糖比例要适当，油多原料裹不上糖液，油、糖下锅后以小火加热，不停推搅，至糖全部熔化，由稠变稀，呈金黄色时投料翻锅颠匀即可；水熬法的糖与水比例约为 3∶1，水、糖下锅后以中小火加热，不停搅动使其受热均匀，但勿过快，此时锅中先出大泡，搅动犹如清水，很快转向黏稠，搅动有阻力，再搅几下，大泡渐少，出现小泡，此时不能再搅动，待糖液再变稀、色渐变深、小泡形成泡沫、舀起糖液倒回锅中有清脆的“哗哗”声时，投入炸好的原料翻锅裹匀即成。

思考题

1. 炸排骨时应注意什么问题？

2. 熬糖时应注意什么问题？

二、蜜汁云腿

（一）菜品简介

“蜜汁云腿”是云南名菜，用云腿蜜汁而成。云腿主产于云南宣威县，又称宣威火腿。清雍正年间，其名声已广为流传；1915年巴拿马博览会上获金质奖，成品切面肌肉呈玫瑰色，脂肪雪白，肉质嫩爽，清香回甜。此菜为甜肴。

（二）烹调方法

蜜汁。

（三）原料组成

主料：云腿500g。

配料：宝珠梨500g，水果罐头1听。

调辅料：冰糖200g，蜂蜜50g。

（四）制作过程

（1）将云腿切成4.5cm长、3cm宽、0.4cm厚的大片，用开水浸泡20min后沥水。梨去皮去子，切块后入温油中过油。

（2）云腿加冰糖150g、水100g，上笼用旺火蒸0.5h，取出滗去水、油，将云腿扣在碗内。将梨放在云腿上，上笼蒸5min，再滗去水分，翻扣在平盘中。

（3）炒锅置中火上，下蜂蜜、冰糖50g，用手勺不断搅动，当汁液变成淡茶色时，起锅淋在云腿上。盘子周围摆上水果罐头即成。

（五）制作要领

（1）须选用瘦多肥少的云腿，并切成大而薄的片。

（2）经多次浸泡，蒸制去汁，以减轻咸味。

（3）熬糖时火不可太旺，以防糖色过深、发苦，并用手勺不停地搅拌。

（六）风味特点

红白相映，汁液黄亮，质嫩，味甜咸。

（七）知识拓展

蜜汁是以白糖与冰糖或蜂蜜加清水将原料煨、煮成带汁菜肴的烹调方法。适用于白果、百合、桃、梨、枣、莲子、香蕉等含水分较少的干鲜果品及它们的罐头制品，以及山药、红薯、芋头等块根蔬菜和银耳等；也用于火腿等动物性原料。小形原料一般不经细加工即可直接烹制；形体稍大的原料通常切成块、条、片等形状。烹制多用中火或小火，将糖汁收浓。成菜具有香甜软糯、色泽蜜黄的特点。

蜜汁法明代称为"蜜煮"或"蜜煨"，到清代始称"蜜炙"，《随园食单》中记有"蜜火腿"，《素食说略》中记有"蜜炙莲子"、"蜜炙栗子"等。

蜜汁法的一般程序为：将原料下锅加水、糖直接熬煮到原料酥烂、卤汁浓稠，如蜜汁百合；也可先将糖用油稍炒，至微黄色时加入水将糖熬化，再将原料放入熬煮成菜。原料生的可直接蜜汁，也可经过油、汽蒸等初步熟处理后蜜汁，如"蜜汁葫芦"，以枣泥为馅心，用面团包成葫芦形，过油定型后与糖、水等一同入锅熬煮而成。某些不易熟烂或易散碎的原料，可放碗中加糖等上笼屉蒸制后，取出翻扣在盘或碗中，滗出甜汁入锅收浓（或勾薄芡），再浇在菜料上，如"蜜汁山药"、"蜜汁莲子"等。

思　考　题

1. 蜜汁与拔丝在熬糖方法与要求上有何不同?
2. 制作此菜要把握哪几个关键?

三、蒜泥白肉

（一）菜品简介

"蒜泥白肉"是冷菜，蒜泥味型。本菜为春季佳肴，以薄皮猪肉配上新上市的嫩蒜，清香微辣、肉质细腻，若能与香椿芽同拌，则风味更佳。因其在制作过程中，特别讲究刀工技艺，要求将煮熟连皮的猪肉片得既薄又长，薄如云、长近尺，故又有"云片白肉"之说。

（二）烹调方法

拌。

（三）原料组成

主料：连皮猪腿肉 400g。

调辅料：大蒜 25g，红油 25g，酱油 20g，冷汤 30g，白糖 15g，味精 0.5g，芝麻油 10g，精盐 0.5g。

（四）制作过程

（1）猪肉洗净，去掉残毛，入冷水锅内煮熟捞起，趁热片成长约 8cm、宽约 3.3cm 的薄片，抖散置于圆盘中。

（2）大蒜捣成蓉，加少许芝麻油、精盐、冷汤调成糊状，再加入红油、酱油、白糖、味精搅匀。

(3) 将对好的味汁浇在肉片上即成。

(五) 制作要领

(1) 片肉片时手要按稳、按紧肉，拉锯式进刀，才能使肉片薄而均匀。

(2) 味要调好，注意糖的用量，多则败味，少则不够味。

(六) 风味特点

肉白汁红，咸鲜微辣，蒜香味浓。

(七) 知识拓展

拌是用调味料直接调制原料成菜的烹调方法。拌菜多数现吃现拌，也有的先用盐或糖码味，拌时挤去汁水，再调拌供食。其调味因菜品不同有多种：有的仅用盐或酱、糖、醋调拌；有的用芝麻油、酱油、醋调拌；有的事先对制好调味汁再调拌；有的在基本调味的基础上另加蒜泥或葱油、葱椒、椒油、姜末、芥末、辣椒糊、腐乳汁、虾油、芝麻酱等调味料调拌。成菜特点是口感鲜嫩或柔脆，清利爽口。

拌法由生食加调味演化而来。《礼记》记有"芥末酱拌生鱼片"等。《齐民要术》提到"新韭烂拌，亦中炙啖"。至宋代，《吴氏中馈录》中记有拌菜调味汁的制法。到清代，拌法应用已很广泛，并出现拌制各种动物性原料的菜式，如"拌鸡皮"、"拌鸭舌"等。

根据原料生熟不同，有生拌、熟拌、生熟拌；因拌时温度不同，有凉拌、温拌、热拌；因拌时技法变化，有手拌、捶拌、清拌、烫拌、锁食拌（云南特有方法，即取鸡蛋4个打散，加精盐、味精、酱油、麻辣油、炒芝麻、芝麻油等搅拌并打成泡糊，加醋调匀成锁食料，然后以其拌制菜肴）等。拌菜多数生用、冷吃，制作时要注意原料必须新鲜，制作过程中和成菜后须防污染，调味料必要时也要经过加热消毒。

"红油肚丝"：此菜为川菜中普通冷菜。制法：①将煮好的猪肚200g切成细丝，葱白25g也切成细丝垫底。②将肚丝抖散于葱丝上，再依次放入酱油、味精、白糖、辣椒油、芝麻油，拌匀即成。

思　考　题

1. "蒜泥白肉"为什么又称为"云片白肉"?
2. "红油肚丝"如何烹制才脆爽?

四、金饺驼掌

(一) 菜品简介

"金饺驼掌"是内蒙古名菜，以内蒙古草原特产骆驼蹄为主料制作而成。此菜是在内蒙古传统菜"扒驼掌"的基础上改进而成的一道热菜。

(二) 烹调方法

蒸、炸。

（三）原料组成

主料：熟驼掌肉 400g。

配料：鸡蛋 150g，鲜虾仁 150g，馒头 100g，面粉 40g。

调辅料：精盐 5g，白糖 25g，番茄酱 30g，绍酒 10g，味精 1.5g，葱 20g，姜 15g，鸡汤 150g，芝麻油 15g，植物油 1000g，湿淀粉 50g。

（四）制作过程

（1）将驼掌肉顺着纤维切成片，整齐地码入碗内，加入鸡汤、精盐 3.5g、葱段、姜片、绍酒等调料上笼蒸透，滗出汤汁，扣在盘中，原汤烧沸用湿淀粉勾芡，浇在主料上。

（2）鸡蛋搅匀摊成蛋皮，制成直径约 7cm 的圆形蛋皮。虾仁剁成泥，加精盐、水、淀粉搅匀成糊。蛋皮包虾肉糊制成饺子，拍上面粉，拖蛋液，沾上馒头渣，入油锅炸成金黄色时捞出，摆在蒸好的驼掌周围。另起炒锅置旺火上，加少许油，下白糖、番茄酱、鸡汤、味精，烧沸后勾芡，淋入芝麻油，浇在蛋饺上即成。

（五）制作要领

（1）驼掌肉必须顺着纤维切，摆放应整齐，用旺火蒸至软烂。

（2）虾蓉要用力搅拌上劲，如无馒头渣，也可用面包渣，但最好不用甜面包。

（六）风味特点

驼掌排列整齐，呈圆包状，质地软烂，芡汁洁白，滋味咸鲜；蛋饺色泽橘黄微红，质感酥、嫩，甜酸适中。

思考题

1. 驼掌肉有何特点？适于哪些烹调方法制作？

2. 制作蛋饺应注意什么问题？

五、煎焗田鼠

（一）菜品简介

广东人餐桌上的鼠主要是田鼠、葵鼠，田鼠穴居田地郊野，毛色比家鼠黄，田鼠肉不仅非常鲜甜，为许多肉料所不及，而且质地细嫩、肥而不腻。有人认为田鼠肉有滋补作用，十分滋阴，民间以田鼠肉配合北芪、桑寄生、淮山、枸杞子炖制进食，作病后进补之用。田鼠可鲜食也可腊干再食，两者风味不同，腊田鼠称为鼠脯，在广东顺德甚至将鼠脯称为“腊味王”。“煎焗田鼠”是用鲜鼠肉所制成。

（二）烹调方法

焗。

（三）原料组成

主料：宰好的田鼠 500g。

配料：芫荽 5g。

调辅料：a. 蒜蓉 5g，姜片 10g，绍酒 15g，花生油 100g。b. 精盐 5g，味精 4g，姜汁酒 25g，干淀粉 10g，胡椒粉 0.2g。

（四）制作过程

（1）斩去田鼠头、脚、尾，去清内脏，洗净。用烧红铁棒烙皮至微焦，然后浸于清水内，刮洗干净。斩去脊骨后用刀背捶松鼠肉，斩成 4cm×5cm 的件，洗净，沥干水分。

（2）将田鼠件放进沸水中滚 1min，沥干水分，加入调料 b 拌匀腌制 30min。

（3）烧热净锅，用油滑过，下蒜蓉、姜片爆香，下田鼠件用慢火煎至两面金黄色，烹入绍酒 10g，加盖，端离炉火焗 2min，再放回炉火上，翻转田鼠件再煎 1min，烹入余下绍酒，加盖端离炉火再焗，直至焗熟。铲起上碟，拌上芫荽便可上碟。

（五）制作要领

（1）田鼠要洗净，烙皮时要烙均匀，并刮洗干净。

（2）斩件时，厚薄要均匀，要捶松。

（六）风味特点

焦香味鲜，色泽金黄，配色和谐。

思考题

1. 田鼠件为何要用刀背捶松？

2. 田鼠皮为何要用烧红铁棒烙过？

六、灯影牛肉

（一）菜品简介

“灯影牛肉”是四川的名肴，具有红亮、辣香、体薄个大、入口化渣等特点。因牛肉切得既大又薄，经处理后把它放在灯光下一看，能透视出物像来，有皮影戏的效果，故而得名。另有一说法，据传早在 1100 多年前，唐代诗人元稹曾在朝廷任监察使，因得罪宦官及守旧官僚而遭到贬谪。公元 819 年，他曾来到石县（今四川达县）任通州司马之职。一次他微服出访来到一家酒店小酌，以牛肉佐酒，嚼之化渣爽口，大快朵颐，乘兴将此菜命名为“灯影牛肉”，以赞赏其薄也。

（二）烹调方法

烘、蒸、炸、拌。

（三）原料组成

主料：黄牛后腿肉 1250g。

调辅料：菜子油 1500g，香葱 25g，辣椒油 50g，花椒粉 10g，白糖 10g，味精 5g，芝麻油 25g，精盐 5g，醪糟汁 5g，绍酒 10g，姜 10g。

（四）制作过程

（1）将黄牛后腿肉去筋、膜，片成大薄片，放在小盆内，加精盐、绍酒，香葱挽结，姜拍松，拌和均匀，放置 30min。取出，摊开晾干，入烘炉脱水，再入笼用旺火蒸熟，取出，改成 5cm 长、3cm 宽的块。

（2）油锅置中火上，烧到 120℃左右时，将晾干的牛肉片倒入，炸干水分，倒去余油，下醪糟汁、辣椒油、花椒粉、白糖、味精拌和均匀，起锅晾凉，食时加少许芝麻油增香即可。

（五）制作要领

（1）净牛肉要去净浮皮、污渍，不能用水洗。

（2）肉片要厚薄一致，片得越大越薄越好。

（3）烘肉忌用明火，要保持无烟无尘。

（4）炸肉片时，下肉要用低温油，然后再逐渐升温。

（六）风格特点

片薄如纸，色泽红亮，麻辣鲜香，爽口化渣。

思　考　题

此菜为何命名为“灯影牛肉”？

七、麻辣牛肉干

（一）菜品简介

“麻辣牛肉干”以其又麻又辣、牛肉干香的风味特点自成一格，多出现于食品行业而非餐饮行业。它有易存放、携带方便、口感好、味醇正的特点，尤其对外出旅游之人，更是不可缺少。

（二）烹调方法

炸收。

（三）原料组成

主料：瘦牛肉 500g。

调辅料：菜子油 500g，老姜 35g，葱 50g，牛肉汤 75g，辣椒油 10g，绍酒 35g，花椒粉 5g，白糖 10g，精盐 15g，酱油 25g，味精 1g，芝麻油 15g。

（四）制作过程

（1）葱洗净切成 9.9cm 长的段，姜洗净拍松；牛肉洗净入锅内煮 30min 后捞起晾凉，用刀切成 3.9cm 长、1.3cm 见方的筷子条，盛入一小盆内，放入葱段、老姜、绍酒 15g、精盐 10g、酱油 15g 拌匀，放置 30min。

（2）炒锅置旺火上，下油烧至 200℃左右时，放入牛肉炸至棕色，水分快干时捞起，滤去炸油，另舀菜子油 50g 入锅，烧热时放入葱、姜，翻炒出味后放入酱油 10g、绍酒 20g、牛肉汤、白糖、精盐 5g，再放入炸好的牛肉干，不断翻动收汁，待汁快干时放入芝麻油，端离火口后拣去葱、姜不用，再加入花椒粉、辣椒油、味精拌匀即可。

（五）制作要领

（1）煮牛肉时要冷水下锅，撇去血沫。

（2）牛肉码味时酱油要少，以免炸黑。

（3）注意火候，不要将汁收得太干。

（六）风味特点

麻辣干香，回味绵长。

思考题

1. 牛肉为什么要先煮后切？
2. 生牛肉为什么要先码味？码味时应注意什么？

第三章　水产类名菜

第一节　煮汆涮卤煨炖类菜品

一、奶汁肥王鱼

（一）菜品简介

肥王鱼又名回王鱼、淮王鱼，是淮河名产，以安徽省寿县至凤台一带产量最多，尤以凤台峡山口至黑龙潭所产最佳。据《凤台县志》记载：西汉时，淮南王刘安定都寿春，有人将此鱼献给刘安，刘安给它取名“回黄”，并常在宴客中称赞此鱼鲜美可口，淮南王喜食“回黄”，传入民间，人们就称“回黄”为淮王鱼，现代《鱼类养殖学》中又改称回王鱼，寿县地区对“回”、“肥”读音相同，故当地人称肥王鱼。肥王鱼一般重1500～2500g，大的可达10000～15000g，肉质细腻，嫩如豆腐，自古以来就是淮上人家的筵席之珍，素以味鲜、肉嫩、滑利、爽口著称，其吃法多样，可白煮、清蒸、红烧、片炒，以白煮为佳。“奶汁肥王鱼”即是以热油加热汤再经大火白煮成菜。

（二）烹调方法

煮。

（三）原料组成

主料：肥王鱼1条（约重750g）。

配料：猪瘦肉50g，芫荽5g。

调辅料：大葱白段10g，姜片10g，精盐5g，白胡椒粉1.5g，鸡汤1000g，熟猪油100g。

（四）制作过程

（1）将鱼去鳃，剖腹去内脏，洗净后，用刀在鱼身上两边剞小柳叶刀花。猪瘦肉切成3cm长、1.5cm宽、0.3cm厚的鸡冠形片。

（2）锅放在旺火上烧热，放入熟猪油，烧至七成热时，下入热鸡汤，再放入鱼、猪肉和葱、姜，盖上锅盖，将汤煮成奶汁，加精盐，撒上白胡椒粉，出锅倒入汤碗。上桌时，随带芫荽一小碟佐食。

（五）制作要领

（1）鲜汤和熟猪油必不可少。

(2) 煮鱼时要保持汤汁沸腾。

(3) 掌握鱼的成熟度，要不生不老。

(六) 风味特点

奶汁肥王鱼半汤半菜，鱼整汤宽，鱼肉细嫩少刺如同豆腐，汤汁浓白似奶，香鲜滑利。调以胡椒粉、芫荽，风味更佳。

(七) 知识拓展

“奶汤锅子鱼”：西北风味，又名“锅子鱼”或“鲜鱼锅子”，距今已经有1300多年的历史。唐朝自中宗李显始，大臣拜官都要献食给天子，名叫“烧尾宴”，取意为“鱼跃龙门”。韦巨源官拜尚书令左仆射时，进献的食单中录有“乳酿鱼”。“奶汤锅子鱼”即由“乳酿鱼”发展而来。制法：①选用新鲜黄河鲤鱼1条（约1000g），改刀切成3.3cm长的鱼块；火腿、玉兰片、香菇、豆腐切成片。②锅置火上，放入猪油50g，将鱼块放入油锅内，煎至两面呈黄色，然后将鸡汤入锅内加盐10g，炖至入味。③点着火锅，加牛奶100g、鸡汤750g倒入火锅，汤沸时将炖好的鱼块放入，并加入火腿、香菇、玉兰片，同时将菠菜心、豆腐、萝卜条、粉丝、葱、姜分别装入碟内，随烫随食。

“泡菜鱼”：四川风味，此菜因选用老泡菜（主要是泡青菜）作为辅料来熬汤并与鱼合烹而得名。它由家庭菜演变而来，独成一味，盛行于巴蜀大地，为现代改良川菜的代表。制法：①鱼净肉采用斜刀法片成0.3cm厚的大片，泡青菜切细，泡红辣椒和大葱分别切成6.6cm长的段，大蒜拍碎。炒锅置旺火上，下猪油烧热，下大蒜、泡青菜、泡红辣椒、葱段炒香，倒入鲜汤烧开，熬入味。②净鱼片置一盘内，放精盐、鸡蛋清搅匀后再撒干细淀粉裹匀，倒入烧沸的汤锅内，用锅铲轻推数下，烧开约数分钟至熟时，下味精推转起锅入盘内即成。

思考题

1. 鲜汤和熟猪油在制菜中各起什么作用？
2. 为何要将鱼用大火沸汤煮熟？
3. 整鱼剞刀的作用有哪些？

二、橘瓣鱼氽

(一) 菜品简介

“橘瓣鱼氽”是湖北名菜。古代的鱼氽一般为球形、蚕茧形或白果形。天门籍湖北名厨、鄂菜烹饪大师杨同生创制了橘瓣形鱼氽，“橘瓣鱼氽”成为鱼氽新品种。现在此菜分为黄、白两色，这里介绍白色“橘瓣鱼氽”的制法。此菜为热汤菜。

(二) 烹调方法

氽。

（三）原料组成

主料：鳜鱼肉 400g。

配料：水发香菇 50g，鸡蛋清 4 个。

调辅料：精盐 4g，味精 2g，白胡椒粉 1g，鸡汤 500g，熟猪油 50g，姜葱汁（葱、姜各 3g，用热水浸泡制成），葱花 0.5g。

（四）制作过程

（1）香菇切成薄片。将鳜鱼肉剁成鱼蓉，加姜葱汁、鸡蛋清、味精、精盐 2g、水 250g 搅拌上劲，加熟猪油 25g 和匀。

（2）炒锅置小火上，加清水 1500g，用手将鱼蓉挤成橘瓣形，逐个用汤匙舀入锅内，氽熟捞出。

（3）炒锅置旺火上，加鸡汤、香菇、精盐、味精稍煮，再下入鱼氽，待锅内汤微沸，鱼氽熟透时撒上葱花盛入汤碗，淋熟猪油，撒上白胡椒粉即成。

（五）制作要领

（1）剁鱼蓉时注意不要混入木屑等杂质，鱼蓉尽可能剁细。

（2）和鱼蓉时注意投料顺序，应顺着一个方向搅打上劲。

（3）煮鱼氽宜用小火，保持水微开即可。

（六）风味特点

此菜汤清味鲜，形如橘瓣，色白晶莹，质嫩味鲜。

（七）知识拓展

“清汤鱼圆”：绍兴传统风味菜。制法：①鲢鱼肉泥 200g，放入精盐 15g、味精 1.5g，陆续加入清水 400g，顺一个方向搅拌至鱼泥起小泡时，静置 10min。②炒锅舀入冷水 1500g，将鱼泥挤成鱼圆 24 个，入锅养 10min，使鱼圆结实，再改为小火“养”熟。③将清汤舀入炒锅中，置于旺火上烧沸后，把鱼圆轻轻放入锅中，加精盐、味精及豌豆苗。然后，将鱼圆及汤倒入品锅内，熟火腿片和熟笋片置于鱼圆上面，摆成三角形，中间摆上熟香菇，四周以豌豆苗点缀，淋上熟鸡油即成。

“潮州大鱼丸”：广东潮汕风味，潮汕人对鱼丸质量十分讲究，要求咀嚼有弹性，味道清鲜。制法：①鱼肉 1000g 剁细，加入精盐 10g、味精 5g、鸡蛋清先拌匀，后搅打，直至起胶。②另用碗盛清水 125g，加入精盐 5g 和匀，加入鱼胶中拌匀后再搅打，直打至挤出的鱼丸能浮在水面为止。③将鱼胶挤成丸子，排在竹箅子上，用猛火蒸 5min 至熟。④生菜焯至刚熟，先放在窝底。在炒锅内放入猪油、清汤，投入冬菇、鱼丸、笋花、大地鱼末、紫菜、鱼露 15g、味精 2g、胡椒粉 1g、芝麻油 2g。汤滚沸后盛入汤窝内。

“竹荪鱼丸”：云南名菜。制法：①鲜马鱼 1 条（约 600g），宰杀治净，刮下鱼肉，捶剁成鱼蓉，加盐 3g、味精 1g、鸡清汤 40g、熟猪油搅拌成鱼糊。②用清水将竹荪涨发回软，除去菌盖和菌托，洗净，顺长剖开，切成马眼片，放入二汤中汆透，沥去水分。云腿切成同样大小的马眼片。③炒锅置中火上，下鸡清汤，烧至约70℃时，用手将鱼糊挤成小丸子入汤内，下云腿、竹荪、味精、胡椒粉，烧沸后去浮沫，下豌豆尖，淋入鸡油，盛入汤盘。

思考题

1. 和鱼蓉时的投料顺序是什么？为什么？
2. 鱼丸挤出后为何能浮出水面？
3. 测试鱼胶能受多少水量？

三、汆西施舌

（一）菜品简介

“汆西施舌”是山东名菜，用西施舌汆制而成。西施舌为软体动物门蛤蜊科动物，其壳呈三角形，薄而光滑，壳顶淡紫色，宛如少女红润的面颊；其形似舌，肉质细嫩，洁白如玉，味道鲜美，故以我国春秋时美女西施命名。山东日照市沿海一带出产西施舌，在唐代已为入馔的海味上品。这是一道汤菜。

（二）烹调方法

汆。

（三）原料组成

主料：净西施舌200g。

配料：冬笋片5g，菠菜心10棵，芫荽末3g。

调辅料：精盐3g，绍酒10g，胡椒粉1g，清汤500g。

（四）制作过程

（1）将西施舌放入冷水内泡1h，捞出沥干水分，放入开水中汆一下，迅速捞出装入盘内。

（2）汤锅内下入清汤、绍酒、精盐、冬笋片、菠菜心，烧沸后撇去浮沫，放入胡椒粉、芫荽末盛入汤盘内。与汆过的西施舌同时上桌，将西施舌倒入汤盘内即成。

（五）制作要领

（1）须选用新鲜的西施舌，并漂洗干净。

（2）西施舌入开水汆的时间应极短，一烫即捞出。上菜时，将汆过的西施舌和清汤分别同时上桌，落桌后，将西施舌迅速倒入汤碗内，以保持其鲜嫩。

（六）风味特点

西施舌嫩爽，汤清而味咸鲜微辣。

（七）知识拓展

“酸辣螺黄”：云南名菜。制法：①将螺黄400g洗涤干净，鸡肉、泡辣椒切成丝，韭菜切成末。炒锅置旺火上，下芝麻油烧热，下猪肉末炒透，再下鸡肉炒匀，拌上韭菜末装盘。②炒锅置旺火上，下清水烧沸，加精盐8g，放入螺黄汆至八成熟，捞出放入肉末盘内。③炒锅置旺火上，下肉清汤、甜酱油、咸酱油、精盐、味精、胡椒粉、醋、泡辣椒、姜、蒜末，烧沸后倒进装螺黄的盘内。

思 考 题

制作此菜应注意什么问题？

四、虫草八卦汤

（一）菜品简介

“虫草八卦汤”是湖北武汉市小桃园煨汤馆的传统名菜，它以乌龟为主料煨制而成。小桃园原名小陶袁，因1946年开业之初，原店主一姓陶一姓袁，便以二人姓氏作招牌。小桃园煨汤馆是武汉惟一的一家以经营煨汤为主的风味店，所经营的系列煨汤菜颇具特色，其中以“虫草八卦汤”最为名贵。

（二）烹调方法

煨。

（三）原料组成

主料：活乌龟1～2只（约1500g）。

配料：虫草10g。

调辅料：精盐10g，味精3g，鸡清汤500g，熟猪油15g，葱结5g，姜块25g。

（四）制作过程

（1）将活乌龟用槌击死，捶开壳，去掉底板、胆和龟肠，砍掉头脚，剥皮去尾，切成3cm长、2cm宽的块，与胗肝一起洗净。虫草用温水稍泡洗净。

（2）炒锅置旺火上，下熟猪油烧热，下葱结、姜块煸香，再下龟肉、龟胗肝、精盐，一起爆炒5min，起锅盛入沙罐内，加虫草，放足清汤，煨2h后加龟蛋，煨至汤浓，加味精，盛入汤锅内上笼蒸0.5h后，以气锅上席。

（五）制作要领

（1）须选用活龟，加工时，将龟侧放，用槌击死，捶开壳去掉底板，不采用刀杀。

（2）由于龟肉中结缔组织较多，胶质重，加工时需长时间加热。此菜必须用小火慢煨，不可性急。有条件的可将龟肉炒香入沙罐，用柴草余火煨制，其汤更浓更白，其味更鲜，其香更醇。

(3) 煨汤一般先不加或少加精盐，待肉烂味浓后再加足精盐。如果先加精盐过多，会使肉质发硬，汤味不浓。

(六) 风味特点

成菜汤汁浓白如乳，龟肉软烂鲜香，是秋冬时令进补佳品。

(七) 知识拓展

自汉代起，龟已开始供药用，并认为龟肉可使人长寿。清代以后，多有食龟记载。龟属高档滋补原料，在烹调应用中以作主料为主，还可配以其他原料及少量中药。由于龟肉中结缔组织较多，胶质重，加工时需要长时间加热，最宜用烧、焖、煨、蒸等烹调法成菜，保持原汁原味，从而发挥药食兼用的功效。名菜有北京的“气锅金龟”、土家族的“党参金龟”、湖南的“红煨洞庭金龟”、四川的“虫草炖金龟”、广西的“蛤蚧炖金龟”等，都是龟菜中的名品。

“红煨洞庭金龟”：湖南岳阳味腴酒家的传统风味名菜。制法：①金龟肉 1000g 下开水中烫过后除去薄膜，剁去爪尖，洗净沥干，切成 3cm 长、2cm 宽的块。猪五花肉切成 3cm 长、1cm 宽、0.2cm 厚的片。②冬笋切梳形片，香菇去蒂洗净，大的剖开。葱打结，姜拍松，芫荽洗净。③炒锅置旺火上，下熟猪油烧热，放入葱、姜煸香，下龟肉、五花肉稍煸至香，烹入绍酒、酱油，加桂皮、八角、干红椒、精盐、白糖、适量清水，烧沸后撇去浮沫，倒入沙锅，移至小火上煨 1h 左右至龟肉软烂，再加入笋片、香菇、味精，撒上胡椒粉，淋上芝麻油，盛入汤盆中，芫荽装入小碟中一同上桌。

“瓦罉海龙凤”：海南名菜。制法：三亚海蛇 1 条（约 650g），宰杀后用水煮熟，拆去骨刺，保留原条蛇状。将鸡肉切成 4cm×4cm×0.5cm 的厚片，在肉面剞横直浅花纹，即为鸡球，洗净后用湿淀粉拌好。在炒锅内下油，投入蒜末，炸至浅金黄色，捞起，放入鸡球、海蛇泡油后，沥去油。原锅下姜块、葱段、海蛇、鸡球，烹入绍酒，略爆后下二汤、精盐 5g、味精 5g、白糖 1g、蚝油 15g。慢火焖 2min 后取出，海蛇切段后按蛇状沿碗壁排好（蛇皮朝下），然后铺上鸡球、炸蒜末和湿冬菇，覆扣在沙锅中，加入原汤汁盖好，用中慢火煨至软烂，用老抽调色，再调入胡椒粉、芝麻油便可原锅上席。

思考题

1. 为何乌龟宜用槌击死而不宜刀杀？

2. 为何不宜先加盐过多？为何要一次加足鸡汤？

3. 制作此菜为何要小火慢煨？

4. “红煨洞庭金龟”中加猪五花肉的作用是什么？为何用五花肉而不用里脊肉或后腿肉？

五、冬瓜鳖裙羹

（一）菜品简介

“冬瓜鳖裙羹”是湖北传统名菜，以冬瓜球和甲鱼裙边蒸制而成。据《江陵县志》记载，北宋时期，宋仁宗召见荆州府尹张景时问道：“卿在江陵有何景?”答曰：“两岸绿杨遮虎渡，一湾芳草护龙舟。”又问：“所食何物?”答曰：“新粟米炊鱼子饭，嫩冬瓜煮鳖裙羹。”说明“冬瓜鳖裙羹”已有千年历史。

（二）烹调方法

蒸。

（三）原料组成

主料：活甲鱼 2 只（约 2500g）。

配料：冬瓜 1500g。

调辅料：精盐 15g，白醋 25g，味精 2g，绍酒 5g，生姜 50g，葱 100g，鸡清汤 500g，熟猪油 1000g（约耗 100g）。

（四）制作过程

（1）将甲鱼宰杀洗净，放入开水锅中烫 2～5min，捞出后去掉黑皮，去壳去内脏，卸下甲鱼裙，将甲鱼肉剁成 3cm 见方的块。冬瓜去皮，制成荔枝大小的 28 个冬瓜球。

（2）炒锅置旺火上，下熟猪油烧至 180℃时，将甲鱼下锅滑油后滗去油，稍煸，下冬瓜球合炒，加鸡汤 150g、精盐 5g 移锅小火㸆 15min。

（3）用甲鱼裙垫碗底，然后码上甲鱼肉、蛋，加生姜、葱、精盐、绍酒、白醋、鸡汤，上笼蒸至裙边软黏、肉质软烂出笼，取出葱、姜，加味精，反扣在汤盆内，摆上冬瓜球。

（五）制作要领

（1）甲鱼腥味较重，用开水烫后，应去净外衣黑皮及甲鱼裙边上黑皮，剖开后用水洗净。自死甲鱼含有较多的组胺，不可食用。

（2）甲鱼应蒸至软烂，加鸡汤一起蒸制可使汤鲜味醇。

（3）注意造型美观，甲鱼裙垫碗底时，应按顺序排放整齐。

（六）风味特点

甲鱼裙肉软烂糯，汤清澈，味鲜香醇。

（七）知识拓展

“天池雪蛤红莲花”：东北名宴“长白山山珍宴”中的一道甜菜。制法：将哈士蟆油干品 20g 择去黑子和筋膜，用温水洗净，再用 50℃的水泡 7h 左右直至发透，泡好后备用。红枣洗净、去核，切成 6 瓣。锅中放入清水 500g，放入菠萝汁、冰糖、香莲素，再放入哈士蟆油、红枣，烧开撇去浮沫，用小火炖 25min 左右，再加入发好的莲子炖 5min，调好甜度，盛入碗中即成。

“多喜人参长寿鱼”：东北名宴“长白山山珍宴”中的一道热菜。制法：将甲鱼（1只，重约 1000g）头、颈剁下，控净血后在凉水中泡 1h，再放入开水中稍烫捞出。将甲鱼腹部、甲壳及裙边的黑皮刮净，剁去脚爪，揭去背壳，取出内脏，放在冷水中洗去血污，取下裙边。将甲鱼剁成 3cm 见方的块，与背甲放在一起，放入开水中氽透。干人参 15g 用水刷洗干净，泡至回软，切成 4cm 长的条。水发香菇剪去菇蒂，洗净泥沙，个大的切成两半。葱切段，姜切块，火腿切成片。将甲鱼放在气锅中，然后加入香菇、火腿片、人参条，再放入味精、绍酒、清汤、芫荽、花椒油，上面盖上背甲，放上葱段、姜片、白胡椒粒，盖上气锅盖，放入加水铝锅中（水为气锅高度的一半），然后盖上铝锅盖，置于旺火上烧开，待甲鱼蒸烂时取出，拣去葱段、姜片、胡椒粒，撇去浮沫，盖上气锅盖即可。

思考题

1. 为何应选用活甲鱼制作此菜？
2. 此菜有何风味特点？加工中如何制作才能达到这种特点？

六、大理沙锅鱼

（一）菜品简介

“大理沙锅鱼”是云南大理白族名菜，据传源于清末。它以鲤鱼为主料，配以鸡块、鱿鱼、海参、鱼肚、冬菇、玉兰片等各种动植物原料煮制而成。

（二）烹调方法

煮。

（三）原料组成

主料：洱海活鲤鱼 1 条（约 1000g）。

配料：带骨鸡块 100g，水发鱿鱼、海参、蹄筋、鱼肚、豆腐皮、冬菇、玉兰片各 20g，鹤庆圆腿 30g，熟猪肚片、白肉片、肝片、腰片各 25g，蛋饺、丸子各 10 个，豆腐、白菜心各 120g，胡萝卜 25g。

调辅料：精盐 20g，胡椒粉 4g，味精 5g，芝麻油、绍酒各 10g，葱花、姜末各 30g，肉清汤 1000 克。

（四）制作过程

（1）将豆腐切成 3cm 见方的块，放入沸水中煮至呈蜂窝状取出沥水，切象眼块。鱿鱼、海参、鱼肚、蹄筋、胡萝卜、白菜、火腿切成片。鱼治净，剞十字花刀，用精盐 5g

腌渍。

（2）取沙锅1只，先用鸡块垫底，下鱿鱼、海参、蹄筋、鱼肚、火腿（鹤庆圆腿）、冬菇、玉兰片、豆腐、豆腐皮、蛋饺、胡萝卜、白菜、清汤、绍酒，煮0.5h，去浮沫，下白肉、腰、肝、肚、丸子煮沸，将鱼入锅稍煮，下葱、姜、精盐15g、胡椒、味精，淋芝麻油上桌。

（五）制作要领

（1）此菜妙在各种动植物原料合烹，复合出醇厚的鲜美味道；

（2）鱼下锅后煮熟即可，不宜久煮，并及时上桌，产生汤沸鱼动、如鱼游水的效果。

（六）风味特点

色彩绚丽，沙锅中热汤沸腾，荤素俱全，鱼肉鲜嫩，汤汁鲜醇。

（七）知识拓展

中国早在公元前11世纪的殷末周初就已开始养鲤。以鲤鱼入馔则始见于《诗经》，此后历代文献均有反映。唐代视鲤鱼尾为“八珍”之一。宋代《图经本草》将鲤鱼列为“食品上味”。元代《居家必用事类全集》已载有用鲤鱼皮、鳞熬制“水晶脍”的方法。清代《调鼎集》上列有鲤鱼菜20多品，已用鲤白、鲤肠、鲤胰、鲤唇、鲤尾、鲤脑、鲤子等成菜，并有了多种烹制方法。

鲤鱼肉质肥厚、坚实、鲜美，适宜整条或切块鲜烹。鲤鱼略有土腥味，食用前可放在水池中放养一二天，使之吐尽腹内泥污。如果在水池中放几滴芝麻油，效果更理想。鲤鱼加工需放尽血淤，并注意抽去其脊骨两侧的两根酸筋。鲜活鲤鱼可用于白烧、清蒸、软熘、煮汤。对于肉质较粗、土腥味较大的鲤鱼，则多用于红烧、干烧、酱汁等。还可制成熏鱼、糟鱼、咸鱼、风鱼等，风味亦佳。

“沙锅雅鱼”：四川雅安地区风味。雅鱼，学名“齐口裂腹鱼”，又名“嘉鱼”，古称“丙穴鱼”。具有肉多、刺少、质嫩的特点。制法：雅鱼1条（重约500g）去鳞去鳃，剖腹去内脏，切成瓦块形，水发海参切成斧头片形，用汤煨两次，海米用开水泡发，火腿、猪心、猪舌、猪肚分别煮熟，切成长方片，水发玉兰片也切成片，豆腐切成长方块，入清水锅内放点盐煮沸，捞入清水盆内浸泡。沙锅洗净，将切好的辅料装入其内，最后放入雅鱼，灌入奶汤，置中火上煮熟，加精盐、味精，连沙锅一起上桌即成。

思考题

1. 用沙锅制作此菜有何好处？
2. 为何鱼不宜久煮？
3. 你认为此菜上席是连锅上好还是倒在器皿中上好？为什么？

第二节　烧焖扒烩类菜品

一、干烧鲫鱼

（一）菜品简介

鲫鱼，古称鲋鱼、鲫瓜子等，其肉质细嫩鲜美，是我国重要的食用淡水鱼类，营养价值较高。川菜中常用清炖、干烧等方法，极具特色。干烧是一种使汤汁全部渗入原料内部或黏附于原料上的烹调方法，其特点是自然收汁，不用勾芡。

（二）烹调方法

干烧。

（三）原料组成

主料：鲫鱼3条（约600g）。

配料：肥瘦肉100g，芽菜50g，大葱白150g。

调辅料：精炼油1500g，鲜汤300g，泡红辣椒25g，姜10g，蒜10g，酱油25g，白糖5g，味精1g，芝麻油25g，绍酒15g。

（四）制作过程

（1）鲫鱼去鳞、去鳃、去内脏，用刀在其背部两侧均匀剞上三刀；泡红辣椒去蒂去子，切成6.6cm长的段；芽菜洗净切碎；姜、蒜切成细末；葱白切成6.6cm长的段；肥瘦肉剁成绿豆大的粒。

（2）炒锅置中火上，下精炼油1500g，烧至220℃左右时，将鲫鱼放入锅中炸起皮，铲出，滤去炸油，留100g油在锅内。放入肉粒炒散，加入泡红辣椒、姜、蒜末、葱，炒出香味时加入酱油、绍酒、鲜汤、白糖、鲫鱼，在小火上烧10min左右，翻一面再烧到汁干油亮，加芝麻油、味精起锅入盘，将芡汁淋在鱼身上即成。

（五）制作要领

（1）剁肉时不要剁得太细。

（2）鱼在下油锅前，必须要先滴干水分。

（3）烧鱼时，鲜汤不能加得过多。

（六）风味特点

鱼形完整，肉质细嫩，色泽棕红，味鲜微甜。

（七）知识拓展

“干烧岩鲤”：四川名菜。岩鲤，学名岩原鲤，分布在长江中上游干、支流水域，具有体厚、丰满、肉质鲜美的特点。制法：①岩鲤1条（重约1000g）宰杀后去鳞、鳃及内脏。在其身两面用刀斜划柳叶花刀；大葱切成1.32cm见方的丁粒，猪肥膘切丁粒。

②炒锅置中火上，放入化猪油烧至200℃左右，下鱼炸约2min铲出，锅内下豆瓣炒香，掺肉汤，稍煮后捞起豆瓣渣不用，然后放入鱼、猪肥膘丁、姜、蒜末、绍酒、酱油、白糖等，移至小火上烧约30min（中间将鱼翻面）至熟入味，把鱼铲放在一条盘内，再将葱粒、味精、醋等放在汤汁里，移在旺火上烧片刻以收干水分，使汤汁浓稠，淋在鱼身上即可。

“干烧鱤条鱼”：云南名菜。制法：①将鲜鱤鱼1000g去鳞、剖腹、治净，在鱼身两侧剞上十字花刀，鱼头直劈一刀不断。用酱油20g抹遍鱼全身，腌渍10min。牛肉、葱、姜、蒜切末。②炒锅置旺火上，下熟猪油，烧至240℃时下鱤条鱼，炸至两面金黄捞起沥油。③炒锅置中火上，下猪油30g，烧热后下葱、姜、蒜、牛肉末煸香，再下肉清汤、精盐、酱油、甜酱油、黄酒、胡椒粉和鱼，烧沸后移至小火上，烧至汤汁将干时加味精，移至旺火上加辣椒油旋锅，将鱼翻面，见汁水收干后起锅装盘，淋上芝麻油即成。

“干烧开边鲤”：吉林传统名菜，是吉林名宴“松花湖鱼宴”的一道热菜。制法：①将鲤鱼1条（约1000g）拍晕去鳃，从脊背开口取出内脏，接着片至尾，劈开头部成连尾的大片，再从脊背骨下刀，起出脊骨，把鱼身翻过来，修切成斜刀口，洗净。用绍酒10g、酱油10g腌制15min。②肥肉、笋肉、胡萝卜、榨菜、冬菇、葱、干辣椒均切成小方丁，姜切成末，蒜剁成蓉。③在净锅内加入植物油，烧至180℃，放入鲤鱼炸至枣红色，沥去油。原锅放进姜、蒜、干辣椒、肥肉丁、榨菜丁，煸炒出香气后，烹入绍酒，加入鲜汤、调料、炸好的鲤鱼，烧开后转小火烧透，加入豌豆、胡萝卜丁、葱，再用猛火收汁至汁色红亮、汁味浓稠、汁量恰当时大翻锅，盛入盘内即成。

思　考　题

此菜和豆瓣鱼、红烧鱼有什么区别？

二、红 烧 鮰 鱼

（一）菜品简介

“红烧鮰鱼”是湖北名菜，以鮰鱼肉为主料红烧而成。鮰鱼学名“长吻鮠”，湖北产量较高。鮰鱼自古便为人称道，苏轼曾写下了“粉红石首仍无骨，雪白河豚不药人，寄语天公与河伯，何妨乞与水精灵”的著名诗句。1840年之后，汉口出现专营鮰鱼菜的老大兴园。该店涌现出了刘开榜、曹雨庭、汪显山三代“鮰鱼大王”，创制了系列鮰鱼菜，尤以“红烧鮰鱼”最佳。

（二）烹调方法

红烧。

（三）原料组成

主料：净鮰鱼肉500g。

调辅料：精盐 5g，酱油 30g，味精 2g，绍酒 15g，葱段 10g，生姜片 5g，湿淀粉 25g，熟猪油 100g。

（四）制作过程

（1）将鮰鱼肉剁成 3cm 见方的块。

（2）炒锅置于旺火上，下熟猪油 50g 烧热，加葱段 5g、姜片煸香，下鮰鱼、绍酒稍炒，加清水 500g，加盖烧 7min，烧至鱼肉松软，达八成熟时，加精盐、酱油，移小火上烧至鱼肉透味，汤汁稠浓时加味精，用湿淀粉勾芡，淋入熟猪油，撒上葱段，起锅装盘。

（五）制作要领

（1）烧鮰鱼时，应先将鱼块在清水中煮至松软，让鱼中鲜味物质充分溶于水中，再加精盐、酱油等调料烧制。否则，过早加盐，鱼肉紧缩不易入味。

（2）注意旺火、小火、旺火交替使用，并视鱼的老嫩程度决定烧制时间的长短。

（六）风味特点

色泽红亮，肉质肥嫩滑润，味道十分鲜美。

（七）知识拓展

鮰鱼宋代已被列为佳品。明代文献记载："河豚有毒能药人，鲥鱼味美但刺多，鮰鱼兼有河豚、鲥鱼之美，而无两鱼之缺陷。"选用鮰鱼以每条 1～1.5kg 重，体侧和腹部均呈粉红色者为最佳。鱼体太小则肉少，鱼体太大则肉老。加工鮰鱼多不剖腹，先用刀在其肛门处竖剁一小口，用绳将头吊起，令腹中血水流出，再挖去鳃，用方头筷从鳃口插入鱼腹，绞拉出内脏，洗净即可。鮰鱼体黏味腥，烹调时必须焯水。烹调方法上，长江上游地区多清蒸，中游地区多红烧，下游地区多白煮。也可以烩、汆、烤、炖。

"红烧鮰鱼"：华东名菜。制法：①将鮰鱼肉 400g 治净，切成约 4cm 长、3cm 宽的长方块。笋肉切成滚料块。②将炒锅置旺火上烧热，用色拉油滑锅后，再下豆油，烧至七成热时，下入鱼块煎透，即加入绍酒、酱油、精盐、白糖，烧到鱼肉上色，再加入肉汤烧开，加盖，用中火烧到汤汁稠浓时，加色拉油 20g，改用小火焖约 30min。待卤汁稠黏，加入笋块、色拉油，改用微火焖 5min，直至鱼肉酥、卤汁呈胶状后，再上旺火加入味精、色拉油，晃动炒锅，投入葱段出锅装盘即成。

"豆豉烧中段"：华东名菜。制法：①将鳜鱼 1 条（约重 600g）治净，沥干水，斩下头和尾部，在鱼的两侧背脊部位剞上粗网形花刀，用酱油 5g 均匀地涂在鱼皮上。②将炒锅置旺火上，舀入色拉油，烧至七成热，放入鱼段，两面煎至金黄色时，倒出沥油。原炒锅内加入葱段、姜末、豆豉末、猪肥膘末略煸，加入绍酒、酱油、白糖和清水 250g，复将鱼段入锅，用中火煮沸，加盖改为小火，焖烧至汁浓。然后，添加味精，用湿淀粉勾芡，撒上葱末即成。

"海参武昌鱼"：湖北名菜，此菜选用湖北鄂州市梁子湖名产樊口团头鲂为主料，配以海参红烧而成。制法：①将团头鲂鱼1条（约1000g）治净，在鱼身两面剞上斜双十字花纹。海参片成大厚片，焯水捞出。香菇、火腿、猪瘦肉、冬笋分别切片。虾米用温水浸发后洗净沥干。②炒锅置旺火上，下猪油130g、葱结、姜块煸香捞出，舀出30g猪油，鱼下锅中煎黄捞出，原锅内下猪肉片、虾米煸香，加姜片、绍酒、白糖、醋、干辣椒、酱油35g、精盐1g、鸡清汤烧沸，加盖移至中火㸆焖，至鱼目凸出，鱼肉透味、汤汁稠浓时加味精2g，将鱼起锅装盘。③原锅置火上，下入舀出的姜、葱、猪油烧热，下海参、酱油、精盐、味精、鸡汤，烧鱼所留汤汁、虾米、火腿片、冬笋片、香菇片烧沸后，用湿淀粉勾芡，淋入熟猪油浇在鱼上，撒上葱段、胡椒粉即成。

"豆瓣鲜鱼"：又名"豆瓣鱼"、"豆瓣尾鱼"，是川西平原民间筵席中的一道传统菜肴。当地人每当大年三十全家吃团圆饭时，都会烹制一条完整的鱼，吃时要剩下一些留待来年，美其名曰"年年有鱼（余）"，祈盼美好的生活越过越好。制法：①将鱼600g去鳞、鳃、内脏，洗净，在鱼身两面肉厚处分别划几刀，抹上绍酒和精盐，郫县豆瓣剁细。②炒锅置旺火上，下油烧热，将鱼下锅微炸捞起，锅内留炸油75g，下豆瓣、姜末、蒜末炒香，待油呈红色时将鱼放入锅内，掺鲜汤，以淹没鱼身为度。将锅移小火上焖烧，加盐、酱油、白糖再烧至鱼熟时，将鱼铲到一条盘内。再将锅移至旺火上，加湿淀粉收汁亮油，加醋、味精、葱花推炒数下，起锅淋在鱼身上即可。

思考题

1. 此菜投放调料的顺序如何？为什么要按此顺序投料？
2. 此菜对火候有何要求？

三、鸡蓉鱼骨

（一）菜品简介

"鸡蓉鱼骨"是山东传统名菜，它以鱼骨和鸡里脊为主料制成。鱼骨，又称明骨，一般为鲨鱼的头骨、颚骨、鳍基骨及脊椎骨接合部等软骨，为海味之上乘原料。"鸡蓉鱼骨"为山东流传较广的风味热肴。

（二）烹调方法

烧。

（三）原料组成

主料：水发鱼骨400g，鸡里脊肉125g。

配料：鸡蛋清50g，猪肥肉25g，口蘑25g，火腿25g，青菜25g。

调辅料：精盐8g，味精3g，葱末10g，姜末10g，蒜末5g，绍酒6g，清汤500g，湿淀粉20g，葱姜汁25g，鸡油2g，芝麻油1g，熟猪油25g。

（四）制作过程

（1）将鱼骨改成4cm长、1.5cm宽的骰子块。鸡里脊肉去净筋膜剁成蓉。口蘑、火腿、青菜均切成薄片。

（2）将鱼骨块下汤锅用开水氽透，捞出用清水漂净，再下锅用开水氽透捞出沥水。清汤300g下锅，加精盐3g、味精1g、绍酒2g、葱姜汁10g，下鱼骨，用旺火烧开，微火煮5min捞出晾凉。

（3）将鸡蓉放入碗内，加清汤50g、精盐2g、味精1g、绍酒2g、葱姜汁15g、鸡蛋清50g搅匀成鸡肉糊。

（4）汤锅加水烧开，将鱼骨逐块沾匀鸡肉糊下锅氽熟捞出沥水。

（5）炒锅置旺火上，下熟猪油烧热，用葱、姜、蒜末炝锅，烹入绍酒2g，下口蘑、火腿、青菜略炒，加清汤150g、精盐3g、味精1g、鸡蓉、鱼骨烧开，撇净浮沫，改微火烧透，用湿淀粉勾成溜芡，加鸡油、芝麻油装盘。

（五）制作要领

（1）鸡肉糊须选用鸡里脊肉，去净筋膜，锤、剁成细蓉，糊应搅拌上劲，搅至放入清水中能漂浮起来为宜。

（2）鱼骨裹鸡肉糊氽制前先要加调料煨煮入味。

（3）如果是干鱼骨，还须进行涨发。其发制方法是先将鱼骨用温水洗净，放入盆内加少量豆油，搅拌均匀，上笼蒸透回软时取出，再用开水浸泡，发至色洁白明亮、无硬质、如同凉粉状为好。

（六）风味特点

成品洁白晶莹，外鲜嫩，内柔脆，鲜香清爽，味咸鲜。

（七）知识拓展

鱼骨以鲟鱼、鳇鱼的鳃脑骨或鲨鱼、鳐鱼的鱼软骨加工干制而成，又称明骨、鱼脑、鱼脆。成品有长形或方形，白色，或米色半透明，有光泽，坚硬。鲟鳇类鳃脑骨制者为好，鲨鱼、赤虹等鱼骨制者薄而且脆，质量较差。中国明代始见食用鱼骨记述。晚清时价格已趋昂贵，后列为“海八珍”之一。

干品鱼骨烹制前须经泡发，一般先用开水泡涨捞出，放入清水内，拣去杂质洗净，再放入清水，加料酒笼蒸发透，换凉水浸泡备用，也有的将干鱼骨洗净用干布擦去表面水分后，拌以豆油直接蒸发者。涨发好的鱼骨色洁白，形似凉粉。宜做烧、烩、煮、煨等带汤汁的菜式，或做汤、羹菜，如“芙蓉鱼骨”、“烧鱼骨”、“清汤鱼骨”等。因其无显味，故于烹制时须用清汤调制，或配以鸡、鸭、猪肘、火腿、干贝等鲜味料。也可配以果料做成甜品菜，如“桂花鱼脆”等。鱼骨对神经、肝脏以及循环系统有一定滋补作用。从鱼软骨中提取的硫酸软骨素，可用于治肝炎、动脉硬化、头痛、神经痛等症。

"红烧鳇鱼唇"：黑龙江风味。制法：①将鲜鳇鱼唇250g切成长6cm、宽2.5cm长方形块。香菇切成片，芫荽切成末。②用姜汁酒腌制鱼唇15min，然后用沸汤水滚鱼唇1min，沥干水分。③烧热净锅，加入植物油，当油温130℃时放入鳇鱼唇滑一下油，捞出后沥去油。④原锅留底油，放入姜丝、葱丝煸香，放进鱼唇，烹绍酒，加入鸡汤、笋片、菇片、火腿片和酱油30g、精盐3g、味精2g、白糖15g、米醋15g，用中慢火加热至鱼唇软糯，用湿淀粉勾芡，加芝麻油，撒上芫荽末即可。

"沙锅大鱼头"：华东风味。制法：①将鳙鱼头（带颈肉、齐胸鳍处落刀）1个（约重1000g）治净，在鱼肉两侧各剞3刀，刀深为鱼肉的一半。②粉皮切成约7cm长、3cm宽的条，用温水浸泡一下，漂洗干净后待用。③鱼头用酱油50g浸渍片刻，锅上旺火烧热，用油滑锅后，再下豆油烧到冒青烟时，将鱼头沥干，放入锅内，两面煎黄，滗去锅中剩油，立即烹入绍酒，加盖焖一下，放酱油50g、白糖、笋片（浸浇鱼头用的酱油也一并放入）、熟猪油50g和清水1250g，盖上锅盖，在旺火上烧开。然后，改用小火焖烧15min，待鱼眼珠泛白凸出，内部熟透时，再改用旺火，放入粉皮、精盐、味精、熟猪油50g，烧到粉皮透明卷起、汤汁稠浓，用漏勺将鱼头捞出，装入沙锅里，倒入原汁和粉皮，再加熟猪油50g，加盖置小火上烧透，撒入青蒜段立即上桌。

思考题

1. 制作鸡肉糊应注意什么问题？
2. 如何涨发干鱼骨？

四、罗锅鱼片

（一）菜品简介

"罗锅鱼片"是兰州特级厨师于樊序在1983年全国名厨师表演鉴定会上表演的一款名菜。此菜以大虾、黄鱼作主料，因虾有"罗锅"之称，故名"罗锅鱼片"，它由古菜"雪梅拌黄葵"演变而来。

（二）烹调方法

烧。

（三）原料组成

主料：大虾10个，黄鱼2条（每条重约500g）。

配料：番茄酱50g，番茄2个，白糖500g。

调辅料：香糟酒50g，湿淀粉40g，鸡油40g，葱25g，熟猪油1000g（耗约400g），清汤300g，绍酒25g，精盐4g，姜25g，味精5g。

（四）制作过程

（1）将黄鱼刮去鳞，除去内脏和头，用刀剖开，剔去脊骨，折成两扇鱼片，改刀成

24片带皮的直刀鱼段。将大虾去壳，剪去须脚，剔除脊背沙肠待用。

(2) 锅置火上烧热，加入熟猪油，烧至八成热时出锅沥油。锅内留油少许，加番茄酱推炒几下，加清汤150g，将炸好的大虾倒入锅内，放入葱、姜、白糖、绍酒、精盐、味精，改温火约烧10min，将汁烧开，加明油，出锅后摆在大长盘的一头。

(3) 在烧虾的同时，将另一锅置火上烧热，加入猪油，烧至五成热时，将鱼片肉朝下逐片放入油锅中过油。约1min后，滤油。加入清汤150g和长葱、香糟酒、白糖、味精、精盐，晃动炒锅，煨约1min，然后用湿淀粉勾芡，淋明油，端锅将鱼片翻面，使鱼肉面朝上，淋鸡油，装入盛有大虾长盘的另一头即成。

(五) 制作要领

(1) 虾要注意保持形状完好。

(2) 鱼肉在烧的时候，火不能过大，动作要轻，翻鱼时更须小心，以防鱼烂。

(六) 风味特点

造型美观，色泽鲜明，口味清爽，肉质细嫩。

(七) 知识拓展

黄鱼肉质细嫩呈蒜瓣状，味道清香，适宜于清蒸、清炖、干煎、油炸、红烧、红焖、醋熘、汆汤等多种烹调方法。除采用突出本味“鲜”的咸鲜口味外，还可用五香、葱油、酱汁、红油、酸甜、酸辣、甜香、椒麻等多种味型。名菜有浙江“咸菜大汤黄鱼”、“丝瓜卤蒸黄鱼”、“莼菜黄鱼羹”，上海“家常黄鱼”、“蛙式黄鱼”、山东“生熏大黄鱼”、“家常熬黄花鱼”等。

“三丝敲鱼”：温州民间的传统佳肴。每当逢年过节，主人们总要用特制的小木槌敲几张“敲鱼”，烧一碗热腾腾的敲鱼菜款待客人。制法：①将鱼1条（约重750g）治净，斩下头、尾。取净肉300g，片成片，然后在砧板上放上干淀粉，用小木槌排敲成鱼片。②将炒锅置旺火上，舀入清水烧沸，将“敲鱼”片落锅煮熟，捞入冷水内过凉后，切成长12cm、宽1.5cm的条。熟火腿、香菇、熟鸡脯肉均切成细丝。把“敲鱼”条和青菜心放入沸水锅中汆一下，捞起沥去水。③炒锅中舀入清汤，投入“敲鱼条”、青菜心、精盐、绍酒，用中火烧沸，撇去浮沫，放入香菇丝、熟鸡脯丝、熟火腿丝、味精，淋上熟鸡油，起锅盛入汤盘即成。

思考题

如何烹制才能使鱼肉细嫩？

五、荷包鲫鱼

(一) 菜品简介

“荷包鲫鱼”亦名“怀胎鲫鱼”、“鲫鱼斩肉”。清代《调鼎集》中载有“荷包鱼、大鲫鱼或鲙鱼，去鳞将骨挖去，填冬笋、火腿、鸡丝或砗磲、蟹肉，每盘盛 2 尾，用线扎好，油炸，再加入作料红烧”。

（二）烹调方法

烧。

（三）原料组成

主料：活鲫鱼 2 条（约重 750g），净猪肉（肥四成，瘦六成）250g。

配料：冬笋丁 150g，冬笋片 50g，猪板油丁 50g。

调辅料：绍酒 20g，精盐 2.5g，酱油 50g，白糖 17.5g，葱末 25g，姜片 50g，湿淀粉 25g，色拉油 100g。

（四）制作过程

（1）将鲫鱼从脊背处剖开洗净，用洁布吸去水分。

（2）将猪肉切成丁，同笋丁一起放入碗内，加绍酒 5g、酱油 10g、白糖 2.5g、精盐 0.5g、湿淀粉 10g，搅匀成馅。然后将馅填入鱼腹和鳃口内，再用刀在鱼身两面割十字刀纹，抹上酱油少许。

（3）将锅置火上，舀入色拉油，烧至七成热时，将鱼放入，待鱼的一面煎至金黄色取出，锅内入姜片、葱末炸香，再将鱼煎黄的一面朝上放入，加绍酒 15g、酱油、白糖、精盐、笋片、猪板油丁和适量清水，烧沸后淋入色拉油，盖上锅盖，移至小火焖约 20min，再移到旺火上收稠汤汁，将鱼盛入盘中。锅内的汤汁用湿淀粉勾芡，起锅浇在鱼身上即成。

（五）制作要领

（1）煎鱼时，锅要烧热，然后再放油煎鱼，可以防止鱼皮粘锅。

（2）填酿馅心不可过少或过多，过多烧制时会撑破鱼腹肉，过少不饱满影响造型。

（六）风味特点

鱼形饱满似荷包，色泽红润，鱼嫩肉酥，别有风味。

（七）知识拓展

中国自古食用鲫鱼，《礼记》、《楚辞》及北魏贾思勰《齐民要术》、唐人杨晔《膳夫录》等历代文献资料均有记载。元代以后，鲫鱼烹法日趋精细，且大都流传至今。如元代《多能鄙事》中所载的“酥骨鱼”、清代《调鼎集》中所载的“荷包鱼”、“熏鲫鱼”等。鲫鱼食法较多，尤以做汤最能体现其鲜美滋味，也可烧、煮、蒸等，配以不同辅料，制成各种菜式，如江苏的“白汤鲫鱼”配春笋、香菇、火腿，山东的“奶汤鲫鱼”配蒲菜，上海的“萝卜氽鲫鱼”配萝卜丝等。

“鲫鱼塞肉”：上海家常风味菜。制法：①将鲫鱼 1 条（约重 500g）治净，用刀沿脊背顺长剖开（不要将鱼脏剖开），挖出内脏用清水洗净。②猪肉斩成蓉，放入碗内，加精盐 10g、绍酒 10g、姜末、味精 0.5g、白糖 5 克，搅拌均匀，塞进鲫鱼腹内（要求塞得均匀），鱼脊刀口处涂些肉酱封口，两侧抹上酱油 5g。③将炒锅置旺火上烧热，用油滑锅后倒出，加入豆油，烧热后放入鲫鱼，煎至两面都呈金黄色，沥去油，加入姜片、绍酒 10g，加盖略焖后，加精盐 5g、酱油 25g、白糖 5g、笋片和清水 400g。烧开后，加盖用小火烧 10min 左右，待鱼腹内肉蓉全部成熟，把鱼完整地装入盘中，均匀地撒上葱花。将炒锅中的卤汁烧开，加入味精 0.5g，用湿淀粉勾芡，淋上熟猪油，推匀后浇在鱼上即成。

思 考 题

煎鱼时要掌握哪些关键？

六、酸 辣 海 参

（一）菜品简介

“酸辣海参”是云南名菜，以海参为主料制作而成。云南地处亚热带，特别嗜好酸辣味菜肴，厨师为适应当地人的口味特点，将海参制成酸辣口味，颇受欢迎。

（二）烹调方法

烧。

（三）原料组成

主料：水发海参 400g。

配料：猪里脊肉、火腿各 40g，水发冬菇、水发玉兰片各 30g，老蛋黄糕 20g。

调辅料：精盐、白糖、芝麻油各 5g，味精 3g，酱油、甜酱油、辣椒油、湿淀粉、醋各 10g，胡椒粉 1g，葱、姜、泡红辣椒各 20g，鸡清汤 800g，熟猪油 100g。

（四）制作过程

（1）将海参、猪肉、火腿、冬菇、玉兰片、蛋黄糕、姜切成片。葱切马耳形。泡红辣椒剁成末。

（2）炒锅上火，下鸡清汤 500g、海参、精盐 2g，煮至海参入味后捞出。

（3）炒锅上火，下猪油烧热，放入泡辣椒炒出味，加姜、葱煸香，下火腿、冬菇、玉兰片稍炒后加鸡清汤烧沸，下猪肉、老蛋黄糕、海参、精盐、白糖、甜酱油、酱油、醋、味精、胡椒，烧沸后用湿淀粉勾芡，淋入辣椒油、芝麻油起锅装盘。

（五）制作要领

（1）海参须先用鸡清汤稍煮，也可用清水焯水，以上味、去异味。

（2）泡辣椒、姜、葱煸香后再加其他原料，并注意投料顺序。

（六）风味特点

成菜色泽红亮，滋味咸鲜酸甜辣，海参软滑爽口。

(七) 知识拓展

中国以海参入馔始见于三国魏沈莹所著《临海水土异物志》。明以后，海参被视为滋补品。据《明宫史·饮食好尚》载，以海参为主要原料制作的“三事”菜深受帝王喜爱。至清朝，海参菜肴大量进入筵席。《食宪鸿秘》、《随园食单》、《调鼎集》、《清稗类钞》等书均有记载，并为满汉全席常用，以后还出现了海参席。

干品海参需先行涨发，涨发方法因品种而异。常法为：皮薄肉嫩的海参，可用沸水泡一昼夜，至软后取出剪开肚皮，去内脏内膜，洗净后即可供烹调。参体未软的，可继续沸水浸泡或入锅煮沸后离火浸泡至软。治净后应即换水浸漂。凡外皮坚硬厚实者，如克参、大乌参等，先用中火将其外皮烤至焦黑发脆，用刀刮去，冷水浸软，微火焖 2h，治净后冷水漂 4h，再以小火煮至体软，去其内膜，漂洗洁净即可。涨发海参时，工具和水都不可沾油、碱、矾、盐等物。油、矾、碱易使海参腐烂溶化，盐则可使海参不易发透。开腹取肠时，不要碰破腹内部，要保持海参原形。烹制时，以扒、烧、焖、蒸为多，也可煮煨和做汤等。适应多种调味，如咸鲜、酱汁、酸辣、麻辣、酸甜、蚝油、沙茶、怪味、鱼香等均可。烹制时需借助鲜味原料增鲜。

“灯笼海参”：辽宁名菜，在第二届全国烹饪大赛中，辽宁名厨戴书经烹制的“灯笼海参”获金牌。制法：①把鱼胶 225g 挤成 10 个丸子，把鸡蛋皮切成丝摆在鱼丸下，把汆熟晾凉的虾仁 400g 围摆在鱼丸上，侧看呈“灯笼”形，最后用芫荽梗装饰成“灯笼”，用猛火蒸熟，围摆在圆碟边。②把发好的海参 750g 切成一字形长条，用清水滚过，沥去水分。③在热锅放进花生油 20g，加鲜汤 75g，加入调料精盐 3g、味精 3g、胡椒粉 0.1g，用湿淀粉 10g 勾芡，加包尾油后淋在“灯笼”上。④与此同时，用油滑锅后，烹绍酒，加鲜汤 300g，加精盐 2g、味精 2g、白糖 1g、酱油 5g、姜汁 2g 和海参，用中火烧至入味，用湿淀粉 10g 勾芡，加芝麻油和包尾油后盛于盘中心便可。

“芙蓉海底松”：华东名菜，海底松指涨发后沉于汤底的海蜇。海蜇经涨发后虬枝盘曲，姿态似松叶，色泽古朴，宛如千年古松，故名“海底松”。鸡蛋清蒸熟后，犹如片片白芙蓉漂浮于汤面。制法：①将海蜇 200g 漂洗干净，放入沸水锅中略烫后捞出，放入温水中浸发 10h，至海蜇涨大散开时取出，撕成长约 5cm 的块，洗净，挤去水，放入汤碗中。将紫菜放入沸水锅中烫一下，捞出洗净挤干。②将鸡蛋清放入碗中打散，舀入鸡清汤 100g，加精盐 1g 调匀后，盖上圆盘上笼蒸熟，取出即成芙蓉蛋。③将锅置旺火上，舀入鸡清汤烧沸后，将汤舀入海蜇碗中浸烫一下，把汤滗入锅中，加精盐、味精，烧沸后倒入海蜇碗中。用铁勺将芙蓉蛋一片片地舀入汤碗中，放入火腿片、紫菜即成。

“眉毛丸子烧海参”：江西地方传统菜。制法：①把猪肉 250g（肥三瘦七）剁成肉蓉放入大碗内，加入干淀粉 50g、精盐 2g，搅拌上劲。用餐刀挑起一块肉蓉（约 20g 重），放在左手心内辗转刮成眉毛形肉丸（长约 5cm），逐个放入抹有油的盘内。将水发海参

1000g清洗干净，用刀斜片成6cm长的条片，放在开水锅内焯一下捞起控干。②炒锅上火，放入猪油烧至六成热，将盘内眉毛丸滑入油锅炸熟捞起。锅内留油少许，放入葱段煸香，放入海参、笋片及鲜汤、绍酒、酱油、精盐、味精，烧开后再放眉毛丸，转小火略焖，转中火用湿淀粉勾芡，淋入芝麻油起锅装入浅盘中，撒上胡椒粉上桌。“眉毛丸子烧海参”是宴席上的重头菜，朴素大方，色泽光亮油润，肉丸柔软，海参滑嫩，笋片清脆，芝麻油香味浓郁，滋味鲜咸可口，热食风味正浓，老少皆宜。

“家常海参”：四川名菜。制法：①水发海参500g片成斧头片形，用鲜汤煨两次后，捞于盘中，猪肉剁成细粒，蒜苗切成马耳朵形状。②炒锅置旺火上，下化猪油烧热，放黄豆芽煸炒，加点精盐、味精起锅铲于盘内垫底。炒锅洗净，置于旺火上，下化猪油烧热，放入猪肉粒炒散，即下豆瓣炒香呈红色，掺鲜汤入锅，下海参、绍酒、酱油烧沸，下湿淀粉勾芡，放入蒜苗、芝麻油、味精推转，舀到豆芽上即成。

“三鲜鱿鱼”：四川名菜。制法：①鱿鱼400g改成6.6cm长、2.6cm宽的长方形片，放热鲜汤中煨制，熟火腿、熟鸡肉切成骨牌片，口蘑切成片，葱白切成6.6cm长的段。②炒锅置旺火上，下油烧热，先下葱节炒香，再放熟鸡肉、熟火腿、水发口蘑略炒几下，加绍酒、鲜汤、精盐、胡椒粉烧入味，用漏勺捞出各料摆放盘中。将鱿鱼捞入锅中再烧数分钟，捞起放在盘中，锅内放味精、湿淀粉勾成芡汁，加鸡油起锅，淋在鱿鱼面上即成。

思考题

1. 此菜的滋味有何特点？
2. 制作此菜应注意什么问题？

七、粉皮烧脚鱼

（一）菜品简介

江西一带常称甲鱼为脚鱼，表意更为形象。一般将脚鱼同五花肋条同烧或与粉皮合烧一处，风味很不一般。脚鱼在湖区出产较多，以春夏之交最为肥壮，故此时脚鱼称“菜花脚鱼”。因脚鱼做成菜肴诱人食欲，但原料本身的腥腻气味很重，所以加工清理工作要洁净，调味时多用重味调料进行调味，以去除异味。“粉皮烧脚鱼”属热菜。

（二）烹调方法

烧。

（三）原料组成

主料：活脚鱼1只（1000g左右）。

配料：干绿豆粉皮250g。

调辅料：大蒜瓣 25g，姜末 5g，绍酒 15g，精盐 5g，味精 2g，猪油 100g，胡椒粉 2g，鲜汤 1000g，酱油 10g。

（四）制作过程

（1）脚鱼宰杀放血，用 80℃热水烫浸，用清水洗净，撕去表面薄皮，用餐刀轻轻刮净黏膜，剁去头和脚爪尖，开腹去内脏及黄油块，用热水洗净，剁成 3cm 见方的块状。干粉皮用手折成 3cm 见方的小片，用温水洗净泡软待用。

（2）炒锅上火，放入猪油，烧热后放入脚鱼块煸炒至变色，加绍酒、酱油、精盐、炸香的蒜瓣、鲜汤，烧沸，移至微火上㸆约 20min，放入粉皮，继续用微火㸆，待汤汁稠浓时，撒入姜末、胡椒粉和味精，炒匀后起锅装入浅盘，上桌供餐。

（五）制作要领

（1）脚鱼要鲜活肥壮无损伤。

（2）宰杀放血要净，血污漂洗要净。

（3）剁块时保持裙边的片形。

（4）肉质㸆到软烂时才能出锅。

（5）焖烧时防止粘锅。

（六）风味特点

粉皮烧脚鱼在酒席宴上总是很受食客欢迎，脚鱼和粉皮经过焖㸆，肉质酥软脱骨，粉皮柔糯滑利，汤汁稠浓，色泽红亮，滋味鲜美。

（七）知识拓展

中国以鳖入馔，历史久远。《礼记·内则》中有“不食雏鳖”、“鳖去丑”的记载。《楚辞·招魂》中载有“胹鳖”，《盐铁论·散不足》中有“鸟兽鱼鳖，不中杀不食”的记载。嗣后，北魏的“鳖雁法”，唐代的“遍地锦装鳖”，元朝的“团鱼羹”皆为珍馐。清代以后，鳖之肴馔增多，《随园食单》、《调鼎集》均有多种食鳖记载。

用鳖制菜，首在鲜活，次为刮洗，自死者和不净者不可食。宰鳖一须收集余血，二须用 70℃～80℃的热水浸泡，三须完整取下头、甲，四须刮净体表黑膜，五不可弄破胆囊和膀胱。这样不但防止了细菌的传播和肉味的腥苦，还能做到变废为宝、综合利用。以鳖制馔，雌鳖胜过雄鳖，大小适中为佳。鳖过小，叫做雏鳖，骨多肉少，肉虽嫩但香味不足；鳖过大，肉质老硬，滋味不佳。鳖最宜清炖、清蒸、扒烧，原汁原味，鲜香四溢，最能体现其肥美甘鲜之特色。也可烩、煮、炒、焖。因鳖腥味较重，宜热不宜冷。名菜有：浙江的“凤爪甲鱼”、江西的“金丝甲鱼”、西安的“遍地锦装鳖”、四川的“红烧甲鱼”、吉林的“沙锅人参元鱼”、天津的“元鱼酒锅”、福建的“杏圆凤爪鱼肚炖水鱼”、上海的“冰糖甲鱼”、湖北的“黄焖甲鱼”等。

思考题

1. 为何要选绿豆干粉皮且提前单独泡软？
2. 脚鱼块为何要先进行煸炒？
3. 干、鲜粉皮的用途、用法有何不同？

八、腌鲜鳜鱼

（一）菜品简介

“腌鲜鳜鱼”原名“臭鳜鱼”，是徽州传统名菜。此菜的形成有一段有趣的故事。在200多年前，沿江一带的贵池、铜陵、大通等地商贩每年入冬将长江名贵水产鳜鱼以木桶装运至山区出售（至今祁门一带仍称“桶鱼”）。商贩在途中为防止鲜鱼变质，采取摆一层鱼洒一层淡盐水的办法，并经常上下翻动，如此七八天才抵达屯溪等地，此时鱼鳃仍是红色，鳞不脱，质未变，只是表皮已散发出一种似臭非臭的特殊气味，但是洗净后经热油稍煎、细火烹调，非但没有异味，反而鲜香无比，成为脍炙人口的美味延传下来，至今盛誉不衰。解放后交通发展，运输方便，不复出现长途肩挑贩运。人们为了品尝这一美味，便模仿商贩途中洒盐水的做法，将新鲜鳜鱼放小缸内腌制五六天，同样达到鲜美的效果。古往今来，旅游黄山的中外客人都以一尝“臭鳜鱼”的美味为快。其实，“臭”鳜鱼是生臭热香，并非真臭。

（二）烹调方法

烧。

（三）原料组成

主料：净腌鲜鳜鱼1条（约重650g）。

配料：猪五花肉片50g，熟笋片50g。

调辅料：姜末25g，青蒜段25g，酱油25g，绍酒15g，白糖10g，鸡汤350g，湿淀粉10g，熟猪油75g。

（四）制作过程

（1）在鱼身两面各剞几条斜刀花纹，放在风口处晾干。

（2）锅放在旺火上，放入熟猪油60g，烧至七成热时，将鱼下锅煎至两面呈淡黄色时盛出。

（3）在原锅中留少许油，下肉片、笋片略煸后，将鱼放入，加酱油、绍酒、白糖、姜末和鸡汤，用旺火烧开，再转用微火烧40min左右，等汤汁快干时，撒上青蒜，用湿淀粉调稀勾薄芡，淋上熟猪油15g起锅即成。

（五）制作要领

（1）鱼要晾干后再煎。

（2）煎鱼时鱼皮不破损。

（六）风味特点

此菜由臭变香，香鲜透骨，鱼肉酥烂，别具风味。

（七）知识拓展

中国很早就食用鳜鱼。北魏郦道元《水经注》称“其头似羊，丰肉少骨，名水底羊”。唐人张志和《渔父》词中的“桃花流水鳜鱼肥”为传世名句。宋代以后已成筵上名馔。清代《调鼎集》上有批片炒、氽，切块烧、焖、冻，切丝烩，切丁拌，剔肉烩并做羹等菜式。鳜鱼肉多刺少，肉质洁白细嫩，适用各种烹调方法。鲜活品最宜于清蒸，醋熘亦佳，还可以烧、炸、烤等。

现各地以鳜鱼制作的名菜甚多，如江苏“松鼠鳜鱼”、江西“干蒸鳜鱼”、湖北“珊瑚鳜鱼”、湖南“柴把鳜鱼”、安徽“腌鲜鳜鱼”、孔府“菜烤兰花鳜鱼”等名馔。鳜鱼背鳍上的棘刺有毒，被刺伤后可引起剧烈肿痛，甚至有发热、畏寒等症状，加工时应予注意。

“盐酸菜烧鱼”：贵州名菜，此菜创始于明代独山县布依族，当地流传“自有盐酸菜，便有盐酸菜烧鱼”之说。此菜传到贵阳，经厨师改进，风味更佳。制法：①将鲜鲤鱼1条（约750g）宰杀治净，在鱼身两面剞上花刀，用精盐3g、绍酒腌渍。②炒锅置旺火上，下植物油烧至200℃时下鱼炸至金黄，皮硬时起锅沥油。炒锅留油50g，烧热后下姜末、葱白煸香，再下盐酸菜100g稍炒，加红油、肉汤300g、精盐、酱油、白糖、鱼，烧沸后改小火烧透加味精、胡椒粉、湿淀粉勾芡，淋少许明油，起锅装盘，撒上葱花即成。

思 考 题

1. 此菜缘何历久不衰、广受欢迎？
2. 臭鳜鱼的风味形成原因是什么？
3. 用盐酸菜烧鱼，其风味有何独到之处？
4. 干烧与红烧盐酸鱼有何异同？

九、黄焖鱼翅

（一）菜品简介

“黄焖鱼翅”是北京名菜，是北京著名的官府菜——“谭家菜”的代表菜之一。清末官僚谭宗浚一生喜食珍馐美味，其子谭篆青更是讲究饮食。谭家女主人及家厨兼取各家之长，在烹调上精益求精，逐渐形成了独具特色的“谭家菜”。“谭家菜”名满京城，以致有“戏界无腔不学‘谭’（指谭鑫培），食界无口不夸‘谭’（指谭家菜）”之说。“谭家菜”以海味菜最为有名，尤以鱼翅菜更为出色，又以“黄焖鱼翅”最为上乘。北京名厨彭长海的高徒陈玉亮在 1983 年全国名厨师技术表演鉴定会上，以此菜赢得广泛赞誉，并获得全国最佳厨师的光荣称号。

（二）烹调方法

黄焖。

（三）原料组成

主料：水发黄肉翅 1750g。

配料：鸭子 750g，老母鸡 3000g，干贝 25g，熟火腿 250g。

调辅料：精盐 15g，白糖 15g，绍酒 25g，葱段 250g，姜块 50g。

（四）制作过程

（1）将鸡、鸭治净，用开水煮透，捞出，洗净血污。熟火腿 25g 切成细末。干贝去掉硬筋，洗去泥沙，放入小碗内，加适量的水，上笼蒸烂，将干贝汤滗出备用。

（2）将鱼翅洗净，平码在竹箅上，取一白搪瓷桶，在桶底摆上用两副竹筷子绑成的“井”字架，上面再垫上一层竹箅子，把鱼翅放在竹箅子上，加清水，用旺火烧开，改用微火煮 2～3min，滗掉水，如此反复 2 次。再加清水、葱段 100g、姜块 20g，用旺火烧开，改微火煮 4～5min，将水滗掉。

（3）将鸡、鸭及余下的熟火腿码在竹箅子上，再平放在桶内鱼翅上面，加满清水，上火烧开，撇净浮沫，再放入葱段 150g、姜块 30g，盖上桶盖，先用旺火烧 15min，再改用微火焖。约焖 6h 后，取出鸡、鸭、火腿，将桶内的汤滗入炒锅内，再加入蒸好的干贝汤。将炒锅置火上，下精盐、白糖、绍酒，再将鱼翅放入炒锅内焖 4～5min，取出鱼翅，翻扣在盘内。收稠汤汁，浇在鱼翅上，再将火腿末撒上。

（五）制作要领

（1）应选用质量上乘的黄肉翅作主料。

（2）用来提鲜的鸡、鸭先要除尽血腥味，鱼翅也要除尽腥味，以使菜肴味道纯正。

（3）此菜要求保持鱼翅的形态完整。须用小火慢慢焖制，以达到汁浓、味厚、质地柔糯的品质要求。

（六）风味特点

成品形态完整美观，色泽金黄透亮，质地柔软糯滑，味鲜美而醇厚。

（七）知识拓展

中国食用鱼翅始见于《宋会要》。至明代，应用已较广泛。《潜确类书》、《本草纲目》等古籍均有记载。至清代应用更广，到晚清民初时，鱼翅价格日渐昂贵，烹调技法也日趋精细，并且成为判断厨师工艺水平的标志之一。鱼翅烹制以烧、扒为多，也可用烩、蒸、煨及做汤；调味适应面广，可出多种味型。鱼翅的有机成分主要有多种蛋白如软骨黏蛋白、胶原和软骨硬蛋白等。鱼翅软骨含胶原较多，形似筋质，遇热后可膨胀软化，直至成动物胶。因此发制时须掌握好温度与时间，使之达到软硬适度即可，防止糊化。鱼翅干品每 100g 约含蛋白质 83.5g，但因缺少色氨酸，属不完全蛋白质。烹制时须注意配以色氨酸含量较多的配料，如肉类及鸡、鸭、虾、蟹、干贝等，达到营养互补的作用。

“鸡包鱼翅”：华东名菜。制法：①将去毛老母鸡 1 只（约重 1250g）治净，进行整鸡出骨。②将水发鱼翅（老黄翅）500g 剖成两片，放在碗中，舀入鸡清汤，加葱结 25g、姜片 25g、绍酒 25g、精盐 5g、味精 1.5g，盖上猪肥膘，入笼蒸 2h，取出。③将鱼翅从鸡的刀口处塞入鸡腹中，用麻线扎紧刀口，入沸水锅中煮沸，捞出洗净。放入内有竹箅垫底的沙锅中（鸡腹朝下），再将洗净的鸡骨、猪骨放入，舀入清水 1000g，加绍酒 50g，再把猪肉皮盖在鸡背上，用圆盘压住，盖上沙锅盖，置中火上烧沸，10min 后移微火上焖 3h，取出拆去麻线，鸡脯朝上装盘。撇去汤汁中的鸡油待用。④将锅置中火上，舀入沙锅中的原汤汁（约 500g），放入火腿片、笋片，加味精 1.5g 烧沸，用湿淀粉勾芡，再投入豌豆苗，淋上熟鸡油，浇在鸡上即成。

思 考 题

1. 加工中如何达到菜肴的味感要求？
2. 加工中怎样达到菜肴的质感要求？
3. “谭家菜”中还有哪些风味独特的鱼翅菜？

十、酱焖林蛙

（一）菜品简介

林蛙俗称“哈士蟆”，形如青蛙，主要产于我国东北吉林省的长白山区以及黑龙江省、内蒙古自治区的部分地区，每年 4 月下旬至 9 月底离开水面，栖息在比较阴湿的山坡草丛中，秋季比较肥美。“酱焖林蛙”是东北地区的传统名菜。

（二）烹调方法

焖。

（三）原料组成

主料：活林蛙 10 只。

调辅料：a. 姜片 10g，八角 5 瓣，葱段 15g，花椒 10 粒，绍酒 15g，芝麻油 1g，湿淀粉 30g，植物油 100g，大酱 40g，花椒油 10g。b. 醋 10g，白糖 5g，精盐 5g，味精 3g，芫荽适量。

（四）制作过程

(1) 先将每个活林蛙摔晕，从嘴处取出内脏，剥去皮，剁去爪，然后用线绳扎好，洗净。

（2）炒锅内加鸡汤，放入花椒、大料、葱段、姜片烧开煮 5min，放入捆好的林蛙，用小火煮 15min 捞出，头朝外、腹朝上摆在盘内呈圆形。

（3）炒锅放油烧热，下大酱炒香，加调料 b 后再将林蛙推入炒锅内，小火焖制 15min 左右，至汤汁剩 1/5 时，用湿淀粉勾芡，淋入花椒油，大翻炒锅，滴入芝麻油，放在盘内，中间放一撮芫荽。

（五）制作要领

（1）此菜宜选用雌林蛙。

（2）林蛙宜用汤水煮，而不宜采用油炸，以保持鲜嫩特点。

（3）大酱要炒香。

（六）风味特点

色泽绛红，味道咸鲜，质地酥烂，酱香浓烈。

（七）知识拓展

“㸆大虾”：山东名菜。大虾又称对虾、明虾，渤海湾所产的大虾以个体硕大、肉质肥厚、形美味鲜而驰名中外。制法：①将对虾 12 个（约 750g）剪除虾尖、腿，去净沙袋，挑去泥肠，用水洗净。②炒锅置中火上，下花生油烧热，将葱段、姜片下锅煸香后捞出，加清汤、白糖、精盐、绍酒烧开，下入对虾并用手勺轻轻将虾脑压挤到汤内，用旺火烧开，小火㸆至入味，待汤汁收浓，淋上芝麻油盛出摆在盘内即成。

“香糟鲤鱼”：广东东江名菜。制法：①将鲤鱼 1 条（约 750g）宰好，用 2g 精盐抹在鱼身上，将排骨斩成块，每块约 15g，用湿淀粉拌匀。②将鲤鱼放在有油的炒锅内，煎至两面金黄色。③将沙锅烧热下油，投入姜、葱、排骨爆香，加入二汤、精盐 8g、味精 3g、白糖 25g 和鲤鱼，将糟汁淋在鱼面上，加盖，用中火 20min 至香味透出，原锅上席。

“红烧甲鱼”：广东名菜。甲鱼带有泥腥味，红烧甲鱼通过用炸蒜末、烧猪腩、陈皮等调料有效地去除了异味，此菜调味偏于浓郁，适于人们秋冬季节进补。制法：①将甲鱼腹朝上放在砧板上，待甲鱼头伸出时，手执甲鱼颈，在颈与背甲之间下刀斩断颈骨，放血，将甲鱼 1 只（约 750g）放进 60℃的热水中浸烫，擦去外衣膜。然后沿背甲边下刀，使背甲与身体分离，除去内脏、黄膏，斩去嘴部、爪尖、背甲正中的硬壳，检查头部是否有鱼钩。②将甲鱼斩成重约 20g 的方形件，用清水洗净，沥去水分，把烧猪腩斩成 12 件。将甲鱼放在热水中略滚，然后用清水洗净。③在热锅中下生油 30g，爆香姜块、葱段、甲鱼件，烹入绍酒 10g 爆炒。爆炒后，拣去姜、葱，用生抽拌匀甲鱼件，再下干淀粉拌匀。④烧热锅，下生油、蒜末，将蒜末炸至金黄色捞起，待油热至 150℃时，下甲鱼炸至浅金黄色，沥去油。⑤原锅下蒜蓉、姜末 3g、甲鱼件、烧猪腩、炸蒜末、冬菇块，烹绍酒 15g，爆炒后，加汤水、精盐 3g、白糖 2g、味精 5g、蚝油 15g、陈皮米略滚后转放在有竹箅子的沙锅内。⑥将沙锅放在煤气炉上加热 15min 至甲鱼软烂，取出竹箅子，加入老抽调色，再加入胡椒粉、芝麻油，将甲鱼裙、冬菇块排在面上造型，盖上盖，滚起即可以圆碟托着沙锅上席。

思　考　题

1. 对照其他地方宰田鸡的方法，看有何异同。

2. 林蛙为什么不滑油？

十一、组庵鱼翅

（一）菜品简介

“组庵鱼翅”是湖南组庵派传统名菜之一。此菜是湖南督军谭延凯（字组庵，系清末翰林）的家宴名菜，系其私人厨师曹敬臣所创，因制法、风味独特，在湖南颇负盛名，成为高级宴会上的常备佳肴。

（二）烹调方法

扒。

（三）原料组成

主料：水发鱼翅 2000g。

辅料：干贝 50g，肥母鸡肉 1500g，猪肘肉 1000g。

调辅料：精盐 8g，味精 2.5g，胡椒粉 1g，绍酒 150g，葱结 50g，姜片 50g，熟鸡油 25g。

（四）制作过程

（1）将鱼翅下冷水锅，烧开 2min，再用冷水洗 2 次，从中撕开。母鸡肉、猪肘肉各切成几大块。干贝刷去边上老筋，洗净后上笼蒸发，留汤待用。

（2）取沙锅 1 只，用竹箅垫底，铺上猪肘肉、葱结、姜片，放入用白纱布包好的鱼翅、鸡块，再加入干贝汤、绍酒、精盐、清水 1500g，用盘盖上，在旺火上烧开，再移至小火上煨约 4h，直至鱼翅软烂。然后离火去掉鸡肉、肘肉和葱、姜。将鱼翅从白纱布中取出，摆在大窝盘中。

（3）炒锅置旺火上，放入熟鸡油烧热，倒入沙锅内的原汤，放入味精，烧开成浓汁，浇在鱼翅上，撒上胡椒粉即成。

（五）制作要领

（1）如果是干鱼翅，水发时将鱼翅沿翅尖剪去 0.3cm 长的边须，下冷水锅烧开后离火，静置数小时后将鱼翅捞入盛有清水的木盆内，刮沙去污，再入清水锅煮开，离火涨泡数小时，捞入木盆里去翅骨和腐肉，清洗干净。

（2）煨制此菜应加母鸡肉、猪肘肉、鸡汤等鲜料提味，并用小火长时间煨制而成。

（六）风味特点

此菜软糯，柔滑，醇香，味鲜。

（七）知识拓展

“白扒鱼翅”：河南传统名菜。白扒是豫菜传统烹调技法之一，早在清代光绪年间（1875～1908年）就与闽菜的红扒齐名而蜚声于世，号称“南北二扒”。制法：①将水发鱼翅1000g撕成十几根翅针连在一起的大批，用汤与少许精盐、绍酒氽一下去腥味。②把扒箅放盘上，将冬菇、冬笋、火腿切成2mm厚的片，对称均匀地铺在扒箅上；再将鱼翅翅针向外，均匀地铺在上面；再将氽好的鸡腿、肘肉放在鱼翅上面。③炒锅置火上，放入奶汤500g、熟猪油200g、精盐1g、绍酒1g、姜汁2g，把摆好的鱼翅连扒箅一起放入锅内，用盘扣住。先用旺火扒制约10min，再改小火扒至入味，拣去鸡腿、肘肉，扣入扒盘内。将菜心炒熟围边，再用精盐、绍酒、姜汁、味精入炒锅烧沸收汁，浇在鱼翅上即成。

“三丝扒鱼翅”：东北名菜。制法：①把海参100g、鸡脯肉100g、冬笋50g分别切成中丝，火腿切细丝。②把水发鱼翅250g排在碗内，加入㸆翅料及鲜汤500g，蒸2h左右取出，拣出姜、葱、鸡腿、瘦肉和肥肉，滗净汤，鱼翅待用。用清水分别将海参丝、冬笋丝滚过。③鸡丝加入鸡蛋清及5g湿淀粉拌匀，用100℃的热油滑过，沥净油。原锅先后放入冬笋丝、海参丝、鸡丝，烹入绍酒，把鲜汤20g、精盐2g、味精1g、湿淀粉5g和匀后调入锅中勾芡，加尾油，放进鱼翅碗内。④烧热净锅，用油滑过后，烹入绍酒，加入鲜汤200g及精盐5g、味精3g、白糖1g，调入湿淀粉35g勾芡至稀稠度合适，加包尾油后，将1/3芡汁浇在翅碗内，然后把鱼翅扣在盘上，把余下的2/3芡汁浇在鱼翅上，撒上火腿丝即成。

“翡翠鸳鸯鱼翅”：黑龙江地区风味名宴——“鳇鱼宴”中八道热菜之一。制法：①将发好的鳇鱼翅500g整齐地排放在碗内，加入鲜汤100g、绍酒10g、鸡油、精盐5g、味精5g，用中慢火蒸3h至翅身软韧度合适，待用。②把菠菜洗干净，榨出菜汁备用。③将鳇鱼肉切成0.8cm厚的片，放进菠菜汁中浸泡至呈绿色。④在砧板上放干淀粉，把染了色的鱼片放在淀粉中，用酥锤或面棍敲打鱼片成薄片，然后放入沸水中氽熟，用凉水漂凉，即成翡翠鱼片。⑤烧热净锅，用油滑过，放进姜、葱煸爆，加入鲜汤50g，烧1min后，去掉姜、葱，加入精盐2g、味精1g和翡翠鱼片，用湿淀粉勾芡并加尾油后放在盘子中间。⑥烧热净锅，用油滑过，下姜、葱爆炒，烹入绍酒，加鲜汤100g，加入精盐1g、味精5g、酱油15g和一半的鱼翅，烧开后转慢火烧至汁浓入味，拣去姜、葱，用湿淀粉勾芡，放在盘子一端。烧热另一净锅，用油滑过，下姜、葱爆炒，烹入绍酒，加鲜汤100g，加入精盐3g、味精5g和另一半鱼翅，烧开后转慢火烧至汁浓入味，拣去姜、葱，用湿淀粉勾芡，加尾油，大翻锅后，放在盘子另一端，即成。

“白扒鱼翅”：山东名菜，青岛饭店所制最负盛名。该店特级烹调师苏国渊制作的“白扒鱼翅”，在1987年山东烹调大奖赛上荣获最佳奖。制法：①将母鸡肉500g、鸭肉750g、猪肘肉250g剁成小块，下开水锅内焯水，捞出洗净。②炒锅内加入清汤、精盐1g、绍酒10g、水发鱼翅700g，烧开后捞出沥净水分。将菜心放入锅内焯水捞出。③将鱼翅排列整齐地码在大碗底层，上面放上鸡块、鸭块、猪肘肉块和葱10g、姜10g、精盐1g、绍酒10g，倒入清汤上笼蒸烂，取出，捡去鸡块、鸭块、猪肘肉块、葱、姜。④炒锅置中火上，下熟猪油烧至180℃时，放入葱、姜各15g，煸香后加盐6g、奶汤、绍酒5g，捞出葱、姜，放入鱼翅、菜心，烧开后撇去浮沫，改用微火扒制，待汤汁剩1/3时，用湿淀粉勾芡，下味精，淋鸡油，大翻锅装盘。

“扒通天鱼翅”：天津传统风味。因使用一只自上至下的完好上等整鱼翅，故名“通天”，此菜是早年天津饮食业公认的“鱼翅大王”王恩荣的代表作。1987年天津市“群星杯”津菜烹饪大赛中，天津烤鸭店特级烹调师寇忠益制作此菜而荣获“群星杯”大奖。制法：①将水发鱼翅1只（约2000g）放在大盘内，理顺呈梳子状，加鸡翅、猪肘、葱丝、姜丝、绍酒10g、酱油10g、白糖5g、味精1g，上笼用旺火蒸约2h，取出用沸水冲净。②炒锅置旺火上，下熟猪油10g烧热，下葱末6g、姜末6g炒香，加绍酒10g、酱油30g、原汁鸡汤1000g、精盐4g、白糖10g、糖色3g、味精2g烧沸，捞出葱、姜，下鱼翅烧沸后改中火烧5min，捞出鱼翅理顺。③炒锅置旺火上，下熟猪油10g烧热，下葱末、姜末炒香，加绍酒、酱油、鸡汤、精盐、白糖、糖色、鱼翅。汤烧沸后改用中小火㸆约15min。待汤汁稠浓时，下味精，用湿淀粉勾芡，沿锅边淋入葱油，大翻锅，淋熟猪油，拖入盘中即成。

“荷包鱼翅”：是福建特级厨师强曲曲1983年荣获“全国最佳厨师”称号的代表作之一。制法：①将青葱50g、姜20g放入温水锅煮沸，水发鱼翅750g排在竹箅子上，下锅煮15min取起箅子，倒去葱、姜及汤水，如此反复4次，去掉鱼翅腥味。②鸡肉、猪五花肋肉均切成4块，猪里脊切数块，火腿肉切片。鱼翅连同竹箅放入大铝锅，排上猪五花肉、猪里脊、猪蹄尖和鸡肉块，加入清水1500g和绍酒，烧开后用微火煨4h取出，拣去各料，将鱼翅扣入盘中呈“荷包”状（煨汁不用）。海虾洗净，去壳取肉，从虾背直割一刀，剔去沙线，放入煮沸的清汤中氽熟取出（汤汁不用）。③香菇放入小碗，加上熟鸡油、精盐2g、味精1g，上笼屉蒸10min取出，滗去汁，与氽熟的虾球一并装点于鱼翅上。④锅置旺火上，下熟猪油烧热，放入面粉研至乳白色时，倒入三蓉汤煮沸，调以酱油、味精，徐徐浇在鱼翅上，再铺上火腿片即成。

“红烧大群翅”：广东传统名菜。鱼翅是鲨鱼鳍的干制品，前脊鳍称为头围，后脊鳍称为二围，尾鳍称为尾钩或称三围，三围合称一副群翅。红烧大群翅成品上席时，要求三围鱼翅翅针均按原样整齐排列，不许散乱，20世纪30～40年代，广州大三元酒家名厨吴銮烹制的"红烧大群翅"最负盛名，其售价为当时最高。"红烧大鲍翅"与"红烧大群翅"制法相同，要求相同，只有一个不同，就是"红烧大鲍翅"数量较少，只有一片鳍，但是这一片鳍不能太小。此菜经发翅、煨翅、㸆翅、炒银针、调味勾芡等工序制作而成。

思考题

1. 此菜为何要小火长时间煨制?
2. 鱼翅适合制作哪些类型的菜肴?

十二、蚝油网鲍片

(一) 菜品简介

"蚝油网鲍片"是广东传统名菜。网鲍产自日本，是鲍鱼中质量最佳的品种。"蚝油鲍脯"与该菜制法相同，仅是鲍鱼切件形状不同，为刻花的厚片。潮州名菜"红炖明鲍"制法大致相同，但加入了火腿片、笋花、冬菇为辅料，鲍鱼亦切厚片。近年出现的"鲍鱼皇"是原只鲍鱼上席，由客人用刀叉食用，是一种中西餐结合的食法。以上菜品中，鲍鱼的处理方法、成品要求基本相同。

(二) 烹调方法

扒。

(三) 原料组成

主料：发好的鲍鱼 300g。

调辅料：a. 熟猪油 60g，清汤 200g，绍酒 15g，二汤 500g，湿淀粉 10g。b. 精盐 3g，味精 1g。c. 精盐 1g，蚝油 5g，味精 2g，胡椒粉 0.5g，芝麻油 1g，白糖 1g，老抽 4g。

(四) 制作过程

(1) 修去鲍鱼的边，片去薄衣及鲍枕，然后片成 0.3cm 的片。

(2) 在净炒锅内下猪油 20g，烹入绍酒 5g，下二汤及调料 b，放进鲍鱼片慢火煨 5min，捞起沥去水分。

(3) 烧热炒锅，下猪油 30g，烹绍酒，下清汤及调料 c，放进鲍鱼片，略煮后用湿淀粉勾芡，加包尾油即可上碟。

(五) 制作要领

(1) 注意鲍鱼的软韧度，不够软要煲软再烹；

(2) 芡不可太稀；

(3) 鲍鱼本身有味，调味不宜过重。

(六) 风味特点

菜品有鲍鱼特有的醇香和滋味，肉质软滑而有胶质，蚝香浓郁。

（七）知识拓展

"虾子扒海参"：广东传统名菜。制法：①用清水滚水发海参（原条）1000g 约 15min，滚时用竹箅子垫锅底，换水再滚 15min，第三次换水时加入姜块 25g，再滚 15min。取出后用清水洗净。②将炒锅置于炉火上，下花生油 15g，放姜块 30g、葱段 15g 煸炒至香，烹姜汁酒 20g，加二汤 1000g、精盐 3g，用竹箅子垫好底，放进海参，用中火煨 15min，取出后沥去汤水。③老鸡、瘦猪肉放沸水锅内滚 1min，取起洗净，放在已用竹箅子垫底的沙锅内，再放进火腿、虾子 25g、海参、余下的姜块、葱段、二汤、精盐 5g、味精 5g、姜汁酒，加上盖，用小火㸆约 90min。沥去汤水，放在碟上，用中火烧热炒锅，下花生油 30g、姜末、烹绍酒，下原汤 250g、虾子、精盐 1g、味精 3g、白糖 1g、胡椒粉 0.5g、芝麻油 1g、老抽 5g、蚝油 5g，滚沸后用湿淀粉勾芡，加芝麻油和包尾油堆匀，淋在海参上便成。

"邕州鱼角"："邕州鱼角"在广西盛行已有百年历史，此菜最早出于南宁，南宁古名为邕州，故名为"邕州鱼角"。广西特级厨师潘启镒在 1983 年全国烹饪名师技术表演鉴定会上表演了此菜。制法：①将冬菇、荸荠、虾米切成细粒，加入鱼青 75g、鸡蛋清、葱花、精盐 1g、味精 1g、胡椒粉 0.2g、芝麻油 0.5g 拌匀成馅料，分成 30 份。②取平底碟 1 个，铺上干淀粉，把余下鱼青挤成 30 个丸子，放在干淀粉上面，揉上干淀粉，用手压成圆形鱼角皮，每张皮包上馅料一份及一小粒咸莲黄，包成角形，捏出花边。③将鱼角放在沸水中慢火氽熟，放在清水中漂 3min，沥干水分。将鱼角排在碟上成扇形，每个鱼角贴芫荽叶 1 片，蒸 5min，摆上扇形装饰物，在炒锅内下花生油，烹绍酒，加入清汤及精盐 1g、味精 1g，用湿淀粉勾芡，加包尾油后淋在鱼角上。

思 考 题

1. 此菜以蚝油为主要调味品有何好处？
2. 怎样鉴别鲍鱼的软韧度？

十三、明 珠 鳜 鱼

（一）菜品简介

"明珠鳜鱼"是湖北名厨、鄂菜烹饪大师汪建国在湖北传统风味"鱼圆"的基础上创制而成的湖北名菜。汪建国曾以此菜在 1988 年第二届全国烹饪技术比赛中获得金牌。此菜是用鲜鳜鱼制成的一道热菜。

（二）烹调方法

烩。

（三）原料组成

主料：鲜鳜鱼 1 条（约 1250g）。

配料：胡萝卜250g，莴苣300g，小白菜6棵，鸡蛋清3个。

调辅料：精盐10g，味精3g，绍酒2g，鸡清汤250g，葱10g，姜10g，葱姜汁10g，湿淀粉15g，熟猪油25g。

（四）制作过程

（1）将鳜鱼治净，剁下头尾，用精盐4g、味精0.5g以及绍酒、葱、姜腌制，放在鱼盘两端。胡萝卜、莴笋分别削成6个通心球焯水后待用。

（2）鳜鱼肉制成蓉，加精盐4g、味精1g、葱姜汁5g、鸡蛋清、清水搅拌上劲，加熟猪油拌匀后汆成鱼圆。

（3）将鱼头尾连盘置于蒸笼中约蒸10min后端出。

（4）炒锅放入鸡汤50g，下胡萝卜球、莴苣球、菜心、精盐1g、味精0.5g，㸆入味，用湿淀粉勾芡，起锅摆放在鱼盘中部两边。

（5）炒锅置旺火上，下鸡汤、姜汁、精盐、味精、鱼圆，烧沸后用湿淀粉勾芡，淋上熟猪油，起锅盛入鱼盘的中部即成。

（五）制作要领

（1）鱼蓉要剁细，搅拌鱼蓉应注意投料顺序，并顺着一个方向一气呵成。

（2）鱼圆宜挤成荔枝大小，放入凉水锅中，置旺火上，将要烧开时离火汆10min。烩鱼圆时，烧沸后即可勾芡，不要加热过久。

（六）风味特点

此菜既保留了鱼圆鲜嫩味美、晶莹明亮的特色，成菜又恢复了完整的鱼形，可谓色、质、香、味、形俱佳。

思考题

1. 制好鱼圆的诀窍是什么？

2. 为什么和鱼圆时要加熟猪油？应该何时添加为宜？

十四、原壳鲍鱼

（一）菜品简介

“原壳鲍鱼”是山东名菜，用鲜鲍鱼肉配偏口鱼肉、火腿、冬笋等烩制而成。鲍鱼为海产腹足纲软体动物，山东长岛、胶南一带产量较多。此菜是杨品三在“白扒鲍鱼”的基础上创制而成。

（二）烹调方法

烩（山东也称扒）。

（三）原料组成

主料：带壳鲜鲍鱼12个。

配料：偏口鱼肉 200g，火腿肉 25g，净冬笋 25g，熟青豆 24 粒。

调辅料：精盐 2.5g，清汤 500g，味精 2g，绍酒 15g，鸡蛋清 2 个，葱、姜末各 2g，湿淀粉 100g，鸡油 25g。

（四）制作过程

（1）将带壳鲍鱼洗净，入沸水稍煮，挖出肉，片成 0.2cm 厚的片。火腿、冬笋切成长 3.3cm、宽 1.3cm、厚 0.2cm 的片。鱼肉剁成泥。

（2）鱼泥加绍酒 5g、鸡蛋清、精盐 1g、葱、姜末、湿淀粉 25g 搅拌上劲，倒在大盘摊平。

（3）将洗净的鲍鱼壳口朝上，整齐地按在鱼泥上，上笼蒸 5min 取出。

（4）炒锅置旺火上，下清汤、精盐 1.5g、绍酒 10g、鲍鱼片、冬笋、火腿、青豆，烧沸后撇去浮沫，用漏勺捞出，平均装入鲍鱼壳内。锅内的汤用湿淀粉勾芡，加味精，淋鸡油，浇在鲍鱼上即成。

（五）制作要领

（1）鲍鱼壳应清洗干净，可放在含碱 5%的水中，用毛刷刷净，入开水中煮沸后捞出控干水分。

（2）煮带壳鲍鱼、烩鲍鱼片的时间宜短，这样才能保持其嫩的特点，否则会使质地老韧。

（3）此菜要突出清、鲜的特点。

（六）风味特点

此菜保持了鲍鱼原形，肉质细嫩，色白透明，味咸鲜。

（七）知识拓展

“鸡蓉哈士蟆”：华东名菜。哈士蟆，又名中国林蛙。制作肴馔实际为哈士蟆油，系雌性哈士蟆卵巢的干制品。中医认为哈士蟆油可治虚痨、咳嗽等症。但从烹调角度看，哈士蟆本是无味之物，全凭料理得当、烹调得法，使其成为可口之食物。制法：①把哈士蟆油 20g 盛放在炖盅中，加入清汤 500g、葱结、姜片、绍酒 10g，上蒸笼用旺火蒸 1h 取出。②将鸡里脊肉与生猪肥膘一起剁成细泥，用葱姜汁水和冷清汤 100g 将泥澥开，添加精盐 3g 搅打上劲，再加鸡蛋清、湿淀粉搅匀成鸡蓉。③把炒锅置中火上，舀入鸡汤 400g 和哈士蟆，调入精盐 5g、绍酒、味精烧透，撇去浮沫，加进青豆，用湿淀粉勾芡，然后徐徐倒入鸡蓉搅匀至熟，浇上熟鸡油出锅，装在汤盘中，撒上火腿末即成。

“鸡蓉笔架鱼肚”：湖北传统名菜，笔架鱼肚是湖北石县特产，早在明代洪武二十年（1387 年）即作为贡品，进献宫廷。鱼肚晒干后有拳头大，表面晶莹光洁，对着光亮照看，里面隐约可见淡青色的石首笔架山的图影，故以“笔架”二字命名。制法：①将鱼肚涨发好，洗净后挤干水分，斜片成 4.5cm 长、3.3cm 宽、0.3cm 厚的片。香菇去蒂洗净，切成 2.5cm 见方的块，鸡蛋皮切成细末。②鸡脯肉剔去筋和皮，洗净制蓉，加精盐 2g、味精 0.5g、鸡蛋清、清水 100g 和湿淀粉一起搅拌均匀成糊状。③炒锅置旺火上，下熟猪油 50g 烧热，下姜末煸香后加入鸡清汤、鱼肚、香菇、精盐 2g、味精 1g 烩 3min，至鱼肚透味时勾玻璃芡，将鸡蓉徐徐滑入锅内，待汤汁稠浓时，下熟猪油，起锅装盘，撒上熟鸡蛋末、葱花、胡椒粉即成。

“洞庭鮰鱼肚”：湖南岳阳地区的传统名菜。岳阳味腴酒家烹制此菜最佳，该店为周权姐弟所创，早在 20 世纪 30 年代，就以加工洞庭湖水产闻名于同行业。制法：①将干鱼肚用冷水浸泡 10min，下冷水锅烧开后一并倒入瓦钵内，加盖涨发，待凉后，再烧开一次，仍倒入瓦钵内泡涨，发好后用斜刀片成 5cm 长、3cm 宽的片，洗净。②将方形火腿膀肉烙毛、刮洗干净，在瘦的一面每隔 1cm 距离剞横刀，每隔 1.7cm 距离剞直刀，然后皮朝下盛入瓦钵内，加清水 200g，上笼蒸 30min，取出滗干水，再换鸡清汤 200g，上笼蒸 30min 至软烂时取出，扣入大汤碗里，原汤留用。③炒锅置旺火上，加熟猪油，烧热后加肉清汤、绍酒、葱结、姜片、精盐、鱼肚片，烧开稍煮，倒入漏勺沥水，去葱、姜。炒锅内放入鸡清汤 500g，倒入适量的蒸火腿原汤，再放入鱼肚片烧开，倒入盛火腿的大汤碗里，淋入鸡油，撒上胡椒粉即成。

思考题

1. 此菜要突出什么风味特点?
2. 制作此菜要注意什么问题?

十五、宋嫂鱼羹

（一）菜品简介

“宋嫂鱼羹”是南宋的一道名菜，至今已有 800 多年历史。据宋代周密所著《武林旧事》记载：宋高宗赵构登御舟闲游西湖，命内侍买湖中龟鱼放生，并宣唤在湖中做买卖的人，各加赐予。有一妇人名叫宋王嫂，自称是东京（今开封）人，随驾到此，在西湖边以卖鱼羹为生。高宗吃了她的鱼羹，大加赞赏，并念其年老，赐予金银绢匹。从此，“宋嫂鱼羹”“人所共趋”，成了名肴。

（二）烹调方法

烩。

（三）原料组成

主料：鳜鱼 1 条（约重 600g）。

配料：熟火腿 10g，熟笋 25g，水发香菇 25g，鸡蛋黄 3 个。

调辅料：葱段 25g，姜块 5g，姜丝 1g，胡椒粉 1g，绍酒 30g，酱油 20g，精盐 3g，醋 25g，味精 3g，清汤 250g，湿淀粉 50g，色拉油 50g。

（四）制作过程

（1）将鳜鱼剖洗干净，去头，沿脊背片成两片，去掉脊骨及腹腔，将鱼肉皮朝下放在盆中，加入葱段 10g、姜块、绍酒 15g、精盐 1g 稍渍后，上笼蒸 6min 取出，拣去葱段、姜块，卤汁滗入碗中。把鱼肉拨碎，除去皮、刺，放入原卤汁碗中。

（2）将熟火腿、熟笋、香菇均切成 1.5cm 长的细丝，鸡蛋黄打散，待用。

（3）将炒锅置旺火上，舀入色拉油 15g，投入葱段煸出香味，舀入清汤煮沸，拣去葱段，加入绍酒、笋丝、香菇丝。再煮沸后，将鱼肉连同原汁入锅，加入酱油、精盐、味精，烧沸后用湿淀粉勾薄芡，然后，将鸡蛋黄液倒入锅内搅匀，待羹汁再沸时，加入醋，并淋上八成热的色拉油，起锅装盘，撒上熟火腿丝、姜丝和胡椒粉即成。

（五）制作要领

选用的鳜鱼要肉嫩刺少。羹汤的勾芡要稀稠适当。

（六）风味特点

鱼羹色泽油亮，鲜嫩滑润，味似蟹肉，故有“赛蟹羹”之称，成为名闻遐迩的杭州传统名菜。

（七）知识拓展

“什锦海参羹”：潮汕传统名菜。制法：①将海参切成厚 0.3cm、大小与指甲相仿的小片。叉烧、冬菇、火腿、丝瓜均切成小菱形片，笋花切成薄片，所有原料的大小应比较相近。②用清水分别将海参、笋花滚过，然后在炒锅下猪油 15g，下姜块、葱段爆炒，烹绍酒 10g，下二汤 300g 和精盐 3g，放进海参、冬菇片和笋花煨 3min，捞起沥去水分，拣去姜、葱。③用沸水略焯胗片，将炒锅烧热，放进猪油，烹绍酒，放进清汤、精盐 5g、味精 5g、胡椒粉 1g、海参及所有辅料，用老抽调色，待汤微沸时调入湿淀粉推匀，加入芝麻油和包尾油，盛丁汤窝内，即可。

思　考　题

“宋嫂鱼羹”选用鳜鱼作为主料，这对菜肴的质量有何保证？能否选用其他鱼制作？

第三节　炸烹熘爆炒煎贴煽类菜品

一、梁溪脆鳝

（一）菜品简介

“梁溪脆鳝”又名“无锡脆鳝”，由整条熟鳝肉炸制而成。无锡面点店用脆鳝作面浇头已有百余年历史，后来饭馆酒楼多将脆鳝用作冷菜。由于香脆可口，脆鳝名声日盛，且因便于携带，又成为馈赠亲友的佳品。但应指出，脆鳝的烹调方法并不符合营养卫生原则，因为操作时间太长，破坏了营养成分，长时间高温加热，容易生成苯并芘类致癌物质，所以其烹调方法有改进的必要。

（二）烹调方法

炸。

（三）原料组成

主料：活大鳝鱼 1500g。

配料：姜丝 25g。

调辅料：绍酒 50g，精盐 150g，酱油 20g，白糖 100g，葱末 25g，姜末 50g，芝麻油 25g，色拉油 1500g（约耗 150g）。

（四）制作过程

（1）锅内放入清水 2500g，加盐烧沸，投入活鳝鱼，加盖（以防鳝鱼窜出），煮至鱼嘴张开，捞入清水中漂清。鱼腹朝里横放案板上，一手提住鱼头，将竹片在紧靠鱼下巴处插入，沿脊骨直划至尾，去掉内脏，再沿脊骨两侧划下成整条熟鳝肉，洗净沥去水。

（2）将锅置旺火上烧热，倒入色拉油，烧至八成热时，放入鳝鱼肉炸约 3min 捞出，待油温回升到八成热时，再复炸至脆。另取小锅用旺火烧热，加入色拉油 25g，放入葱末、姜末煸香，加绍酒、酱油、白糖，烧沸成卤汁，放入炸脆的鳝鱼肉颠翻几下，淋上芝麻油，起锅装盘，撒上姜丝即成。

（五）制作要领

鳝鱼投入油锅时要防止油外溢和爆溅。炸鳝时掌握好火候，不可过焦或炸不透。

（六）风味特点

此菜交叉架空似宝塔形，乌光油亮呈深褐色，鳝肉松脆香酥，卤汁甜中带咸。

（七）知识拓展

黄鳝烹制前加工一般有三种方法：一为活杀，即先将鳝鱼用力掼晕，然后用刀剖腹，去内脏，剔其脊骨；二为先用白酒一勺倒入装鳝鱼的容器中，迅速盖上，盖数分钟，待其醉后再剖腹剔骨；三为烫熟剔骨，较常见的是将鳝鱼倒入沸水锅中，加盖浸焐，待鳝鱼蜷缩口张，将其捞出置清水中，然后用刀划去鳝骨，取肉供用。黄鳝剖腹去内脏后，即可烧、焖成菜肴。出骨后的生黄鳝肉适宜爆、熘；熟黄鳝肉适合炒、炝、炸等。一般的烹调应用以烧、炖、爆、炒等法为佳。各地都有用黄鳝制作的名菜，如江苏的“大烧马鞍桥”、“炒软兜长鱼”、“炖生敲”、“梁溪脆鳝”，上海的“清炒鳝糊”，浙江的“五色鳝丝”，广东的“焖酿鳝卷”，湖北的“皮条鳝鱼”等。

思考题

煮鳝鱼时为什么要放盐？

二、干炸虾枣

（一）菜品简介

“干炸虾枣”是潮汕传统名菜。虾枣可作其他菜的配菜，也可单独成菜。“干炸虾枣”就是一道独立成菜的热菜。

（二）烹调方法

炸。

（三）原料组成

主料：虾肉 400g。

配料：肥肉 50g，韭黄 25g，荸荠 75g，鸡蛋液 75g，火腿蓉 15g，芫荽 25g，酸黄瓜 100g。

调辅料：a. 面粉 50g，花生油 1000g。b. 精盐 5g，味精 5g，胡椒粉 1g，芝麻油 5g。

作料：甜酱 2 小碟。

（四）制作过程

（1）洗净虾肉吸干水分，剁成细粒，荸荠、肥肉、韭黄也分别切成细粒。

（2）虾肉加入调料 b 拌匀至起胶，然后加入荸荠、肥肉、韭黄、鸡蛋液和火腿蓉一起拌匀，最后拌入面粉。

（3）将油烧至 120℃，端离火位，把馅料挤成大丸子形（每颗重约 25g），放到油里，用中慢火炸浸至熟，呈金黄色，即可捞起，拌入芝麻油即可上碟，碟上以芫荽和酸黄瓜伴边，跟甜酱为作料。

（五）制作要领

（1）虾肉要吸干水分再剁。

（2）荸荠、肥肉和韭黄不必切得太细。

（3）拌馅时先拌好虾肉再下其他辅料。

（六）风味特点

菜品色泽金黄，配以芫荽，色彩和谐，虾枣甘香鲜美，入口香爽酥脆。

（七）知识拓展

“椒盐白鳝片”：近年创制出的广东名菜。制法：①宰杀白鳝，横斜切成 1cm 厚的金钱片，加入胡椒粉 5g、蚝油 10g、精盐 3g、味精 5g、姜汁酒 10g 腌制 15min。②白鳝片加鸡蛋液拌匀后，拍上干淀粉。③将已上粉的白鳝片放进 180℃的热油内，炸至熟并呈金黄色，沥去油，叠放在碟上。④原锅烹绍酒，下黑胡椒汁 50g、生抽 5g、美极鲜酱油 5g，用湿淀粉勾芡，加包尾油后淋在鳝片上，芫荽伴于周围。

“炸蛎黄”：山东名菜。蛎黄，即牡蛎的肉。此菜源于烟台芝罘岛渔村，相传明末即有所制，清代，该菜在烟台地区极为流行，民间喜庆婚宴用之最多。因“蛎子”谐音“利子”，用于婚宴之上，寓有利得子之意。制法：①将蛎黄杂质去净，用清水洗净，沥干水，用精盐稍腌，放入面粉中沾匀。②炒锅置旺火上，下熟猪油烧至210℃时，下蛎黄约炸1min，待外皮已成黄色时迅速捞出。待油温升至250℃时，再将蛎黄入油稍炸，盛入盘内，上桌时带花椒盐佐食。

思 考 题

1. 馅料为何要下肥肉粒？
2. 为什么辅料不需切得太细？

三、椒盐银鱼球

（一）菜品简介

银鱼与白鱼、梅鲚并称太湖“三宝”，其形纤细，色洁白，软骨无鳞，肉嫩味鲜。早在明代，江南一带已有挂糊的“干炸银鱼菜”了，而今更有“芙蓉银鱼”、“鸡子银鱼汤”、“香松银鱼”等。“椒盐银鱼球”属热菜。

（二）烹调方法

炸。

（三）原料组成

主料：鲜银鱼300g。

配料：净青鱼肉150g，猪肥膘肉50g，鸡蛋清6个，熟笋末75g。

调辅料：绍酒25g，味精1g，精盐7g，葱末25g，干淀粉100g，花椒盐1.5g，胡椒粉1g，色拉油1500g（约耗100g）。

（四）制作过程

(1) 将银鱼去掉头尾洗净后切成1cm长的段。把青鱼肉和猪肥膘分别斩蓉，同放入盆内，加精盐、味精、绍酒和鸡蛋清搅和，再放入银鱼、笋末、葱末、胡椒粉、干淀粉，搅匀呈厚糊状。

(2) 将锅置旺火上烧热，舀入色拉油，待六成热时，用左手抓糊挤出圆球状，右手执汤匙将球下入油锅，炸至金黄色时，倒入漏勺。原锅仍上火，将炸成的银鱼球倒回锅内，撒上花椒盐，颠锅起身，起锅装盘即成。上席时可配甜面酱或番茄酱佐食。

（五）制作要领

鱼蓉调制稀稠适当。油温控制适当。

（六）风味特点

形如圆球，脆嫩鲜香。

（七）知识拓展

“芝麻鱼排”：华东名菜。制法：①将大黄鱼治净，斩去鱼头，用刀沿鱼脊背将鱼顺长剖成两片，剔去骨和皮，每片平片成两条长薄片（共4片），放入碗中，加绍酒、精盐、味精、葱花、姜末、胡椒粉，一起拌匀渍味。将鸡蛋磕入碗内打匀，加干淀粉调成糊状，放入鱼片挂上糊，取出，两面沾上芝麻。②将炒锅置旺火上，舀入色拉油，烧到五成热时，下入鱼片，待鱼排上浮炸熟，捞出，横切或斜切，装盘即成。

思考题

若没有银鱼，可否仿制此菜制作类似菜肴？

四、脆皮炸蟹螯

（一）菜品简介

“脆皮炸蟹螯”是一道广东传统名菜。1983年，广州北园酒家粤菜名师、特一级厨师黎和在1983年全国烹饪名师技术表演赛上表演“脆皮炸蟹螯”、“龙虎凤大烩”、“果汁鸡腿”、“牡丹鲜虾仁”等菜品，获全国优秀厨师称号。“脆皮炸蟹螯”也是广州泮溪酒家八大名菜之一，是热菜。1988年广州美食节期间，广州清平饭店将蟹螯由油炸改为煎，并加伴了郊菜，定名为“百花煎酿蟹螯”，获美食品种称号。

（二）烹调方法

炸。

（三）原料组成

主料：肉蟹6只（每只重约300g），虾胶100g。

配料：脆浆180g。

调辅料：a. 花生油1000g。b. 面粉250g，干淀粉50g，发酵粉10g，精盐3g，花生油90g。c. 淮盐5g，喼汁10g。

（四）制作过程

（1）宰杀肉蟹取螯，用沸水滚10min至刚熟，取前节用刀拍裂螯壳，拆出蟹肉，留下螯壳末端壳及扇骨，蟹的其余部分留作他用。

（2）将虾胶与拆出的蟹肉拌匀，分成12份酿在扇骨上，抹好成蟹螯形，盛在碟上，入蒸笼用猛火蒸3min至熟，取出。

（3）烧锅下油，当油温达180℃时端离炉火，手持螯壳末端，蘸上脆浆垂直放进油锅内，按此法迅速将12只酿好的蟹螯放进油锅内，然后把锅端回炉火上，炸至松脆，呈浅金黄色，捞起，沥净油，螯端朝外呈圆形地摆在碟上，食时佐以淮盐、喼汁。

（五）制作要领

（1）滚蟹螯时要控制好火候，以刚熟为度，过熟拆肉不完整，过生则肉粘壳。

(2) 蒸制时要用猛火，且不能过熟。

(3) 调料 b 是调制脆浆的一个配方，只需将全部用料混合和匀便成，可即调即用。

(4) 炸制时，下料和起锅油温要高一点。

(六) 风味特点

造型逼真别致，色泽金黄，皮松脆，肉鲜美爽口，佐以淮盐、喼汁，风味特别。

(七) 知识拓展

海蟹盛产于每年 4～10 月，淡水蟹盛产于每年 10～11 月，有“九月团脐十月尖”之说。蟹肉鲜美无比，历来被视为佳品。中国食蟹历史悠久。《逸周书·王会解》、《周礼·天官·庖人》均有记载。嗣后，北魏贾思勰《齐民要术》中收有“蟹藏法”。南北朝时，已有糖蟹的吃法。隋唐时糟蟹、蜜蟹、醉蟹已是贡品。宋代已有蟹黄包子，陆游的“蟹馔牢丸美，鱼煮脍残香”即咏此；同时还有炝蟹、炒蟹、蟹羹等；北宋末年出现了《蟹谱》等专著。元人爱食煮蟹。明末清初讲究食蒸蟹，并相沿至今。

蟹可炸、熘、煎、炒、炖、焖、扒、烧、蒸、烩、烤、拌、腌、醉、糟等。用蟹制作的菜肴有“芙蓉蟹片”、“炸蟹丸”、“炒蟹粉”、“炒虾蟹”、“蟹肉炒鲜奶”等；还可将蟹肉配制高档菜肴，如“清蒸黄油蟹”、“蟹粉狮子头”、“蟹黄烧豆腐”、“蟹粉烩鱼唇”、“蟹黄排翅”等；家常菜有“炒毛蟹”、“面拖蟹”等。最能显示蟹的特点的食法是原只清蒸。蒸蟹烹前应充分清洗，并捆牢螯足，脐向下排放笼中，旺火沸水速蒸至透，自剥自食，最宜下酒。食时需除蟹的肠、胃、鳃和脐部，并以姜、醋暖胃祛寒，杀菌消毒。

“香酥蟹塔”：广东潮汕传统名菜。制法：①洗净虾肉，吸干水分，剁成蓉状后放在碗内，加入精盐 3g、味精 3g、鸡蛋清 30g 拌匀至起胶。②把肥肉粒、韭黄、冬菇切成细粒。③把肥肉粒、韭黄粒、冬菇粒、火腿蓉加到虾蓉中拌匀，最后加入蟹肉再拌匀，分成 12 份。④将每个蟹盖用剪刀剪成 2 个圆片，洗净，抹干水分，每个蟹盖上酿上一份馅料，抹成塔形，涂上蛋液，沾上面包屑。⑤将蟹塔放到 150℃的热油中，转慢火浸炸至熟，升高油温后便可捞出，排在碟中，摆上芫荽装饰，跟喼汁上席。

思考题

1. 为什么要先将酿蟹螯蒸熟？

2. 脆浆不起发的原因是什么？

五、红娘自配

(一) 菜品简介

“红娘自配”是清宫中的一道著名热菜，相传在清同治年间由清宫御膳房三位著名厨师所创制。三位御厨之一叫梁会亭，他希望慈禧太后让自己的侄女——一个超龄宫女离宫，所以根据《西厢记》中的一段故事情节构思了这道菜，并取名为“红娘自配”。此菜因滋味鲜香在民间广泛流传。

（二）烹调方法

炸。

（三）原料组成

主料：大虾 8 只（约 300g）。

配料：猪里脊肉 150g，鸡蛋清 100g，干淀粉 80g，面粉 15g，鲜笋 25g，海参 25g，水发冬菇 25g，熟火腿 25g，咸面包 100g，芫荽叶少许。

调辅料：a. 花生油 1000g，绍酒 5g，湿淀粉 3g。b. 精盐 2g，味精 2g，胡椒粉 0.2g。c. 精盐 1g，味精 1g。d. 精盐 2g，味精 1g，白糖 5g，番茄酱 10g。

（四）制作过程

（1）大虾摘去头，剥去壳，留下尾梢，在虾背划一刀，抽出虾背肠线，用刀拍成大片，放入碗内，加调料 b 腌制待用。

（2）将猪肉剁成肉泥，加入调料 c 搅拌至起胶，然后加入淀粉 15g，拌匀成肉泥，把肉泥夹在虾片中，然后裹上，包成半圆形的虾盒，拍上面粉。

（3）把海参、鲜笋、冬菇分别切成丁，并用沸水滚过，火腿剁成末，面包切成丁。

（4）把鸡蛋清打散，加入余下的干淀粉和面粉拌匀成蛋清糊。

（5）将炒锅置于炉火上，下油烧至 140℃时，取虾盒用手提尾，蘸上蛋清糊后放进油锅内，在未着油炸制的一面撒上一些火腿末，然后翻身，继续炸至熟透。捞起沥去油，呈放射状地排放在盘子四周，再把面包丁下油锅炸至色泽金黄，酥脆时捞出，沥去油。放在盘子中间，撒上芫荽叶。

（6）炒锅留少许油，下笋丁、海参丁、冬菇丁和鲜汤 75g，调入调料 d，烧开后用湿淀粉勾芡，加包尾油后出锅，盛入碗内，与虾盒一同上桌。上案后立即把辅料连芡浇在面包丁上。

（五）制作要领

（1）虾肉拍片时，注意形状要完整。

（2）面包丁不可选甜面包做。

（3）辅料的芡要浓些，并要在菜肴上桌后才淋上。

（4）炸制的油温不宜太高。

（六）风味特点

造型美观，色泽金黄，酥香甘美，味鲜略带酸。

（七）知识拓展

对虾肉嫩色白，脑肥味美，鲜品最宜用煮、蒸、烧法成菜。对虾入馔，可带壳，亦可去壳；可整形，亦可分头、身、尾等部位分别入烹。整形，多带壳盐水煮制，食时佐以姜、醋，味道最佳。此外也可用烧、炒、炸、煎、熘、烹、烤等法，如“干烧对虾”、“滑炒虾花”、“干炸凤尾对虾”、“煎对虾饼”、“一虾三吃菜”（虾头烧、虾身炒、虾尾炸）、“干燵对虾”等。对虾除鲜食外，还可干制或罐制。再举两例卷、包炸菜肴：

“香蕉黄鱼夹”：制法：①将黄鱼治净，斩下头、尾，在头的颌下剜一刀，拍一拍，使成趴状，尾的两面各划一个斜十字花刀，放在盘中，用精盐 2g、绍酒 5g 腌渍。②取鱼的中段剔出骨和肚裆，带皮斜片成蝴蝶片 12 片，放在盘中，加入精盐 2g、绍酒 10g、味精、胡椒粉，腌渍入味。鸡蛋磕开打散，待用。③把香蕉剥去皮，切成月牙形的厚片，夹在鱼片中成“鱼夹”。④将炒锅置中火上，舀入色拉油，烧至四成热，将“鱼夹”拍上面粉，蘸蛋液后投入锅中，炸至结壳捞出，沥去油。鱼头、尾如法炸制。⑤炒锅留底油 25g，回置火上，投入葱白、姜末煸炒香，下番茄酱稍炒，加入精盐、绍酒、白糖、醋及一勺沸汤，放进炸好的“鱼夹”，用小火焖熟取出，按整鱼形状装盘。炒锅改用旺火，收浓卤汁，放入青豆、色拉油 25g，推匀浇于鱼上即成。

“网油鳜鱼”：安徽名菜。制法：①将净鳜鱼从背部剖开，剔除脊背骨及肋骨，两面都剞成荷叶片刀花，用葱姜汁、绍酒 10g、酱油 15g、精盐、花椒粉、白胡椒均匀地擦遍鱼身，腌渍入味。②猪瘦肉、京冬菜、香菇都切成丝。锅置旺火上，放入芝麻油烧至七成热，将三丝下锅煸炒，加酱油 25g、白糖、绍酒 5g、味精，待卤汁快烧干时盛出，晾凉后塞入鱼肚内。③猪网油放在案板上，撒上干淀粉。鸡蛋磕入碗里，加面粉调成蛋糊，均匀地抹一层在猪网油上，把鱼包裹起来，外面再涂一层蛋糊。④锅置旺火上，放入熟猪油，烧至七成热时，将鱼用勺托住放入锅中炸定型，再转用中火边炸边汆，同时用竹签在鱼肉厚部扎些小孔，约炸 15min 后装盘，在鱼身上轻剞几条刀纹（注意保持鱼形完整）即可上桌。吃时蘸番茄酱和辣酱油。

思考题

1. 怎样拍虾片才容易保持其形状完整？
2. 为什么此菜的芡要浓些？

六、奇妙海鲜卷

（一）菜品简介

“奇妙海鲜卷”是在广东传统名菜“脆皮三丝卷”的基础上发展起来的创新名菜。“奇妙海鲜卷”是用了西餐的卡夫奇妙酱，使此菜增添了西餐风味。海鲜卷可上脆浆炸制，菜品具有松脆的特色。海鲜卷亦可上吉士粉（面包屑）炸制，菜品便具有了酥香、制作便捷的特色，同时还可配刀叉给客人，让客人自行分割食用，使菜品带有西餐风格。

（二）烹调方法

炸。

（三）原料组成

主料：洗净吸干水分的鲜虾仁 100g，腌带子 100g，蟹柳肉 100g。

配料：笋肉 60g，水发冬菇 60g，西芹梗 60g，胡萝卜 50g，韭黄 50g，芫荽 35g，薄饼皮 12 件，面包屑 150g。

调辅料：a. 鸡蛋液 50g，干淀粉 40g，花生油 2000g，卡夫奇妙酱 180g，二汤 300g。b. 精盐 1g，味精 1g，小苏打 0.5g，鸡蛋清 20g，干淀粉 3g。c. 精盐 5g，味精 3g。d. 淮盐、喼汁各 1 小碟。

（四）制作过程

（1）虾仁洗净吸干水分后，拌入调料 b 放冰柜内冷藏，腌制 1h。

（2）笋肉、胡萝卜切小菱形片，冬菇、西芹切小片，笋肉、冬菇用沸水滚 1min，然后用汤水加调料 c 先后将西芹片、笋粒、菇片、胡萝卜料分别煨过，沥去水分。

（3）虾仁、带子用汤水氽熟，沥干水分，蟹柳切成小片后，用沸水淋烫，沥干水分。

（4）待所有原料晾凉后全部放在大碗内，加入韭黄、芫荽 25g 和卡夫奇妙酱拌匀，分成 12 份，用薄饼皮包成扁长方形。将蛋浆与干淀粉混合调成蛋浆，海鲜卷用蛋浆封口粘好。

（5）逐件将海鲜卷裹上蛋浆，沾上面包屑。

（6）将炒锅的油烧至 150℃，投入海鲜卷，将其炸至色泽金黄、酥脆捞起，沥去油。

（7）把每条海鲜卷切成 2 件，摆放在碟中，衬上芫荽及其他饰物，跟淮盐、喼汁上席。

（五）制作要领

（1）辅料要煨至入味。

（2）拌卡夫奇妙酱前，所有原料都必须沥干水分。

（3）包卷时要包卷得结实，并包成扁长方形。

（4）面包屑要沾得均匀，牢固。

（5）要待面包屑吸水回潮再炸。

（6）掌握好油温，炸时注意翻动，使海鲜卷的炸色均匀。

（六）风味特点

外酥香内鲜嫩爽滑，味鲜带微酸，具西餐风味，炸色金黄，配以芫荽，色彩鲜明。

（七）知识拓展

“萝卜鱼”：华东名菜。制法：①将鱼肉片批成长约 10cm、一头宽 1.2cm、另一头宽 3.5cm 的扇形薄片 12 片，放入碗内，加葱椒盐拌和。将虾仁剁成蓉，放入另一碗中，磕入鸡蛋清 1 个，加绍酒、葱姜汁水、味精、精盐调匀。再将火腿、冬笋、冬菇分别切成米粒状，放入虾蓉碗中，搅拌成馅。②将鱼片平放在砧板上，逐片放上虾馅，从窄的一头斜着卷成萝卜形，然后把鸡蛋1个磕入碗内，再加鸡蛋黄1个调匀，加湿淀粉搅和，把萝卜鱼逐个滚沾后，再滚沾上面包屑。③将锅置旺火上烧热，舀入色拉油，烧至六成热时，将萝卜鱼生坯逐个放入，炸约1min捞起，待油温升至七成热时，再复炸至金黄色，倒入漏勺沥去油，用牙签在萝卜鱼的粗头竖戳一个小眼，插入芫荽一根，排列在盘中即成，上席时带番茄酱蘸食。

思考题

1. 为什么馅料要先做熟处理？
2. 上席时海鲜卷能否不切？
3. 如何腌制虾仁、带子？
4. 把吉士粉（面包屑）换成脆浆，有哪些方面要改变？

七、白松大麻哈鱼

（一）菜品简介

大麻哈鱼是鲑鱼的一种，属珍贵的冷水洄游鱼种，生活在太平洋北部白令海峡的大麻哈鱼，发育成熟后便成群结队向西游去，最后到我国乌苏里江、松花江产卵。大麻哈鱼味道鲜美，肉质好，在东北地区使用甚广。“白松大麻哈鱼”是用鱼蓉制成的一道技术难度较高的黑龙江名菜。

（二）烹调方法

炸。

（三）原料组成

主料：净大麻哈鱼肉175g。

配料：肥膘肉25g，鸡蛋清100g。

调辅料：a. 干面粉50g，干淀粉20g，鸡汤20g，椒盐10g，姜末5g，葱花5g，猪油1000g。b. 精盐3g，味精3g，绍酒15g。

（四）制作过程

（1）将鱼肉剔净皮骨，剁成鱼蓉，肥膘肉剁成细粒。

（2）把鱼蓉和肥膘肉混合放在碗里，加入鸡汤、姜、葱搅拌，拌匀后放鸡蛋清再搅拌，放进调料b继续搅拌至均匀，然后做成厚1cm的椭圆小饼，宽约5cm，放在盘中备用。

（3）把余下的蛋清抽打成蛋泡，加入干面粉和干淀粉拌匀成蛋泡糊。

（4）把净炒锅放在炉上，加入猪油烧至130℃时，取鱼胶饼沾上干面粉，挂满蛋泡糊，放进油锅内，慢火炸制，直至熟透，捞出，沥去油。切成条形装盘，撒上椒盐即可上席。

（五）制作要领

（1）搅拌鱼蓉时必须严格控制温度，切不可超过20℃，温度在10℃最佳。

（2）炸制时，油温控制在130℃左右，油温太高会使鱼胶饼上色不白，油温过低会使菜料存油过多。

（3）椒盐要撒得均匀。

（六）风味特点

色泽银白，形状整齐，口感松嫩，滋味咸香。

思　考　题

1. 拌鱼胶时，温度为什么不能太高？

2. 炸制时油温为什么既不能太高，也不能太低？

八、鸳鸯蝶彩

（一）菜品简介

“鸳鸯蝶彩”是一道广州名菜。1983年由国家烹调技师、广州饮食服务集团名厨卢连胜烹制的“鸳鸯蝶彩”被广州市人民政府授予广州名菜称号。“鸳鸯蝶彩”以鲍鱼和胗片为主料，将它们切成双飞片（双连片）后，在中间开两个小孔，穿进条形原料，呈彩蝶形，用油泡的方法烹制成菜，烹好后，鲍片、胗片形状甚像一只只振翅的彩蝶。此菜构思巧妙，善于利用原料原形造型，没有造作之意，只有质朴之美。

（二）烹调方法

油泡。

（三）原料组成

主料：发好的鲍鱼250g，鸭胗肉250g。

配料：笋肉75g，圆椒50g。

调辅料：a. 绍酒5g，湿淀粉10g，花生油500g，清汤300g。b. 精盐5g，味精3g。c. 姜花5g，葱榄10g。d. 清汤30g，蚝油8g，味精2g，老抽1g，胡椒粉0.5g，芝麻油1g。

（四）制作过程

（1）将笋肉切成长6cm的长梯形扁条，宽的一端修切成“丫”形，使其呈蝶须状，用清水滚过笋条。圆椒亦切成相同形状。

（2）按鲍鱼椭形横片出“双飞”（双连）片，并用刀尖在中间连接处戳出两个小孔，如法将胗肉亦片出“双飞”（双连）片。

（3）将笋条穿插在鲍鱼片上，造成蝴蝶形。将圆椒条穿插在胗片上，也造成蝴蝶形。

（4）在炒锅里放进花生油 10g，烹绍酒 5g，加入清汤、调料 b、鲍鱼蝴蝶，煨 5min，捞起沥去水分。

（5）将调料 d 混合，加入湿淀粉和匀成芡汁。

（6）将胗片蝴蝶放在沸水中慢火焯至四成熟，沥去水，然后放进 120℃油温的油内滑油至刚熟，沥去油。

（7）原锅下调料 c、胗片蝴蝶、鲍鱼蝴蝶，烹绍酒，调入芡汁加包尾油后上碟，摆成一只大蝴蝶形，加两条芹菜丝作蝴蝶须即可。

（五）制作要领

（1）可用爽肚片代替胗片或鲍鱼，用菜心代替圆椒。

（2）双飞片深度要够，两片厚薄要一致。

（3）鲍鱼与胗片可分别烹制，上碟后分作蝴蝶的两翼，此时胗片的芡不必加老抽调色。

（4）碟子四周可点缀一些花草，以增加动感。

（5）注意掌握好胗片火候，不要过火。

（六）风味特点

色彩艳丽，造型新颖，滋味鲜美和谐，口感软嫩爽脆，芡汁油亮紧裹而不澥。

思 考 题

1. 鲍鱼与胗片的预制方法不相同，这是什么原因？
2. 此菜主料均切成双飞片，飞片为什么两片厚薄要一致？
3. 按此菜的设计思路，运用其他主、辅料做新的设计。

九、糖醋黄河鲤鱼

（一）菜品简介

“糖醋黄河鲤鱼”是山东名菜。鲤鱼因鳞有十字纹理而得名，质嫩味美，《诗经》中有“岂其食鱼，必河之鲤”之句，此菜源于济南黄河码头洛口镇，后来成为济南老店汇泉楼的看家菜。

（二）烹调方法

熘。

（三）原料组成

主料：黄河鲤鱼 1 条（约 750g）。

调辅料：精盐 3g，酱油 10g，白糖 200g，醋 100g，清汤 300g，葱末 2g，蒜末 2g，

姜末 1g，湿淀粉 150g，花生油 1500g（约耗 200g）。

（四）制作过程

（1）将鲤鱼治净，每隔 2.5cm 先直剞（1.5cm 深）、再斜剞（2cm 深）成花刀。

（2）提起鱼尾，使刀口张开，将精盐 2g 撒入刀口稍腌，再在鱼的周身及刀口处均匀地抹上一层湿淀粉。

（3）炒锅置旺火上，下花生油烧至 210℃时，将鱼下锅炸至呈金黄色、外表酥脆时捞出摆入盘中。

（4）炒锅内留油 100g，旺火烧热，下葱、姜、蒜末煸香，加精盐 1g、醋、酱油、清汤、白糖，烧沸后用湿淀粉勾芡，浇到鱼上。

（五）制作要领

（1）鲤鱼的花刀应注意下刀间距均匀，深浅适度。

（2）炸鲤鱼的油温应高，鱼下锅时，用手将鱼尾提起放入锅内，使刀口张开，用锅铲将鱼托住，以免黏锅底，炸 2min 后将鱼推向锅边，鱼身即成弓形，再将鱼背朝下炸 2min，然后把鱼身放平，用铲将头按入油内炸制。要求达到酥脆的质感。

（3）糖醋汁制好后应迅速浇在鱼上，快速上桌。

（六）风味特点

成菜鱼尾翘起，呈琥珀色，外酥内嫩，味酸甜稍带咸鲜。

（七）知识拓展

“金毛狮子鱼”：河北名菜，因鱼丝披散如雄狮鬣毛，故而得名。此菜是石家庄市中华饭店名厨袁清芬于民国时期所创，后经其徒刘振山改进，更加完美，曾被北京人民大会堂纳入国宴菜单。制法：①将鲤鱼 1 条（约 2500g）治净，从腹部中间剖开去内脏，洗净。鱼背朝外放在墩上，用刀从鱼体中部向两头斜剞至鳃部和尾部，剞成 8cm 长、3cm 宽的薄片，共 12 片；再将鱼体另一侧用同样方法剞 9～10 片。再逐片用剪刀剪成细丝，整条鱼约剪 130 条丝。②鱼裹上用鸡蛋、淀粉调成的糊。炒锅置旺火上，下花生油烧至 200℃时，将鱼下锅炸至金黄色、外表酥时捞出沥油装入盘中。③另起炒锅置旺火上，下油 30g，倒入玉兰片丝、香菇丝、火腿丝，加绍酒、葱丝、姜丝、蒜末、精盐、白糖，浇在鱼身上即成。

“罾蹦鲤鱼”：天津传统名肴，因其成菜后鱼形如同在罾网中挣扎蹦跃而得名。相传此菜出于清光绪末年的“天一坊”饭庄。据陆辛农《食事杂诗辑》载：1900 年八国联军侵占天津，纵兵抢劫。流氓地痞趁火打劫后，到“天一坊”吃喝，点菜时，误将“青虾炸蹦两吃”呼为“罾蹦鱼”，情急之中，厨师用大活鲤鱼制成此菜。陆氏诗云：“北箔南林百世渔，东西淀说海神居，名传第一白洋鲤，烹做津沽罾蹦鱼。”制法：①将鲤鱼 1 条（约重 750g）去鳃，留鳞、鳍，顺腹部中间开膛，去内脏、腹内黑膜，贴着中刺两侧割断软刺，再在大刺中间剞两刀，在头底部劈一刀，使鱼头和鱼腹向两侧敞开，脊背朝上，伏卧盘中。②炒锅置旺火上，加花生油烧至 260℃，将鱼下锅炸至酥香时捞起，伏卧盘中。③另起炒锅置旺火上，下花生油 15g 烧熟，下葱丝、姜丝、蒜丝炒香，加白糖、精盐、绍酒、姜汁、醋、辣椒丝、清汤。汤沸后，用湿淀粉勾薄芡，淋上花椒油搅匀，盛入小碗，与炸鱼一起上桌，食前将汁浇在鱼身上即成。

"糖醋软熘鲤鱼焙面"：河南名菜，由糖醋炊熘鲤鱼和焙面两个品种组成。糖醋鱼在宋代即已成名。焙面又称龙须面，据《如孟录》载，明清年间，开封人谓每年农历二月初二为"龙抬头"之日，民间以龙须面（细面条）作为礼品相互馈赠。龙须面原为煮制，光绪二十七年（1901 年），光绪与慈禧等人至开封，适逢慈禧 66 岁生日，开封巡抚衙门为了祝寿，将龙须面与熘鱼搭配，改为焙制，始称焙面。1935 年前后，面条改炸制，仍叫焙面。制法：①鲤鱼治净，将两侧剞成月牙形花刀，用 1g 精盐稍腌。②炒锅置旺火上，下花生油 1500g，烧至 200℃时将鱼下锅炸制，定型后离火浸炸，经几次上火、离火，待鱼浸透，再上火，油温升高后复炸一次，捞出沥油。③净炒锅置旺火上，下清汤、炸好的鱼、精盐 4g、白糖、醋、绍酒、姜汁、葱花，待鱼入味后用湿淀粉勾芡，汁收浓时，将炸过鱼的热油适量淋入烘汁，边烘边推动鱼身，使汁在锅内转动，至汁稀稠适度、油光明亮时装盘。④精面粉加精盐 3g、碱、水，和成面团，制成细如发丝的面条。炒锅置旺火上，下花生油 1000g，烧至 160℃放入面条，炸成黄色捞出，盛在另一个盘内，与糖醋鱼一同上桌。

思考题

1. 此菜为熘制法中的哪一种？与软熘有何不同？
2. 怎样烹制才能突出菜肴外酥内嫩的特点？

十、松鼠鳜鱼

（一）菜品简介

"松鼠鳜鱼"为苏州传统名菜，是在古代全鱼炙基础上逐渐演变发展而成的。各地松鼠鱼用料不一，可用鳜鱼，亦可用黄鱼、鲈鱼。扬州乾隆年间用黑鱼。制法也在变化，现将鱼胸鳍肉倒置作松鼠头。"松鼠鳜鱼"属热菜。

（二）烹调方法

熘。

（三）原料组成

主料：鲜活鳜鱼 1 条（约重 750g）。

配料：河虾仁 50g，熟笋丁 20g，水发香菇丁 20g，青豌豆 12 粒。

调辅料：绍酒25g，精盐11g，白糖200g，香醋100g，番茄酱100g，葱白段10g，蒜末2.5g，干淀粉60g，湿淀粉35g，猪肉汤100g，色拉油1500g（实耗150g）。

（四）制作过程

（1）将鳜鱼治净，齐胸鳍斜切下头，在鱼头下巴处剖开，用刀面轻轻拍平，再用刀沿脊骨两侧平片至尾部（不要片断鱼尾），斩去脊骨，鱼皮朝下，去掉胸刺，然后在鱼肉上先直剞，刀距约1cm，后斜剞，刀距约3cm，深至鱼皮（不能剞破皮），成菱形刀纹，把绍酒15g、精盐1g放碗内调匀，抹在鱼头和鱼肉上，再拍上干淀粉，并用手提起鱼尾抖去余粉。

（2）将番茄酱放入碗内，加猪肉汤50g、白糖、香醋、绍酒10g、湿淀粉、精盐10g搅拌成调味汁。

（3）将锅置旺火上烧热，舀入色拉油，烧至八成热时，将两片鱼肉翻卷，翘起鱼尾成松鼠形，然后一手提起鱼尾、一手用筷夹住另一端，放入油锅，炸约20s，使其成型，然后把鱼放入油锅中，同时将铁勺舀热油浇在鱼肉鱼尾上。紧接着放入鱼头，炸至金黄色捞起。待油温升至八成热时，把鱼复炸至金黄色捞出，盛入长腰盘中，将鱼肉稍揿松后，装上鱼头，拼成松鼠鱼形。

（4）在复炸的同时，另用炒锅置旺火烧热，舀入色拉油50g，放入虾仁炒熟，倒入漏勺。原锅仍置火上，放少许色拉油，放入葱白段炸至葱香时，加入蒜末、笋丁、香菇丁、青豌豆煸炒，加入猪肉汤50g调味汁搅匀，然后再加热油20g，起锅浇在鳜鱼上面，再撒上熟虾仁即成。

（五）制作要领

（1）剞刀要均匀，拍粉要随拍随炸，不能拍粉后搁置太久。

（2）整形入锅，掌握好油温。

（六）风味特点

此菜头昂尾翘，肉翻似毛，形似松鼠，色泽金黄，外脆内嫩，甜中带酸，鲜香可口。

（七）知识拓展

“方腊鱼”：安徽名菜，原名为“大鱼退兵将”，乃是厨师为了纪念农民起义英雄方腊智退宋兵而创制的。制法：①将鳜鱼从脐门后下刀剞至中刺骨，顺中刺骨片下半边鱼肉，再将另一边鱼肉用同法片下，铲去鱼皮，鱼头尾和中刺骨连接在一起，将鱼头略拍一下，鱼肉切成0.3cm厚的薄片。②青虾挤出虾仁50g剁成泥，其余的去头壳留尾壳洗净。③将鳜鱼头尾中刺骨部分和虾分别放容器中，加葱姜汁15g、精盐5g、绍酒10g、味精1.5g腌制入味。④把猪五花肉剁成泥状加葱姜汁10g、精盐3g、绍酒3g、味精1.5g搅拌上劲后，加入虾仁泥拌成馅料。⑤将馅料做成4只小蟹形，用带尾壳的虾按成蟹爪和螯足。⑥鱼片用绍酒2g、味精1g、精盐3g拌匀。再将鸡蛋清1个、淀粉5g放入鱼片拌浆上劲待用。将带尾壳的虾取出，用洁布吸干水分，拍上干淀粉待用。⑦将4只小“蟹”和鳜鱼头尾中刺骨部分（竖着摆）分别上笼蒸至熟定型，保温待用。⑧另将鸡蛋清2个放碗中打成泡沫状，加入湿淀粉5g调成蛋泡糊。⑨将锅放在中火上烧热，放入熟猪油，烧至130℃时，将虾逐个沾上蛋泡糊下油中炸至外表挺起捞出，再放入热油重炸一次，随即捞出沥油即成高丽凤尾虾。原油锅用旺火烧至150℃时将鱼片分散投入油中炸至浅金黄色捞出，再用180℃热油重炸捞出沥油。⑩鱼片炸好后，立即将鱼头尾连中刺骨按鱼形摆好，鱼片分排在中刺骨两旁，周围撒上芫荽，4只“小蟹”放在大盘四角，同时另取锅放入熟猪油15g烧热，放入番茄酱、白糖、醋和水150g，熬稠起光泽时即均匀地浇在鱼片和“蟹”上。将凤尾虾尾部朝外地围在鱼四周即成。

“珊瑚鳜鱼”：湖北创新名菜，因其形、色似红珊瑚而得名。湖北名厨、“中国烹饪大师”卢玉成曾在1988年第二届全国烹饪技术比赛中以此菜夺取金牌。制法：①将鳜鱼1条（约1750g）治净，斩下头、尾，鱼身剖成两半，除去骨、刺，皮朝下置砧板上，剞麦穗花刀。②将鱼肉连同头尾一起入小盆内用葱、姜片、精盐、黄酒腌制10min上味后，拍上干淀粉，使鱼肉花纹散开，鱼头、尾也拍上干淀粉。③炒锅置旺火上，下油烧至210℃时，先下鱼头、尾炸熟捞起，再下鱼肉炸4min至呈珊瑚状捞出。再将油烧至250℃时下鱼复炸2min后离火浸炸。④炒锅置旺火上，下油25g烧热，下蒜粒、姜末煸香，再下清水、番茄酱、白糖、白醋制成酸甜味芡汁，勾成油芡。再把浸在油中的鳜鱼捞起，摆上头尾呈全鱼形，将制好的茄汁浇在珊瑚鱼上即成。

思考题

怎样使“松鼠鳜鱼”形态逼真？应掌握哪些要领？

十一、皮条鳝鱼

（一）菜品简介

“皮条鳝鱼”是湖北荆沙传统名菜，因段段鳝鱼形似竹节，故又名“竹节鳝鱼”。“皮条鳝鱼”的称呼，据说因沙市义森酒楼的掌勺师傅曾友海对此菜进行了改进，使鱼质更加酥脆，而曾的小名叫皮条子，人们便以其乳名呼此菜为“皮条鳝鱼”。此菜在湖北流传甚广。

（二）烹调方法

熘。

（三）原料组成

主料：净鳝鱼肉350g。

调辅料：精盐2g，酱油40g，醋30g，绍酒2.5g，蒜头10g，鲜汤100g，白糖60g，干淀粉 50g，湿淀粉 15g，芝麻油 1500g（约耗 125g），葱段 10g，姜末 5g。

（四）制作过程

（1）将鳝鱼肉切成 8cm 长、2cm 宽的条入碗中，以绍酒、精盐稍腌，裹上干淀粉。

（2）用酱油、白糖、醋、葱、姜、蒜、鲜汤入碗中调成混合汁。

（3）炒锅置旺火上，下芝麻油烧至 210℃时，下鱼条炸约 3min，捞起鱼条，待油温升至 210℃重油，再离火余炸 3min，然后移旺火上炸 1min 捞出沥油。

（4）炒锅中倒入混合汁用旺火烧沸，以湿淀粉勾芡，下鳝鱼条裹匀芡汁，淋入芝麻油起锅装盘。

（五）制作要领

（1）选用每条 150g 以上的活鳝鱼，剔尽鱼骨，以现宰现烹为好。

（2）宜用干淀粉挂糊，挂糊后要迅速下油锅炸制，不可久放，否则鱼肉发皮不酥。

（3）油温要控制好。鳝鱼下锅前、起锅前油温要高，使鳝鱼酥脆，少含油，余炸要火小或离火，用稍低温度将鳝鱼炸透。

（4）鳝鱼下锅炸制时要逐条下，且要保持鱼平直，不要卷曲和黏连，否则影响形态美观，也不利于鳝鱼均匀受热。

（5）先勾芡再下炸好的鳝鱼条，可使鱼条更显酥脆。操作要迅速，上桌要及时，食用也要及时，方能保持风味。

（六）风味特点

形似皱皮蛇条，色泽金黄透明，外酥脆，内油嫩，味咸鲜甜酸。

（七）知识拓展

“官烧目鱼”：天津传统名菜。此菜所用主料目鱼为渤海湾特产，学名半滑舌鳎鱼，鱼体呈扁片状，眼睛长在同侧，故又称比目鱼。制法：①将目鱼肉 250g 切成 4cm 长、1.5cm 见方的条，用姜汁 5g、绍酒 5g 腌渍 10min。冬笋、黄瓜切成 3.5cm 长、1cm 见方的条。另将冬菇用模具压成 3cm 长的小鱼形。②用鸡蛋、淀粉和成糊，加精盐 0.2g、花生油 3g 搅匀。炒锅置旺火上，下花生油烧至 200℃时，将目鱼条沾匀糊下锅炸成金黄色起酥，下冬菇、冬笋、黄瓜稍炸，一并倒入漏勺沥油。③原锅留油 12g，置火上，下葱丝、姜丝、蒜片煸香，烹入姜汁、绍酒、醋、肉清汤，放精盐、白糖，烧沸后用湿淀粉勾芡，倒入目鱼条、冬菇、黄瓜颠翻均匀，淋花椒油起锅装盘。

“葡萄鱼”：华东名菜。制法：①将青鱼肉 500g 修切成梯形，先斜刀剁，再直刀剁，刀距约 1cm，使鱼肉条截面见方。用葱姜汁腌渍片刻，取出沥干，均匀地撒上干淀粉，使剁成的肉粒不相互黏连。将菜叶修切成葡萄叶形，略烫后待用。②将炒锅置火上烧热，舀入色拉油，烧到八成热，把鱼入锅炸，边炸边舀油浇淋鱼段，炸至定型后捞出，待油温升至八成热时，把鱼段复炸至金黄色，捞出沥去油装盘。③原锅置旺火上，放入清汤少许，加入酱油、精盐、白糖、葡萄原汁烧开，放入米醋，随即淋入湿淀粉勾芡，再加入热油，使芡汁沸腾，起锅均匀地浇淋在鱼段上，最后用菜叶点缀在鱼的一端即成。

“糖醋喀比”：藏族菜，喀比是藏语，即雪鱼，学名山溪鲵。制法：①将雪鱼剖开洗净，加酱油 5g 腌渍，用湿淀粉 40g、鸡蛋清搅匀成糊。②炒锅置旺火上，下菜子油，烧至 200℃时下裹上糊的雪鱼，炸至呈深黄色时捞出沥油后装入盘中。③炒锅留底油置旺火上烧热，下蒜片、姜丝炒香，加鸡清汤、白糖、精盐、醋、酱油，烧沸后用湿淀粉勾芡，浇在鱼上。

“糖醋脆皮鱼”：四川名菜。制法：①鲜鱼 1 条（重约 750g）去鳞、鳃、内脏，洗净，将鱼身两面先用立刀划 1cm 深，再用平刀片进约 2～3cm 深，两面各划 7 刀，鱼头用直刀砍破，抹上绍酒、精盐，放约 10min。葱白和泡红辣椒切成细丝，用清水漂净。②炒锅置旺火上，放油入锅内，将湿淀粉均匀地涂在鱼身上，再逐片裹上湿淀粉，待油烧热时，提起鱼尾抖几下，将多余的湿淀粉抖掉。然后将鱼身两面用沸油淋几下，再滑入锅中，炸至鱼呈深黄色时捞起放在条盘中，并趁势将鱼压松。锅内留油 100g，下姜、蒜末炒出香味，即将事先由酱油、湿淀粉、绍酒、白糖、醋、精盐、味精、鲜汤对成的糖醋芡汁烹入锅中炒匀，成浓汁并起小泡时，将其芡汁淋于盘中鱼身上，再撒上葱丝、辣椒丝即成。

思考题

1. 鳝鱼挂糊后为什么要及时炸制？
2. 炸鳝鱼有何技巧？
3. 怎样制作才能更突出此菜酥脆的特点？

十二、抓炒鱼片

（一）菜品简介

“抓炒鱼片”是北京传统名菜。相传，有一次慈禧太后用膳时，觉得有一盘金黄油亮的炒鱼片十分可口。她把御厨王玉山叫到跟前，问是什么菜。王急中生智，回答是“抓炒鱼片”。后来，此菜成为御膳常备菜肴。此菜与“抓炒里脊”、“抓炒虾仁”、“抓炒腰花”一起合称“四大抓炒”。

（二）烹调方法

熘。

（三）原料组成

主料：鳜鱼肉 150g。

调辅料：酱油 10g，醋 5g，白糖 15g，味精 2.5g，绍酒 7.5g，湿淀粉 100g，葱末 2.5g，姜末 2.5g，熟猪油 30g，花生油 500g（约耗 40g）。

（四）制作过程

（1）把鳜鱼肉去净皮和刺，片成 3.3cm 长、2.6cm 宽、0.5cm 厚的片，用湿淀粉 85g 抓匀上浆。

（2）炒锅置旺火上，下花生油烧至 180℃时，下鱼片炸至外皮发硬，呈黄色时捞出。

（3）炒锅置旺火上，下熟猪油 20g 烧热，加入葱末、姜末煸香，再下入用酱油、醋、白糖、绍酒及味精和湿淀粉调成的芡汁，待炒成稠糊状后，加入炸好的鱼片翻锅，将鱼片与芡汁裹匀，淋熟猪油 10g 起锅装盘。

（五）制作要领

（1）此菜选用鳜鱼肉制作为宜，鱼片不要太薄。

（2）鱼片下锅炸时，应逐片下，防止鱼片黏在一起或淀粉与鱼片脱开。

（3）待芡汁收浓后再下入炸好的鱼片，可使质感更美。此菜为小酸甜味，注意各种调料的比例。

（六）风味特点

鱼片金黄，无骨无刺，具酸甜咸鲜味。

（七）知识拓展

“番茄熘鱼片”：西南名菜。制法：①将鱼净肉 300g 去皮洗净，片成 4.9cm 长、1.6cm 宽、0.3cm 厚的片。用精盐 1g、胡椒粉 1g、绍酒少许抖匀。上好蛋清、豆粉。番茄去皮、蒂，切成 6～8 瓣，去子，片成片。②精盐、味精、胡椒粉、白糖、绍酒、清汤和湿淀粉少许对成芡汁。③锅烧热，加化猪油烧至五成热，下鱼片用筷子滑散，滤过余油，加番茄轻轻推炒，烹人芡汁，起锅装盘即成。

“小炒鱼”：江西赣州习俗上称醋为小酒，炒鱼加醋即小酒炒鱼。相传明代浙江余姚人王阳明爱吃鱼，在赣州做官时爱吃当地的草鱼，曾聘用本地凌厨子作家厨。凌厨子为了显示自己的手艺，经常变换鱼菜的制法和口味，深得王阳明赏识。有一次凌厨子炒鱼加醋，味道极佳，王吃后十分高兴，问凌厨子此菜名称，凌厨子急中生智，随叫小酒炒鱼，即小炒鱼，此菜便因此而得名。小炒鱼和鱼饼、鱼饺三道名菜，素有“赣州三鱼”之称。制法：①将鱼肉切成 4cm 长的段，每段顺长切成 6cm 厚的条片，入盆后用精盐、米酒、酱油拌匀稍腌，撒上干淀粉搅拌均匀。②取一小碗，放入肉汤、酱油、味精、湿淀粉、米酒调匀待用。③炒锅上火，放入食用油，烧至六成热时，将鱼片逐个下入油锅，炸至外略酥、内断生时起锅滤去油。锅内留油少许，放入葱段、姜片、红椒片炒出香味，加入调味卤汁翻炒，再用湿淀粉勾芡，淋油起锅装盘，上桌供餐。

思考题

1. 炸鱼片时应注意什么问题?

2. 此菜的滋味有何特点?

十三、西湖醋鱼

(一)菜品简介

“西湖醋鱼”是杭州传统风味名菜。相传，古代西子湖畔住着宋氏兄弟，以捕鱼为生，当地恶棍赵大官人，见宋嫂姿色动人，便谋害了她的丈夫，又欲加害其小叔。宋嫂劝小叔外逃，行前特意用糖、醋烧制了一条草鱼为他饯行，勉励他“苦甜毋忘百姓辛酸之处”。后来小叔得了功名，在一次偶然的宴会上吃到甜中带酸的特制鱼菜，终于找到了隐名遁逃的嫂嫂，他就辞去官职重操渔家旧业。后人仿效烹制，“西湖醋鱼”也就随“叔嫂传珍”的美名，历久不衰地流传下来。

(二)烹调方法

软熘。

(三)原料组成

主料：活草鱼1条(约重700g)。

调辅料：姜末1.5g，白糖60g，绍酒25g，酱油75g，香醋50g，湿淀粉50g。

(四)制作过程

(1)将草鱼饿养两天，促其排尽草料及泥土味，使鱼肉结实，宰杀去掉鳞、鳃、内脏，洗净。

(2)把鱼身劈成雌雄两片(连脊背一边称雄片，另一边称为雌片)，斩去牙齿，在雄片上，从颔下4.5cm处开始每隔4.5cm斜片一刀(刀深约5cm)，刀口斜向头部(共片五刀)，片第三刀时，在腰鳍后切断，使鱼分成两段。再在雌片脊部厚肉处向腹部斜剞一长刀(深约4～5cm)，不要损伤鱼皮。

(3)将炒锅置旺火上，舀入清水1000g，烧沸后将雄片前后两段相继放入锅内，然后，将雌片并排放入，鱼头对齐，皮朝上(水不能淹没鱼头，胸鳍翘起)，盖上锅盖。待水再沸时，揭开盖，撇去浮沫，转动炒锅，继续用旺火烧煮，前后共烧约3min，用筷子轻轻地扎鱼的雄片颔下部，如能轻易扎入即熟。炒锅内留下250g汤水(余汤撇去)，放入酱油、绍酒和姜末调味后，即将鱼捞出，装在盘中(要鱼皮朝上，两片鱼的背脊拼连，鱼尾段拼接在雄片的切断处)。

(4)把炒锅内的汤汁，加入白糖、湿淀粉和醋，用手勺推搅成浓汁，见滚沸起泡，立即起锅，徐徐浇在鱼身上即成。

（五）制作要领

一定要选用活草鱼，且活养数天，现杀现烹。下锅氽熟要氽透。

（六）风味特点

质嫩鱼鲜，口味酸甜有度。

（七）知识拓展

草鱼肉质细嫩，烹制多取清蒸、滑炒、熘，亦可红烧、油焖、煎炸、腌熏。名菜有四川的“蒸五柳鱼”，浙江的“西湖醋鱼”、北京的“煎糟鱼”、安徽的“火烘鱼”、江苏的“鲜鱼饺”、福建的“葱烧草鱼”、湖南的“豆豉辣椒蒸腌鱼”、上海的“火烧草鱼粉片”、广东的“酥炸西湖鱼”和“清蒸鲩鱼”。草鱼肉含水量大，草腥气重，出水易腐烂，所以用其制菜，一要鲜活，二要多放酒醋葱姜等调料，三不宜长时间烹烧，否则会影响肴馔的质地与风味。

思　考　题

“西湖醋鱼”的刀工处理有什么要求？

十四、油 爆 鲜 贝

（一）菜品简介

“油爆鲜贝”是山东胶东名菜，是以鲜贝为主料爆制而成的。鲜贝为扇贝科贝类的闭壳肌，鲜品色白，质地柔脆，肉味鲜美，富含蛋白质，味甘咸性平，有滋阴、补肾、调中、下气、利五脏之功效。

（二）烹调方法

油爆。

（三）原料组成

主料：鲜贝 400g。

配料：冬笋 25g，鲜口蘑 25g，青豆 15g，葱白 10g。

调辅料：精盐 3g，味精 2g，鸡蛋清 1 个，绍酒 5g，清汤 75g，湿淀粉 50g，鸡油 10g，花生油 500g（约耗 75g）。

（四）制作过程

（1）将鲜贝片成 0.3cm 厚的圆片，冬笋、鲜口蘑切成 0.4cm 见方的丁，葱白剖开切丁。

（2）将鲜贝放入开水内焯水，青豆放入水中煮至刚熟。

（3）鲜贝加鸡蛋清、湿淀粉 35g、精盐 1g 抓匀上浆。用清汤、精盐 2g、味精、湿淀粉在碗中调匀成对汁芡。

(4) 炒锅置旺火上，下花生油烧至210℃时，将鲜贝下入锅中过油捞出。锅内留油50g，置旺火上烧热后下葱丁、笋丁、鲜口蘑丁和青豆稍炒，烹入绍酒，加进鲜贝，迅速倒入调好的对汁芡，淋上鸡油，急速颠翻装盘。

(五) 制作要领

(1) 鲜贝上浆时动作要轻，以免弄碎鲜贝片，并要搅拌上劲，以免过油时"脱袍"。

(2) 过油时油温要高，火要旺，动作要快。整个烹调过程中要强调一个"快"字，要突出菜肴脆嫩的特点。

(六) 风味特点

成菜色调雅致和谐，质地脆嫩爽口，味咸鲜而清淡。

(七) 知识拓展

"油爆海螺"：山东名菜，是明清年间流行于登州、福山的传统海味菜肴。烟台松竹林饭店制作此菜风味尤佳。制法：①将海螺肉用精盐6g、醋40g搓净黏液，用清水漂洗干净，用刀改成0.1cm厚的薄片。②海螺肉片入开水中焯水后捞出沥水。用精盐3g、清汤、湿淀粉制成对汁芡。③炒锅置旺火上，下熟猪油烧至250℃时，将海螺肉下锅过油，迅速捞出沥油。④炒锅留油25g置旺火上，下葱段、蒜片煸香，加醋3g稍烹，随即倒入对汁芡和海螺肉，翻炒成包芡，淋上芝麻油装盘。

"油爆虾"：山东名菜。制法：①将活河虾250g剪掉须和足，洗净沥干。②将炒锅置旺火上烧热，舀入色拉油，待油温九成热时，把虾投入油锅，炸约30s，待见虾头壳胀裂，立即捞出，沥油。③锅里留余油，放入葱末爆香，加入绍酒、姜汁、白糖、酱油、精盐，用旺火烧开，迅速用手勺推拌至黏稠时，即倒入河虾离火颠翻，使卤汁粘附在虾身上，稍淋些色拉油起光即成。

思考题

1. 鲜贝上浆的技术要领是什么？
2. 此菜烹调时要强调什么？此菜应突出什么特点？

十五、酱爆鱿鱼卷

(一) 菜品简介

"酱爆鱿鱼卷"是选用特制的甜面酱作主要调料，突出其酱香味。而水发鱿鱼经刀工处理后，一经受热，形同烫发用的塑料卷筒，美观至极。

(二) 烹调方法

爆。

(三) 原料组成

主料：水发鱿鱼500g。

配料：青豆 25g，葱 15g，核桃仁 15g。

调辅料：湿淀粉 10g，鲜汤 100g，菜子油 500g（耗 100g），姜 3g，甜面酱 75g，白糖 15g，芝麻油适量，味精 1g，精盐 3g，绍酒 10g。

（四）制作过程

（1）姜、葱切成末，核桃仁切成薄片，鱿鱼去头修尾，取其两片净肉部分，采用斜十字花刀剞花纹，再改成 2.5cm 宽的段，放入清水中淘洗两遍，倒入漏勺中沥干水分待用。

（2）炒锅置旺火上，加清水 1000g 烧开，投入鱿鱼块，卷成爆花筒状，立即倒入漏勺，沥干水分待用。

（3）炒锅置旺火上，加菜子油 400g，烧至七成热时，倒入鱿鱼卷，随即用漏勺捞起，沥出余油待用。

（4）炒锅加菜子油 50g，烧热后，投入葱、姜末炒出香味，加甜面酱、白糖炒浓，烹入鲜汤搅匀，加盐、绍酒、味精，用湿淀粉勾芡，投入鱿鱼卷，淋芝麻油出锅装盘，撒上青豆、核桃仁片即成。

（五）制作要领

（1）甜面酱一定要炒透，炒出酱香味。

（2）芡汁不能稀，食后盘底不能见有酱汁。

（六）风味特点

色泽棕黄，形似卷筒，柔软脆嫩，酱香扑鼻。

（七）知识拓展

“爆鱿鱼卷”：华东名菜。制法：①将鱿鱼 400g 用水清洗干净，顺长切成两片，用斜刀法和直刀法交叉割人字花纹。菜薹洗净，待用。②将炒锅置火上，舀入色拉油 20g 烧热，投入菜薹，加精盐 2g、味精 1g，用旺火煸熟后，用筷子夹起围在圆盘周围。③净锅上火，舀入色拉油，用旺火烧至七八成热时，将鱿鱼卷放入过油，约 5s 倒出沥油。锅内留余油 40g，放入葱段、姜片、蒜泥，炒出香味后，再下绍酒、酱油、精盐、白糖、鸡清汤、味精 1g，最后放入鱿鱼卷，即用湿淀粉勾芡，端锅颠翻均匀，出锅装入菜薹中间。

“爆墨鱼花”：华东名菜。制法：①将墨鱼肉剞麦穗花刀，再切成长 5cm、宽 2.5cm 的长方块。取小碗 1 只，放入精盐、绍酒、胡椒粉、味精、白汤和湿淀粉，调成芡汁。②取2 只炒锅，分别置旺火上，一只加清水 1000g 烧沸，一只放入色拉油烧热。先将墨鱼投入沸水锅中一汆，立即捞出，沥去水，接着投入七成热的油锅中速爆，倒入漏勺去油。原炒锅留底油 25g，下入蒜末、葱末、姜末煸香，倒入墨鱼，烹入芡汁，快速翻炒，使卤汁紧包墨鱼即成。

思考题

鱿鱼剞花刀有多少种花式？如何操作才能使鱿鱼成为卷筒形？

十六、鲜贝原鲍

（一）菜品简介

“鲜贝原鲍”是辽宁名菜，它选用辽宁省大连市特产的明鲍和扇贝，运用炒拼的方法烹制而成，鲍鱼和扇贝同是肉质脆嫩、味道清鲜之物，两者组合成菜，使菜肴色、味、形丰富而和谐。

（二）烹调方法

炒。

（三）原料组成

主料：鲜扇贝肉400g，带壳鲜鲍12个。

配料：冬笋30g，水发冬菇30g，青豆24粒。

调辅料：a. 清鲜汤35g，酱油15g，精盐1g，味精3g，湿淀粉10g，绍酒5g。b. 清鲜汤35g，精盐3g，味精3g，湿淀粉8g，绍酒5g。姜5g，葱10g，蒜5g，椒油3g，植物油1000g。

（四）制作过程

（1）用刷子洗净鲍鱼壳，取出鲍鱼肉，剥除内脏，洗净，片去壳肌，在贴壳的一面上菊花花刀，刀距为0.6cm，再一切为二。

（2）冬笋和冬菇一半切为0.6cm的方丁，一半切为1.2cm的小菱形片，姜切成末，葱切成粒形。

（3）用沸水分别将辅料滚过，鲍鱼壳也用沸水滚过，围摆在盘子边沿。

（4）用汤水分别将鲍鱼、鲜贝略汆至五成熟，然后用150℃的热油滑至刚熟，沥油待用。

（5）调料a和匀成红芡液。原锅下一半姜、葱、蒜略爆炒，下方丁辅料煸炒几下，再下鲍鱼，调入红芡液勾芡，加椒油后装入鲍鱼壳内。

（6）调料b和匀成白芡液。烧热净锅，用油滑过后，下姜、葱、蒜略爆炒，下小菱形片辅料煸炒几下，再下鲜贝，调入白芡液勾芡，加包尾油后放在盘中间。

（五）制作要领

（1）选料要新鲜，鲍鱼的大小要均匀。

（2）鲍鱼、鲜贝的汆水和滑油要控制好熟度，过熟则不嫩。

（3）勾芡前要预先将调料和匀成芡液，以减少加热时间，避免过熟。

（六）风味特点

此菜口感脆嫩，味道清鲜，芡汁油亮紧裹菜料，红白两色，别具特色。

（七）知识拓展

“雀巢夏果鲜带子”：广东名菜。制法：①洗净带子，吸干水分，加入精盐2g、味精2g、姜汁酒10g、干淀粉10g腌制15min。②芋头去皮切丝，用精盐2g腌15min，搓软，用清水漂洗干净后沥干水分，加入干淀粉拌匀，按雀巢形排在模具内，用150℃热油炸至成型，炸脆后取出备用。③芦笋、胡萝卜、冬菇、红椒均切成菱形粒。芦笋泡油后，在原锅烹入绍酒5g，加入汤水300g、精盐3g、味精1g，放进芦笋、胡萝卜、冬菇煨1min至入味。④用150℃热油将西蓝花滑油30s，沥油后，在原锅烹入绍酒5g，加入汤水200g、精盐3g、味精1g，放进西蓝花煨1min，沥水后用芡汤15g、清汤5g、湿淀粉5g和匀勾芡，围在碟边，中间摆放炸好的雀巢。⑤鲜带子用150℃热油滑油后，原锅下蒜蓉3g、姜末3g、短葱榄10g、红椒粒、芦笋粒、胡萝卜粒、冬菇粒、鲜带子，烹绍酒，炒匀后将芡汤30g、胡椒粉0.3g、芝麻油0.5g、湿淀粉10g和匀调入锅中勾芡，加入夏威夷果和包尾油，盛于雀巢内。

思　考　题

1. 为什么这个菜肴的芡要紧裹菜料？
2. 鲍鱼、鲜贝先汆水再滑油有何好处？
3. 鲍鱼、鲜贝滑油的作用是什么？

十七、炒青虾仁

（一）菜品简介

“炒青虾仁”是天津名菜，以天津河产青虾为主料制成，这种虾色青白，肉质紧密细嫩，以深秋初冬时节最为肥美。此菜为传统特色季节性热菜。

（二）烹调方法

炒。

（三）原料组成

主料：净青虾仁350g。

配料：净嫩黄瓜50g。

调辅料：精盐3g，味精1g，绍酒10g，醋1g，姜汁10g，鸡蛋清1个，葱末3g，湿淀粉25g，花生油1000g（约耗50g）。

（四）制作过程

（1）将虾仁用精盐1g、鸡蛋清、湿淀粉上浆。将黄瓜顺长剖为两条，去瓤，切成虾米腰形状。

(2) 炒锅置旺火上，下花生油烧至150℃，将虾仁逐一下锅，待其浮起后，下黄瓜稍余，一起倒入漏勺沥油。原锅留油5g，上旺火，放葱末煸香，将虾仁、黄瓜倒入，烹绍酒、姜汁、醋，加精盐、味精炒匀起锅装盘。

（五）制作要领

(1) 选用大小一致的青虾，以使下锅后受热一致。

(2) 虾仁上浆时要用力搅上劲，并且过油时油温不宜过低，防止脱袍。

（六）风味特点

成品青虾呈自然杏黄色，外微脆而内柔嫩，细品后有虾肉的鲜甜本味，清汁无芡，鲜咸爽口，操作、口感均与其他风味的“炒虾仁”有所不同。

（七）知识拓展

“龙井虾仁”：用清明前的龙井新茶与时鲜的河虾烹制，成菜色如翡翠白玉，透出诱人的清香，食之极为鲜嫩，是一道具有浓厚地方风味的杭州传统名菜。制法：①将河虾250只（约重1000g）洗净，挤出虾肉，放在小竹箩里，用清水反复搅洗，见虾仁洁白盛在碗内，加入精盐和鸡蛋清，用筷子搅拌至有黏性时，加进湿淀粉、味精拌匀，静置1h，使虾仁入味、浆好。②取茶杯1个，放进新龙井茶叶，用沸水50g沏泡（不要加盖）。1min后，滗去茶汁40g，剩下的茶叶和茶汁待用。③将炒锅置中火上，舀入色拉油，烧至四成热，放入浆虾仁，并迅速用筷子划散（约15s），至虾仁呈玉白色时，立即倒进漏勺，沥去油。炒锅内留底油10g，下葱炝锅，再将虾仁倒入锅中，随即把茶叶连汁倒入锅内，烹入绍酒，将炒锅转动两下，装盘即成。

“龙身凤尾虾”：福建名菜。制法：①将香菇、冬笋切小片，葱白切马蹄片，火腿切成5cm长的小条30条。②将海虾30只（约重1000g）洗净，剥去头及中身壳，取肉留尾壳，每只虾肉均从背上割一刀至尾（不要割透），剔去沙线，用刀面轻轻拍平；取一条火腿条，横放于近虾尾的肉面上，撒上少许干淀粉，然后由虾尾卷起（虾尾要露出在外）裹上火腿条，成为龙身凤尾虾生坯。③炒锅置旺火上，下熟花生油烧至五成热时，将龙身凤尾虾生坯下锅滑油，待自然卷曲成龙身凤尾形时，倒进漏勺沥去油。④炒锅置中火上，下熟花生油10g烧热，放入绍酒、芝麻油、清汤、精盐、味精以及香菇、冬笋、葱片稍炒，迅即倒入已滑油的虾，快速颠炒几下装盘即成。周围可点缀热炒的绿色时鲜菜佐食。

“三色龙虾”：又名龙车迎佳仁，由中国烹饪协会副会长、国家高级烹调技师、广东十大名厨之一黄振华创制，并在1988年第二届全国烹饪大赛上获金牌。制法：①把竹签插入龙虾肛门处放尿，再插入头部使其致死，放入冰箱冷冻1h，然后从虾腹把整条肉取出，顺切成两条，再横切成粗粒，切出头尾用汤水滚熟，分别摆在碟的两端。②先用清水将腰果滚 2min，然后在锅内放清水 300g、精盐 5g，放入腰果仁滚 2min，取起沥去水分，最后把腰果仁放在油锅内，用慢火炸至松脆，捞起后摊开晾凉。③烧锅下油烧至 150℃，将洗净切好的西蓝花放进油内泡油 0.5min，沥去油，原锅烹绍酒 5g，下二汤 300g、精盐 3g、味精 1g 和西蓝花煨约 1min，沥去水，原锅下油 30g，再下西蓝花，烹入绍酒 5g，将芡汤 35g、湿淀粉 5g 和匀加进锅内勾芡，把西蓝花沿碟两边从龙虾头排至龙虾尾。④将笋肉、胡萝卜、芹菜梗切成菱形粒，分别用盐水煨过。⑤烧热炒锅，用 160℃ 油将龙虾肉炸至刚熟，沥去油，原锅下姜花、笋粒、胡萝卜粒、芹菜粒、龙虾肉，烹入绍酒炒匀，将芡汤 30g、胡椒粉 0.5g、芝麻油 1g、湿淀粉 5g 和匀调入锅内勾芡，放入腰果仁，加包尾油后将菜料放在西蓝花围出的空间内。

"鱼香大虾"：新式川菜。制法：①净大虾 350g 加绍酒、精盐拌匀，下六成热的清油锅稍炸即捞起。②锅内留少量余油，放入泡红辣椒（剁细），炒出红色，放姜、蒜、葱炒出香味，烹入事先用酱油、白糖、醋、味精、汤、湿淀粉对成的汁水，即下大虾翻炒均匀装盘。

思　考　题

1. 虾仁上浆有何诀窍？

2. "炒青虾仁"与其他风味的"炒虾仁"相比有何独到之处？

十八、瓜姜鱼丝

（一）菜品简介

"扬州酱菜"，历史悠久，具有脆嫩鲜咸的特色，在宴席中常作为调味小碟。用酱菜作为配料可使菜肴具有独特的风味。

（二）烹调方法

炒。

（三）原料组成

主料：净鳜鱼肉 300g。

配料：甜酱乳瓜 20g，甜酱子姜 10g，嫩豌豆苗 150g。

调辅料：鸡蛋清 1 个，葱姜酒汁 15g，精盐 4g，味精 1.5g，干淀粉 20g，湿淀粉 15g，色拉油 500g（约耗 100g）。

（四）制作过程

（1）把甜酱乳瓜与甜酱子姜用水泡洗干净，分别切成约 0.1cm 的细丝。将鳜鱼肉先切成 6cm 长的段，再片成约 0.2cm 厚的大片，再改切成丝。然后放入清水里漂洗一下，除去碎屑，沥干水，再用净干布吸去水分，用葱姜酒汁 5g 和精盐 1g 拌匀，再用鸡蛋清、干淀粉上浆，放在冰箱里冷藏待用。把葱姜酒汁10g、精盐5g、味精1g、湿淀粉和清水25g放在同一碗内，调成料汁，待用。

（2）将炒锅置火上，舀入色拉油75g，烧到八九成热时，放入豆苗，加精盐1g、味精0.5g，用旺火快速煸炒成熟，滗去菜汁，用筷子将豆苗夹到盘边周围抖松。将锅再上火烧热，用油滑锅后倒出，舀入色拉油，用中火烧至三成热时，将鱼丝下锅，拨散滑热，倒出沥油。将瓜姜丝抖散在鱼丝上。锅里留余油，再将鱼丝、瓜丝、姜丝一起入锅，将调好的料汁泼入锅里，端锅颠翻几下，使芡汁均匀地沾在原料上，再淋入色拉油5g，出锅装入豆苗盘中间。

（五）制作要领

瓜姜丝切制要粗细均匀，酱瓜、酱姜切丝后要泡去咸味。

（六）风味特点

鱼丝色泽洁白，成菜缀以豆苗围边，鱼丝中散落着黄润润的瓜姜丝，清香解腻。

（七）知识拓展

“松仁鱼米”：上海扬州饭店于20世纪70年代初，参考川菜“小煎鸡米”的格调，结合上海地区的饮食习惯和现代烹饪技术的发展要求，精心设计而成的创新菜。制法：①将鳜鱼肉350g切成绿豆大小的粒，用鸡蛋清、味精、白胡椒、湿淀粉30g上浆，加色拉油15g拌匀。把青椒、红椒、葱白切成同鱼粒相仿的粒。②将色拉油入锅置火上，烧至四成热时，投入松仁炸至淡黄色，捞出沥油。鱼米亦用四成热的油滑散，再下青、红椒粒，翻炒一下，随即倒入漏勺沥油。趁热锅余油，下葱白略煸，随即下绍酒、精盐、鱼米、松仁，用湿淀粉勾芡，颠翻几下，淋入芝麻油即成。

“子龙脱袍”：湖南传统名菜，此菜选用拇指粗的鳝鱼为主料，去其表皮再烹制，子龙即小龙，意指鳝鱼状似小龙，去皮即脱袍，故名“子龙脱袍”。制法：①鳝鱼500g宰杀治净，将鳝鱼肉放在砧板上片一刀划开皮，然后用刀按住肉。迅速一撕，扒下皮来。将鳝鱼肉放入开水中氽一下，剔去刺，再切成5cm长、0.3cm粗的细丝。青椒洗净，与玉兰片、香菇均切成长4cm的细丝，鲜紫苏叶切碎。②将鸡蛋清搅打起泡沫后，放入百合粉、精盐1.5g调匀，再加入鳝丝上浆。③炒锅置中火上，放入熟猪油，烧至150℃下鳝丝，用筷子划散，约0.5min，倒入漏勺沥油。④炒锅内留油50g，烧至240℃下玉兰片、青椒、香菇、精盐煸香，再下鳝丝，烹入绍酒合炒。接着将用醋、紫苏叶、味精、肉清汤、湿淀粉制成的对汁芡倒入炒锅，颠锅使鳝丝均匀上味，盛入盘中，撒上胡椒粉，淋入芝麻油，用芫荽点缀盘边即成。

“棉花滑鸡丝”：广东传统名菜，菜品里的棉花指的是炸发的洁白而柔软的鱼肚。制法：①将鱼肚切成1cm的粗丝，用清水滚过，然后烧热炒锅，下油30g，下姜、葱爆香，烹入绍酒，下二汤、精盐4g、味精3g和鱼肚，用中火煨1min，沥去汤，拣出姜、葱。

②将鸡胸脯肉剁成粗丝，用鸡蛋清10g、湿淀粉5g拌匀。③将精盐1.5g、味精2g放进鸡蛋清内拌匀，鱼肚沥净汤水后也放到鸡蛋清内拌匀。④烧热炒锅，下油滑锅，放入鱼肚，用中火炒至鸡蛋清凝洁、包裹鱼肚，即铲起放在碟中。⑤烧热炒锅，下油，烧至100℃时放入鸡丝泡油至五成熟即捞起，沥去油，原锅下鸡丝，烹绍酒，将芡汤25g、湿淀粉5g、胡椒粉0.5g、芝麻油1g和匀调入锅内勾芡，加包尾油后把鸡丝铺盖在鱼肚上即成。

“炒卷筒鳝鱼”：云南名菜，制法：①将鳝鱼600g剖腹治净，除去脊骨，翻过来从里面剞斜、直花刀，再切成段。韭黄切成3.3cm长的段。②用酱油、甜酱油、精盐、味精、湿淀粉、鸡汤在小碗中制成对汁芡。③炒锅置旺火上，下熟猪油烧至180℃时下鳝段，待鳝鱼翻卷成筒状时倒入漏勺沥油。④炒锅置旺火上，下熟猪油30g，烧热后下蒜、姜煸香，下入韭黄、鳝段迅速翻炒，淋入芡汁继续翻炒，待芡汁收紧，淋上辣椒油装盘。

思　考　题

1. 鳜鱼丝与青鱼丝在质地上有何区别？

2. 宰杀鳝鱼、切鳝鱼丝应注意什么问题？

十九、香滑鲈鱼球

（一）菜品简介

“香滑鲈鱼球”是一道广东传统名菜。所谓鲈鱼球就是将鲈鱼肉铲去皮后切成的长方块。鲈鱼是一种高档原料，它的味道鲜美，口感爽滑。但它亦有一个缺点，过熟即散成一小片一小片，形如蒜末，故鲈鱼肉又有“蒜子肉”之称。鲈鱼肉的这个缺点对厨师的烹调技术提出极高要求，鱼球上碟时只可烹成九成半熟，加上盖送到客人桌上时鱼球方达刚熟，这个功夫不是一两天能练出，这个效果也不是每一个人都能做到的。

（二）烹调方法

油泡。

（三）原料组成

主料：鲈鱼肉750g。

调辅料：a. 姜花5g，葱榄15g，精盐4g，绍酒10g，清汤100g，胡椒粉0.5g，芝麻油1g，湿淀粉10g，猪油1000g。b. 精盐3g，味精4g，白糖1g。

（四）制作过程

（1）铲去鲈鱼肉的皮，顺纹切出7cm×2cm×0.6cm长方块的鲈鱼球，加入精盐4g拌匀至起胶。

（2）在净炒锅内将猪油烧至130℃，投入鱼球泡油至四成熟，捞起沥去油，原锅留

10g余油，投入姜花，烹绍酒，加入清汤、调料b，放入鲈鱼球，加盖5s后快速投入葱榄、胡椒粉、芝麻油，调湿淀粉勾芡，加包尾油后用锅铲铲上碟，即可上席。

(五) 制作要领

(1) 鱼球的规格要均匀，切后要洗净。

(2) 泡油后要注意沥清表面的油分。

(3) 烹制时注意观察鱼球的熟度，灵活掌握火候，动作要干净、利索、快捷。

(4) 勾芡与上碟时均要用锅铲。

(5) 此菜要选淡水鲈鱼为主料。

(六) 风味特点

鱼球洁白，芡匀油亮，点缀姜葱，倍觉高雅，鱼球爽滑，味道清鲜，味芡紧裹，不澥不稠。

(七) 知识拓展

鲈鱼入馔，因其肉质细嫩鲜美，多作汤菜，汤色奶白，如上海名菜“汆四鳃鲈”；另有用滚热鸡汤投鱼煮制的方法，称鸡汤汆鲈鱼；还可用蒸、油泡、熘、烩、冻等烹法成菜，菜品有“糟熘鲈鱼片”、“水晶鲈鱼片”、“烩鲈鱼片菜心”等。民间也用于红烧或做羹。加工松江鲈时最好不剖腹，否则易损其鲜味。可用方头筷子从鱼口或鳃口插入鱼腹，绞取出内脏，洗净后仍装入鱼腹，一同烹制食用。

“金盏牡丹鱼榄”：广东名菜。制法：①将马铃薯切薄片，用精盐拌匀，腌15min后，用清水漂浸洗净，取盏10个，把马铃薯片排在盏内，用150℃热油将金盏炸制成型。②用清水滚榄仁1min，沥净水，再用200g沸水加精盐5g，复滚榄仁1min，沥净水。在炒锅内将油烧至130℃，用笊篱盛着榄仁，放到油锅中，炸至金黄色，捞起，摊放在碟上。③将蟹黄放在碗内，加入沸水浸5min，沥去水。④将鱼青蓉400g挤成榄形，用微油的水滚至刚熟，沥去水。⑤炒锅内将油烧至90℃，放入蟹黄滑油，即捞起，沥去油，再将油烧至120℃，放入鱼榄滑油0.5min，沥去油。⑥原锅放入鱼榄、蟹黄、短葱榄，烹绍酒，将芡汤40g、胡椒粉0.3g、芝麻油0.5g、湿淀粉8g和匀后调入锅内勾芡，加入炸榄仁和包尾油，炒匀后盛在金盏中，用青瓜、胡萝卜、芫荽装饰碟边。

思考题

1. 如果鲈鱼球刀工不匀怎么办？

2. 鲈鱼球切改后为何要洗过？

3. 要使鲈鱼球熟度恰当，要掌握好哪几个环节？

4. 鱼榄直接滑油至熟与先用水滚熟再滑油，口味上是否有区别？薯片为何要漂过水再炸？

二十、炒　鳝　糊

（一）菜品简介

“炒鳝糊”是北京玉华台饭庄的风味名菜。该店开业于1921年，所经营的菜肴有两个特点：一是鲜、嫩、香、爽，汁醇味正；二是讲究应时当令。每到夏秋时节，所制作的“全鳝席”很受欢迎，“炒鳝糊”是其中的代表菜之一。

（二）烹调方法

炒。

（三）原料组成

主料：活鳝鱼1250g。

配料：冬笋丝25g，火腿丝25g，芫荽段10g。

调辅料：精盐2.5g，酱油40g，醋25g，味精2.5g，白糖2.5g，绍酒25g，胡椒粉1g，湿淀粉10g，蒜末15g，葱段55g，姜块30g，鸡汤15g，熟猪油100g。

（四）制作过程

（1）将锅置旺火上，加清水2500g、醋15g、精盐、绍酒15g、葱段50g、姜块25g，水沸后放入活鳝鱼，立即盖上锅盖。待水再开时，改用微水煮15min左右。当鳝鱼张嘴、肉发软时，捞入凉水中。

（2）从鳝鱼的头部下方割去腹部老肉另作他用，去掉鱼骨，其余的鱼肉切成10cm长的段，洗净，余下的葱、姜均切成细末。

（3）将鳝鱼段放在开水中焯水后捞出，用手挤出鱼身上的水。冬笋丝、火腿丝用开水焯透。

（4）将酱油、绍酒10g、白糖、湿淀粉、鸡汤、味精等放入碗中调成芡汁。

（5）炒锅置旺火上，下熟猪油75g，烧热后放入葱末、姜末和蒜末10g，煸香后下鳝鱼段，稍煸几下，烹入芡汁，烧开后淋入醋10g，倒在盘中，菜中间要凹一些。然后用芫荽段围边，把蒜末5g放入，撒上冬笋丝、火腿丝和胡椒粉，将烧得很热的熟猪油25g浇在蒜末上即成。

（五）制作要领

（1）要选择比较小的嫩鳝鱼制作此菜，大而老的鳝鱼不宜。

（2）鳝鱼在开水中应煮到恰到好处，火候不到，肉不易取下；煮过了又不易成形，鱼肉易碎。

（六）风味特点

色泽油润红亮，鳝肉柔软滑嫩，咸鲜微酸，略带蒜香，下饭佐酒均宜。

（七）知识拓展

“软兜长鱼”：江淮名菜。据说，古法汆制长鱼（鳝鱼），是将活长鱼用纱布兜扎，放入带有葱、姜、盐、醋的沸水锅内，氽至鱼身卷曲、口张开时捞出，取其脊背肉烹制，成菜后鱼肉十分鲜嫩，用筷子夹起，两端下垂，犹如小孩胸前的兜肚带，食时可以汤匙兜住，故名软兜长鱼。制法：①锅内放入清水2000g、粗盐、香醋100g、葱结、姜片，用旺火烧沸，速倒入小长鱼1000g，盖紧锅盖（以防长鱼窜出），待长鱼停止窜动，水沸后再加入少量清水，并用铁勺轻轻地将长鱼推动翻身，焖约3min，将长鱼捞出，放入清水中洗净，然后捞出，取脊背肉一掐两段，放入沸水锅中烫一下，捞出沥去水分。②将锅置旺火上，舀入色拉油75g，烧至七成热时，投入蒜片炸香，放入长鱼脊背肉，加入绍酒、味精、酱油，用湿淀粉勾芡，烹入香醋，淋入色拉油，颠锅装盘，撒上白胡椒粉即成。

思 考 题

1. 此菜选择什么样的鳝鱼为宜？

2. 此菜应达到什么风味要求？

3. “炒软兜长鱼”不用滑油，而用开水或鸡汤冲烫，对保持风味特色有何作用？对于其他炒菜是否有借鉴作用？

二十一、蟹肉桂花翅

（一）菜品简介

“蟹肉桂花翅”的主料是鱼翅，烹制鱼翅的方法最常用的是扒、炖、烩，蟹肉桂花翅用的是炒。新的食法引起了人们的兴趣，争相学习与食用，并作为传统名菜流传下来。

（二）烹调方法

炒。

（三）原料组成

主料：发好的鱼翅150g。

配料：鸡蛋液250g，蟹肉50g，火腿末5g。

调辅料：a. 葱花5g，熟猪油300g，姜块10g，葱段15g，清汤300g，绍酒5g。b. 精盐5g，味精3g。c. 精盐2g，味精3g，胡椒粉0.5g，芝麻油1g。

（四）制作过程

（1）用清水将鱼翅滚2min，捞起沥去水分。

（2）把炒锅置于炉火上，加入猪油50g，放进姜块、葱段煸爆，烹入绍酒，加入清汤和调料b，放进鱼翅，用慢火煨10min，捞起沥去汤水，拣去姜、葱。

（3）往鸡蛋液放进调料c，打散，然后加入鱼翅、蟹肉、葱花、猪油20g拌匀待炒。

（4）净炒锅用油滑过后，留下底油约30g，倒入蛋液及其他原料，用锅铲边炒边加油，直炒至蛋熟有香味，铲起上碟堆成山形，撒上火腿末即可。

（五）制作要领

（1）煨好的鱼翅要检查其软度是否合适。

（2）鱼翅煨好后要沥干水分或用纸巾吸干水分再放进蛋液内。

（3）炒制时要控制好火力，不可炒焦。此菜蛋要熟透，有香气。

（4）炒好后也可以用清汤加湿淀粉勾芡，这样菜品会滑一些，但香气将会少些。

（六）风味特点

菜品色泽黄橙像桂花，点缀红色火腿末使色调更美，又增加菜品浓郁滋味，翅针软、蟹肉鲜、鸡蛋香，是一个上好的搭配。

思　考　题

1. 鱼翅煨好后为何要吸干水分？

2. 此菜加火腿末有何好处？

二十二、干煸鱿鱼丝

（一）菜品简介

鱿鱼，又称“枪乌贼”，也叫“柔鱼”，在我国分布较广，南北沿海均产，以台湾产量较大。鱿鱼为海产中的主要经济产品，其肉质鲜美，被列为“海八珍”之一。在烹饪中主要用于烧、煸、爆、烩及汤菜等。“干煸鱿鱼丝”是用干制鱿鱼不经碱发即行烹制的一种做法，颇具特色。

（二）烹调方法

煸。

（三）原料组成

主料：干鱿鱼 125g。

配料：肥瘦肉 125g，绿豆芽 100g。

调辅料：精盐 1g，酱油 15g，味精 1g，绍酒 15g，芝麻油 15g，泡红辣椒 2 根。

（四）制作过程

（1）干鱿鱼洗净去头尾，横切成细丝；肥瘦肉切成两粗丝；绿豆芽掐去头足；泡红辣椒去蒂去子，切成细丝。

（2）炒锅置旺火上，猪油烧至七八成热，下鱿鱼丝煸炒 2min，烹入绍酒，再煸一下，加入肉丝继续煸炒，待肉丝水分煸干，下泡红辣椒丝、酱油、味精炒匀，加绿豆芽稍炒至豆芽断生，淋入芝麻油颠匀，起锅入盘即成。

（五）制作要领

（1）鱿鱼在烹制前不能浸泡，只能淘洗。

(2) 肥瘦肉的要求是肥三瘦七。

(3) 绿豆芽下锅不能久炒，刚断生即可。

(六) 风味特点

色泽金黄，干香酥松，豆芽嫩脆。

思考题

如何烹制才能体现鱿鱼的干香？

二十三、酒煎鱼

(一) 菜品简介

“酒煎鱼”是河南传统名菜。它以黄河鲤鱼为主料，用绍酒为主要调料制成，故名酒煎鱼。此菜由宋代市肆菜“酒煎羊”演变而来。清代末年开封名厨陈敬制作此菜最为出名，一直流传至今。

(二) 烹调方法

煎。

(三) 原料组成

主料：鲜鲤鱼1条（约750g）。

调辅料：精盐10g，味精3g，绍酒150g，湿淀粉15g，葱20g，姜25g，奶汤500g，熟猪油150g。

(四) 制作过程

(1) 鲜鲤鱼治净，两侧剞成月牙花刀。葱切成花，姜切成末。

(2) 炒锅置旺火上，下熟猪油烧热，将鱼下锅煎至两面微黄，随即下葱、姜煸香，下绍酒75g，加奶汤、精盐、味精。汤沸后改小火使其入味，再用旺火加湿淀粉勾稀芡，下绍酒75g，汁沸即成。

(五) 制作要领

(1) 煎鱼的锅要用油滑好，防止煎鱼时鱼粘锅，破坏鱼的外形。

(2) 此菜要突出鲜、香二字，鲤鱼的血水要洗净，腔内内脏、黑膜要去净。下绍酒之后不要煮沸过久。

(六) 风味特点

成品酒香、鱼香融为一体，鲜味突出，芳香浓郁。

(七) 知识拓展

“干煎鱼”：北京名菜。制法：①将鳜鱼1条（约重750g）治净，用开水稍烫，刮去鱼身上的黑衣，用净布擦干鱼身上的水。再用斜刀法在鱼身两面每隔1.3cm宽切1刀，深及鱼骨。然后抹上精盐腌渍 0.5h。将青菜切成 1.2cm 长的段。②将青蒜段与香糟酒、白糖、味精一起放在碗里对成汁。鸡蛋磕入碗内搅散。把腌过的鳜鱼先裹上一层面粉，再沾满鸡蛋液。③炒锅置旺火上，下熟猪油 40g 烧热，放入鳜鱼，两面各煎 10s，再加熟猪油 60g，移至小火上，每面约煮 10min。待鱼两面煎至金黄色时，滗出锅里的余油，改用旺火，倒入调好的汁，晃动炒锅，将鱼翻面，再晃动几下，使鱼均匀上味后装盘。

"家乡酿鲮鱼"：广东大众化名菜。制法：①将鲮鱼 1 条（约 400g）宰杀治净，从鱼肚开口处轻刀将皮略剥离肉，用手指从鱼皮与肉之间插入，将鱼皮剥离至背鳍处，都剥离后，斩断脊骨两端，起出鱼皮，鱼皮与鱼头、尾相连。②起出鱼肉，弃去脊骨，将鱼肉剁成蓉，加入精盐 2g、味精 2g 搅打至起胶，加入干淀粉 6g 及清水 15g，重新拌匀，搅打至起胶，加入腊肠、荸荠、冬菜、细虾米、碾碎的花生仁和葱花，拌匀至起胶，即成馅料。③鲮鱼皮内拍入一层薄干淀粉，然后填入馅料，抹好，使恢复鱼形。④烧热炒锅，用油滑过，放入酿好的鲮鱼煎至熟，取起。锅下油，肉丝拌入湿淀粉 5g，放到油内滑油即捞起，沥去油，原锅留底油 15g，放入蒜蓉、菇丝，烹绍酒，下二汤、肉丝、生抽 3g、白糖 3g、味精 2g、胡椒粉 0.2g 和煎熟的酿鲮鱼，用慢火焖 5min，把鱼铲起上碟。原汁下老抽，用湿淀粉勾芡，加入葱丝和包尾油后，淋于鱼上便可。

"软兜冰鱼"：安徽名菜。冰鱼，又叫面鱼，系淮河、巢湖名贵之鱼。鱼体呈圆筒形，色白如玉，新鲜时散发出秋黄瓜似的清香，故又名黄瓜鱼。隆冬季节，正是冰鱼肥壮之时。结冰越厚，鱼越肥嫩，所以称冰鱼。软兜法是安徽沿淮烹饪之法，冰鱼微煎至软，再轻翻炒，轻颠锅，操作状如以网兜鱼，故名。制法：①将冰鱼剁去头、尾，切成两段，雪里蕻洗净后挤去水分切成细末，鸡汤加盐、绍酒调成卤汁。②将冰鱼用干淀粉轻轻拌匀，稍停 2min，滗去水分，用鸡蛋清轻轻浆好。③锅置旺火上，放入熟猪油 65g 烧至四成热，将冰鱼下锅煎至外皮起软壳时，翻身再煎，随下雪里蕻、笋片，用手勺轻轻翻炒几下，再烹入调味卤汁，将锅　晃一颠，淋上熟猪油 10g，再轻颠出锅装盘即成。

思　考　题

1. 绍酒有何特点？在此菜中起什么作用？
2. 此菜要突出什么特点？怎样才能突出这些特点？
3. 制"家乡酿鲮鱼"时若鱼蓉打不起胶或黏性不强，原因是什么？

二十四、干 煎 虾 碌

（一）菜品简介

"干煎虾碌"是广东名菜，也是粤菜烹调法中的干煎法的代表品种。此菜由于其滋味鲜中带果香、质爽带甘香而大受欢迎，近年由于美极鲜酱油的出现，厨师在"干煎虾碌"

的基础上创出了“美极焗大虾”的新菜式，“美极焗大虾”与“干煎虾碌”制法相同，只是将调味料由果汁换为美极鲜酱油便可以了。

（二）烹调方法

煎。

（三）原料组成

主料：大明虾 500g。

调辅料：植物油 1000g。a. 梅林（或地门）茄汁 50g，喼汁 15g，蚝油 5g，精盐 4g，味精 3g，白糖 6g，清汤 15g，芝麻油 1g。

（四）制作过程

（1）用剪刀剪去虾须、虾枪、虾足、水拨、尾枪，挑出虾肠，斜刀切成段（大虾切三段，中虾切两段），洗净。

（2）在炒锅内将油烧至 180℃，投入大虾炸约 1min，取起，沥净油，放回原锅，用慢火煎至两面金黄色。

（3）将调料 a 混合后加到锅中，用慢火煸炒直至收干味汁，加包尾油即可上碟。

（五）制作要领

（1）煎制时要用心，不要煎焦。

（2）调入味汁后，要用慢火收汁，边收边翻动虾只。

（六）风味特点

虾身色泽艳红，气味干香，肉质爽嫩，滋味甘美鲜甜，略带果香味。

（七）知识拓展

“香煎蚝烙”：广东潮汕名菜。制法：①洗净鲜蚝 150g，沥干水分，加入鱼露 10g、干淀粉、姜末、葱花、胡椒粉拌匀，腌制 15min。②烧热炒锅，用油滑过，放入鲜蚝，摊成圆形，用中慢火煎至鲜蚝刚熟，将鸡蛋打散，放进湿淀粉拌匀后加到鲜蚝中，使鸡蛋液与鲜蚝连成一体，也推成圆形继续煎，鸡蛋液凝固后翻转煎另一面，煎至两面呈金黄色便可装盘，用芫荽装饰，跟鱼露上席。

思考题

1. 虾碌为什么要先炸后煎?
2. 调味时为什么要用慢火，且要不停地翻动虾只?
3. 有时虾身不沾或沾不均匀味汁，为什么?

二十五、锅煽鲍鱼盒

（一）菜品简介

“鲍鱼盒”是北京传统名菜，它以鲍鱼、对虾肉、猪肥膘肉等做成圆盒状，锅煽而成。因“鲍”与“宝”谐音，“鲍盒”也称“宝盒”，早年北京官宦人家常以此菜为迎宾佳肴。清末，此菜也常作为贡菜。

（二）烹调方法

煽。

（三）原料组成

主料：罐头鲍鱼 300g。

配料：净对虾肉 200g，猪肥膘肉 100g，荸荠 50g，胡萝卜 40g，水发香菇 30g。

调辅料：精盐 5g，味精 3g，绍酒 30g，白糖 1g，葱末 15g，姜末 10g，面粉 30g，鸡蛋 2 个，鸡汤 100g，熟猪油 150g。

（四）制作过程

（1）将对虾肉和猪肥膘肉用刀背砸成虾蓉。荸荠去皮洗净，拍碎后剁成小粒。胡萝卜、香菇均切成绿豆大的丁。

（2）将肉蓉、荸荠丁、胡萝卜丁、香菇丁放入碗中，加精盐 3g、绍酒 15g、白糖、味精 1.5g、葱末、姜末，搅拌成馅。

（3）撕去鲍鱼沙边，用刀片成大小相等、约 0.33cm 厚的圆片，沾匀一层面粉后平摊在盘内。将虾蓉馅均匀地分摊在半数鲍鱼片上，另一半鲍鱼片覆盖其上，制成圆形盒子状，再将每个盒子的外表裹匀面粉。将鸡蛋磕入碗内打散。

（4）锅煽炒锅置火上，下熟猪油烧温，将鲍鱼盒沾上蛋液，下锅用微火煎至两面金黄。再加鸡汤、绍酒 15g、精盐 2g、味精 1.5g，用微火约煽 4～5min 至汤汁收干后装盘。

（五）制作要领

（1）虾肉和猪肥膘要砸成蓉，虾蓉馅要搅拌上劲。

（2）鲍鱼盒下油锅时，用油量不宜多，火不宜旺，煎至两面金黄后，烹入的汤汁不能多，应用微火将汤汁收干。

（六）风味特点

外表呈金黄色，入口柔中有脆，口味鲜香不腻。

思　考　题

1. 此菜的风味有何独到之处？

2. 煎、贴、煽三种烹调方法有何异同？

第四节　蒸烤熏类菜品

一、潘　　鱼

（一）菜品简介

“潘鱼”是北京传统名菜，以活鲤鱼为主料制成。此菜是晚清大臣潘祖荫（一说是福州人潘炳年）所创。他喜欢食鱼，但忌油腻。厨师按照他提出的方法，不加油脂制成一种清鲜爽口的鱼菜，取名为“潘鱼”，也称“潘氏清蒸鱼”，流传至今。现已成为北京同和居饭庄的风味热菜之一。

（二）烹调方法

蒸。

（三）原料组成

主料：活鲤鱼 1 条（约重 500g）。

配料：干香菇 5g，大虾米 3g。

调辅料：精盐 2.5g，酱油 5g，味精 3.5g，绍酒 10g，鸡汤 750g，葱段 7.5g，姜片 3g。

（四）制作过程

（1）将鲤鱼宰杀治净，拦腰斜着切成两截。干香菇洗净、去蒂，掰成小块。

（2）将鲤鱼用开水稍烫，放入大碗里，加精盐、酱油、味精、香菇、大虾米、葱段、姜片、绍酒、鸡汤，上屉用旺火蒸约 20min 取出，去掉葱段和姜片即成。

（五）制作要领

（1）鱼一定要鲜活，宰杀后要洗净血水，刮尽腔内黑膜，蒸之前要用开水烫一下，以使此菜味鲜而纯正。

（2）蒸鱼应用旺火蒸制，一气呵成。

（六）风味特点

色泽微红，肉质软嫩，清鲜爽口，不腥不腻。

（七）知识拓展

“清蒸白鱼”：吉林名菜。制法：①将白鱼 1 条（约 700g）拍晕，放血，去鳃，打鳞，去内脏，洗净后，放沸水中稍烫，用凉水冲凉后刮净黑皮，两面剞出刀口后洗净，摆在盘内，下垫两根葱段。②把肥肉切成 3cm 长的木梳花刀片，玉兰片、火腿均切成长方形薄片，冬菇一切为二，与油菜分别铺排在鱼身上，撒上盐、味精、绍酒，放上葱段和姜块，添上鲜汤及猪油。③用猛火把鱼蒸 15min 至熟，拣出姜、葱，把汤滗在炒锅内，把鱼移至另一净盘内。④加热原汤，调好味道，浇在鱼上。进食时以用姜末 5g、米醋 5g、芝麻油 3g、鲜汤 10g 混合好的调料蘸食。

“硕果鱼腹”：东北名宴“松花湖鱼宴”中的一道热菜。制法：①将净青鱼肉 250g 和猪肥膘肉砸成蓉，加入精盐、味精和绍酒拌好，再加入适量凉鸡汤和鸡蛋清搅上劲，搅至发白膨胀有光泽时即为鱼胶，放好待用。②火腿、水发海米和红樱桃分别剁成碎末。③用鱼胶挤成 3 个直径 2cm 的丸子，在火腿末中滚过，制成“杨梅”。④用鱼胶挤成 3 个直径 2cm 的丸子，在水发海米末中滚过，插上腊肠做把儿，制成“梨子”。⑤用鱼胶挤成 3 个直径 2cm 的丸子，在红樱桃末中滚过，制成“草莓”，再点缀上芫荽叶。用 6 个红樱桃，插上芫荽叶，制成“山里红”。⑥将制成的“杨梅”、“梨子”和“草莓”放入蒸笼蒸 3min 至熟取出，摆在盘的周围。⑦用搅好的鱼胶挤成直径 3cm 的椭圆形丸子，放入冷水锅中，用旺火氽熟捞出。⑧炒锅用油滑过置于炉火上，烹绍酒，放入余下的鸡汤、葱、姜汁、精盐 2g、味精 2g 和鱼丸烧开，用湿淀粉勾芡，淋包尾油出锅，放入盘中间。⑨锅内加鲜汤和精盐 1g、味精 2g 调好口味，用湿淀粉勾芡，加包尾油后浇在水果上即成。

“八宝吉花鱼”：吉林地区风味名宴“松花湖鱼宴”里的一道热菜。制法：①将鲜活吉花鱼 4 条（约 1000g）从脊背开口，除去内脏及鱼鳃，洗净，用水烫片刻，刮去黑皮，然后紧贴脊骨另一边再切一刀，起出脊骨。②把吉花鱼洗净后，加入精盐 5g、绍酒 15g、味精 1g、姜汁 5g 抹匀，腌制 15min。③把海参、冬菇、冬笋、火腿、鸡脯肉分别切成粒，余下鸡脯肉剁成鸡蓉，加入精盐、鸡蛋清、干淀粉拌和。鸡脯肉也用湿淀粉 5g 拌匀。④将炒锅置于炉火上，加入植物油，放入蒜蓉、姜末炒香后，放进海参粒、冬菇粒、冬笋粒、鸡脯肉粒、火腿粒、葱粒煸炒，最后调入酱油 15g、精盐 2g、味精 3g、白糖 1g，炒匀后盛在碗内，装入吉花鱼腹中，用鸡蓉封严刀口，洒上材料油。⑤将装好的吉花鱼放在碟上，用猛火蒸 8min 至熟，取出后滗去汁，用芫荽点缀美化。⑥把炒锅放在炉火上，加入植物油、鸡汤和精盐 5g、味精 3g、胡椒粉 2g，用湿淀粉勾稀芡，把芡淋在鱼身上即可。

“清蒸加吉鱼”：山东名菜。制法：①将加吉鱼 1 条（约 750g）治净，在鱼身上打 1.7cm 见方的柳叶花刀。猪肥膘肉打上花刀，切成 3.3cm 长、1cm 宽的片。葱切小段，姜切片。冬菇、冬笋、火腿、油菜心都切成长 3.3cm、宽 1cm 的片。②加吉鱼入开水中稍烫捞出，抹匀精盐，整齐地摆在盘中。③加吉鱼加绍酒、花椒、清汤，将猪肥膘肉、葱段、姜片、冬菇、冬笋、火腿均匀地摆在鱼身上，入笼蒸 20min 至熟取出，去掉葱、姜、花椒。④将蒸鱼的汤滗入炒锅内上旺火，油菜心入锅一烫即捞出，整齐地摆在鱼身上。将炒锅内放入清汤烧开调好味，撇去浮沫，浇在鱼身上，淋上鸡油。

“清蒸重口鱼”：甘肃名菜。重口鱼是产于黄河上游和洮河的一种地方鱼，此鱼肉色洁白，肉质细嫩，滋味极鲜美，因口唇重叠而得名。制法：①将鱼 1 条（约为 750g）去鳃，剖腹除去内脏，清洗干净。放进开水锅烫一下捞出，用凉水刮洗去黑皮，从头至尾一剖两半。两边片上柳叶花刀，两腹紧靠，放入鱼内。将香菇、火腿、玉兰片、肥膘肉分别切成丝。②在鱼身上摆上香菇、火腿、肥膘肉、玉兰片丝，放葱段、姜片。碗内加清汤 100g，放入绍酒、精盐、味精，轻轻浇在鱼身上，上笼用旺火蒸约 15min 后取出，拣去姜、葱。③将蒸过的鱼的原汤入锅，注入 100g 鸡汤，加胡椒粉烧开，淋芝麻油。另备姜、醋碟，蘸而食之。

思 考 题

1. 此菜要突出什么特点？怎样才能达到？
2. 此菜对火候有什么要求？
3. 如何判断鱼是否蒸熟？
4. 清蒸菜与粉蒸菜有何差异？
5. 做清蒸鱼时如何减少鱼的腥味？

二、清蒸武昌鱼

（一）菜品简介

“清蒸武昌鱼”是湖北名菜。武昌鱼在历史上本泛指湖北武昌（今鄂州市）一带所产的淡水鱼，早在三国时期就颇为著名。特别是毛泽东主席“才饮长沙水，又食武昌鱼”的著名诗句发表后，更使武昌鱼驰名中外，武昌鱼现特指鄂州市梁子湖所产的团头鲂。

（二）烹调方法

蒸。

（三）原料组成

主料：鲜活团头鲂 1 条（约 1000g）。

配料：熟火腿 50g，水发香菇 50g，冬笋 50g。

调辅料：精盐 5g，味精 2g，葱 15g，姜 15g（其中 5g 切丝），酱油 20g，香醋 5g，绍酒 10g，鸡清汤 150g，熟鸡油 25g，熟猪油 75g，白胡椒粉 1.5g。

（四）制作过程

（1）将鱼治净，在鱼身两面剞上兰草花刀。火腿、冬笋分别切片，香菇去蒂后切片。葱打结，姜 10g 切片，5g 切丝。

（2）鱼入沸水锅中烫一下捞出，用精盐、绍酒、味精抹在鱼身上腌制入味。火腿、冬笋、香菇入汤锅中稍烫捞出。

（3）葱结、姜片垫底，放上团头鲂鱼，火腿、冬笋、香菇间隔摆在鱼身上，淋上鸡汤，熟猪油入笼蒸熟取出，淋上熟鸡油，撒上白胡椒粉。

（4）蒸好的武昌鱼连同调好的酱油、香醋、姜丝小味碟上桌。

（五）制作要领

（1）要选用活团头鲂，应刮净鱼腹内黑膜和脊背上的黑鳍，以保证鱼肉鲜而无腥味。

（2）鱼身花纹要剞得深浅一致，不要伤害鱼形。

（3）鱼在沸水中略烫时要随烫随提，以免鱼肉烫老。

（4）上笼蒸鱼时，要保持旺火足汽，蒸至鱼眼凸出为好。

（六）风味特点

成菜鱼形完整，晶莹美观，鱼肉细嫩，原汁原味，咸鲜淡雅。

（七）知识拓展

“清蒸荷色红鲤鱼”：江西婺源闻名于全国的“池中芳贵，席上佳肴”。据史料记载，此种鲤鱼原为明朝宫内观赏鱼种，神宗皇帝朱翊钧曾将此鱼御赐户部尚书余懋学。余告老还乡时，将此鱼一对带回老家婺源。此鱼繁衍生殖，民间互赠，鱼多成群，世代延传。由于这种鱼背宽、头小、尾短、腹部肥大，立放在桌子上活像个红色荷包，故名荷包红鲤鱼。制法：①将活荷包红鲤鱼 2 条（约重 1000g）分别去鳞去鳃，从腹部剖开去脏，洗净沥干，在鱼身两边剞斜一字花刀，放入钵内，撒上精盐、绍酒抹匀鱼身内外，腌渍片刻。②将腌过的红鲤鱼两腹相对放入鱼盘，鱼身上摆香菇、葱白、拍松的姜块，上笼用旺火足汽蒸 15min，至鱼眼突出成熟时，取出拣去葱、姜上桌供餐。

“麒麟生鱼”：广东传统名菜，“麒麟生鱼”与“碧绿三拼鲈”制法相同，两者区别点有二：一是主料不同，二是前者带头尾，后者不带头尾。制法：①将大生鱼（即乌鳢）1 条（约 900g）宰好，起出鱼肉，铲去鱼皮，顺纹切出 7cm×2.5cm×0.5cm 的长方形鱼块，洗净，加入精盐 3g、味精 3g 拌匀，切出生鱼头及尾，洗净，待用。②将笋肉改成笋花，切出 24 片，滚煨后待用。③将火腿切成长 5cm、宽 2.5cm 的薄片，共 24 片。冬菇也切出 24 件。④按笋花、鱼肉、火腿、冬菇的次序，一片斜叠一片，叠约 2/3 宽度，在长圆碟上排成直行，共排 3 行，每行插入姜花 4 片，鱼头、鱼尾另用小碟装盛，也加精盐和姜片。⑤在鱼肉上淋入花生油 15g，用猛火将鱼肉及鱼头尾蒸 7min 至熟。⑥在炒锅内下花生油 15g，下郊菜、二汤、精盐 3g 将郊菜煸炒至熟，沥去水，原锅再放油 10g，下郊菜，用芡汤加湿淀粉勾芡，盛起。⑦取出鱼肉，滗去汁，摆好头尾，将熟郊菜排在两边及每行中间，炒锅内下油，烧热后溅 15g 油于鱼肉上，其余倒回油盆，原锅烹绍酒，下清汤及精盐 2g、味精 2g、胡椒粉 0.3g、芝麻油 0.5g，用湿淀粉勾芡，淋于鱼肉及头尾上。

“清蒸鳜鱼”：广东蒸鱼名菜。制法：①将鳜鱼宰杀好，洗净，用精盐 5g 抹遍内外，取一长圆碟，垫上两根葱段把鳜鱼平放在葱段上面。②将火腿切出 8 片长方形薄片，香菇也切成 8 片长方形片，按火腿、姜花、菇片次序依次斜叠，“一”字形地排在鱼体上，淋上 20g 花生油。③用猛火将鱼蒸 12min 至熟，取出，滗去原汁，去掉葱段，转放在另一净碟上。④把胡椒粉撒在鱼体上，淋上 30g 180℃的油，炒锅留少许余油，烹绍酒，加入清汤、精盐 3g、味精 4g、芝麻油，用湿淀粉勾芡，淋在鱼体上，芫荽放在鱼尾旁即成。

“清蒸金线鱼”：云南名菜。金线鱼是云南稀有的特种鱼类，学名滇池金线，属鲤科，体瘦长，背隆起，背脊两边有一条金线，嘴边有两条胡须，故名金线鱼。明代《大明一统志》已有记述，其肉质细腻，刺软鳞细，鲜甜味美。制法：①金线鱼 500g 剖腹治净，加盐 6g 腌渍 10min。熟云腿、老蛋黄糕、葱均切细丝，姜 10g 切丝，另 20g 剁成蓉。芫荽切 1cm 长的段。②用小碗 1 只，将醋、白糖、姜蓉、芝麻酱、精盐 5g、芫荽、葱对成姜醋汁。③金线鱼上笼蒸熟取出扣入碗中。炒锅置旺火上，下鸡汤、精盐 5g，汤沸下云腿丝、老蛋黄糕丝、胡椒、味精，起锅将汤汁倒入鱼碗，淋入芝麻油，随姜醋汁上桌。

“清蒸江团”：四川名菜。制法：①江团 1 只（约 750g）剖腹去内脏，去鳃，冲洗干净，滴干水分。用刀在其脊背两侧均匀地划柳叶刀纹，然后抹上绍酒、精盐，将姜拍松，葱挽结，塞入鱼腹内，放置 20min。网油用温水清洗干净。②老姜切成细丝，放在味碟中，倒入醋、芝麻油、精盐、味精即成毛姜醋碟。③蒸锅置旺火上烧沸，将鱼腹内的姜、葱取出。在鱼的面上铺开网油，入笼蒸 40min 至熟，端出，揭去网油，配毛姜醋碟一同端上桌。

思考题

1. “清蒸武昌鱼”应突出什么特点？
2. 葱结、姜片垫入鱼底的作用是什么？
3. 制作麒麟生鱼，若无生鱼、鲈鱼，能否用鲩鱼（青鱼）代替？
4. 如何判断鱼是否蒸熟？
5. 蒸鱼和煮鱼所形成的风味有何不同？
6. 鱼在清蒸时网油起什么作用？

三、荆沙鱼糕

（一）菜品简介

“荆沙鱼糕”又称“鱼糕圆子”、“鱼糕头子”，是流行于湖北荆沙一带的传统名菜。据史料记载，“头子”始为官名，后周时权贵为了逢迎头子必以此菜供献。北宋政和二年，“头子”定为“上天子命诸酋次第起舞”而举行的鱼宴名菜，后盛行于荆沙民间。荆州市好公道酒楼以擅烹此菜著称。湖北名厨张定春制作的鱼糕、肉圆堪称一绝。

（二）烹调方法

蒸。

（三）原料组成

主料：鳡鱼 1 条（约 3000g），猪肥膘肉 500g，猪瘦肉 1000g。

配料：猪肚500g，猪腰500g，鸡蛋10个，水发玉兰片250g，水发木耳40g，水发黄花菜50g。

调辅料：精盐100g，酱油100g，醋20g，糖10g，味精10g，胡椒粉5g，黄酒25g，葱白末40g，姜末100g，葱段20g，排骨汤500g，湿淀粉250g，芝麻油2500g（约耗300g），熟猪油50g。

（四）制作过程

（1）将鱼治净，刮取白色鱼肉，清水浸泡沥干后剁成蓉。猪肥膘切丁。剩余的红色鱼肉与猪瘦肉一起剁成蓉。鸡蛋去壳，鸡蛋黄、鸡蛋清用碗分装。猪肚煮熟片成3.3cm长、1.6cm宽的片。猪腰子去腰臊，剞上麦穗花刀，玉兰片切成薄片。

（2）猪肥膘丁加湿淀粉50g、姜末25g、精盐15g、味精2.5g、鸡蛋清3个拌匀。鱼蓉加水1000g、湿淀粉150g、鸡蛋清7个、姜末25g，拌匀后加精盐60g、味精2.5g和上劲，与猪肥膘丁拌匀。蒸笼铺上湿纱布，倒入鱼肉糊抹平，厚4cm，蒸30min，抹上鸡蛋黄2个，再蒸50min出笼，冷却后切成6.6cm长、1cm厚的鱼糕块。

（3）将红色鱼、肉蓉加清水1250g、湿淀粉50g、蛋黄8个、姜末50g、味精1g、盐20g搅上劲。炒锅置旺火上，倒入芝麻油烧至180℃，将鱼、肉蓉挤成小圆子炸黄后分装10碗（或盘）。

（4）将鱼糕摆放在圆子上，入笼用旺火蒸15min离火。炒锅置旺火上，下入芝麻油100g烧热，将肚片、腰花倒入锅中稍炒，下黄酒、玉兰片、排骨汤、味精、酱油、精盐、葱段、木耳、糖、醋等烧沸后勾芡，淋熟猪油起锅，分别浇在10碗鱼糕圆子上即成。

（五）制作要领

（1）鱼去鳞、鳃后，从鱼背剖开，剔去脊骨和胸刺，从尾部下刀去皮，然后将白色与红色鱼肉分开。

（2）剁鱼蓉时，砧板上要垫肉皮，或用塑料砧板，或用绞肉机，以使鱼肉白净。如用刀剁，则要用刀背锤剁，使鱼蓉更细腻。猪瘦肉要剁得稍粗一些。

（3）上笼蒸鱼糕时，笼内要垫上厚纱布。蒸30min后，要用干净纱布将鱼糕面上的汽水搌干，再抹蛋黄。也可用蛋黄加少量鱼蓉糊和匀，挂在白色鱼蓉糊上再蒸制。

（4）制鱼糕和肉圆用的鱼、肉蓉要用力搅拌上劲。

（六）风味特点

此菜鱼糕黄白相间，软嫩鲜香；肉圆黄亮，滑润软糯。

思　考　题

1. 为何鱼蓉要尽量剁细，肉蓉要剁得粗一些？

2. 鱼蓉、肉蓉不和上劲会有什么结果？

四、夹心虾糕

(一) 菜品简介

“夹心虾糕”是安徽巢湖地区喜庆筵席上的珍品。系选用我国五大淡水湖之一的巢湖特产白米虾，取其熟后不红的特点，制成洁白鲜嫩的虾泥，间以绿色菜汁配制的翡翠虾泥层，以旺火蒸制而成，工艺精湛，火候独到。

(二) 烹调方法

蒸。

(三) 原料组成

主料：虾仁 200g。

配料：猪肥膘肉 100g，绿菜叶 100g。

调辅料：鸡蛋清 2 个，精盐 5g，味精 0.5g，绍酒 15g，香醋 50g，干淀粉 5g，湿淀粉 10g，鸡汤 200g，熟猪油 10g。

(四) 制作过程

(1) 将虾仁放在大碗中，加水用筷子搅转 0.5min 倒去浑水，换清水再搅转 0.5min 洗净捞出沥干水，菜叶剁成细泥。

(2) 将虾仁和肥膘肉分别剁成细泥，一同放在碗内加入盐 2.5g、味精 0.5g、水 50g、绍酒搅匀，再放入鸡蛋清搅上劲，最后加干淀粉搅匀。菜叶泥放在碗里，加盐 1g、肥膘虾泥 100g 搅拌均匀成绿色虾泥。

(3) 取大盘 1 个，盘心薄薄地抹上一层熟猪油，把肥膘虾泥分成相等的两份。放一份白虾泥在盘中铺平，把绿色虾泥放在上面摊平，再将另一份肥膘虾泥放在绿色虾泥上摊平（三层共约 2cm 厚），然后上笼用旺火蒸六七分钟取出，制成虾糕。将虾糕切成 3cm 宽的长条，再改刀成菱形块。先把切下的虾糕边角料放在盘中心，再把整块的尖朝外围成一圈，如此一层层摆成底大上小的塔形，另用虾泥制成花朵放在塔形顶部。

(4) 锅置旺火上，放入鸡汤、盐 1.5g 烧开后撇去浮沫，用湿淀粉勾薄芡，淋上熟猪油，起锅装盘即成。

(五) 制作要领

(1) 虾泥和肥膘泥要先分别剁细再合起来一起剁。

(2) 调拌虾泥时要上劲起黏。

(3) 三层虾泥要均匀平整。

(4) 上笼不可夹生或蒸老。

(六) 风味特点

成菜素雅悦目，鲜软可口，以香醋佐食，别有风味。

（七）知识拓展

“生炊龙虾”：广东潮汕传统名菜，此菜始创于宋代，其制法为蒸，当时为避宋仁宗讳，把蒸改称为炊。至今潮汕人仍把蒸叫“炊”。制法：①用竹签插进龙虾肛门，再插进头部，令龙虾致死，冲洗干净，先斩出虾脚，斩段，拍裂，放在碟中间，切下头尾，开边，洗净，分摆在碟的两端，组成龙虾形状，龙虾身斩成大小均匀的块，肉朝上地摆在虾脚上面，面上放姜块、葱段。②用小碗盛白酒，加入精盐调匀后撒在虾肉上。③将龙虾放蒸笼内用猛火蒸 5min 至熟，取出，拣出姜、葱，淋上熟猪油，拌好芫荽，跟橘油 2 碟上席。

龙虾多鲜食，民间一般蒸或煮熟后剥壳取肉蘸姜醋食用，最能体现龙虾本味。烹制龙虾需将龙虾头壳拨出，切断虾尾，虾身脱壳后，可取出完整虾肉，切开背部除净肠脏，清水洗净即可，名菜有“清蒸龙虾”、“蒜蓉蒸龙虾”、“牛油焗龙虾”、“豉椒焗龙虾”及“油泡龙虾球”等。清蒸龙虾宜用较小的龙虾（每只重 150～200g），制法比较简单：只需将龙虾从背上连壳带肉直刀切开成两半，清洗蒸熟，浇上特制的“酱油王”，淋上烧滚的生油即成。其特点是肉嫩清爽、原味突出。

思　考　题

1. 虾泥和肥膘泥为何先要分别剁细？
2. 肥膘虾泥为何要搅打上劲？

五、炸鸳鸯膏蟹

（一）菜品简介

“炸鸳鸯膏蟹”是广东传统名菜，始创于广东潮汕地区。它是以膏蟹和肉蟹为主料蒸制而成。膏蟹是指有蟹黄的雌蟹，肉蟹是指雄蟹（肉蟹与水蟹相对而言时，肉蟹是肉厚饱满的蟹，而水蟹则指肉薄身轻的蟹）。经过加工处理，使“炸鸳鸯膏蟹”的膏蟹肉呈金红色，而肉蟹肉呈粉青色，相映成对。

（二）烹调方法

蒸。

（三）原料组成

主料：膏蟹、肉蟹各 1 只（共约 700g）。

配料：肥肉 75g，瘦猪肉 100g，虾胶 100g，水发香菇 15g，鸡蛋黄 2 个，鸡蛋清 30g，罐头青豆 25g。

调辅料：a. 姜块 10g，葱段 5g，熟猪油 50g，湿淀粉 5g。b. 精盐 3g，味精 3g，胡椒粉 0.5g，川椒油 10g。c. 姜蓉 25g，浙醋 50g，熟花生油 5g。

（四）制作过程

（1）将蟹宰杀治净，剁下蟹螯和蟹爪，蟹螯剁成两截，拍裂硬壳。蟹爪剁去爪尖，每只蟹的蟹身剁成8块，蟹盖削去边缘，蟹黄盛入碗内。

（2）把瘦猪肉剁成蓉，加入湿淀粉拌匀，肥肉、香菇切成细粒，青豆碾成蓉。

（3）把瘦肉蓉、虾胶、菇粒放在碗内，加入调料b拌匀，再加鸡蛋清、肥肉粒拌匀成馅料。

（4）把馅料分成两份，一份加入鸡蛋黄拌匀后酿在膏蟹的肉面上，再铺上蟹黄，另一份加入青豆蓉拌匀后酿在肉蟹的肉面上。余下馅料分别酿在两个蟹盖内。

（5）把蟹件分色泽摆在碟上，砌成一对蟹形，蟹盖放在碟的两端，馅料向上，把姜块、葱段放在蟹上。

（6）用猛火将蟹蒸13min至熟，取出去掉姜、葱，淋入熟猪油，在蟹盖馅上直划一刀，横刀两刀，盖在蟹身上成蟹形，调料c和匀后为作料，与蟹一齐上席。

（五）制作要领

（1）要选用活蟹，两蟹大小要基本一致。

（2）蒸制时要用猛火，要根据蟹的大小灵活掌握时间。

（3）可用墨鱼胶代替虾胶，用芹菜末代替青豆蓉。

（六）风味特点

蟹肉呈两色，造型成一对，与菜名贴切，味道鲜美，口感爽嫩，制作精致。

（七）知识拓展

"蟹酿橙"：华东名菜，根据宋代林洪的《山家清供》记载而仿制的。制法：①将甜橙10只（约重1500g）洗净，在顶端用三角刻刀刺出一圈锯齿形，揭开上盖，取出橙肉和汁水，除去橙核和筋渣。把河蟹1000g煮（蒸）熟，剔取蟹肉待用。②将炒锅置中火上，舀入色拉油25g，烧至六成热，投入姜末、蟹粉稍煸，倒入甜橙汁及一半橙肉，加入香雪酒15g、醋10g和白糖，煸透，淋入色拉油，盛入盘中摊凉，然后分成10份，分别装入甜橙中，盖上甜橙盖。③取深大盘1只，将甜橙整齐地排放在盘中，加入香雪酒250g、醋100g和白菊花，上蒸笼用旺火蒸5～10min。

"蒸大红膏蟹"：广东传统名菜。制法：①将膏蟹3只（重约1000g）宰杀，取出蟹黄，放在碗内，加入花生油5g拌匀，斩落蟹螯，剁成两段，拍裂螯壳，蟹身切成两边，剁去爪尖后每边斩成4件，每件带一蟹爪。每个蟹盖改成两个小圆片。②取一大圆碟，先将蟹身爪向内身向外呈圆形排在碟内，再将蟹螯上节摆在蟹爪上，最后摆上蟹螯前节，将姜、葱放在面上，淋入花生油15g，蟹盖摆放在蟹身四周。③将蟹放到蒸笼内用猛火蒸8min，取出，轻轻滗去水，拿掉姜、葱，将蟹膏分放在蟹盖上，每个放5g，余下放在蟹身上，再用中火蒸2min便可取出。④姜蓉淋上沸油，加入精盐、浙醋、芝麻油和匀为作料，与蒸好的蟹一同上席。

思 考 题

1. 能否将蟹黄拌到馅料中？
2. 蒸制时为什么要把蟹盖掀开，分放碟的两端两侧？
3. 蒸大红膏蟹时为什么蟹螯要拍裂？为什么蟹膏不与蟹身、螯一齐蒸？

六、豉汁蟠龙鳝

（一）菜品简介

“豉汁蟠龙鳝”是广东名菜，此菜是因将大鳝盘起，状若昂起的蟠龙而得名。

（二）烹调方法

蒸。

（三）原料组成

主料：白鳝1条（约750g）。

调辅料：a. 胡椒粉0.5g，葱花5g，花生油100g。b. 精盐5g，味精5g，白糖2g，豆豉蓉10g，老抽3g，蒜蓉5g，花椒末5g，姜末3g，陈皮末3g，干淀粉10g。

（四）制作过程

（1）宰净白鳝，去内脏及鳃，洗净，从脊骨处每隔2cm切一刀，切断脊骨及内腔一半，不切断腹部。

（2）将调料b与白鳝拌匀，淋入花生油10g，然后盘于碟中，鳝头从中间向上昂出。

（3）用猛火将鳝蒸熟，撒上胡椒粉、葱花，溅入烧热的油即可。

（五）制作要领

（1）不能用死鳝。

（2）白鳝表面的黏液要去清。

（3）蒸时用猛火。

（六）风味特点

状若昂首的蟠龙，肉质爽滑，味道浓郁，豉味芳香。

（七）知识拓展

鳗鱼入馔，肉色洁白，质嫩而皮肥肉细，入口肥糯，滋味鲜美。烹调宜于清蒸、清炖、红烧、黄焖、红扒、煨煮等旺火长时间加热的方法。其中清蒸鳗鱼，风味清鲜，肉质细嫩，肥而不腻；清炖鳗鱼，肉质肥糯，汤汁浓醇，酥烂细腻，香鲜柔滑；红烧鳗鱼，色泽金红光亮，咸中带甜，肥浓有胶，鳗肉酥透；黄焖鳗鱼，色泽棕黄油亮，肉嫩，汁浓如胶，鲜美香醇。名菜有浙江“新风鳗鲞”、“锅烧鳗”，福建“红烧通心河鳗”、“注油鳗鱼”，广东“豉汁蟠龙鳝”，河南“清蒸白鳝”等。鳗鱼还可斩蓉为馅制成鱼丸、鱼糕等。另外，鳗鱼经腌渍后风干又称“鳗鲞”，风味独特。由于鳗鱼味腥，加工时应先用剪刀在颈圈和肛门外各剪一刀，割断肠脏，再以竹筷搅出，然后放入加葱姜酒汁的沸水中焯烫，去其外层黏液。

“清蒸河鳗”：华东名菜。制法：①将河鳗1条（约重500g）切断颈骨（皮仍相连），放净血，用70℃水烫一下，用丝瓜筋抹去鱼体黏液，在鱼的肛门处横划一刀口，用一双筷子从颈部插入，卷出内脏，斩去尾鳍，洗净，在鳗鱼背部切成间隔2cm长的刀口，但腹部仍相连。②将鳗鱼腹部朝下盘卷在汤盘内，加入绍酒、精盐，再把火腿、笋片排列在河鳗上，中间摆放香菇、猪板油丁、葱结、姜片。上笼用旺火蒸约1h，再改用中火蒸至河鳗酥软脱骨，取出加入味精，放入直径20cm的保暖汤盘内即成。

思 考 题

1. 此菜为什么用陈皮？
2. 为什么要除去白鳝的黏液？

七、酿 海 参

（一）菜品简介

“酿海参”是辽宁传统名菜。辽宁省地处辽东半岛，南临渤海，所产刺参因品质较好，是烹调上常被选用的海参品种。酿海参选用渤海刺参为主料，运用当地常用的烧法及擅长的酿馅造型方法制作而成，因此，酿海参十分合当地人的口味。

（二）烹调方法

蒸。

（三）原料组成

主料：水发刺参300g。

配料：猪肉150g，火腿25g，冬笋15g，鸡蛋1个。

调辅料：湿淀粉30g，面粉50g，姜末10g，姜块20g，葱20g，植物油100g，鲜汤250g。a. 精盐4g，味精3g，绍酒5g。b. 精盐2g，味精2g。c. 精盐1g，味精1g。

（四）制作过程

（1）用清水将水发海参滚过，沥去水，烧热净锅，用油滑过，下姜、葱爆炒后烹入绍酒，加鲜汤200g及调料a，放入海参煨5min。

（2）将猪肉剁成泥状，加入调料b，搅拌至胶泥状。取湿淀粉15g，加入鸡蛋和匀后拌入猪肉泥中至匀滑。火腿、冬笋切细粒与姜末一起也拌入猪肉泥中，成猪肉馅。

（3）取出海参，用毛巾吸干水分，在海参腹内沾上一层薄薄的面粉，然后酿进肉馅。

(4) 把海参腹面朝下放在平盘中，用中火蒸 6min 至熟，取出，切成大小合适的块，按原形排放在盘中。

(5) 烧热净锅，用油滑过，放入姜、葱爆炒出香气，烹入绍酒，加入鲜汤 50g 及调料 c，用余下的湿淀粉勾芡，加包尾油后浇在海参上即可。

(五) 制作要领

(1) 猪肉选后腿肉，肥瘦比例为 3∶7 较好。

(2) 海参酿前的软韧度一定要合适，外形要完好。

(3) 要掌握好蒸的火候，时间过长肉馅不滑。

(六) 风味特点

海参软滑，肉馅嫩滑，造型完整，形味相配，海参与肉馅同吃，丰富了海参的滋味，更觉鲜美。

(七) 知识拓展

“扒酿海参”：山东名菜，它以刺参为主料蒸（山东也称扒）制而成。山东沿海刺参入馔由来已久，至清代已是广为流行的名菜，据孔府现存史料记载，清乾隆时这道菜曾登上孔府的餐桌。“扒酿海参”是烟台蓬莱春菜馆的传统风味菜。制法：①将虾泥、肥猪肉泥加精盐 3g、绍酒 1g、味精 2g、清汤 50g、芝麻油及虾脑搅匀为馅。②将海参用开水焯水捞出。炒锅内下清汤 250g、葱姜汁 10g、精盐 3g、绍酒 1g、海参，用中火烧开，慢火煨透，捞出晾干。将虾馅酿入海参内，上笼蒸 10min 至熟透取出。虾馅面朝下平放在案板上，逐个在海参上用刀斜剞入 4/5 深，刀距 1cm。再将虾馅面朝上摆入盘中。③炒锅置旺火上，下清汤、绍酒、葱姜汁、精盐 2g、味精 1g，烧沸后用湿淀粉勾成溜芡，加鸡油浇在海参上。

思 考 题

1. 为什么要煨海参？怎样煨？

2. 应选用什么样的水发刺海参？

八、芙 蓉 鲫 鱼

(一) 菜品简介

“芙蓉鲫鱼”是湖南名菜。此菜以荷包鲫鱼为主料，配以胜似芙蓉的鸡蛋清同蒸而成。洞庭湖区所盛产的荷包鲫鱼肥胖丰腴，形似荷包，质地细嫩，甜润鲜美，是鱼类中的上品。

(二) 烹调方法

蒸。

（三）原料组成

主料：鲜鲫鱼2条（约750g）。

配料：鸡蛋清5个，熟瘦火腿15g。

调辅料：绍酒50g，精盐5g，味精2g，胡椒粉0.5g，葱25g，姜15g，鸡清汤250g，鸡油15g。

（四）制作过程

（1）将鲫鱼治净，斜切下鲫鱼的头和尾，同鱼身一起装入盘中，加绍酒和拍破的葱、姜，用旺火沸水蒸10min取出，头尾和原汤保留，用小刀拆下鱼肉。

（2）将鸡蛋清打散后，放入鱼肉、鸡汤、鱼肉原汤，加入精盐、味精、胡椒粉搅匀，将一半装入汤碗，上笼蒸至半熟取出，再将另一半倒在上面，上笼蒸熟，同时把鱼头、鱼尾蒸熟。

（3）将鱼头、尾摆放在装有芙蓉鲫鱼的汤碗中，拼成鱼形，撒上火腿末、葱花，淋入鸡油即成。

（五）制作要领

（1）用小刀拆鱼肉时，要细心地把鱼刺全部挑干净。

（2）鸡蛋清应打散，并与鱼肉、调料搅匀。

（六）风味特点

色泽鲜艳，味道鲜美，质地柔软，入口即化。

（七）知识拓展

“提篮鱼”：甘肃名菜。1944年，当时的美国副总统华莱士访华时路经兰州，品尝此菜后，赞不绝口。1983年，兰州一级厨师峦志明在全国名厨表演鉴定会上所做的“提篮鱼”为各地名厨称赞不已。制法：①草鱼1条（约1500g）去鳞、鳃、鳍，开膛去内脏，洗净，将头尾斩下留用，鱼身顺脊骨把肉剔下，鱼肉片成5cm大小的薄片，用精盐、绍酒、葱、姜汁腌渍30min，脊骨汆熟备用。②火腿、冬笋、香菇、葱、姜均切成5cm长的细丝，海带切成长细丝。③将几种丝顺长放在鱼片上，逐个卷成鱼卷；用海带丝扎紧，摆在鱼盘内成花篮形，鱼骨插在鱼卷两边为篮柄，头、尾氽一下摆在两头，银耳蒸熟放在提篮中间为花，中间撒火腿末为花蕊，上笼蒸20min。④锅烧热下猪油50g，将葱、姜、蒜末煸出香味，随之加番茄酱炒上色，加白糖、精盐、绍酒，再加清汤300g，煮沸后加湿淀粉15g勾芡，淋30g明油起锅浇在鱼卷上即成。

思 考 题

1. 做好此菜的关键是什么？

2. 以此菜的制作方法为基础，还可变化出哪些菜肴？

九、兴国米粉鱼

（一）菜品简介

“米粉鱼”系江西兴国县传统风味菜肴，历史悠久。早在土地革命时期，陈奇涵同志曾以此菜和其他四小菜招待毛泽东主席，毛主席称其为“四星望月”，流传至今。兴国米粉鱼属热菜。

（二）烹调方法

蒸。

（三）原料组成

主料：活草鱼1条（约重1000g）。

配料：水发粉干250g，干薯粉150g。

调辅料：自制辣椒酱125g，酱油75g，精盐2g，味精2g，姜末50g，葱花100g，青菜叶数片，熟菜油125g，胡椒粉2g，米粉50g。

（四）制作过程

（1）将鱼宰杀洗净，取下两片带皮鱼肉，用刀斜切成2cm厚、6cm长的斜刀片，放入盆中，放入姜末、味精、酱油、精盐、辣椒酱50g，腌渍几分钟，再拌上干薯粉待用。

（2）取一小笼，笼底用青菜叶铺垫，撒上米粉少许，上锅略蒸一下离火。

（3）水发粉干用沸水氽至七成熟，捞起沥干水分入盆，用精盐、酱油、菜油、味精、辣椒酱25g拌匀后散放在笼内菜叶上，再撒少许米粉，合笼上锅蒸至上汽，再将腌好的鱼片放在笼内粉干上，复上旺火足汽蒸20min，离火。

（4）将辣椒酱50g用开水调稀，加入酱油、味精、熟菜油调成卤汁，浇在笼内鱼片上，再撒上葱花即成，连笼上桌供餐。

（五）制作要领

（1）鱼肉要新鲜，现宰杀现制作。

（2）粉干发制及焯水要适度，以保柔软口感。

（3）总体口味要把握准确。

（4）鱼片入笼，熟软即可，不能蒸老。

（六）风味特点

“兴国米粉鱼”制法独特，用料巧妙，成菜色泽金黄，清香浓郁，鱼片嫩滑，粉干柔糯，咸鲜香辣，无腥味，冬食最宜，且能发汗祛寒。

（七）知识拓展

“翠竹粉蒸鮰鱼”：湖南名菜。此菜是岳阳市名厨张克亮在传统的粉蒸鮰鱼基础上改进而成，是将蒸钵改为新鲜翠竹筒，盛鱼后密闭蒸制。制法：①选直径10cm、长25cm、两端带竹节的翠竹筒1节，离竹筒两端约4cm处横锯2条，再破成宽10cm的口，破下的竹片作筒盖。②将鮰鱼从腹部剖开，去内脏，洗净沥干，切成5cm长、3cm宽、2cm厚的长方形块，用清水洗净后沥水，放入大碗内，加酱油、精盐、豆瓣酱、甜面酱、绍酒、白糖、白醋、胡椒粉、五香粉、花椒粉、味精、芝麻油、辣椒油、葱姜末拌匀，然后加米粉、熟猪油拌匀，腌5min。③将腌好的鮰鱼放入竹筒，盖上筒盖，上笼蒸30min取出，用托盘托竹筒上席。

思考题

1. 此菜选料上有何特点？
2. 三次调味各有什么作用？
3. 菜式和食用有何特点？
4. 竹筒反复使用后，翠竹清香变淡怎么办？

十、明炉竹筒鱼

（一）菜品简介

“明炉竹筒鱼”是广东潮汕的名菜。该菜的制作方法、调味用料都带有潮汕的地方特色。

（二）烹调方法

烤。

（三）原料组成

主料：鲩鱼1条（约1250g）。

配料：猪网油250g，新鲜青竹1段（直径7cm，长1.3m）。

调辅料：a. 芫荽25g，橘油2碟。b. 绍酒25g，酱油25g，味精5g，精盐3g，姜块10g，葱段10g，芝麻油10g，胡椒粉1g。

（四）制作过程

（1）将鲩鱼宰好，在鱼背上顺切一刀，深约2cm，洗净，沥干水分。

（2）把调料b和匀后涂在鱼身内外，腌制20min后，用猪网油把鱼包裹起来。

（3）在竹筒的一端按十字形劈开，劈至中部，敲掉横隔，鱼头朝里地把鱼装进竹筒里，用铁丝分三段把竹筒扎牢。

（4）燃着木炭，把鱼放在炭火上烧烤，边烧烤边转动，烧15min后用竹签在鱼的四周刺几下，再烧3min至熟，拆开铁线，轻倒出鱼，放在碟上，伴芫荽，跟橘油上席。

（五）制作要领

（1）鱼要腌制入味。

(2) 网油要包好包牢。

(3) 竹子要新鲜。

(六) 风味特点

鱼味鲜甜甘香，带有较浓青竹香气，佐以陈年橘油，酸甜香醇。

(七) 知识拓展

“葱油烤鱼”：台湾名菜。制法：①将收拾干净的鲷鱼1条（重约500g）由腹部去骨，腹内撒上胡椒粉、盐和味精，葱、姜、辣椒均切成细丝拌匀。萝卜去皮切大方块后，刻成鱼网状，部分圆白菜切细丝待用。②取六大片圆白菜平铺烤盘上，放上鱼，将烤箱调至204℃，放入盛鱼之烤盘，将鱼烤约20min至熟取出。③圆白菜丝垫盘底，摆上烤鱼，周围铺满葱、姜、辣椒丝。芝麻油烧至极热时淋于鱼及葱丝、姜丝上，盖上萝卜刻成的渔网，以西洋芫荽装点彩盘即可。

思　考　题

1. 为什么要用网油包着鱼来烧?

2. 如何鉴别鱼的生熟?

十一、五 香 熏 鱼

(一) 菜品简介

“五香熏鱼”以鲫鱼为原料，鲫鱼肉质细嫩鲜美，营养价值极高。

(二) 烹调方法

熏。

(三) 原料组成

主料：鲫鱼5条（重约500g）。

调辅料：菜子油150g，精盐5g，芝麻油10g，蒜末20g，味精0.5g，鲜汤250g，绍酒25g，五香粉0.5g，白糖5g，酱油10g，姜25g，香葱50g。

(四) 制作过程

(1) 将鱼去鳞、鳃，剖腹去内脏，洗净，在鱼身两边浅划2～3刀；姜15g拍松，10g切成细末，香葱40g挽结。

(2) 将姜、绍酒、拍松的姜、挽结的葱分别抹在鱼身上，浸渍1h。

(3) 炒锅置旺火上，下油烧至200℃左右时，将已浸渍好的鱼去掉姜、葱后放入油锅，炸至皮呈金黄色时捞出，然后将多余的油倒去，锅内留油75g，放入姜、蒜末炒香，下葱花，掺入鲜汤250g，加入绍酒15g、精盐0.5g、酱油10g、五香粉0.5g、白糖和鲫鱼，在微火上将汁收干，放入味精，将鱼铲入盘内，再将芝麻油淋在鱼身上，入熏箱用柏枝微熏一下即成。

(五) 制作要领

(1) 在炸鱼时注意滴干水分。

(2) 熏的时间不能过长。

(六) 风味特点

色泽金黄，香味浓郁，味鲜肉嫩。

(七) 知识拓展

熏是将原料置于密封的容器中，利用燃料的不完全燃烧所生成的烟使原料成熟的烹调方法。熏时原料置于熏架上，其下置火灰并撒上熏料（锯末、松枝、茶叶、糖、锅巴等），或锅中撒入熏料，上置熏架将锅置火上，隔火引燃熏料，使其不完全燃烧而生烟，烘熏原料致熟。成品色泽红黄，具有各种烟香，风味独特。

熏法原是一种古老的贮藏食品的方法。食品经过烘烤、烟熏，烟中的甲醛等成分可直接杀灭细菌，并使食品水分大部分挥发，提高防腐能力。但很长时期未形成为独立的烹饪方法。元代，始见于食谱，仍属制作半成品的方法，如《易牙遗意》“火肉”、《居家必用事类全集》“婺州腊猪法”等。清代，熏法始见于食品制作，《养小录》上有熏豆腐、熏面筋、熏笋、熏鲫；《食宪鸿秘》上有熏肉、熏马鲛；《随园食单》上有熏蛋、熏鱼子。《中馈录》中的“制五香熏鱼法”，用青鱼或草鱼切厚片，经腌、煎等处理后，“将花椒、大小茴香炒研细末掺上，安在细铁丝罩上。炭炉内用茶叶、米少许，烧烟熏之，不必过度，微有烟香气即得”，此时熏制技法已趋完善，成为独立的烹饪方法。

熏法一是制作加工性原料，如湖南腊肉、湖北恩施熏肉、金华熏腿等；二是熏制熟食品，如上海熏鱼、辽宁熏牛百叶、天津糖熏野鸭等；三是熏制菜肴，如安徽无为熏鸭、四川樟茶鸭子等。

用于熏制菜肴，因原料生熟不同，有生熏、熟熏：①生熏。以生原料熏制，熏后直接食用，如山东“生熏黄鱼”、安徽“毛峰熏鲥鱼”、上海“生熏白鱼”；也有生料熏后再经蒸、炸成菜的，如四川“樟茶鸭子”。②熟熏。原料经初步熟处理后再行熏制，如福建“卜兔”、安徽“茶叶熏鸡”、江苏“松子熏肉”等。有些以熏制为名的菜肴，并不经过熏制，而是以先炸后烹熏汁（一种预先制成的有熏制肴馔风味的汁）的方式制成，有似熏制的风味，如“五香熏鱼”、“绍酒熏鱼”等。因熏制设备不同，有缸熏（敞炉熏）、锅熏（封闭熏）、室熏（房熏）；因熏料不同，有锯末熏、松柏熏、茶叶熏、糖熏、米熏、樟叶熏、甘蔗渣熏、混合料熏等。

思考题

鲫鱼在炸时应注意哪些事项？

第五节 其他制法菜品

一、酥 馓 糊 蟹

(一) 菜品简介

"酥馓糊蟹"是湖北名菜。此菜是先将螃蟹蒸熟后，拆蟹壳取黄取肉，然后加调配料炒成"糊蟹"，盖在湖北著名小食品"酥馓"上所制成。

(二) 烹调方法

炸、烩。

(三) 原料组成

主料：螃蟹肉 150g，螃蟹黄 50g。

配料：酥馓 2 把，水发香菇 25g，冬笋 25g。

调辅料：精盐 4g，白糖 10g，味精 2g，鸡清汤 300g，胡椒粉 2g，湿淀粉 20g，熟猪油 500g（约耗 100g)，姜丝 10g，葱花 10g。

(四) 制作过程

(1) 将蟹肉蟹黄一起盛入碗中搓散拌匀。香菇、冬笋分别切成细丝。

(2) 炒锅置旺火上，下芝麻油烧至 200℃时下馓子，将酥馓重新过油炸至酥香捞入汤盘中。

(3) 炒锅置旺火上，下猪油烧热，用姜丝炝锅，放入香菇、冬笋略煸，下蟹黄、蟹肉、鸡清汤、精盐、白糖、绍酒烧沸后，移到小火上烧 2min，加味精，移旺火上用湿淀粉勾芡，撒上胡椒粉、葱花，倒在酥馓上即成。

(五) 制作要领

(1) 选用活螃蟹的肉和黄制作，以农历九月、十月的螃蟹为佳。俗话说："九月团脐十月尖"，即讲农历九月雌蟹（寒露以后）黄多，十月雄蟹（立冬前后）膏肥。

(2) 蟹黄为雌性蟹的卵块。区别雄、雌蟹的简易方法是看蟹的腹部，蟹的腹部退化，扁平，折向胸部下面，俗称为脐。脐的形状雄雌不同，雌性呈圆形，俗称"团脐"，雄性呈三角形，俗称"尖脐"。无雌蟹也可用鸡蛋黄替代蟹黄。

(3) 馓子重油时要炸到质酥，用植物油炸效果较好。冬天不宜用猪油炸，猪油熔点低，易凝固，影响口感。

(4) 煮蟹肉、蟹黄的时间不宜长，糊蟹芡汁稀稠要适中，汤汁要稍微多一点，突出一个"鲜"字。

(六) 风味特点

油馓酥香，蟹糊味道极鲜，色黄亮。

（七）知识拓展

“雪花蟹斗”：苏州名厨在清炒蟹粉的基础上创制的。制法：①将蟹背壳洗刷干净，放入沸水锅中烧沸，捞出晾干，背朝下排列在盘中。将锅置旺火上烧热，舀入色拉油100g，烧至五成热，放入葱末炸香后，放入蟹粉500g（蟹肉、蟹黄称蟹粉），轻轻炒和，加绍酒、精盐、白糖、姜末、鸡清汤150g，烧沸后盖上锅盖，移小火上焖约2min，再移旺火上用湿淀粉10g勾芡，淋上色拉油25g，起锅分装入蟹斗内。②将鸡蛋清打成发蛋，分成12份，放在抹上色拉油25g的盘中，抹平。用火腿末、芫荽叶在发蛋面上摆成花朵形，上笼用小火蒸熟，分装在蟹粉面上。将锅置中火上，舀入鸡清汤，加味精烧沸，用湿淀粉勾芡，淋上少许色拉油，将芡汁浇在发蛋上即成。

思考题

什么季节螃蟹的质量好？如何识别雄蟹和雌蟹？

二、宫门献鱼

（一）菜品简介

“宫门献鱼”是辽宁名菜，始于清代康熙年间，原名“胶腹鱼”（另一说叫腹花鱼）。改为现名有两个原因：一是因此菜造型像鱼入宫门而得名；二是传说康熙为此菜题名。传说康熙微服到了宫门岭，在一小酒店品尝到此菜，由于此菜鱼肉鲜嫩，滋味甚佳，为各地少见，在问过原菜名后康熙皇帝便提笔书写了“宫门献鱼”四个字，并署上“玄烨”两个字。以后，店家就以“宫门献鱼”为新菜名，后来清宫御膳房特地将此菜移入宫中，列为宫廷名菜。

（二）烹调方法

炸、焖。

（三）原料组成

主料：鳜鱼1条（约800g）。

配料：熟精火腿50g，青豌豆20g，牛肉100g，大海米25g，笋25g，干红辣椒30g。

调辅料：a. 鸡蛋清100g，干淀粉50g，湿淀粉30g，绍酒30g，花生油1000g，姜末5g，蒜蓉5g，葱粒10g。b. 绍酒10g，酱油10g，姜块10g，葱段10g。c. 精盐2g。d. 酱油15g，米醋25g，白糖20g，精盐2g。e. 精盐2g，味精2g。

（四）制作过程

（1）宰杀鳜鱼，洗净后把鱼切成头、中、尾三段，中段剔骨去刺，片成0.5cm的厚片。

（2）将鱼头、尾放在盘中，加入调料b拌匀，腌制15min。

（3）牛肉、海米切成末，笋、辣椒切成丁，青豌豆去皮，火腿切成 1cm 长的小菱形薄片。

（4）把调料 c 加到鱼片中拌匀。鸡蛋清与干淀粉混合调成糊，把鱼片放入拌匀挂糊，然后铺在平盘上摊开，把火腿摆在鱼片上成小花形状，再放上青豌豆作花心。

（5）在净炒锅上放入花生油，烧至 180℃时放进鱼头、鱼尾，略炸一下即捞出，沥去油。原锅留少许油，放入牛肉末、海米末煸出香气时，再依次放进姜末、蒜蓉、辣椒丁、笋丁，煸炒几下，烹入绍酒，加入鲜汤及调料 d，加入鱼头、鱼尾，转慢火焖制 10min，加少许湿淀粉勾薄芡，加包尾油后，将鱼头、鱼尾放在盘上对接成鱼形，淋上芡。

（6）另烧热炒锅放进花生油，烧至 150℃时放入鱼片炸至浮起，捞出鱼片，沥净油，放在鱼头、鱼尾中间，呈宫门状。

（7）原锅留底油，烹绍酒后加入鸡汤 50g 和调料 e，用湿淀粉勾芡，加包尾油后淋在鱼片上即成。

（五）制作要领

（1）必须选择活鱼烹制。

（2）炸鱼片时，油温不要太高，炸的时间不要太长，鱼片断生挺起时即可捞出。

（3）火腿片不可太厚。

（六）风味特点

鱼肉鲜嫩，两色两味，酸甜鲜香均有，造型别致。

（七）知识拓展

“将军过桥”：又名“黑鱼两吃”，原为扬州民间菜肴。过桥指将菜肴或其他食物由原汤碗中移入另一汤碗中，犹如人由此岸经桥到彼岸。此菜鱼骨、鱼肠均先在热水中略烫，除去腥味，后移入清水中再烧汤，故亦称为“过桥”。鱼肠一般是不入馔的，惟黑鱼肠很肥美脆嫩。清代扬州俗语：“宁丢人元洋，不丢黑鱼肠。”扬州吃黑鱼以鲜活为贵，厨师先以刀背猛击鱼头部致死，然后剖腹去鳞，称之为活打。制法：①将黑鱼 1 条（约重 750g）治净，斩下鱼头，用刀在背部沿脊骨两侧剖开，挖出内脏（鱼肠留用），洗净。把鱼横放在砧板上，片下两面鱼肉，再斜片成 0.6cm 厚的片，放入碗内，加精盐 1g、鸡蛋清、湿淀粉 20g 拌匀。②将鱼肠放入清水中，用剪刀从一端向另一端剪开，去净肠内污物，用精盐 5g 轻轻揉搓，洗净。再将黑鱼脊骨和剩下的鱼肉洗净，斩成块，鱼头劈成两片。③将锅置旺火上烧热，舀入色拉油，待油温达四成热时，放入鱼片滑油，倒入漏勺沥去油。原锅仍置旺火上，舀入色拉油 50g，放入葱白段、笋片 65g、冬菇片 12g，煸炒几下后，加绍酒 10g、白糖、鸡清汤、精盐 1g，用湿淀粉勾芡，随即倒入鱼片炒匀，淋入芝麻油，颠翻均匀，起锅盛入盘中（盘中先放醋）即成炒菜。④将鱼头、鱼骨、鱼肠一起放入沸水锅中略烫，捞出洗净沥去水。放入炒锅内，舀入清水 1000g，加绍酒、葱结、姜块、笋片、虾子，置旺火上烧沸后，加色拉油，烧至汤色乳白时，放入青菜心、冬菇片，待菜心熟后，再加精盐3g烧沸，拣去葱姜，起锅盛入大汤碗内，放上火腿片即成汤菜，上桌时另备姜米醋碟供食。

思考题

1. 为什么要先烹鱼头、鱼尾，再炸鱼片？

2. 为什么鱼片炸至断生即可？

三、桃花泛

（一）菜品简介

“桃花泛”是北京名菜，它是以青虾为主料，配以锅巴、玉兰片、香菇、番茄酱等制成。北京康乐餐馆的特级女厨师常静在1983年全国名厨技术表演鉴定会上，曾表演制作了此菜，并获得全国最佳厨师称号。

（二）烹调方法

烧、炸。

（三）原料组成

主料：青虾500g。

配料：锅巴100g，水发玉兰片15g，水发香菇15g。

调辅料：精盐5g，白糖100g，味精2.5g，绍酒15g，番茄酱100g，姜末0.5g，湿淀粉10g，干淀粉1g，鸡汤200g，熟猪油75g，花生油1000g（约耗75g）。

（四）制作过程

（1）香菇、玉兰片均切成1cm见方的丁，锅巴掰成3cm见方的块。

（2）将青虾去皮，用盐2.5g加适量水溶化后洗1次，再换清水洗净，用干淀粉拌匀。

（3）炒锅置旺火上，下熟猪油50g烧热，放入虾仁滑散，约4～5s后见虾仁变色时，立即捞出。接着放入姜末、玉兰片丁、香菇丁翻炒几下，再下入精盐2.5g、番茄酱、白糖、味精、绍酒、鸡汤、虾仁。汤烧沸后用湿淀粉勾芡，淋入熟猪油25g，将锅移至微火上。

（4）另取炒锅置旺火上，下花生油烧至200℃，放入锅巴，待炸成浅黄色、体积膨胀后，捞出放在盘中。

（5）锅巴炸好后，迅速将虾仁番茄汁倒入碗中，与炸好的锅巴一同上桌，快速将其倒在锅巴上即成。

（五）制作要领

（1）虾仁加盐、水清洗是为了使虾脆而不疲。

(2) 虾仁滑油前应将锅滑好油，以免虾仁粘锅。

(3) 番茄虾汁和炸锅巴均要趁热上桌，滚烫的虾仁汤汁浇在刚炸过的锅巴上方能产生“哗”的一声响、锅巴泛气泡、香气升腾的效果。

(六) 风味特点

青虾鲜美，锅巴酥香，色泽红亮，甜酸可口。

(七) 知识拓展

“橘子大虾”：辽宁名菜，大连市特级厨师牟传仁在1983年全国烹饪名师技术表演鉴定会上表演制作“橘子大虾”等菜品获优秀厨师称号。制法：①拣去鱼蓉中的筋，用刀剁成细蓉，加入精盐2g、味精2g搅拌至黏稠，加入鸡蛋清继续搅拌至黏稠，干淀粉加清水15g搅匀后放进鱼蓉中，再搅拌至黏稠，挤成6个丸子。②剪去大虾的须、腿，在背上划一刀，挑出虾线，洗净。③洗净虾仁，用沸水烫一下，使其定型，用洁净干布吸干水分后，逐只虾仁粘在丸子上，造成去皮橘子形。放蒸笼内用猛火蒸3min至熟，取出摆在盘子中间。④炒锅置于炉上，用油滑锅后，留下少量余油，放进姜、葱和大虾煸炒，待虾呈金黄色时，加入白糖继续煸炒，待虾呈鲜红色、微有糖香时烹入绍酒，加鸡汤50g和精盐5g、味精3g，烧开时转慢火㸆，直至汤汁被收干，拣出姜、葱，淋入花椒油出锅，逐只排在橘形虾的四周，锅内余汁淋在大虾上。⑤净炒锅置火上，加入少许油，加入鸡汤和精盐1g、味精2g，用湿淀粉勾芡，淋芝麻油后浇在橘子虾上。

思考题

怎样使此菜达到色、香、味、质、声俱佳的效果?

四、酥鲫鱼

(一) 菜品简介

“酥鲫鱼”是天津传统风味名肴，它用白鳞小鲫鱼、天津白菜、大葱等配以多种调料酥制而成。中国自古食用鲫鱼，《礼记》、《楚辞》及北魏贾思勰的《齐民要术》、唐人杨晔的《膳夫录》等历史文献资料均有记载。元代以后，鲫鱼烹法日趋精细。酥鲫鱼是一道风味独特的冷菜。

(二) 烹调方法

焖。

(三) 原料组成

主料：鲜白鳞小鲫鱼6000g。

配料：天津白菜二帮（紧靠大白菜外帮的第二层帮）1500g，胡萝卜50g，菠菜梗50g。

调辅料：精盐30g，白糖650g，酱油550g，醋400g，绍酒150g，糖色150g，大葱1000g，姜丝200g，蒜瓣500g，八角30g，花椒25g，小茴香25g，桂皮20g，丁香20g，芝麻油500g。

（四）制作过程

（1）鲫鱼治净，白菜二帮去叶切成6.5cm长的条，葱切成同样长的段，蒜剥去外皮，胡萝卜切细丝，菠菜梗切成3.3cm长的段。胡萝卜丝与菠菜梗段焯水后晾凉。

（2）将1/3白菜条平铺在大平锅锅底，撒入1/3葱段、1/3姜丝、1/3蒜瓣。将鱼头朝锅边，尾向锅心，排成一圈（要使中心留一个小孔）。再铺以1/3白菜条，撒1/3葱、姜、蒜，码第二层鱼，并将八角、花椒、小茴香、桂皮、丁香装入纱布袋中，扎紧口，放入锅中心的空隙，加精盐、白糖、绍酒、酱油、醋。

（3）锅置旺火上烧沸，加糖色，盖上锅盖，改中火烧20min。沿锅边淋入芝麻油，盖严锅盖，用微火焖约5h，离火晾凉。食用时，将白菜帮、葱段垫底，再将鱼头向内、鱼尾向外转圈摆成草帽形，并在鱼与鱼的缝隙间分别嵌以胡萝卜丝、菠菜梗。

（五）制作要领

（1）在选用鲫鱼时，要选身扁而带白色者，鱼体不能过大。

（2）码料时要注意用料的顺序、方向要均匀一致。

（3）应用微火将鱼焖至鱼肉、鱼骨皆酥，并注意不要弄碎鱼形。

（六）风味特点

味咸香略甜酸，滋味醇厚，鱼骨肉皆酥而形整不碎，可食不吐刺骨，老少咸宜，最宜佐酒，尤适冬季。

思考题

1. 为何选用身扁、色白而鱼体不能过大的鲫鱼？

2. 此菜还可用哪些辅料制作？

五、白焯虾

（一）菜品简介

“白焯虾”是一道制作很简单，但名气却很大的广东名菜。早期，人们喜欢用三白名菜——“白切鸡”、“白焯虾”、“白云猪手”来表达粤菜重要组成部分——广州菜清鲜爽口的风味特点，白焯虾与白焯鱿鱼合二为一菜的白焯鱿鱼虾制法与此相同。“白焯虾”选用的是淡水虾。该虾以清明时节最为肥美。

（二）烹调方法

焯。

（三）原料组成

主料：淡水虾 750g。

调辅料：辣椒丝 50g，上等生抽 75g，花生油 30g。

（四）制作过程

（1）辣椒丝分 2 小碗盛好，炒锅内烧热花生油，淋入辣椒丝内，加入生抽，即为作料。

（2）把虾放在沸水锅中汆 4min 至刚熟，捞起，沥去水，排在碗内再覆扣在碟上，跟作料一齐上席。

（五）制作要领

（1）选用活虾、大虾。

（2）虾的大小要均匀。

（3）焯制时水要滚沸。

（六）风味特点

虾肉鲜甜爽口，色泽艳红，佐以辣椒酱油蘸食，滋味和谐，边剥壳，边食用，别有一番情趣。

思 考 题

1. 若虾的大小不均匀怎么办？

2. 作料里的油不宜太多，为什么？

六、醉　虾

（一）菜品简介

“醉虾”历史悠久，清袁枚在《随园食单》中已有记载，后经厨师不断研究改进，形成两种较常用的制法：用酒将虾浸醉后，一法是直接用烈酒烧虾；另一法是将虾置于黄芪枸杞子水中再燃着烈酒烧。本篇介绍前法。“醉虾”以广东制作最为出名。

（二）烹调方法

烧灼。

（三）原料组成

主料：活虾 500g。

调辅料：a. 玫瑰露酒 250g，高酒精含量的白酒 50g，花生油 50g。b. 辣椒丝 25g，生抽 25g。

（四）制作过程

（1）洗净活虾，放在带盖的玻璃盅内，加入玫瑰露酒浸 10min，使虾醉。

（2）虾醉后，滗出酒，另加入白酒，点火燃着白酒，边烧边用长汤匙搅拌，使虾熟得均匀，直至虾全熟。

（3）把辣椒丝放在小碟内，淋入热生油10g，加入生抽和匀为作料。

（五）制作要领

（1）玻璃盅要加盖，以防虾跳出。

（2）酒的酒精含量要高，要能燃得着。

（六）风味特点

虾色艳红，肉鲜爽而有酒香味。

（七）知识拓展

醉是原料用以酒为主的味汁浸渍，或先用酒浸渍，吃时再调味成菜的烹调方法。适用于新鲜的鸡、鸭、鸡鸭肝、猪腰、虾、蟹或蔬菜、贝类等原料。酒多用米甜酒或露酒、果酒、白酒。成品特点是酒香浓郁，鲜爽适口。

酒醉法《礼记·内则》已有记载，至宋代出现“醉”、“酒腌”等名称，如“醉蟹”、“酒腌虾”等。清代出现用熟料酒醉法，如“醉鸡翅”、“醉蚶子”等。现代醉法主要有生醉、熟醉两种。

生醉：原料洗净后装入盛器，加酒料等醉制的方法。主料多用鲜活的虾、蟹和贝类等。山东、四川、上海、江苏、福建等地多用此法，如“醉蚶”、“醉蟹”、“醉螺”、“醉活虾”等。

熟醉：原料加工成丝、片、条、块或用整料，经熟处理后醉制的方法。可分三种：①先焯水后醉。原料入八成热的水中快速焯透，捞出过凉开水后挤干水分，放入碗内醉制，如山东“醉腰丝”。②先蒸后醉。原料洗净装碗，加部分调味料上笼蒸透，取出冷却后醉制。北京、福建等地多用此法，如“青红酒醉鸡”。③先煮后醉。原料煮透再醉制，天津、上海、北京、福建等地多用此法，如“醉蛋”、“醉鸡”、“酒醉黄螺”等。

思考题

1. 试一下另一种制法效果如何。
2. 此菜为何用两种酒？

第四章　禽类名菜

第一节　煮汆涮卤煨炖类菜品

一、“寿”字鸭羹

（一）菜品简介

“‘寿’字鸭羹”是山东孔府菜中传统名菜之一。此菜原为“衍圣公”举行大型祝寿时的必备菜品。慈禧太后60岁寿辰时，孔府所进早膳中即有此菜。寿宴酒席呈上此肴，有寓寿岁绵绵、延年益寿之意。这是一道热汤菜。

（二）烹调方法

煮。

（三）原料组成

主料：白煮鸭脯250g。

配料：火腿40g，水发口蘑15g，水发冬笋15g，鸡蛋清3个。

调辅料：精盐1.5g，三套汤400g，绍酒15g。

（四）制作过程

（1）将鸭脯、冬笋切成1cm见方的丁，口蘑一片为二，火腿切成5cm长、0.5cm宽、0.1cm厚的条。口蘑、冬笋焯水。

（2）将鸡蛋清打成蛋泡糊，装入抹了油的平盘中，整理成直径1.5cm、厚1cm的圆形，上面用火腿摆成寿字，入笼蒸2min取出。

（3）炒锅置旺火上，下三套汤、精盐、绍酒、鸭丁、笋丁、口蘑，烧沸后撇去浮沫，倒入汤盘内，将蒸好的“寿”字蛋泡糊推入盘内即成。

（五）制作要领

（1）主料须选用白煮鸭脯肉，原料应切成小丁，红、黄、白几种颜色的原料合理搭配。

（2）此菜讲究清鲜，选用三套汤调鲜，三套汤是用鸡、鸭、猪肘三种原料吊制而成，三种原料分量相同，汤清澈而味极鲜。

（3）蛋泡糊应顺一个方向用三支筷子或打蛋器搅打起泡，以泡沫稳定、插入筷子不倒为打好。蒸蛋泡糊的火不能太猛。

（六）风味特点

成菜白底红字，鲜艳夺目，似出水芙蓉。汤清味鲜，色彩谐调，淡雅别致。

（七）知识拓展

中国以鸭入馔，始见于周代，《礼记·内则》篇有“弗食舒凫翠”的记载，其后《战国策》等古籍时有记载。北魏贾思勰《齐民要术》载有鸭腮法、醋菹鹅鸭羹、鸭煎作法等制作鸭馔的方法；另外，捣炙、范炙、白菹等肴馔都使用了鸭。以后，文献中还陆续出现了炙鸭、笼烧鸭、熝鸭、熝炕鹅鸭、烧鸭等鸭馔。至清代《食宪鸿秘》、《随园食单》、《调鼎集》、《清稗类钞》等古籍中均有鸭及鸭馔的记载。

鸭肉丰满、细嫩、肥而不腻、皮薄香鲜。以鸭入馔，多以整只烹制，最宜烧、烤、卤、酱，也宜蒸、炖，用扒、煮、煨、焖、熏、炸等烹调方法。又可将鸭加工成小件，采用熘、爆、贴、烹、炒等方法制作。

“清汤鸡圆”：四川名菜。制法：①鸡脯肉 150g、猪肥膘肉 75g 分别捶成肉蓉；鸡蓉用清水 50g（分两次）改散，加蛋清 1 个搅匀后，再加 1 个蛋清搅匀，加盐 1g、味精 1g，与肥膘肉蓉搅成鸡浆。②瘦猪肉捶蓉，用清水 250g 改散，菜心洗净烫熟，用清水凉透，拌开水分，拌散。③炒锅置旺火上，烧开清汤，用 250g 清汤烫一下菜心，放碗内垫底；炒锅移至微火上，使清汤保持沸而不腾，将鸡浆逐个捏成直径约 2cm 的圆子，熟后捞入碗中，清汤加盐 2g、味精 1g、胡椒粉 1g 烧开，用猪肉蓉轻扫两次，倒入鸡圆，盛汤入碗即可。

思 考 题

1. 怎样制好“寿”字蛋泡糊？
2. 此菜的用汤有何讲究？
3. 如何烹制才能做到鸡圆浮而不沉？

二、清 汤 燕 菜

（一）菜品简介

“清汤燕菜”是北京名菜。燕菜又称“燕窝”，是雨燕科金丝燕属的几种燕类在沿海岛屿悬崖峭壁上所筑的窝，是以其唾液与羽绒、纤细海藻及未消化的小鱼虾等筑成的。中医认为其味甘性平，可以养阴润燥，益气补中，并能治虚损、痨疾、咯血吐血、久痢久疾和咳嗽痰喘。燕窝有白燕、血燕、毛燕之分，以白燕为上品，此菜为汤菜。

（二）烹调方法

汆。

（三）原料组成

主料：干燕窝 25g。

配料：清汤 1000g。

调辅料：精盐 4g，味精 2g，碱 2g。

（四）制作过程

（1）将燕窝放在温水中泡软（约需 15min），轻轻捞出，用镊子择净燕窝上的毛和杂质，再用温水漂洗去灰尘。用 500g 开水把碱溶化，放入燕窝，用筷子慢慢挑动，泡 5min 后捞出。再用 1000g 开水泡 5min。然后将 1000g 开水晾至 80℃时，放入涨发起来的燕窝再泡 4min，去净碱分，捞出将水挤净。

（2）将汤锅置于旺火上，下清汤、精盐，烧沸后撇去浮沫，倒入大汤碗里，再将燕窝放在汤里即成。

（五）制作要领

（1）干燕窝与碱的比例以 50∶（1.5～2.5）为宜。

（2）涨发过程中，动作要轻柔，以防弄碎燕窝，涨发至用手一掐即断为好。

（3）制作燕窝汤菜，要突出清鲜，不宜配味道厚重的原料，也不可有油腻。

（六）风味特点

此菜燕窝洁白，质地软滑，汤清味鲜。

（七）知识拓展

关于燕窝的记载始见于元代贾铭的《饮食须知》："燕窝，味甘，性平。黄、黑、霉烂者有毒，勿食。"至清代，《闽小记》、《暑窗臆说》、《瓦釜漫记》、《本草纲目拾遗》等书也有记载。《清稗类钞》上载上"燕窝席"，在《随园食单》等烹饪著作中，还记有燕窝肴馔。发制燕窝时，水温与发制时间，视季节和燕窝的老嫩度适当调节，应经常检查，加以调节，以防发不透留有硬芯，或发过而导致溶烂。发好的燕窝泡发在凉水中待用，但不宜久存，尽快使用。涨发燕窝的水与工具要清洁，不可沾有油污，否则影响发制质量。

烹制燕窝多用扒、蒸、煨、煮、氽、炖等法制作汤羹菜，甜咸均可。做咸品菜时须注意宜清不宜浓，宜纯不宜杂。因其自身少味，应用清汤调制，或配以具鲜味的配料，配用荤料尽量用清荤料，不可浓腻。还须注意：燕窝口感柔软或嫩糯，配料口感应多顺配少逆配。因为燕菜稀少珍贵，现演化出"各吃清汤燕菜"，采用精细名贵的带托碟小盖碗，分碗而食，既文明礼貌，又卫生典雅，客人可细细品评，能提高宴会的格调和档次，活跃宴会气氛。

思　考　题

1. 碱发燕窝的要领是什么？燕窝还可用哪些方法涨发？

2. 制作此菜应注意什么问题？

三、道口烧鸡

（一）菜品简介

“道口烧鸡”是河南道口镇“义兴张”烧鸡的俗称。据《滑县志》记载，“义兴张”烧鸡创始于清顺治十八年（1661 年）。乾隆五十二年（1787 年），“义兴张”烧鸡传人张炳得御厨姚寿山所传“要想烧鸡香，八料加老汤”的诀窍，并试制成功，所制烧鸡被世人称为色、香、味、烂“四绝”，从此道口烧鸡声名大振，相传至今。在 1956 年全国食品展览会上被评为名产佳肴，1981 年又被商业部评为优质产品。

（二）烹调方法

卤。

（三）原料组成

主料：活鸡 10 只（约 10000g）。

调辅料：精盐 10g，饴糖 50g，肉桂 15g，良姜 15g，白芷 15g，丁香 5g，草果 5g，陈皮 5g，砂仁 2.5g，豆蔻 2.5g，花生油 4000g（约耗 300g），老卤汤 2000g。

（四）制作过程

（1）将鸡宰杀治净，放案板上，腹部向上，用刀将肋部划开。腹部留个口，用高粱秆把鸡撑开；将小腿骨关节折断插入腹腔，两翅插入鸡的口腔内，再用温水漂洗一遍，晾干后，全身抹上饴糖，用纱布将肉桂、良姜、白芷、陈皮、丁香、草果、砂仁、豆蔻包好，并将口扎紧。

（2）铁锅置旺火上，下花生油，烧至 200℃时，下鸡炸至柿红色，捞出沥油。

（3）将炸鸡放入卤锅中，加入老卤汤、精盐、香料包，用铁箅子压在上面，旺火烧开，撇去浮沫，改用小火焖约 5h 即成。

（五）制作要领

（1）应选用半年以上、两年以内、约 1000g 重的活鸡，煺毛时注意保持皮面完整。

（2）油炸鸡时的温度应高一些，但不可过高，既要达到定型、上色作用，又要防止炸焦。

（3）使用小火长时间将鸡卤至鸡肉容易离骨为好。

（六）风味特点

成品外形美观，质地软烂，食时提起鸡腿一抖，骨与肉自行分离，香味浓郁。

（七）知识拓展

“德州扒鸡”：山东名菜。此菜由德州“宝兰斋”饭庄首创，后经“德顺斋”烧鸡铺的韩世公反复实践，不断总结，在 1911 年研制成功了“五香脱骨扒鸡”。1956 年在全国食品展销会上，被评为一等奖，1981 年分别被商业部和山东省评为优质食品，1983 年被评为全国五大名牌鸡之一。制法：①将净雏鸡5只（约重5000g）宰杀，冲烫净的鸡两腿向后交叉盘入肛门刀口处；双翅由颈部刀口处伸进，在嘴内交叉盘出，口衔双翅，体呈卧姿。②鸡周身抹匀饴糖。炒锅置旺火上，下花生油烧至240℃时，将鸡放入炸至金黄透红时捞出。③将炸好的鸡整齐地排在锅内，加入老汤、清水、姜、香料包、精盐、酱油，用铁箅子将鸡压住，在旺火上烧沸，撇去浮沫，移至微火上焖煮6～8h，待鸡软烂时将铁箅子取出，用旺火煮沸，用手勺搭住鸡头颈部，轻轻提扣到漏勺内，在汤中冲烫一下，捞出摆入盘中。

“符离集烧鸡”：符离集位于安徽淮北宿县地区，这里的人喜吃一种烧熟后涂上红曲的“红鸡”。1910年一位管姓商人带来德州“五香脱骨扒鸡”的制法，两鸡融合，创出了一种别具一格的风味——符离集烧鸡。最盛时期，符离集制作烧鸡的店铺多达百余家，以管、魏、韩三家最为出名。1956年5月，符离集烧鸡在全国食品展销会上获奖，1980年年底，在中国食品总公司熟食品内部展销会上名列榜首，1982年首次远销香港。制法：①先在光鸡100只（每只约重1000g）靠肩的颈部直开一小口，取出嗉囊，再在肛门边横开5cm长的刀口，掏出内脏，剪断胸骨，用水洗净。然后先用刀背敲断大腿骨，从开膛处把两只腿爪交叉插入鸡腹内，将右翅从宰杀刀口处穿入，使翅尖从鸡嘴露出。鸡头弯曲别在鸡翅下面，左翅向里别在背上与右翅成一直线。使鸡腹内两只腿爪撑开，顶住鸡腹，将鸡别好。②鸡别好后，挂在阴凉处晾干水分，再用毛刷蘸饴糖涂抹鸡身。涂匀后下大油锅中炸成金黄色时捞出（油温应始终保持七成热，若油温低鸡不上色，过高则鸡皮发黑）。③大锅内放水，把八角等13种香料装入布袋内，扎上口，放入锅中煮开，再加入精盐、糖，把炸好的鸡整齐地放入锅内，用旺火烧开后，撇去浮沫，把鸡上下翻动一下，盖上锅盖，改用小火煮4h左右即成（煮的时间，隔年老鸡可适当延长，当年子鸡可缩短，至肉烂、肉骨脱离为止）。煮鸡的卤汁可妥善保存，以后再用，老卤越用越香。香料袋在鸡煮后捞出，可使用二三次。

思考题

1. 此菜在选料上有什么讲究？
2. 为何炸鸡的油温不能过高过低？
3. 怎样才能使成品达到肉骨容易分离、一抖即散的效果？

四、柱侯鸡

（一）菜品简介

“柱侯鸡”于1993年再次被评为广东十大名鸡之一。“柱侯鸡”是广东名菜，“柱侯酱”是广东名酱，有人问，先有柱侯鸡还是先有柱侯酱？按道理应是先有柱侯酱，再有柱候鸡，但此例相反。120年前，佛山三品楼酒家厨师梁柱候用原油老豉压烂成酱烹出了一鸣惊人的新鸡菜，人称为“柱候鸡”，而后，人们对梁师傅制鸡的酱加以研究改进，创出了现在闻名遐迩的柱候酱。厨师们又推出了柱候系列菜式。“柱候鸡”以其独特的制法及滋味，在百鸡菜肴中独树一帜，经久不衰。柱候鸡目前仍以佛山制作的较为地道，它仍为佛山三品楼酒家的招牌鸡，这使得柱候鸡又带上了浓郁的家乡风味，有诗云：“未尝柱候鸡，枉作佛山行。”

（二）烹调方法

浸卤。

（三）原料组成

主料：小母鸡1只（约1200g）。

调辅料：柱候酱100g，米酒25g，花生油75g，味精2g，湿淀粉25g，芝麻油0.5g，汤600g，葱白丝2碟。

（四）制作过程

（1）将鸡宰好，洗净，斩去爪尖后，弯进鸡腹。

（2）取一净沙锅，放入花生油50g，加入柱候酱略炒片刻，烹入米酒，加入汤水，待汤水滚沸后，按白切鸡浸法将鸡浸熟。

（3）将鸡斩件上碟，砌成鸡形，斩件时起出脊骨、翅骨、鸡爪、胸骨、腿骨，放进鸡汁内，用慢火滚20min。

（4）取原汁100g，放在有底油的锅内，加入味精，用湿淀粉勾芡，加芝麻油、包尾油后淋于鸡上，佐以葱白丝上席。

（五）制作要领

（1）要选用优质鸡只。

（2）柱候酱要爆香。

（3）浸鸡时要选用大小合适的沙锅，尽量将鸡浸没。

（六）风味特点

骨软肉滑，豉味浓郁，色味俱佳。

思考题

1. 能否多下一点汤？

2. 此鸡制作上有哪些特点？

五、斜　拉

（一）菜品简介

“斜拉”是云南怒族风味菜，它用漆油、白酒与鸡煨焖而成。斜拉，汉语意思为沙罐醉鸡。此菜风味独到，并有食疗效果，有“漆油焖鸡下粑粑，天热不怕，地热不怕，遇上瘴气也不怕”的美誉。

（二）烹调方法

焖煨。

（三）原料组成

主料：嫩母鸡1只（约2000g）。

调辅料：精盐25g，葱白段70g，姜末30g，白酒800g，漆油500g。

（四）制作过程

（1）将鸡宰杀治净，按就餐人数人均1块下料。

（2）炒锅置旺火上，下漆油烧至180℃时下鸡块爆炒，待散发出香味，鸡呈金黄色时，将鸡肉和漆油倒入沙罐内，加精盐、葱、姜、白酒，盖上碗，碗内加冷水，用面糊封严罐口置小火煨2h即成。

（五）制作要领

（1）云南怒族醉鸡与浙江醉鸡制法有异。怒族醉鸡是用宰后的鲜鸡加酒煨制，浙江醉鸡是先煮成白鸡，再用酒腌制而成。

（2）煨鸡前，应将罐口封严，并用小火加热。

（六）风味特点

此菜以酒代水，故酒味醇厚，鸡肉质嫩味鲜，有助于治疗风湿、妇科病等。

（七）知识拓展

中国以鸡供馔，历史久远。周代鸡已列为六畜之一。《淮南子·说山训》载有“齐王食鸡，必食其跖，数十而后足”。战国时《楚辞·招魂》中载有露鸡。北魏《齐民要术》记有脂鸡。唐代有黄金鸡。宋代有蒸鸡。至清代，《随园食单》、《调鼎集》、《清稗类钞》等典籍中均记载了多种鸡肴。

子鸡多用于炸、烤；成年鸡多用于扒、烧、煮、焖，老鸡多用于炖、煨。鸡肉含有多量的呈鲜物质，具有浓郁的鲜香味，是制汤最理想的原料之一。整鸡经整料出骨后，可制作工艺难度大的出骨菜，如“八宝鸡”、“鸡包鱼翅”、“蛤蟆鸡”等。脯肉：持水性好，肉质细嫩，最宜批片、切丝，用于炒、熘等方法，也可剞花、斩蓉。腿：结缔组织偏多，最宜整只炸、烤，肉味香美；亦可斩块炖、焖、煮、烧，还可切丁、条，用于炒、熘、爆、烹等方法。翅膀：可整形带骨或斩块烧、煮、煨、炖，也可煮熟后拆骨并保持整形用于拌、烩或穿入他料替代骨骼，谓之“偷梁换柱”。

思 考 题

1. 为何要将罐口封严并用小火加热？

2. 以酒代水煨制对菜肴风味有何影响？

六、贵 妃 鸡

（一）菜品简介

“贵妃鸡”是北京同和居饭庄的名菜。清光绪年间，在北京众多餐馆中，号称“八大居”的八家餐馆曾名噪一时，同和居就是其中之一。据说“贵妃鸡”是根据“贵妃醉酒”的故事创制的。

（二）烹调方法

炖。

（三）原料组成

主料：活母鸡1只（约重1500g）。

调辅料：精盐5g，酱油50g，味精4g，鸡汤1500g，葡萄酒50g，葱段25g，绍酒25g，花生油500g（约耗75g）。

（四）制作过程

（1）将母鸡宰杀治净，从背部开膛。将酱油15g、绍酒10g调和后在鸡身内外抹匀。

（2）炒锅置旺火上，下花生油烧至210℃时，下鸡炸至金黄色时捞出沥油。

（3）炸过的鸡入开水中除去浮油，再放在大沙锅里，加鸡汤。将葱段用油煸香，捞出放入盛鸡的大沙锅里，加酱油、绍酒、精盐、味精。再将沙锅移至微火上炖约2h，待鸡熟烂时，加葡萄酒即成。

（五）制作要领

（1）此菜选用北京郊区特产的“油鸡”制成。这种鸡皮黄肉嫩，宜于烹制贵妃鸡。

（2）鸡下锅炸时，胸脯朝下，炸后要用开水去其浮油。

（3）炖鸡宜用微火长时间加热，将鸡肉炖烂，不可先加葡萄酒。

（六）风味特点

成品色泽黄润油亮，酒香飘溢，鸡肉酥烂，汤味醇和清鲜。

（七）知识拓展

“人参炖乌鸡”：吉林名菜。人参是我国东北的特产，素有“大补神草”之称，自古以来就被列为重要药物和食疗补品。以人参为主料的名菜就有“白虎人参汤”、“桂枝人参汤”、“人参炖乌鸡”、“三鲜人参汤”、“人参炖山鸡”等。制法：①用温水将人参 25g 泡软，长切成 8 瓣，放进炖盅内，加入清汤炖 30min。②从脊背处将乌鸡劈开，洗净血污，入沸水锅略焯，再洗净。③把人参放在鸡腹内，把人参原汤烧沸，撇净泡沫，转放在炖盅内，放进乌鸡、火腿片、姜块、葱段、花生油及精盐 6g、味精 4g、绍酒 15g，加上盖，用浸湿的棉纱纸封好盅盖，用中火炖 2h。④上席前，先打开盖，撇去浮油，拣去姜、葱，把人参放在鸡腹外，重新加上盖，封盖棉纱纸，返炖 15min 便可上席。

“虫草炖雪鸡”：西北名菜。制法：①虫草 20g 拣去杂质淘洗干净，用开水浸泡软待用。②把雪鸡 1 只宰杀后除去羽毛、内脏、爪、嘴，冲洗干净，下开水锅内氽透断血取出，洗净血污。③将氽过的雪鸡放入锅内，加水 2000g，用旺火煮沸，打去血污，然后用小火煮，熟时再加入虫草、黄芪，待雪鸡炖烂时即取出，上桌即成。

“凤翅炖鳝段”：徽州传统“火工”菜。制法：①将鳝鱼 750g 宰杀不开膛，切成 5cm 长的段，用筷子捅出内脏洗净，入开水锅中烫一下，捞出擦去外层黏液；鸡翅 12 个剁去翅尖，同猪排骨块分别投入开水锅中烫后捞出洗一次沥干待用。②锅置旺火上烧热，放入熟猪油烧至七成热时放入鳝段，稍炸捞出，沥干净油；取沙锅 1 只，将猪排骨块排放在锅底，中间摆放鸡翅，鳝段放在上层，放入精盐、冰糖、绍酒、葱结、姜块（拍松）、蒜瓣（稍拍）和肉汤，盖好，以大火烧开后转小火炖至鳝段、鸡翅酥烂。③取扣碗 1 只，将炖好的鳝段整齐地排放在碗中稍压，覆扣在大圆盘中央，将鸡翅拣出，间距相同地排围在鳝段四周（排骨拣出作他用），鸡翅间隙中各放一片芫荽叶，上点缀一粒樱桃，然后将沙锅中的汤缓缓浇入盘中即成。

思　考　题

1. 此菜对火候有何要求？
2. 加葡萄酒的作用是什么？为何要最后加葡萄酒？
3. 为什么雪鸡在炖之前要先用开水氽一次？

七、三　套　鸭

（一）菜品简介

“三套鸭”为淮扬传统名菜。此菜用家鸭、野鸭、菜鸽三禽分别整料出骨，然后层层相套制作而成。清代童岳荐在《调鼎集》中介绍此菜：“肥家鸭出骨，板鸭亦出骨，填入鸭肚内，蒸极烂供馔。”后来厨师们改两套为三套，增加了野味。其他帮系仿淮扬三套鸭制法，推出五套禽等菜式。制法亦有简化，不需拆骨，只从脊背开膛，层层相套，不失为提高工效的好方法，使“三套鸭”得到推广。

（二）烹调方法

炖。

(三)原料组成

主料：活家鸭1只(约重2000g)，活野鸭1只(约重750g)，活菜鸽1只(约重250g)。

配料：熟火腿75g，水发冬菇50g，冬笋片100g。

调辅料：绍酒100g，精盐6g，葱35g，姜25g。

(四)制作过程

(1)将家、野鸭和鸽子宰杀，去毛，分别治净。把三禽分别整料出骨，然后入沸水锅略烫。将菜鸽头朝外塞入野鸭腹内，空隙处填放冬菇、火腿片，再将野鸭塞入家鸭腹中，空隙处放冬菇、火腿片、冬笋片，即成“三套鸭”生坯。

(2)将生坯入沸水中稍烫，取出沥干水，放入有竹箅垫底的沙锅内，投入洗净的肫、肝和葱结、姜块、绍酒、清水(以淹没鸭身为度)，置中火上烧沸，撇去浮沫，用只平盘压住鸭身，盖上锅盖，移至小火焖约3h左右至酥烂，拣去葱、姜，拿掉竹箅，将鸭翻身(胸脯朝上)，捞出肫、肝、切片，与冬菇、火腿片、笋片间隔排在鸭身上，放入精盐再焖30min即可上桌。

(五)制作要领

(1)三禽整料出骨技术要求高，做到开口小，不破皮。

(2)套制时要尽量露出三只禽头。

(六)风味特点

此菜肉质酥烂，形态完整。上席时，以大沙锅盛装，食用时，由外向内。家鸭之肥嫩，野鸭之鲜香，菜鸽之鲜嫩，使人越吃越鲜，越吃越嫩。多作为高档宴席的头菜。

思考题

1. 如何对“三套鸭”整料出骨的技术加以改进?
2. “三套鸭”生坯造型后为何要烫水?

八、清炖乌骨鸡

(一)菜品简介

“乌骨鸡”是江西泰和县的特产，又叫武山鸡，养殖和食用历史久远，中外闻名，既贵为名菜佳肴，又有很高的药用价值，目前各地虽多养多食，但泰和的“清炖乌骨鸡”做法简练，不辱天物，堪称佳法。“清炖乌骨鸡”属热菜。

(二)烹调方法

炖。

(三)原料组成

主料：乌骨鸡1只(约重750g)。

配料：水发香菇15g，熟火腿片5g，青菜心1棵。

调辅料：葱白10g，姜片10g，精盐5g，绍酒5g。

（四）制作过程

（1）将乌骨鸡宰杀清洗干净。菜心破成4份。

（2）炒锅置旺火上，放入清水烧开，将菜心、香菇下水焯一下，捞出备用。鸡入沸水中焯一下，去净血污，捞出用清水洗干净。

（3）将鸡放入沙锅，加适量清水，放入绍酒、精盐、葱段、姜片，然后将沙锅置水锅中隔水煮（注意锅内水以微沸但不流进沙锅为准），盖紧锅盖，使之不漏气、不进水，炖2h后，拣去葱、姜，菜心摆在鸡的两边，香菇、火腿片摆在鸡的上面即可上桌供餐。

（五）制作要领

（1）活鸡宰杀加工要洁净。

（2）整鸡保持完整形状。

（3）炖制时把握好火候。

（六）风味特点

“清炖乌骨鸡”选用正宗的泰和乌骨鸡，采用隔水炖的方法，原汁原味，汤清见底，滋味鲜醇，香气浓郁。营养价值与药用价值都很高。

（七）知识拓展

“醉蟹清炖鸡”：扬州兴化县中堡庄擅制醉蟹。清代童岳荐在《调鼎集》中介绍当时醉蟹制法时曾记曰：“三十团脐不用尖，好糟斤半半斤盐，好醋半斤斤半酒，听君留供到年边。”中堡庄醉蟹名播海内外，而“醉蟹清炖鸡”也就成了当地每宴必备的佳肴。制法：①将老母鸡1只（约重2000g）宰杀治净，连同肫、肝、心一起放入沸水锅内略烫，捞出洗净，放入有竹箅垫底的沙锅内（鸡腹朝上），添清水淹没鸡身，加入绍酒、葱段、姜片，取一平盘压住鸡身，盖上钵盖。②将沙锅上火烧沸，撇去浮沫，移微火焖约3h至酥烂，取出平盘、竹垫，去葱、姜，将肫、肝、心分别切成片，鸡腹朝上，放入醉蟹2只和醉蟹卤。沙锅再上火烧沸后，撇去浮沫，加入精盐，将火腿片、香菇片、笋片、肫、肝、心片铺在鸡身上，上中火烧沸即成。

“清炖鸡孚”：南京名菜。制法：①将猪肉剁成米粒状，放入碗内，加葱末、姜末、精盐0.5g拌匀。将鸡肉皮朝下，平摊在砧板上，轻轻排剁一遍（鸡皮不要剁破）。再将肉蓉均匀地平铺在鸡肉上，仍用刀在肉蓉上横竖交叉剁几遍，使猪肉、鸡肉紧密黏在一起，再将鸡肉切成边长3.5cm的菱形块。②将鸡蛋清倒入盘中，搅打成蛋泡糊，加干淀粉拌匀。再将肉蓉块放入，沾满蛋泡糊（每块四周都要裹匀，肉不露出）。③将锅置旺火上烧热，舀入色拉油，烧至五成热时，将肉蓉块分3次逐块放入，炸至肉蓉块浮起结壳，呈洁白色，用漏勺捞出，沥去油。然后将其放入沙锅内，加鸡清汤、火腿片、绍酒、精盐，盖上锅盖，置旺火上烧沸后，移至微火上焖约25min，待肉蓉块酥烂，放入冬菇，再焖5min即成。

思 考 题

1. 乌骨鸡焯水的作用有哪些?
2. 隔水炖有哪些优点?
3. 鸡孚色白完全依赖挂蛋泡糊的作用，此外，蛋泡糊还起哪些作用?

九、气 锅 鸡

（一）菜品简介

“气锅鸡”是云南名菜，用肥嫩母鸡装入特制的气锅炖制而成。气锅是一种陶器，源于云南建水县，是用热气将鸡淋熟，故称洋淋或淋锅。用气锅炖出的鸡风味独特。

（二）烹调方法

炖。

（三）原料组成

主料：武定壮母鸡1只（约2000g）。

调辅料：精盐15g，姜、葱各30g，味精4g，胡椒粉3g。

（四）制作过程

（1）将鸡宰杀治净，鸡肉剁成4cm见方的块，入水漂净血污。姜去皮，切成片。葱切段。

（2）将鸡块装入气锅，加清水200g，放上姜、葱，盖上盖。然后，沙锅上火，加清水2000g，把气锅炖在沙锅上，接口处用白棉纸围住，再用面糊糊上，使其密封不漏气。约炖4～5h至鸡肉软烂，拣去葱、姜，加精盐、味精、胡椒，将气锅置盘子上桌。

（五）制作要领

（1）应选用肥嫩母鸡制作此菜，鸡肉剁块后须用水漂净血污，以突出此菜汤纯味鲜的特点。

（2）必须使用气锅制作，加热时间应长，菜肴成熟后再加精盐等调料。

（六）风味特点

汤汁清亮，肉嫩味鲜，原汁原味，盛器典雅。

（七）知识拓展

“天麻气锅水酥鹌鹑”：云南风味菜。水酥是云南地方烹制方法。明代，大量汉民入滇，“清炸丸子”一菜随之带入云南。因滇南气候炎热，炸丸子食后燥火，当地厨师对丸子的制法加以改良，在生坯丸子外面，先裹一层干淀粉，再裹上蛋糊，经油炸定型，再放入气锅中炖至外壳酥化，称之为水酥。“天麻气锅水酥鹌鹑”是在水酥丸子的基础上创制而成的汤菜。制法：①将鹌鹑10只宰杀放血，煺毛，取内脏，斩去爪，洗净。其中用6只入气锅加冷水炖熟，让其营养成分及鲜味物质充分溶于汤中。②天麻200g洗净入碗，加开水，上笼蒸熟后切片，仍放回原水中。③将4只鹌鹑去骨取肉，剁成蓉，加鸡蛋清2个、精盐2g、味精1g，搅拌上劲，加猪油15g搅匀，挤成小丸子，裹上干淀粉。鸡蛋清4个加湿淀粉制成蛋清糊。炒锅置火上，下猪油烧至150℃时，将丸子裹上一层蛋清糊，炸至壳硬时捞出。④炒锅上火，倒入鹌鹑及汤，下姜稍煮，取出鹌鹑和姜不用，下精盐、味精，将此汤倒入气锅内，下丸子、天麻及其汤汁，加盖，把气锅入笼蒸至丸子发泡有光泽时取出，下白菜叶即成。

思 考 题

1. 用气锅炖菜与用沙锅直接炖菜有何异同？
2. 为何精盐不宜先加？

十、虫草炖蚬鸭

（一）菜品简介

“虫草炖蚬鸭”是一款养生食疗的佳品。虫草即冬虫草，全称为冬虫夏草，属子囊菌纲肉座菌目麦角菌科虫草属冬虫夏草菌。这种菌寄生在鳞翅目蝙蝠蛾科昆虫幼虫体内生长发育，形成虫与菌的混合体。冬虫草味甘滋补，性温助阳，归肺、肾二经，既滋肺阴又补肾阳，为一味平补阴阳之品。蚬鸭即野鸭，又叫水鸭，为鸭科绿头鸭，清代《调鼎集》记述：“广东晚水鸭又叫蚬鸭，大者叫蚬鸭……家鸭取其肥，野鸭取其香。”蚬鸭也有滋补作用，与冬虫草配伍，既可增强冬虫草之功效，又可使汤品味道鲜香可口。

（二）烹调方法

炖。

（三）原料组成

主料：蚬鸭2只（约800g），冬虫草15g。

配料：火腿大方粒25g，瘦肉大方粒100g。

调辅料：姜块10g，葱段15g，姜汁酒15g，绍酒15g，清汤600g，精盐4g，味精5g，胡椒粉0.3g，花生油100g。

（四）制作过程

（1）宰鸭，割喉、放血，用75℃热水烫制煺毛，开背取内脏，敲断四柱骨洗净。

（2）用沸水分别将蚬鸭、瘦肉粒滚过，用清水洗净鸭身的黄衣及污物。

(3) 炒锅下油 20g，下姜块 5g、葱段 5g，放进蚬鸭煸爆 2min，烹姜汁酒，加沸水 250g，煨 1min，沥去水。

(4) 将蚬鸭放在一个炖盅内，加入姜块、葱段、火腿粒、瘦肉粒、精盐、味精、绍酒和沸水 750g。洗净冬虫草放在另一个炖盅内，加入沸水 100g，两盅加盖后同时放入蒸笼，用中火炖 90min 至炝。

(5) 炖好后倒出鸭汤和虫草汁，分别过滤。去掉姜、葱（火腿瘦肉可去掉亦可留下），拆去蚬鸭锁喉骨、胸骨，胸朝上、头放胸上放回炖盅，冬虫草放在最上面。

(6) 原汤、清汤和虫草汁混合后，放回炖盅内，加入胡椒粉，封上棉纸，返炖 30min 便可上席。

（五）制作要领

(1) 肉料都要飞水、洗净。

(2) 炖时要加盖。

(3) 炖制途中不可歇火。

(4) 此菜亦可用原炖法炖制，即蚬鸭与冬虫草合一盅炖制。

（六）风味特点

汤清味鲜，色泽淡黄，肉料软嫩，有滋补作用。

（七）知识拓展

“八宝鸡”：华东名菜。制法：①将嫩母鸡 1 只（约重 1500g）宰杀、洗净，斩去鸡脚，进行整鸡出骨。②将冬菇去蒂、洗净，切丁，干贝盛在碗中，加清水 100g，上蒸笼用旺火蒸 30min 至熟；虾米用沸水泡软。③将熟火腿、熟鸡肫、嫩笋分别切成指甲片大小，与糯米、冬菇、干贝、虾米、莲子以及精盐 3g、味精 1g 拌匀，填入鸡腹内，在鸡脖子处打一个结，以防腹中的调配料外溢，然后将鸡投入沸水锅中烫 3min，使鸡肉绷紧，捞起用冷水洗一遍，放在大碗内，加入葱、姜、绍酒和清水 250g，上蒸笼用旺火炖 2h 左右，取出，将鸡肚朝上放在长盘内，汤汁倒入另一只炒锅，置旺火上，加精盐、味精烧沸，用湿淀粉勾芡，淋在鸡身上即成。

“蛤蚧炖全鸡”：广西名菜。1988 年在第二届全国烹饪大赛中，广西榕湖饭店名师秦永昭烹制此菜获得金牌。①将三黄子鸡 1 只（重约 900g）宰好，斩去鸡脚，开背，放沸水中略滚，除去血污。②将鸡上笼干蒸 30min，鸡胸向上放于炖盅内。③将蛤蚧 1 对（重约 200g）杀死，除去外皮、内脏，挖去眼珠和脑，留尾（带皮，不可弄断）。④先用绍酒擦蛤蚧内腔，然后再用沸水略滚，以除血污和异味。放于鸡的两旁。⑤在炖盅内放进火腿粒、桂圆肉、姜块、葱段、绍酒、精盐和清汤，加上盖，用棉纸封盖，放蒸笼内用中火炖 2.5h。上席时除去姜、葱。

“双鸽吞燕”：广东名菜。是将乳鸽起“全鸽”后，填进涨发好的燕窝炖制而成，此菜与“凤吞翅”一样，都是以其造型取名。①把燕窝放到清水中浸 2h，用尖嘴铁夹拣去绒毛和杂质，然后再用沸水焗 30min 至涨透，用清水浸着备用。②乳鸽宰杀后起全鸽，洗净待用。③火腿 25g 切成细粒，余下的火腿切成 5 颗大方粒，瘦肉也切成大方粒。④把燕窝放在漏勺内，然后连勺一起放在沸水中滚 2min，沥水，原锅洗净后，下清汤 250g 及精盐 1g、绍酒 15g、花生油 5g，连勺一起再把燕窝放到汤中煨 2min，捞起，沥水，用洁净毛巾吸干水分。⑤火腿细粒与燕窝拌匀后分成两份，分别填进两只乳鸽内腔，用水草把开口处扎紧，放到沸水中滚 2min，捞起后用铁针在鸽皮上戳 10 个小孔。瘦肉粒滚 2min，火腿粒滚 20s，捞起。⑥解去乳鸽颈上水草，背朝上放在炖盅内，再放进火腿粒、瘦肉粒、姜、葱、精盐、味精、绍酒、沸水 500g，加盖，入蒸笼用中火炖 90min 至熟。⑦倒出面上清炖汤，加入清汤滚至微沸，调好味，去掉姜、葱、猪肉、火腿，倒掉汤脚，把乳鸽胸朝上摆好，加进调好味的原汤和清汤混合汤，加上盖，封上棉纸，返炖 15min 即可上席。

“天麻鸳鸯鸽”：贵州名菜，是用贵州特产名贵药材天麻与营养丰富的鸽肉烹制而成。它既是珍贵的佳肴，又是有显著疗效的保健食品。天麻含香荚兰醇、维生素 A、苷类及微量生物碱等成分，主治头晕目眩、神经衰弱、四肢麻木、身体虚弱、小儿惊风、风湿癫痫、高血压等症。1983 年在北京举行全国烹饪名师技术表演时，贵州厨师腾文祥曾表演了此菜。制法：①天麻 50g 入碗，加清水少许上笼蒸熟后切成碎末。鸡脯肉 100g 捶蓉，肥膘肉 75g 切成末，用蒸天麻的汁水、姜汁水搅散，加天麻末、鸡蛋清、精盐 3g、味精 1g、胡椒粉 1g、湿淀粉搅成馅。将鸽宰杀治净，背开取内脏，焯水。②鸽子 2 只（约 700g）入汤钵，加鸡汤、盐、味精、胡椒粉及用纱布包好的葱结、姜块，上笼蒸烂。另用一汤钵，放入豌豆尖，放入鸽子，滗入原汤。③炒锅置小火上，下清水烧沸，将肉馅挤成丸子入锅氽熟，捞出摆在鸽子四周即成。

思考题

1. 肉料为什么要氽水？蚬鸭为什么要煸爆？
2. 姜块、葱段、火腿、瘦肉分别起什么作用？
3. 蚬鸭和冬虫草分炖有何好处？
4. 八宝鸡到八宝葫芦鸡的制作有哪些异同？
5. 制蛤蚧炖全鸡时鸡和蛤蚧炖前为什么要焯水？炖时为什么要加盖？

第二节 烧焖扒烩类菜品

一、咖喱鸡块

（一）菜品简介

咖喱原产印度，是一种香辣浓郁而富有刺激性的、由多种植物性原料组成的调味料。用咖喱烹调的荤肴别有一种风味。

（二）烹调方法

烧。

（三）原料组成

主料：嫩光鸡300g。

配料：土豆150g，洋葱25g。

调辅料：绍酒10g，咖喱油2.5g，精盐3g，白糖1g，味精1g，鸡汤500g，胡椒粉0.5g，面粉20g，色拉油75g。

（四）制作过程

（1）将鸡斩成约3.5cm见方的块，撒上精盐0.5g和胡椒粉，拌匀渍一下。土豆去皮切成滚料块，洗净后用开水煮熟，沥去水。洋葱剥去外皮，切成细末。

（2）将炒锅置旺火上烧热，用油滑锅后倒出，再下色拉油25g烧热，加盖用小火烧30min左右，待鸡块已酥，再加土豆块、精盐2.5g、白糖烧一会儿。

（3）另取1只炒锅置小火上，放入色拉油15g烧热，再放入洋葱末，用小火慢煸，煸至洋葱呈深黄色，并有浓郁的洋葱味时，即端锅离火，等到锅里的油不冒青烟时，放入咖喱油炒匀，再加入面粉、色拉油20g，炒到面粉成熟，改用旺火，将鸡块、土豆连汤一起倒入锅里，烧浓汤汁，淋入色拉油15g即成。

（五）制作要领

咖喱油炒至黄色透出，面粉加入炒熟，但不能炒焦。

（六）风味特点

此菜色泽黄橙油亮，鸡块酥烂鲜嫩，具有咖喱、洋葱的浓郁香味。

思考题

制作咖喱鸡块对鸡的选用有哪些要求？

二、红烧野鸭

（一）菜品简介

“红烧野鸭”是湖北洪湖市传统名菜。在湖北省，有“九雁十八鸭，赛不过青头和八鸭”之说。以前洪湖野鸭甚多，当地群众每逢春节家人团聚，或款待亲朋好友，都要烹制红烧野鸭，作为席上珍品。清道光年间出版的《汉口竹枝词》云：“陆肴争及海肴鲜，鸡鸭鱼肉不论钱。冬日野凫（即野鸭）春麦啄，尚和酒客结姻缘。”特别是电影《洪湖赤卫队》的放映，“遍地野鸭和莲藕，秋收满畈稻谷香”的歌曲唱遍大江南北，洪湖野鸭更是驰名中外。

（二）烹调方法

红烧。

（三）原料组成

主料：野鸭1只（约1000g）。

调辅料：精盐10g，白糖25g，黄酒50g，胡椒粉1g，硝水10g，芝麻油50g，熟猪油25g，葱花15g，姜片25g，蒜白10g。

（四）制作过程

（1）将野鸭宰杀拔毛治净，剁掉尾、脚爪留鸭头。鸭颈用刀稍拍，其余切成4大块，用硝水腌制2h。

（2）炒锅置旺火上，下猪油烧热，放入鸭块，炒干血水，加黄酒翻炒2min，加精盐、姜片、清水，盖上锅盖焖烧0.5h，待鸭块已入味时，加蒜白、白糖，焖烧至汁稠，淋芝麻油，撒上葱花、胡椒粉装盘。

（五）制作要领

（1）注意拔尽鸭毛，保持鸭身完整，并认真清除含有异味的尾脂腺。

（2）野鸭腥味较重，烹调时应多用葱、姜、蒜、黄酒、白糖等调料，以盖压腥气，并发挥野味特有的芳香。

（3）适量加水，烧鸭块的水要浸没鸭块，方能烧至酥烂、易于脱骨，还应注意调节火候。

（六）风味特点

此菜色泽红亮，野香扑鼻，鸭肉肥美，咸鲜回甜，汤汁浓稠。

（七）知识拓展

野鸭入馔，历史久远。《楚辞·招魂》上已记有“鹏凫”，即以野鸭肉制的少汁的羹。明代《本草纲目》已载野鸭。到了清代，野鸭肴馔更加丰富，单《调鼎集》就记载了18种野鸭菜谱，涉及到1～3种烹调方法。并得出“家鸭取其肥，野鸭取其香”的经验。但近年来捕杀过度，对野生品种已需要保护了。

野鸭肉有一定的腥味，烹调时以采用扒、烧、焖等法为佳。野鸭整只烹制，可采取酱、焖、煮、炖、烧等办法，分件后，也可炒、爆、炸、熘、蒸、煮。

“酸菜烧野鸭”：江西名菜。制法：①将野鸭1只（约重1000g）斩去头、脚、翅膀，开膛取出内脏，留下肫肝另用。洗净后斩成 2.5cm 见方的小块待用。②将酸菜洗净，切去菜叶不用，把菜梗切成 2.5cm 长的段。姜拍松，葱扎结。③炒锅上火，烧热后放猪油 60g，将鸭块入锅煸炒至鸭肉皮紧，再放生姜、葱结、茴香、蒜瓣、甜面酱炒出香味，加酱油、绍酒、鲜汤，烧开后移至微火上焖约 2h，至汤汁快干时将锅离火，拣去姜、葱、茴香。④另取铁锅 1 只，放入猪油 40g，烧至五成热时，放入酸菜煸炒，加鲜汤 50g 焖烧一会儿，装大碗内铺平。⑤鸭锅再上火，湿淀粉勾芡翻匀，起锅盛入酸菜垫底的大碗内，淋上芝麻油，撒上胡椒粉，上桌供餐。

思考题

1. 怎样才能将野鸭毛去净？
2. 何时野鸭肥美？烹制此菜时应注意什么问题？
3. 鸭块为何先煸而后焖烧？

三、雪魔芋烧鸭

（一）菜品简介

雪魔芋是以野生魔芋为主要原料，加上米粉和水混合、烧沸、凝固、定型后，靠雪冻、日晒而成，是四川峨眉山的土特产之一。相传，雪魔芋是峨眉山上的和尚发明制作的，距今已有 60 多年的历史。那时，因峨眉山佛事活动兴盛，前往山上游玩敬神的香客居士络绎不绝，让山上供应素菜颇为困难。于是各寺院都储备了大量的魔芋片、干笋子和雪水泡菜等菜品。其中魔芋最受大家欢迎。因为魔芋满山都有，魔芋片又便于储存，利用魔芋粉加水和大米煮成糊状之后，能制成各种味道鲜美的“魔芋菜肴”，故人们称之为“黑豆腐”。那时，黑豆腐成了峨眉山各寺院的主要素食。到了 30 年代初的一个冬天，峨眉山金殿的主持和尚圣渭因一次偶然的机会，发现了餐后剩余的一方水魔芋，经过几天的冰冻而发泡成海绵状干块，将其煮熟后拌上作料，吃起来格外可口。于是，圣渭和尚多次试验，将魔芋制成的“黑豆腐”放在雪地里反复冰冻，经雪压、日晒，终于制成了便于储存的干魔芋块。由于这种干菜食品是在冬天制作且全靠积雪浸压而成，故名“雪魔芋”。

雪魔芋作为一种干菜，既可素食，又能荤食，营养价值极高，日本有关医学专家研究证明：常年食用雪魔芋有助于防止便秘、结肠炎症，以及治疗痢疾等病，并有一定的抗癌作用。

（二）烹调方法

烧。

（三）原料组成

主料：嫩鸭 1 只（约 750g）。

配料：雪魔芋 100g，蒜苗 50g。

调辅料：老姜 20g，酱油 10g，精盐 5g，豆瓣 75g，花椒约 10 粒，绍酒 75g，味精 0.5g，胡椒粉 0.5g，湿淀粉 15g，混合油 150g，清汤 500g，泡红辣椒 5 根。

（四）制作过程

（1）雪魔芋用水泡发后，切成 6.6cm 长、3.3cm 宽的条；嫩鸭宰杀、煺毛、剖腹、去内脏，洗净、剔骨，头颈、翅尖和脚掌不用，再砍成长 5cm、宽 1.6cm 的长条；老姜洗净拍松，蒜苗切马耳朵形，泡红辣椒切成 5cm 长的节。

（2）将锅置旺火上，倒入混合油，烧至冒烟时倒入鸭条，煸干水分后铲出。余油留锅中，放入花椒、豆瓣炒香后，掺入清汤，将鸭条放入，加姜（拍破）、泡红辣椒、胡椒粉、绍酒、酱油等，烧 20min 左右，待鸭条已达七成软时，将雪魔芋放入锅中，继续烧 20min，鸭条软后，即可勾入湿淀粉，放入味精、蒜苗起锅即可。

（五）制作要领

（1）雪魔芋形状不能太大。

（2）鸭条一定要先煸炒干水分，成菜才香。

（六）风味特点

色泽红亮，魔芋汁重，叶浓而鲜。

思　考　题

试比较雪魔芋和鲜魔芋在“烧鸭”中的异同？

四、三　杯　鸡

（一）菜品简介

“三杯鸡”是江西久负盛名的风味菜肴之一，因其烹制时不放汤水，仅用米酒、猪油、酱油各一杯将其焖制熟透，故名“三杯鸡”。加热用具也较独特，用南丰产的 3 号白陶小泥炉盛燃木炭，原料用沙钵装好盖严，以文火焖制成熟，以盘托沙钵上桌。三杯鸡属热菜。

（二）烹调方法

焖。

（三）原料组成

主料：三黄子鸡 1 只（约重 1000g）。

调辅料：香葱白 40g，生姜 25g，猪油 60g，甜米酒 60g，浅色酱油 60g，芝麻油 15g。

（四）制作过程

（1）将鸡宰杀清洗干净，斩去鸡爪和嘴尖，剁成 1.6cm 见方的大丁，同时将鸡心、肫肝和鸡头也剁成与鸡肉相同大小的丁，放入沙钵内。

（2）将葱白段、姜块和猪油、米酒、酱油各一杯放入钵内，拌匀盖严。

（3）将盛鸡沙钵放在点燃木炭的泥炉上，以文火焖制 30min 至鸡块酥烂、卤汁收浓，淋上芝麻油，用盘托钵上桌供餐。

（五）制作要领

（1）三黄子鸡宰杀要洁净。

（2）原料入沙钵后要拌匀以入味。

（3）烹制时不可加入汤水。

（4）尽量用泥炉木炭火焖制。

（5）火候要把握好，确保汤尽肉烂。

（六）风味特点

“三杯鸡”因其制法独特，风味上佳而远近闻名，盛器饮餐并用，菜式古朴大方，成菜色泽绛红，鸡块肉烂脱骨，原汁原味，醇香诱人。

（七）知识拓展

“东安子鸡”：湖南传统名菜。此菜源于湖南省东安县，原名醋鸡。据传，早在唐玄宗开元年间，东安人就开始制作醋鸡。醋鸡改名为东安鸡有两种说法：一说是因清末湘军悍将、东安人席保同常以此菜宴客而得名；另一说是北伐战争胜利后，国民革命军第八军军长唐生智在南京设宴待客，席中有醋鸡一菜，颇受宾客称道，客人问及菜名，唐生智觉得原名不雅，灵机一动，说是家乡东安鸡，从此，东安鸡之名不胫而走。制法：①将鸡放汤锅内煮 10min，达七成熟时捞出晾凉。②将嫩母鸡 1 只（约 1000g）剁去头、颈、脚爪，再剔除鸡骨，将鸡肉顺长切成 5cm 长、1cm 宽的长条，红干椒切成细末，花椒拍碎，葱切成 3.3cm 长的段，姜切成丝。③炒锅置旺火上，下熟猪油烧至 240℃时下鸡条、姜丝、干椒末煸炒至香，加黄醋、绍酒、精盐、花椒末继续煸炒，接着放入肉清汤焖 2min，至汤汁收干时，下葱段、味精，用湿淀粉勾芡，持锅颠翻，淋入芝麻油出锅装盘。

思 考 题

1. 此菜如何在调配中保持原汁原味？
2. 鸡肉为何要斩成小块？
3. 此菜烹制是如何精运火候的？
4. “东安子鸡”的风味有何独到之处？制作此菜的关键是什么？

五、黄焖子铜鹅

（一）菜品简介

“黄焖子铜鹅”：湖南名菜。“铜鹅”是湖南武冈名产，当地民俗独特，男子订婚时，必用一对鹅作聘礼，以此象征夫妻恩爱、白头偕老。铜鹅肉质细嫩、味道鲜美，可制成红烧鹅、米粉鹅、烙天鹅等风味菜，“黄焖子铜鹅”是其中的一种热肴。

（二）烹调方法

焖。

（三）原料组成

主料：去骨子鹅肉500g。

配料：鲜红辣椒100g，嫩姜50g，蒜瓣25g。

调辅料：精盐2g，酱油15g，味精1g，绍酒50g，杂骨汤500g，湿淀粉25g，芝麻油1.5g，熟猪油100g。

（四）制作过程

（1）将去骨子鹅肉洗净，切成3cm见方的块。鲜红辣椒去蒂去籽，切成长、宽各为2cm的薄片。嫩姜洗净去皮，切成0.7cm厚的菱形片。

（2）炒锅置旺火上，下熟猪油75g，烧热后下嫩姜煸香，再下鹅肉煸炒，烹入绍酒，炒2min，加精盐1.5g、酱油炒匀，再加入蒜瓣、杂骨汤，焖15min，鹅肉柔软后盛出。炒锅内下熟猪油25g烧热，下鲜红辣椒、精盐0.5g炒熟，再倒入鹅肉，加味精，用湿淀粉25g勾芡，炒匀装盘，淋入芝麻油。

（五）制作要领

（1）以选用湖南武冈的质嫩而细腻的子铜鹅为佳；

（2）姜应煸香，炒鹅肉的火要旺，应煸干水汽，炒出香味，并要多加绍酒，以去除腥味。

（六）风味特点

质地软嫩，色泽黄亮，滋味咸鲜辣。

（七）知识拓展

中国以鹅入馔，历史久远。《礼记，内则》篇记有“弗食舒雁翠”，即不吃鹅尾臊。北魏《齐民要术》中仅烤鹅就有捣炙、衔炙、范炙等多种方法。此外，还有用木耳、羊肉汁煮鹅肉块的棸淡法，用秫米拌酱清等在角钵里蒸焖子鹅肉的缹鹅法，以及醋菹鹅鸭羹、白菹法等。隋唐以来，《卢氏杂说》、《烧尾宴食单》等古籍均有食鹅记载。至宋时，开封、杭州的“蒸鹅排”、“鹅签”、“五味杏酪鹅”、“鹅粉签”、“白炸春鹅”、“炙鹅”等，已为食肆挂牌名食。元代以后，鹅馔更丰富多彩。如鹅酢、蒸鹅、杏花鹅、钱蒸鹅、豉汁鹅、烧鹅、烹鹅、酒蒸鹅、油爆鹅、熟鹅酢，以及用熟鹅头、尾、翅、足、筋、肤切极细的末制成的鹅醢等肴馔。清代《随园食单》、《调鼎集》、《清稗类钞》等古籍中食鹅记载也很多。

鹅常以整只烹制，嫩鹅还可加工成块、条、丁、丝、末等多种形态供用。可采用烤、熏、卤、酱、炸、蒸、炖、煮、扒、烧、煨、焖等多种烹调方法。适应于咸鲜、咸甜、酱香、烟香、五香、甜香、腊香、葱油、姜汁、红油、咖喱、芥末、蚝油、麻辣、椒麻等多种调味味型。

思考题

1. “武冈铜鹅”有何特点？此菜选料有何要求？

2. 制好此菜的关键是什么？

六、捶烩鸡片

（一）菜品简介

“捶烩鸡片”：山东名菜。捶烩是我国一种古老的烹调方法，早在周代的《礼记·内则》中就有记载，其名为“捣珍”，被列为周代“八珍”之一。目前流传于胶东地区的捶烩鸡片是用鸡脯肉制作而成。

（二）烹调方法

烩。

（三）原料组成

主料：鸡脯肉300g。

配料：水发玉兰片50g，水发冬菇50g，火腿50g，葱油25g，绿豆干淀粉25g。

调辅料：精盐5g，味精3g，绍酒15g，清汤750g，芝麻油1g，湿淀粉20g，花生油750g（约耗50g）。

（四）制作过程

（1）将鸡脯肉剔净脂皮、白筋，片成0.4cm厚的大片，然后改成2cm见方的方片。将绿豆干淀粉撒在鸡片上，用木槌将鸡片逐片捶成0.15cm厚的薄片。玉兰片、冬菇、火腿均切成薄片。

（2）炒锅置中火上，下花生油烧至150℃时，将捶过的鸡片下入油中过油后捞出沥油。

（3）炒锅置旺火上，下葱油烧热，再下玉兰片、冬菇略煸，加入清汤、精盐、绍酒、味精、火腿片烧开，撇去浮沫，将鸡片入内，烧沸后用湿淀粉勾成流汁芡，淋上芝麻油，盛入汤中即成。

（五）制作要领

（1）此菜必须选用鸡脯肉，剔尽筋膜后片成片，用木槌将鸡片捶薄。

（2）鸡片过油前要将锅滑好油，下锅的油温要适中，不可过高或过低。

（3）烩制时，鸡片入锅后烧沸即勾芡，不宜久烩，以保持质地软嫩。

（六）风味特点

成菜洁白光亮，软嫩滑爽，咸鲜适口。

（七）知识拓展

“白玉鸡脯”：河北名菜，它以鸡肉为主料烩制而成。相传此菜是清代末年保定府衙内名厨宋、马二人共同创制的，因选料考究、制作精细，得到当时官员们的称赞。后来传到饮食市场，很快驰名。20 世纪 50 年代后，厨师对此菜不断改进，使之风味更佳。制法：①将鸡肉 100g 剔尽筋皮，用刀砸剁成蓉。玉兰片切成薄片。②鸡蓉加 2 个鸡蛋清、白糖搅匀。另将 2 个蛋清抽打成蛋泡后也加入鸡蓉内搅匀。③炒锅内放入熟猪油，烧至 120℃时离火，将调好的鸡肉糊用羹勺一勺勺舀入油中，用温油浸透一面，再慢慢一片片用筷子翻面，视油温降低时及时移到火上两面浸透，待涨大熟透、呈乳白色光亮时，捞出沥油。④炒锅内留底油烧热，下花椒，出香味后捞出不要，再下玉兰片、油菜心煸炒，随之放入主料，加绍酒、精盐、味精、鲜汤、胡椒粉，烧沸后用湿淀粉勾芡炒匀装盘。

“芙蓉鸡片”：四川名菜。制法：①白母鸡鸡脯肉 150g 洗净去皮，用刀背在菜墩上捶蓉，边捶边用刀刮去白筋，肉蓉放入碗中，先用冷鸡汤 100g 将鸡蓉调散，加湿淀粉 50g、精盐 1g、胡椒粉 0.5g、味精 0.2g、绍酒 5g、鸡蛋清 4 个，搅匀成糊状待用；火腿、冬笋尖分别切成薄片。②炒锅置中火上，下化猪油少许，烧热后滤去油，即用炒勺将调好的肉蓉分批放入锅中，摊成直径 2.6cm、厚 0.66cm 的圆片，用小铲铲起来盛入鲜汤碗中，每片照此进行，摊完为止。③锅内留油 50g，将火腿、冬笋、豌豆尖下锅微炒几下，即下鸡汤 150g、精盐 2g、味精 0.3g、湿淀粉 100g，对成芡汁，再将漂在碗内的鸡片汤滤去，倒鸡片下锅轻轻推炒，加入化鸡油即成。

思　考　题

1. 经捶薄的鸡片制成菜后与不经捶制的鸡片制成菜有何不同？
2. 鸡片过油和烩制时应注意什么问题？
3. 制“芙蓉鸡片”时选用火腿、冬笋尖、豌豆尖起什么作用？在烹制上，若不采用“摊”的技巧，还可用哪几种方法？比较其优劣。

七、蟹肉燕窝

（一）菜品简介

燕窝是高档名贵原料，燕窝除有晶莹洁白的色泽、良好的口感外，营养也很丰富。《本草纲目拾遗》称燕窝“味甘淡平，大养肺阴，化痰止咳，补而能清，为调理虚损劳疾之圣药”。燕窝本身不显味，需要通过味道良好的辅料加以辅助。“蟹肉燕窝”就是用味道极鲜美的蟹肉给燕窝赋味，合乎“有味者使之出，无味者使之入”的烹饪原则。若要增加菜肴的甘美，便可加入蟹黄烹制蟹黄燕窝。燕窝也常常用于制作甜菜，较有名的有“枣蓉燕窝”（广东潮汕风味）、“冰糖炖燕窝”、“杏汁炖官燕”、“椰汁炖燕窝”、“果汁燕窝”等等。由于燕窝名贵，现在的燕窝菜品，特别是甜菜，上席时一般是燕窝与配汤（或汁）分盛同上，由宾客自行调配。

（二）烹调方法

烩。

（三）原料组成

主料：水发燕窝 150g。

配料：蟹肉 200g，火腿蓉 5g，鸡蛋清 60g。

调辅料：a. 二汤 800g，清汤 1250g，姜块 5g，绍酒 20g，湿淀粉 15g，花生油 100g。b. 精盐 2g，味精 3g。c. 精盐 4g，味精 2g，胡椒粉 0.2g。

（四）制作过程

（1）检查蟹肉，把碎壳挑出来。

（2）炒锅内放进二汤 500g，用漏勺盛着燕窝，放进汤中滚 1min。然后烧热炒锅，下油 20g，放进姜块煸炒，烹绍酒 5g，下余下二汤和调料 b，漏勺盛着燕窝放进汤中煨 1min，沥去汤。

（3）烧热炒锅下油 15g，烹绍酒，下清汤、调料 c、蟹肉、燕窝，待汤微沸后调入湿淀粉勾芡，然后把打散的鸡蛋清徐徐倒入推匀，加包尾油后上窝，撒上火腿蓉便可。

（五）制作要领

（1）燕窝要预先发好。

（2）滚煨燕窝要用漏勺盛着。

（3）推鸡蛋清时要离火。

（六）风味特点

汤色清雅，鲜甜柔滑。

思考题

1. 烩制时用什么火力？为什么？
2. 煨燕窝的目的是什么？

第三节 炸烹熘爆炒煎贴煸类菜品

一、风 沙 鸡

（一）菜品简介

“风沙鸡”是近年出现的蒜香系列菜式之一，1993 年由广州中国大酒店制作此鸡送评，被评为广东十大名鸡之一。“风沙鸡”是用生炸法制成的热菜，它与广东传统名菜

"红烧乳鸽"（又名生炸乳鸽）制作程序基本一样，主要区别有两点：一是腌料不同，"红烧乳鸽"用精盐、味精、生抽、姜、葱、酒和五香粉腌制；二是"红烧乳鸽"炸熟后常常封入喼汁、绍酒、白糖调成的味汁，而"风沙鸡"不封汁。

（二）烹调方法

炸。

（三）原料组成

主料：小母鸡1只（约1200g）。

配料：虾片15g。

调辅料：a. 蒜蓉15g，植物油2000g。b. 白醋25g，麦芽糖15g，浙醋10g，绍酒2g，干淀粉10g。c. 蒜汁30g，姜蓉75g，沙姜粉10g，干葱头100g，精盐75g，味精50g，玫瑰露酒15g。

（四）制作过程

（1）将鸡宰好，斩去鸡脚，挖去鸡眼，洗净，抹干水分。

（2）将干葱头捣烂。调料b混合和匀后抹于鸡内外，余下腌料撒在鸡身上，用煲盆盛好放冰柜内腌制12h。

（3）腌制后取出鸡抖净腌料留用。用沸水淋烫鸡身，使其紧缩，然后将调料c调匀成糖浆后，涂匀于鸡的表面，吊起晾干。

（4）用130℃热油将鸡虾片炸至膨起，用笊篱托好鸡，将油烧至150℃，放下鸡，转用130℃的油浸炸15min至熟，升高油温后捞起鸡，沥干油。

（5）将腌料、蒜蓉放在碟内，冲入热油，搅匀为作料。

（6）将熟鸡斩件上碟砌成鸡形，用虾片伴边，跟作料上席。

（五）制作要领

（1）腌制时注意保鲜，腌制时间要足够。

（2）要趁鸡皮热时上糖浆。

（3）浸炸时，油温不要太高以免色泽过深。

（4）用油冲调作料时，油不能太少，温度要高。

（六）风味特点

皮色大红，蒜香浓烈，滋味甘美，有齿颊留香、回味无穷的感觉。

（七）知识拓展

"炸菊花肫"：华东名菜。制法：①将鸭肫400g洗净，片去内外硬皮及筋膜，在肫肉上用直刀剞成交叉十字刀纹，刀深为肫肉的3/4，刀距约0.2cm，然后改成块，用绍酒、葱结、姜块、精盐、味精拌匀腌渍片刻。②炒锅里舀入色拉油，用旺火烧到七成热时，放入浸渍过的鸭肫块，炸约20s捞出，待油温再回升到八成热时，把鸭肫复炸约15s，立即捞出沥油。③锅内留油约10g，放入葱花煸出香味，再把炸好的肫块放入，淋入芝麻油、花椒盐，端锅颠翻几下，立刻装盘即成。

“千岛汁乳鸽”：是近年创出的广东新菜，此菜融合中外风味于一体。制法：①将乳鸽宰杀治净，加入姜块15g、葱段15g、洋葱丝20g、芫荽10g、精盐10g、五香粉3g、玫瑰露酒10g拌匀，腌制3h。②用沸水冲淋乳鸽表皮，抹干水分，将麦芽糖25g加清水6g和匀，涂抹于鸽皮上，晾干。③将乳鸽放进150℃的热油内炸至熟，捞起，沥去油，在熟砧板上切件，摆在碟上成鸽形。④原锅留少许油，下清汤、千岛汁，用湿淀粉勾芡，加包尾油后淋于鸽身上，或另碟装盛，一齐上席。

思考题

1. 蒜香味是此鸡的一大特色，如何才能确保鸡有蒜香味？
2. 为什么鸡体上糖浆前要用沸水淋烫？
3. “炸菊花肫”对油温有什么要求？
4. “千岛汁乳鸽”在哪些方面体现融合中外风味？

二、炸鸳鸯嘎渣

（一）菜品简介

“炸鸳鸯嘎渣”：山东济宁名菜。它以鸡蛋为主料制成，一面黄、一面红，两面紧贴，似鸳鸯并肩，故而得名。此菜由济宁名店鸿远楼名厨尹凤瑞创制，鸿远楼原名“会景楼”，清代开业，1911年改建后更名为“鸿远楼”。此菜为甜菜。

（二）烹调方法

炸。

（三）原料组成

主料：鸡蛋黄2个，鸡蛋2个。

配料：湿淀粉100g，面粉75g，山楂糕75g。

调辅料：桂花酱1g，白糖150g，花生油750g（约耗75g）。

（四）制作过程

（1）将鸡蛋打入碗内，加鸡蛋黄、清水300g、湿淀粉、面粉50g、桂花酱搅匀，分装两碗。将山楂糕研碎放入其中一碗，搅匀。

（2）选带油的净锅一只置小火上，将不带山楂糕的蛋液倒入锅内，用小铲不停地推搅，熟时出锅摊平成嘎渣。用同样的方法做熟带山楂糕的汁，盖在先做好的嘎渣上面摊平，两色嘎渣的厚度约1.5cm。

（3）将余下的面粉铺在案上，晾凉的嘎渣放在上面，切成0.5cm宽的长条，再切成象眼块，沾匀面粉放入盘内。

（4）炒锅置中火上，下花生油烧至 180℃时移至小火上，将嘎渣下锅，用小铲不停地翻动。炸至杏黄色时捞出沥油，装盘撒上白糖。

（五）制作要领

（1）蛋液要搅打均匀。炒嘎渣的锅应带油性，选用不粘锅为佳。须用小火炒制，并不停推搅。

（2）炸嘎渣采用中火、小火、中火交替进行，中火将油烧至 180℃后移小火上，下原料氽炸，起锅前上中火炸制，以减少含油量。

（六）风味特点

成菜颜色鲜艳，黄红相间，质地软嫩，酸甜可口，多用于喜庆宴席。

（七）知识拓展

“炸八块”：山西名菜。因鸡被剁成八块，故而得名。制法：①将子鸡 1 只（约 750g）剁掉鸡头、鸡脖、鸡爪，把鸡剁成 8 块，用刀根斩折，加精盐、酱油、绍酒稍腌，再加鸡蛋、面糊上糊。②炒锅置旺火上，下花生油烧至 200℃时下鸡块炸至定型，改中火氽炸至熟，移旺火上，捞出鸡块，待油温升至 210℃时倒入鸡块重油，炸至金黄色、质地酥脆时捞出装盘，撒上花椒盐即成。

“秋叶鹌鹑蛋”：华东名菜，系用面包片刻制成秋叶形，再涂以虾蓉，镶上鹌鹑蛋炸制而成。制法：①将面包片修切成（或刻成）秋叶形片（共 20 片）。虾仁洗净后剁成泥，放入精盐、绍酒、鸡蛋清搅上劲，再调入味精、湿淀粉搅匀。葱切丝，冬笋切小短条（20 个），用干淀粉拌过。鹌鹑蛋 10 个放在炒锅内，用水煮熟后剥去壳，切开用干淀粉粘上截口。②把面包片摊放在砧板上，将虾蓉分为 20 份，分别放在面包片上，再放上鹌鹑蛋，撒上熟火腿末于四周。然后按上笋条作叶梗。③将炒锅置旺火上，舀入色拉油，烧至六成热，把做好的秋叶鹌鹑蛋生坯逐个放入油锅，用勺轻轻翻淋，炸至面包金黄色，虾蓉转至白色成熟，捞出围放在盘边，中间缀以芫荽，再配上甜面酱或番茄酱蘸食。

“琵琶鸡”：湖北荆州名菜。其味鲜美且形似拨弦乐器琵琶，而琵琶历史上曾在荆州十分流行，此菜又为荆州厨师所创制，故而得名。制法：①将母鸡 1 只（约 1500g）治净，取鸡脯肉、鸡翅、鸡腿切成 8 块，每块配鸡骨 1 根作琵琶把用。②用刀背将鸡肉拍松，以精盐、味精、黄酒腌渍入味，逐块放入调好的淀粉、面粉、蛋清糊裹匀，沾上面包粉做成琵琶形状。③炒锅置旺火上，倒入芝麻油烧至 180℃时，将琵琶鸡块逐块下锅，炸至金黄色成熟时捞出整理装盘，带椒盐味碟上桌。

思　考　题

1. 此菜有何风味特点？

2. 炒、炸嘎渣时如何把握火候？

3. 制“秋叶鹌鹑蛋”若没有面包，可选用什么原料替代？

4. 制“琵琶鸡”时怎样制作才使鸡块更像琵琶？要达到外酥内嫩的效果，应注意什么？

三、软炸羊尾

（一）菜品简介

“软炸羊尾”是清真菜中一道有名的甜肴，它并非是将羊尾巴用油炸制而食，而是用鸡蛋清和豆沙馅制成，用料、制作、形状和风味与炸羊尾巴风马牛不相及。据说，古代清真菜中确有用羊尾巴作馅成馔的菜肴，但由于羊尾巴主要是厚厚的脂肪，吃的人越来越少，后经厨师们的不断改进、实践，成为以素胜荤的名菜。

（二）烹调方法

炸。

（三）原料组成

主料：鸡蛋清 4 个。

配料：豆沙馅 125g。

调辅料：湿淀粉 75g，熟猪油 750g（耗 100g），白糖 125g。

（四）制作过程

（1）将豆沙馅分团成 10 个小圆球，然后用手压扁，放入盘中。

（2）用平盘 1 个，将鸡蛋分两次打入盘内，用筷子将其打至起泡，使筷子能在盘中直立为止。然后将淀粉加入鸡蛋清搅拌均匀，使其成为蛋糊。

（3）炒勺置火上烧热，加入熟猪油，烧热，用调羹将蛋糊挖放入油内，再将压扁的豆沙馅放到蛋糊上，而后用蛋泡糊涂封上豆沙馅，炸至金黄色，分次炸完，沥油捞入盘中，撒白糖而食。

（五）制作要领

（1）鸡蛋清一定要掸泡至能使筷子立起来为止。

（2）炸的时候，油温不宜过高，不要炸焦。

（六）风味特点

外皮松软微酥，入口绵润柔和，味极香甜。

思 考 题

此菜的做法与川菜“糖沾羊尾”做法有何区别？

四、葫 芦 鸡

（一）菜品简介

此菜因形似葫芦而得名。相传始于唐代，天宝年间，唐玄宗李隆基的尚书韦陟穷奢极欲，对膳食极为讲究。他要吃酥嫩的鸡肉，命家厨烹制。前两厨师因烹制的鸡不合口就被打死，第三位厨师吸取了前两人的教训，先将鸡捆扎起来，然后烹制，做出来的鸡香醇酥烂，极受推崇，尤为骚人墨客所喜食。

（二）烹调方法

炸。

（三）原料组成

主料：肥母鸡 1 只（约 1250g）。

调辅料：鸡汤 1500g，菜子油 1500g（耗约 150g），葱段 15g，姜块 10g，桂皮 10g，八角 4 个，酱油 100g，绍酒 25g，精盐 10g，花椒盐 25g。

（四）制作过程

（1）将宰杀好的鸡剁去脚爪，入开水锅内煮约 30min 取出。割断腿骨上的筋，放入蒸盆，灌入鸡汤，加绍酒、酱油、精盐，将葱、姜、桂皮、八角放鸡肉上，上笼用旺火蒸约 2h 取出，拣去葱、姜、桂皮、八角，沥干水，顺脊椎骨将鸡割开。

（2）炒锅内放入菜子油，用旺火烧至八成热，将鸡背向下推入锅内，用勺子拨动，炸至金黄色时，捞入漏勺内沥油。将鸡的胸部向上，用手掬拢，呈葫芦状，入盘。上菜时配花椒盐小碟。

（五）制作要领

蒸鸡时不要将鸡蒸垮，以免影响造型。

（六）风味特点

形状美观，色泽金黄，外酥内嫩，口感香醇。

（七）知识拓展

“大红脆皮鸡”：广东名菜。此菜运用浸卤和油炸两种烹法制成，制作难点主要是：①鸡要经两个阶段加热，如何保证鸡肉嫩滑？②怎样使鸡皮上色均匀，皮色大红？③怎样能使皮脆？由特一级厨师麦炳主理的广州大同酒家烹制的大红脆皮鸡皮脆、肉滑、味鲜、皮色大红又均匀，颇受客人欢迎，成了本店的招牌鸡。在大红脆皮鸡的基础上还衍生出多款菜式，如“双喜脆皮鸡”（加伴炸云腿、炸鸡肝）、“上洋脆皮鸡”（加伴皮蛋、酥姜）、“孔雀开屏鸡”（摆砌凤尾造型）等。

“东江扁米酥鸡”：广东东江名菜。此菜用的扁米为客家特色原料，是将糯米蒸熟成饭，盛在箩里，盖上湿布，置于通风处晾干，饭乃变成扁小如芝麻状，故名扁米。客家人认为它开胃正气，常用于病人的粥食。制法：①将小母鸡1只（约1400g）鸡脚斩去，洗净待用。②扁米用175g清水浸40min，腊肠、冬菇、鸡肝、猪肉均切成粒，肉粒用湿淀粉5g拌匀，生菜叶消毒后修成10cm直径圆形块，分盛四小碟。③鸡肝、肉料焯水，炒锅下油，投入肉粒、鸡肝、虾米、菇粒、腊肠粒、扁米和精盐5g、味精5g、胡椒粉0.2g，烹酒5g，加汤水100g，炒成馅料。④将馅料从开口处装进鸡腔，颈皮在翅下打结封口，放沸水锅内滚约0.5min，捞起用铁针在鸡皮上戳小孔后放汤窝上，加入汤水150g，姜块、葱段放在面上，用中火炖2h至烂。⑤取出鸡，原汤留用。待鸡晾凉后，涂上鸡蛋液，拍上干淀粉，用锅铲托着，放在160℃热油中炸至表皮酥脆、色泽金黄，沥去油后放在碟上，以芫荽伴边。⑥原锅留少许油，烹绍酒，加清汤、蚝油、味精和炖鸡原汁50g，用湿淀粉勾芡，加包尾油后分4小碟盛装，与鸡和生菜叶一同上席。

“莲合香酥鸭”：广东创新名菜。是在传统名菜“八宝炖全鸭”基础上发展起来的。制法：①将不开膛光鸭1只（约900g）从鸭颈背开口，按翅骨、鸭壳、大腿骨的顺序，徐徐将骨起出，外皮不许穿孔，起去尾臊，斩嘴留舌，便得全鸭。②用沸水分别将莲子、百合滚烂，猪肉、冬菇切成丁，火腿切成粒，猪肉丁拌5g湿淀粉后，用沸水略焯，沥去水。③烧热炒锅，用油滑过，下姜末、莲子、百合、肉丁、菇丁和火腿粒，烹绍酒，加汤水100g、精盐3g、味精4g炒匀，用湿淀粉5g勾芡后盛起成馅料。④将馅料从鸭颈开口处填入腔内，用鸭颈绕翅下打结，放沸水里滚至紧缩，取起，用铁针在鸭身上戳孔后放入炖盅内，加入汤水500g、精盐4g、味精3g、姜块、葱段、八角、绍酒5g，用中火炖2h至烂，取出晾凉。⑤鸡蛋液加干淀粉25g后拌匀，涂于鸭身上，再拍上干淀粉，炒锅下油2000g，烧至160℃，用锅铲托着鸭放到油中，炸至鸭全身呈金黄色、酥脆，捞起，沥去油，放在长碟上。⑥原锅将郊菜煸炒至熟，用芡汤20g、湿淀粉5g勾芡后，伴于鸭的两边。⑦炒锅下油、炖鸭原汁、老抽，用湿淀粉勾芡，加包尾油后，淋于鸭身上便可上席。

思考题

1. “葫芦鸡”的造型除了上述方法之外，还有无其他方法？
2. 此菜为什么要选用肥母鸡？
3. 制“东江扁米酥鸡”时为什么要在鸡皮上戳小孔？戳时要注意什么？为什么要用锅铲托着炸？
4. 比较“八宝炖全鸭”、“莲合香酥鸭”、“霸王大鸭”三者制法、风味的区别。

五、潮州烧雁鹅

（一）菜品简介

“潮州烧雁鹅”是海内外都熟悉的广东名菜。1983年，广州市人民政府把它定为广州名菜。传统的烧雁鹅是用野生雁制作，为了保护生态，现在都只用家鹅（最佳是黑棕鹅）为主料，效果一样，但习惯上仍称雁鹅。烧雁鹅分两步制作，第一步先制成卤水鹅，卤水鹅即可成为成品菜，配蒜蓉、醋为作料；第二步才是正式制作烧雁鹅。

（二）烹调方法

卤、炸。

（三）原料组成

主料：光鹅1只（约2000g）。

配料：酸甜菜150g。

调辅料：a. 甘草5g，桂皮5g，八角5g，南姜（潮州特产）50g，川椒3g，芫荽25g，梅膏酱2碟，植物油25g，湿淀粉50g。b. 精盐50g，生抽150g，珠油30g，味精2g，绍酒50g，冰糖50g。c. 胡椒粉1g，味精5g，猪油25g。

（四）制作过程

（1）用纱布袋把甘草、桂皮、八角、川椒装好，放进卤水锅内，注入清水3000g，加入南姜、调料b，烧沸后下鹅转慢火卤制约30min至软熟，捞起，沥净卤汁晾凉。

（2）卤鹅凉后，起出两条肉，皮向上放在碟上，起出的骨，除四柱骨外全部斩成小块。

（3）将调料c和匀成胡椒油。

（4）用湿淀粉涂匀鹅肉，拌匀鹅骨，烧锅下油，烧至160℃时，先放入鹅骨，再放进鹅肉，炸至骨香皮脆、呈金黄色，捞起沥去油。

（5）先把鹅骨摆在碟中，鹅肉斜刀切成5cm×3cm×0.5cm的片，原件皮朝上铺盖在鹅骨上，淋上胡椒油，用酸甜菜和芫荽伴边，配梅膏酱上席。

（五）制作要领

（1）卤制时，火不能太猛。

（2）卤好的鹅应不韧，卤好后要立即捞起，不要浸于卤汁内。

（3）炸制时油温不能太低。

（六）风味特点

色泽金红，甘香酥脆，肥而不腻，蘸梅膏酱进食，别具风味。

思　考　题

1. 为什么卤鹅与烧雁鹅的作料不同？
2. 鹅卤熟后为什么不能浸于卤汁中？
3. “冷脆烧雁鹅”怎样炸制？

六、脆香双雉喜双会

（一）菜品简介

“脆香双雉喜双会”是吉林名宴“长白山山珍宴”中的一道主要热菜。“长白山山珍宴”集长白山山珍野味精华和名贵的滋补药材为一席，由一个冷拼大花摆、八味美碟、八道热菜、一道汤、两道点心、一道时令鲜果组成。1981年10月吉林烹饪技术表演团赴香港表演时，作为表演项目的“长白山山珍宴”名声大振。1985年10月，吉林烹饪代表团赴美国费城表演再次获得成功。

（二）烹调方法

炸。

（三）原料组成

主料：沙半鸡肉150g，鹌鹑肉100g。

配料：猪肥膘肉30g，大虾肉50g，松子仁100g，盐渍黄瓜香100g，鸡蛋150g，鸡蛋清50g，芫荽叶20g，火腿片20g，面包屑50g，玻璃纸12张，红樱桃4粒。

调辅料：a. 面粉50g，湿淀粉30g，干淀粉50g，植物油1000g，鸡汤15g，花椒油3g。b. 姜末5g，葱末5g，精盐1g，味精1g，蚝油15g，芝麻油2g，胡椒粉3g，绍酒10g。c. 姜末5g，葱末5g，精盐2g，味精2g，绍酒5g。d. 精盐0.5g，味精0.5g。

（四）制作过程

（1）去掉沙半鸡白筋，片成薄片，洗净后，加入调料b拌匀。然后分成12份，用玻璃纸包成12件长方形的鸡包。

（2）把猪肥膘肉切成细粒。

（3）去掉鹌鹑肉白筋，剁成蓉，加入调料c搅拌至黏稠，加入鸡蛋清拌匀，再加入鸡汤、湿淀粉、肥膘肉粒（20g），重新搅拌至黏稠。洗净松子仁，把搅好的鹌鹑泥挤成12个丸子，沾上松子仁，做成松塔形备用。

（4）用清水泡出盐渍黄瓜香咸味，挤干水分，切成3cm长的段。大虾肉剁成蓉，加入调料d搅拌均匀后，加入余下的猪肥膘肉粒、黄瓜香段、花椒油和匀备用。将鸡蛋液摊成薄蛋皮，切成两半，分别抹上虾肉和黄瓜香的混合泥，卷成扦子状。

（5）用湿面粉把黄瓜香扦子糊上封口，拍上干淀粉，拖上蛋液，沾匀面包屑，备用。

（6）炒锅置于炉火上，加入油，烧至150℃时，投入黄瓜香扦子，炸成金黄色，酥脆时捞出，斜切成12段，尖角朝外摆在盘子外圈，四角相对，每组3块。接着炸鹌鹑松塔，炸至金黄色时取出，间隔地摆在盘的内圈。最后炸沙半鸡包，炸好后摆在盘子中间即可。

（五）制作要领

（1）选料均要新鲜，面包屑要选专用的，若无则可用咸面包自行剁成。

（2）炸松塔时，要用手按紧松子仁以免松子仁脱落。

（3）黄瓜香扦子表面的面包屑也要用手压紧。

（4）注意油温，此菜油温偏低，要防止外焦内生或不酥脆。

（六）风味特点

菜品色泽金黄，酥脆可口，造型整齐，油香浓烈，具有地方特色。

（七）知识拓展

中国古代已用鹌鹑入馔。《礼记》及西汉《盐铁论·散不足》等古籍均有记载。春秋战国时，鹌鹑肉、蛋是宫廷筵席上的珍馐。此后唐代韦巨源《烧尾宴食单》、明代李时珍的《本草纲目》及清代《随园食单》、《调鼎集》、《清稗类钞》等古籍均载有鹌鹑制作的肴馔。

鹌鹑入馔，多以整只烹制为佳：鹑脯细嫩香鲜，可批片、切丝或剞上花纹烹调；鹑腿筋多，常切成条、块、丁制馔；还可取鹑肉剁末斩蓉应用；鹌鹑内脏也是上好的烹饪原料。鹌鹑鲜品最宜烧、卤、炸、扒，也可炒、熘、煎、烩、煮、炖、焖、蒸、腊。

“花凤腿”：华东名菜。制法：①将冬菇去蒂，择洗干净，与鸡肉100g、火腿、猪腿肉分别切成0.5cm见方的丁，放入碗里，加入上浆虾仁50g、青豆、葱花、姜末、绍酒、味精、辣酱油、胡椒粉、精盐一起搅拌均匀成馅，分成10份。把猪网油洗净，用干布吸去外表水分，平摊在砧板上，切成约10cm见方的块10张。鸡蛋磕入碗内打散，加入干淀粉调成蛋糊。取网油1块，涂一点儿蛋糊，中间放馅1份，包成长约6.5cm的鸡腿状，并在窄的一端插入一根笋条，要外露约0.5cm像鸡腿骨，做10个。②炒锅置旺火上，舀入色拉油，烧到180℃时，将做好的龙凤腿生坯挂上蛋糊，再沾满面包屑，入油锅炸2min，取出，待油温210℃时，再复炸到外脆里嫩、色泽金黄时捞起沥油，在盘中摆成放射状即成。

思 考 题

1. 鹌鹑肉蓉、虾蓉加入猪肥膘肉粒有何作用？怎样加才是合理的？
2. 在炸“龙凤腿”时，油温在下锅和起锅时要高，中间要低一些，这是什么道理？

七、纸　包　鸡

（一）菜品简介

“纸包鸡”为广西名菜，是1923年由梧州厨师官良所创制，因而也称“梧州纸包鸡”。初期，“梧州纸包鸡”多为官僚、巨商、富家所享用，少见于市。后官良受聘到粤西楼酒家主厨，“梧州纸包鸡”也就出现在食肆上。1926年左右，当时的两广总督陈济棠因爱吃“梧州纸包鸡”，把它带到了广东。不久，梧州纸包鸡在港、澳、东南亚一带也出了名。梧州纸包鸡传到广东后有三个变化：一是包鸡的玉扣纸改为糯米纸，这样便可连“纸”

吃掉，省去了拆纸的麻烦；二是调味改以蒜蓉、豆豉、椒末为主，使鸡风味更佳；三是鸡肉由块状变为厚片、条状或粗丝，以便于成熟和入味。广西特级厨师潘启镒在1983年全国烹饪名师技术表演鉴定会上表演了梧州纸包鸡。下面按梧州纸包鸡原制法介绍。

（二）烹调方法

炸。

（三）原料组成

主料：光鸡500g。

配料：玉扣纸12张（30cm×30cm）。

调辅料：上等老抽10g，精盐4g，味精4g，白糖1g，汾酒5g，芝麻油0.5g，五香粉1g，胡椒粉0.2g，葱白粒10g，干淀粉20g，植物油1500g。

（四）制作过程

（1）起出鸡头、颈、爪、脊骨及尾端，把鸡肉切成粗梳形块，洗净。

（2）把除植物油外的调料拌入鸡块，腌制20min。

（3）把玉扣纸放到150℃的热油中炸30s，取起，沥净油。

（4）把鸡块分成12份，用玉扣纸包成12cm×7cm的长方形件。

（5）将包好的鸡块放到180℃的热油中，两面炸制，炸至纸角冒蒸汽时便可取出，装碟。

（五）制作要领

（1）鸡块要腌透。

（2）包裹时要包牢、包紧。

（六）风味特点

开启纸包时，色泽金黄，油润明亮，气味芳香，品味时鲜嫩甘滑，原汁原味，醇厚不腻。

思 考 题

1. 用纸包裹鸡肉炸有什么好处？
2. 怎样判断是否炸熟？为什么？
3. 对照“脆香双雉喜双会”，找出它们之间的异同。

八、麻仁香酥鸭

（一）菜品简介

“麻仁香酥鸭”是“湘菜大师”石荫祥的创新菜。石荫祥是湖南菜的一代宗师，所制的此菜既美观又可口，深受人们喜爱。表面贴桃仁，叫“桃仁香酥鸭”；用碎花生贴在上面，叫“花生仁香酥鸭”；肥鸭换成鸡，则称“麻仁香酥鸡”。

(二) 烹调方法

炸。

(三) 原料组成

主料：肥鸭 1 只（约 2000g）。

配料：鸡蛋 1 个，鸡蛋清 3 个，芝麻 450g，熟猪肥膘肉 50g，熟瘦火腿 10g，芫荽 100g。

调辅料：精盐 16g，白糖 10g，味精 2g，绍酒 25g，花椒子 20 粒，花椒粉 1g，葱 15g，姜 15g，干淀粉 50g，面粉 50g，芝麻油 10g，花生油 1000g（约耗 100g）。

(四) 制作过程

(1) 将净鸭用绍酒、精盐、白糖、花椒子和拍松的葱、姜腌约 2h，上笼蒸至八成烂取出晾凉。

(2) 先切下鸭子的头、翅、掌，再将鸭身骨剔净，从腿、脯肉厚的部位剔出肉切成丝。火腿切成末，肥膘肉切成细丝。

(3) 用鸡蛋、面粉、干淀粉 10g、清水 50g 调制成糊。

(4) 将鸭皮表面上一层全蛋糊，摊放在抹过油的平盘中，将肥膘肉丝和鸭肉丝放在余下的蛋糊内，加味精拌匀，平铺在鸭皮内面，下入油锅炸至金黄色捞出盛入平盘中。

(5) 将蛋清打起发泡，加入干淀粉 40g 调匀成蛋泡糊。

(6) 将蛋泡糊铺在鸭肉上面，撒上芝麻和火腿末。炒锅内放入花生油，烧至 180℃，下入麻仁鸭，面上浇油淋炸，至底层呈金黄色滗去油，撒上花椒粉，淋入芝麻油，捞出切成 5cm 长、2cm 宽的条，整齐地摆放盘内，用芫荽围边。

(五) 制作要领

(1) 全蛋糊应和得稠 些才能将鸭皮、肥膘肉丝、鸭肉丝有效地黏在一起。

(2) 蛋泡糊应顺一个方向用力打泡，加入干淀粉后将筷子插入可站立不倒。

(3) 采用重炸的方法炸制，下锅时油温要高，以便于定型，起锅前高油温重油，以使质感更酥、含油更少。

(六) 风味特点

形态美观，集松泡、酥嫩于一体，滋味咸鲜甜麻，底部金黄，上部微黄。

(七) 知识拓展

“雪里藏珍”：广东名菜。制法：①把烧鸭肉切成 0.5cm 丁方细粒，把火腿切成 1cm 长宽的薄片。②将虾仁放进 150℃热油中滑油至熟，沥去油。原锅下清汤 35g、精盐 1g、味精 2.5g、芝麻油 2g、湿淀粉 5g，推匀成芡，分别加入虾仁、蟹肉中拌匀上芡。③将鸡蛋清顺一个方向搅打成蜂窝形蛋泡，然后下精盐 2.5g、味精 2.5g，搅匀。④取大汤窝 1

个，内壁抹上猪油，放进1/3蛋泡，然后铺上虾仁，再放1/6蛋泡，抹平后铺上烧鸭肉，按此法依次裹上蟹肉和火腿片，芫荽叶放在最上面。⑤烧热炒锅，下油，烧至80℃时端离炉口，把蛋泡轻轻地放入油锅内，用热油淋炸至蛋泡稍硬时，即用锅铲、笊篱轻轻捞起上碟即可上席。

思 考 题

1. 此菜的两种糊各有什么要求？

2. 制作此菜时，怎样把握好油温和炸制的时间？

九、清烹沙半鸡

（一）菜品简介

“沙半鸡”外形似鸡，喙短而微曲，因上体沙棕色，并夹有黑色斑纹，体型不大，重约250g，故得此名。沙半鸡是东北特产，“清烹沙半鸡”是东北传统名菜。

（二）烹调方法

烹。

（三）原料组成

主料：沙半鸡1只（重约250g）。

调辅料：a. 鸡蛋1个，面粉50g，蒜蓉5g，姜末10g，葱段15g，植物油800g，芝麻油2g。b. 酱油10g，精盐3g。c. 米醋10g，酱油5g，味精2g，绍酒15g。

（四）制作过程

（1）宰净沙半鸡，剁成1cm宽、3cm长的块，洗净后放在碗里，加入调料b腌制2h。

（2）沙半鸡块加鸡蛋拌匀，拍上面粉，放到180℃的热油中炸至红黄色且熟，沥去油。

（3）在小碗内加入调料c和匀成清汁待用。

（4）用油滑锅，放入蒜蓉、姜末、葱段，然后放进沙半鸡块，烹入清汁炒匀，加上芝麻油即可装盘。

（五）制作要领

（1）沙半鸡块刀工要均匀，要洗净。

（2）炸制时要炸熟。

（3）烹汁时要炒匀。

（六）风味特点

色泽红黄，外酥香，内鲜嫩，鲜咸味美略带酸，清爽可口。

（七）知识拓展

烹是原料经熟处理后，泼入调味汁，利用高温使味汁大部分汽化而渗入原料，并快速收干的烹调方法，主料多加工成小形段、块。烹前须按菜品味型的需要预先对制好调味汁。由于有些地方熟处理多取炸法，故也有逢烹必炸之说。成菜特点：一般盘中无汁，味道醇厚，炸烹者外焦酥里软嫩。

古代的烹均指烧、煮。至宋代始有烹汁，如“烧焙鸡”，将鸡剁小块，入热油锅炒一会儿，加盖烧至极热，用醋、酒各半加盐调成的味汁烹之，如此数次，至十分酥熟取食。清初《随园食单》有了经码味、油炸、烹汁的工序，如“油灼肉”，即为将肉切成小方块，用酒和酱码味后，入滚油炮炙之。至清末，烹成为独立的烹饪法。

现代烹法主要分为炸烹、煎烹、醋烹等。①炸烹。主料码味并上一层薄浆或糊，再入油锅用旺火炸制，烹汁成菜的方法，如北京“炸烹大虾”，浙江“烹鹌鹑”等。也有的不上浆、糊，直接炸制烹汁，如河南“干烹子鸡”和“烹汁八块”等。②煎烹。原料经煎后或半煎半炸后烹汁成菜的方法，如河南“烹段虾”，北京“煎烹鱼片”等。③醋烹。以醋为主要调味品，如山东“醋烹对虾”、河南“烹辣椒”。

“花椒鸡丁”：四川名菜。制法：①姜、葱洗净，姜拍松，葱挽结，干辣椒切成 2cm 长的节，鸡肉 750g 切成 1.65cm 见方的丁，用精盐、酱油、绍酒、老姜、葱结拌匀，20min 后拣去姜、葱待用。②炒锅置旺火上，下油烧热，放鸡丁炸干水分捞出，将油倒出，另换油 100g 烧热，放入干辣椒、花椒炸出香味，加姜、葱和炸好的鸡丁合炒几下，烹入绍酒、酱油、白糖、醪糟汁、鲜汤，待汁收干后，淋上芝麻油颠匀起锅即可。

思　考　题

1. 炸制时应如何掌握火候？
2. 烹法的主要特征是什么？
3. 制烹野鸭时野鸭为什么要腌制？而且腌制时间那么长？封汁时宜用什么火力？

十、醋　熘　鸡

（一）菜品简介

以醋烹鸡，不属于川菜所长，引进“醋熘”之法，配以四川特有的泡红辣椒，也就可入川菜之列了，“醋熘鸡”便是一例。

（二）烹调方法

熘。

（三）原料组成

主料：净鸡脯肉 300g。

配料：冬笋 100g，大葱 15g，鸡蛋清 1 个。

调辅料：泡红辣椒 30g，大蒜 5g，化猪油 125g，醋 25g，白糖 5g，精盐 2g，湿淀粉、味精、鲜汤各适量，老姜5g，酱油25g，绍酒15g，干淀粉25g。

（四）制作过程

（1）鸡脯肉用刀剞十字花刀后，切成1.98cm见方的斜方块，冬笋用沸水氽过，切成楔形，泡红辣椒剁细，姜、蒜切末，葱切花。

（2）鸡肉用精盐、鸡蛋清、绍酒、干淀粉拌匀，精盐、绍酒、白糖、酱油、湿淀粉、味精对成芡汁。

（3）炒锅置旺火上，下化猪油烧热倒入鸡肉滑散，滗去多余的油后，再放入剁细的泡红辣椒蓉，炒至呈红色时加入姜、蒜末、冬笋略炒，速将对好的芡汁加入适量的鲜汤，烹入锅内翻炒，淋上明油撒上葱花起锅即可。

（五）制作要领

（1）主料应选用鸡脯肉才嫩。

（2）冬笋要用开水氽透；如无冬笋，可用莴笋代替。

（3）调味时要注意突出醋酸味。

（六）风味特点

鸡肉鲜嫩爽口，味微辣，有较浓的醋香味。

思考题

"醋熘鸡"的味型与"鱼香味"有何区别？

十一、姜爆鸭丝

（一）菜品简介

嫩姜，又称"子姜"，属于时令菜蔬，可炒、可泡、可拌、可烧，皆入口化渣，同烟熏鸭合烹，一干一鲜，一脆一嫩，一辣一香，巧妙反配，即成美味。

（二）烹调方法

爆。

（三）原料组成

主料：净烟熏鸭肉250g。

配料：芹菜125g，蒜苗75g，甜椒75g，子姜75g，化猪油适量。

调辅料：白糖5g，豆瓣30g，醋0.5g，酱油10g，味精1g。

（四）制作过程

（1）烟熏鸭肉洗净，切成6.6cm长、0.33cm粗的丝，芹菜、蒜苗洗净切成6.6cm长的段，嫩姜和甜椒分别切成4.95cm长、0.33cm粗的丝。

（2）炒锅置旺火上，放化猪油烧热，倒入鸭肉丝煸炒，即下豆瓣、酱油、白糖炒上色，再倒入姜丝、甜椒丝、芹菜、蒜苗分别炒断生，马上淋醋，加味精炒转起锅即可。

（五）制作要领

（1）辅料数量不宜过多，一定要滴干水分再下锅。

（2）醋的用量要少，要求吃不出醋味。

（六）风味特点

色泽美观，肉香菜嫩。

思考题

主料为什么要选用烟熏鸭？

十二、宫保鸡丁

（一）菜品简介

作为一款名菜，“宫保鸡丁”的起源众说纷纭，尤以民间传说为甚，但均无证可考。著名作家李劼人在其所著《大波》一书中有这样的注释：“清光绪年间，四川总督丁宝桢原籍贵州，在四川时，喜欢吃他家乡人做的一种煳辣子炒鸡丁，四川人接受了这个食单。因为丁宝桢官封太子少保，一般称为宫保，故称宫保鸡丁。”

（二）烹调方法

炒。

（三）原料组成

主料：鸡脯肉250g。

配料：花生米50g，葱白25g。

调辅料：干辣椒8g，混合油100g，花椒1g，酱油20g，白糖10g，醋10g，姜片5g，蒜片5g，绍酒10g，味精0.5g，精盐1g，湿淀粉35g，鲜汤35g。

（四）制作过程

（1）鸡脯肉切成1.32cm见方的丁。干辣椒切成2cm长的节。葱白切成1.32cm长的丁粒。花生用开水泡涨去皮，放入油锅内炸脆，捞出晾凉。

（2）将白糖、醋、酱油、味精、湿淀粉盛入碗中，加适量鲜汤对成芡汁。

（3）先在鸡丁碗内放点精盐、绍酒、湿淀粉拌匀，再将炒锅置旺火上，加混合油烧热后，放干辣椒入锅，炒至棕红色时下花椒炸一下，即下鸡丁炒散，烹入绍酒，并同时下姜、蒜片、葱丁快速炒转，烹入芡汁，加花生米翻炒起锅即成。

（五）制作要领

（1）鸡丁的形状要做到大小均匀。

（2）在炸干辣椒时，不能炸糊。

(3) 花生米宜在起锅前放入，不要放得太早。

(六) 风味特点

色泽棕红，鸡丁细嫩，荔枝味突出。

(七) 知识拓展

“菊花鸡”：甘肃名菜。制法：①先将鸡脯肉200g用刀切成薄片后，顺长切成6.6cm长的细丝，放碗内加精盐2g、鸡蛋清2个拌匀，加淀粉25g，拌好备用。②将菊花2朵的花瓣取下，用水洗净，用一碗放入精盐3g、绍酒、淀粉15g和味精，加鸡汤100g对成汁。③锅置中火上，加油烧至三成热时，下入鸡丝，滑散后倒入漏勺控油。锅内留油50g，倒入鸡丝和汁水，待汁爆起颠匀后，加入菊花急炒均匀，撒上火腿末即成。

“菊花鸡丝”：安徽芜湖传统名菜。制法：①将鸡脯肉200g剔去筋膜，洗净，挤干水分，切成细丝。鸡蛋清放在碗内搅开，加干淀粉浆匀，放入鸡丝轻轻拌匀后，再加芝麻油抓拌一下。②白菊花50g撕下花瓣，摘去瓣尖和根部，放入水中浸泡1h，除去苦味(中间换水1次)，捞起沥干。水发香菇50g切成细丝。③锅置中火上，放入熟猪油烧至三成热时，将鸡丝下锅滑油10s左右，随即用筷子划散，待鸡丝挺身后倒入漏勺沥去油。④在原锅余油中放入香菇稍煸。迅速加入菊花瓣、精盐、鸡汤、白糖、味精，用湿淀粉调稀勾芡倒入鸡丝颠翻两下，淋上熟猪油15g起锅即成。

思考题

1. 宫保鸡丁中的“宫保”是什么意思？
2. 如何区别“荔枝味”与“糖醋味”？
3. 滑鸡丝时油温为什么不宜偏高？
4. 制“菊花鸡丝”时，烹调时放糖有何作用？

十三、子姜炒子鸭

(一) 菜品简介

赣江鸭馔，多有名品，“子姜炒子鸭”即是其中一款。“生姜一块，老少三代”，其当年新生长出的子姜，脆嫩鲜香，细嚼无渣，色泽还特别鲜黄醒目，用其与鸭片同炒，既是辅料又是调料，组配恰到好处。鸭子多用来做冷菜或大菜，但用生鸭片做炒菜，来得更加便捷。子姜炒子鸭属热菜。

(二) 烹调方法

炒。

(三) 原料组成

主料：净子鸭肉350g。

配料：子姜150g，水发香菇20g。

调辅料：香葱15g，绍酒15g，酱油15g，精盐3g，湿淀粉15g，味精3g，肉汤50g，猪油500g。

（四）制作过程

(1) 生拆去骨的鸭肉皮朝下放砧板上，用刀在肉面剞上十字花刀，改切成3cm长、3mm厚的片。子姜切成2mm厚的薄片，香菇改成片，香葱切成段。

(2) 鸭片入钵，用精盐、绍酒拌匀，再用稠湿淀粉上好浆。

(3) 炒锅置旺火上烧热，放入猪油，烧至六成热时，倒入鸭片过油至熟，倒入漏勺沥油。原锅留油少许，把姜片、葱段、香菇放入稍煸炒几下，倒入熟鸭片炒匀，放绍酒、酱油、肉汤、味精翻炒一下，用湿淀粉勾芡，起锅装入盘中即可。

（五）操作要领

(1) 鸭片上浆要均匀上劲。

(2) 过油时成熟即可，不可过老。

(3) 姜片煸锅时，出香味即可，否则不脆。

（六）风味特色

子姜、子鸭两物合烹一菜，姜的辛香微辣正好去除了鸭肉的荤腻味道，调味恰到好处。成菜色泽油润红亮，鸭肉鲜咸滑嫩，姜片清脆香辛，很是开胃。

（七）知识拓展

“冬笋鹌鹑松”：广东名菜。制法：①将鹌鹑6只（重约500g）宰好，洗净，剁去脚，起出胸滑、脊骨、四柱骨、锁喉骨，切下头留用，皮朝下放在砧板上，用刀背捶松颈骨，加入生鸡油，把鹌鹑剁成米粒般大小细粒。②将冬笋300g、香菇15g、腊鸭肝50g均剁成与鹌鹑粒大小相同的细粒，分别盛起。③取大生菜嫩叶24片，剪成直径约15cm的圆片，共24片，消毒后分盛2碟。④鹌鹑粒先用鸡蛋黄，后用干淀粉10g拌匀。鹌鹑头先用鸡蛋黄拌匀后拍上干淀粉。⑤先用清水将冬笋粒滚过，再用沸水500g、精盐3g将冬笋粒煨过，沥去水分，晾凉后用洁净毛巾包着拧干水分，再放到炒锅内慢火炒干，加入花生油20g，炒至有香味，盛起备用。⑥将蚝油3g、芡汤35g、胡椒粉0.1g、芝麻油0.5g、白糖1g、老抽2g、湿淀粉15g和匀成芡液。⑦烧热炒锅，下油烧至150℃，放进鹌鹑头炸1min至熟，沥去油，原锅留少许底油，下蒜蓉、姜末煸炒至香，放进鹌鹑粒炒匀，再放进腊鸭肝、猪油炒至松散而有香味，加进冬笋粒、香菇粒，烹绍酒炒匀，下葱末后调入芡液勾芡，加包尾油后上碟，堆叠成山形，鹌鹑头摆在碟边，跟生菜圆片上席。

思考题

1. 鸭片通过哪些手法使之熟后滑嫩？

2. 子姜片为何不可煸炒过度?

3. 咸味为何要略重而不可太淡?

十四、蛋包虾仁

(一)菜品简介

“蛋包虾仁”是徽州名菜,为餐馆和居家宴席所常用,取材方便,制法简单。本菜是在蛋液于锅中刚要凝固时,将虾仁馅倒入包起煎焖而成。

(二)烹调方法

煎。

(三)原料组成

主料:鸡蛋 6 个,虾仁 100g。

配料:熟火腿末 10g。

调辅料:小葱末 5g,鸡蛋清 1 个,精盐 3g,白糖 1.5g,干淀粉 10g,熟猪油 100g。

(四)制作过程

(1)将葱末、火腿末放在碗里,加虾仁、白糖、盐 1g、鸡蛋清、干淀粉一起搅拌均匀成馅。

(2)鸡蛋磕入碗内,加盐 2g 搅散。锅置旺火上烧热,放入熟猪油 20g,将锅晃动,使油沾满锅后倒出油;再将锅放在旺火上,放入熟猪油,烧至七成热时,将蛋倒入锅中,把拌好的火腿虾仁馅放在鸡蛋上稍摊开。待鸡蛋底刚凝固时,用筷子轻轻地把周围蛋皮向中心折叠,使其黏合,把馅心包起,然后将鸡蛋饼翻身,转用小火继续煎熟后滗去余油,装盘即成。吃时用餐刀切开。

(五)制作要领

(1)鸡蛋要现打散现炒,不可久置。

(2)卷包虾仁要掌握好时机。

(3)用油总量不可过多。

(4)煎蛋煎至熟透,不可过老。

(六)风味特点

此菜鸡蛋色黄亮,外皮香脆,虾仁被包在蛋中焖熟,软嫩,本味浓郁。

思考题

1. 什么情况下用鸡蛋做菜要现打现用?

2. 煎蛋时如何保证既不粘锅又不油腻?

3. 如何把握包卷虾仁和出锅的时机?

十五、小　煎　鸡

（一）菜品简介

位于成都至乐山水路中部码头的青神县汉阳镇，以产花生出名，每到花生出土时，农户人家便孵、购大量的小鸡，敞放于花生地四周，让其啄食花生余粒，待小鸡长至1000～1500g时即上市出售。购者将此鸡宰杀后，或凉拌成棒棒鸡，或小炒小煎，其肉细嫩无比。

（二）烹调方法

煎。

（三）原料组成

主料：嫩公鸡1只（约1250g）。

配料：净冬笋100g，芹黄50g，大葱25g，清汤100g。

调辅料：泡红辣椒20g，酱油10g，白糖1g，湿淀粉适量，味精0.5g，姜片1g，化猪油100g，精盐2g，醋1g，绍酒3g。

（四）制作过程

（1）鸡宰杀后去内脏洗净，剔去骨头，宰成筷子条状，冬笋也切成筷子条状，大葱白切成3.3cm长的段，芹黄也切成3.3cm长的节，泡红辣椒剁细。

（2）鸡肉放在碗里，放入精盐、绍酒、湿淀粉拌和均匀。

（3）将酱油、醋、白糖、味精、湿淀粉、清汤混在碗内，调成芡汁。

（4）炒锅置旺火上，下化猪油烧热，放入鸡肉微炒，下冬笋、泡红辣椒、芹黄、姜、葱稍炒，同时将芡汁烹入锅内再炒几下，起锅即成。

（五）制作要领

切的嫩公鸡肉块不要太大。

（六）风味特点

肉质细嫩，色泽金黄，味微辣酸。

（七）知识拓展

“大块辣子鸡”：西北名菜。制法：①将阉鸡1只（约1250g）宰后去毛，去内脏洗净，下锅煮至六成熟捞出，斩成3.3cm见方的块，青椒200g去蒂洗净，切成3.3cm块，葱切成马耳形，姜切成末，蒜切成片。②把鸡块加酱油和湿淀粉10g拌匀，用汤150g加入精盐、淀粉25g、酱油、味精对成汁。③炒锅置旺火上，加油烧热，放入鸡块煎炒透，随即加入葱、姜、蒜、辣椒微炒，用醋、绍酒一烹，倒入对好的汁翻炒均匀，淋上芝麻油即成。

“百花酿鸭掌”：又名虾胶酿鸭掌，是广东名菜。制法：①将鸭掌12对的骨拆去，称为拆鸭掌。把洗净的鸭掌放在沸水中滚 1min，取出，拆去所有的骨。②先用沸水略滚鸭掌，然后在锅内下油，烹绍酒，下二汤 250g、精盐 2g，下鸭掌煨 1min，沥去水，用毛巾吸干水分。③把鸭掌脱骨的一面拍上一层薄干淀粉，挤上一颗虾胶丸（重约 15g），酿在鸭掌上，抹平呈琵琶形，共 24 件。④把酿好的鸭掌虾胶贴锅排在有底油的热锅内，用锅铲轻轻压一下，然后用中火煎熟，呈金黄色，铲起，上碟叠成圆塔形或扇形。⑤原锅下菜软、二汤和精盐 2g，煸炒至熟，沥汤后用芡汤 15g、湿淀粉 4g 勾芡，围伴在鸭掌边或摆砌成扇形。⑥将净炒锅放炉上，下油 15g，烹绍酒，加清汤、蚝油 5g、老抽 5g、白糖 0.5g、胡椒粉 0.5g、芝麻油 1g，用湿淀粉勾芡，加芝麻油和包尾油后淋匀于鸭掌上。以此菜为基础演变出了许多名菜，其中较有名的有仙掌银花（以银耳围边，砌成花形，青菜作叶）和掌上明珠（在酿好的鸭掌中镶嵌一颗青豆粒或咸蛋黄粒或鹌鹑蛋，改煎为蒸）。

思 考 题

1. “小煎鸡”为什么要选用嫩公鸡？

2. “大块辣子鸡”同川菜的辣子鸡有何区别？

3. 制“百花酿鸭掌”时，鸭掌拍干淀粉有何作用？怎样拍为好？鸭掌是否要两面都煎？为什么？

十六、缠丝鸡饼

（一）菜品简介

“缠丝鸡饼”是安徽大别山区的传统菜。此菜采用半煎半氽法，鱼肉泥洁白细嫩，鸡丝缠绕其中，形美而味鲜，饼底肥膘出油不腻。蘸甜面酱佐食，酥脆中有鲜甜。

（二）烹调方法

贴。

（三）原料组成

主料：鸡脯肉 150g，青鱼肉 150g。

配料：熟肥膘肉 140g。

调辅料：鸡蛋清 3 个，姜末 5g，精盐 2.5g，味精 0.5g，白糖 0.5g，绍酒 15g，干淀粉 25g，熟猪油 120g（约耗 50g）。

（四）制作过程

（1）将鸡脯肉剔去筋膜切成细丝，鱼肉剁成泥。将剁好的鱼肉放入碗中，加上鸡蛋清 2 个、干淀粉 15g、水 175g、精盐、白糖、绍酒、味精、姜末搅匀，再放上鸡丝轻轻拌匀。

（2）将肥膘肉平批成 0.2cm 厚的片，用圆模子压成直径 4cm 的圆片平摊在案板上，撒上干淀粉 5g，再放上 1 份鱼泥按平成饼。

(3) 将1个鸡蛋清放在碗里搅打散，加干淀粉5g搅拌成蛋清糊。

(4) 锅置中火上放入熟猪油烧至五成热时，将鸡鱼饼底的肥膘肉片上涂一层蛋清糊下锅煎，待全部放入后，用小火（保持油温五六成热）一边煎，一边汆，每隔1min左右将锅晃动一下，如此煎汆三四分钟，换中火煎1min，再用小火煎至饼底金黄、鱼泥凝固熟透时，倒入漏勺沥去油，装盘即成，上桌时跟碟甜面酱。

（五）制作要领

(1) 生肥膘煮至断生后晾凉方可用。

(2) 托泥时要粘牢，注意造型。

(3) 煎时要熟透，不可夹生。

(4) 肥膘底托要煎黄煎脆。

（六）风味特点

鸡饼底托焦香酥脆，鱼泥鲜嫩，咸中带甜，造型美观，诱人食欲。

（七）知识拓展

贴是将几种原料经刀工成型后，加调味品拌渍，合贴在一起，挂糊后在少量油中先煎一面，使其呈金黄色，另一面不煎或稍煎而成菜的烹调方法。也可再加汤汁用慢火收干。贴既有加工成型的意思，又指成熟的方法。多用于软嫩肉质原料。原料一般要用两种以上：一种用作贴底，一般多用猪肥膘肉，制作时先将其煮熟后切片成型，这样可以防止贴煎过程中脂肪熔化而萎缩、干瘪；另外再将第二种切配成型的原料与第一种作垫底的原料贴在一起成型。有的还在两层中间夹馅。然后放入六成油温的少量油锅中，底面朝下用中、小火煎制，同时用手勺舀锅内热油向主料上淋浇，加快成熟。当底面呈金黄色时即成。成菜特点：制作较精细，一面金黄一面白嫩，一菜两色，口感既酥脆又软嫩，味咸鲜。如山东“锅贴鱼合”、江苏“锅贴鳝鱼”等。

思考题

1. 肥膘为何煮至断生即可？为何要晾凉再用？
2. 底托为何要拖上一层蛋清糊？
3. 怎样保证鸡饼上嫩下脆不夹生？

第四节　蒸烤熏类菜品

一、茅　台　鸡

（一）菜品简介

“茅台鸡”是广东新创名菜，因烹制中用了茅台酒，故菜品带有阵阵茅台的幽香。此菜由广州酒家始创，取名为“广州茅台鸡”。茅台酒是中国国酒，产于贵州。菜名中广州与茅台连用易使人误解为用广州茅台酒制作，所以忍痛割去“广州”二字，有时也称五彩茅台鸡。或取菜品中的蟹黄，称为“茅台牡丹鸡”。

（二）烹调方法

蒸。

（三）原料组成

主料：小母鸡1只（约1200g）。

配料：虾胶180g，滚煨好的鲜菇12个，蟹黄25g，短菜软200g。

调辅料：a. 茅台酒25g，精盐1g，顶汤75g，花生油1500g，干葱头100g，姜蓉50g，麦芽糖15g，芫荽叶5g。b. 精盐5g，味精5g，八角2粒。c. 芡汤15g，湿淀粉4g。d. 芡汤25g，老抽1g，湿淀粉6g。e. 精盐1g，味精1g，芝麻油0.5g，湿淀粉10g。

（四）制作过程

(1) 将鸡宰好，放沸水中略烫至皮缩紧，抹干水分，麦芽糖加清水50g和匀后涂抹于鸡身上。

(2) 在炒锅内下油烧至130℃，放入干葱头炸至有香气，捞出，放入鸡炸至全身金黄色，沥去油分。

(3) 将炸葱头、姜蓉、调料b和茅台酒15g放进鸡腔内，入蒸笼用猛火蒸5min后转慢火蒸15min至熟，取出。

(4) 将虾胶挤成12颗丸子，将蟹黄均匀分开，放在每颗虾丸顶部，虾丸两侧各贴一片芫荽叶，然后用猛火蒸约3min至熟。

(5) 将鸡内腔的原汁倒出留用，去掉八角、姜、葱放于碟中，将鸡斩件上碟，砌成鸡形。

(6) 炒锅下油，下鲜菇略炒后用调料c勾芡，伴于鸡头两侧。

(7) 炒锅下油，下菜软、汤水、精盐1g，炒熟后倒入漏勺沥去水，炒锅下油后，重放锅内，用调料d勾芡，伴于鸡的两侧。

(8) 将虾丸呈U字形地摆砌在鸡尾部，然后在炒锅下油，下顶汤、调料e，用湿淀粉勾芡加包尾油后淋于虾丸上。

(9) 原锅下油，下原汁，用湿淀粉勾芡后再加入余下茅台酒，推匀后淋于鸡上立即上席。

（五）制作要领

(1) 选鸡要好，宰鸡时烫毛水温要合适。

(2) 制作程序较多，要合理安排好。

（3）注意看好蒸鸡、蒸虾丸的火候。

（六）风味特点

菜品造型豪华，色泽五彩缤纷，滋味鲜爽嫩滑，茅台酒香馥郁。

（七）知识拓展

“江南百花鸡”：广东名菜。早期为广州文园酒家的招牌菜。该菜名用“百花”二字是因成品以江南名花夜香花（夏末秋初）或白菊花（秋末冬初）伴边和原料中用虾胶的缘故。虾胶是一种用途广泛的基本馅料，故虾胶又称“百花馅”，据说，把虾胶称作百花馅正是从此鸡开始的。制法：①将小母鸡1只（约1200g）宰好，在背部自颈至尾划开，从两翅处向两旁徐徐剥开，起出完整的一张鸡皮，去净黄膏和筋骨，平铺砧板上，用刀尖戳几个小孔，切下鸡头、翅尖、鸡尾。②将鸡皮外皮朝下平铺在竹箅上，拍上薄薄一层干淀粉，将虾胶350g与蟹肉25g拌匀，酿在鸡皮上，用鸡蛋清抹至平滑。③用猛火将酿好的鸡皮蒸6min至熟，鸡头、翅、尾另碟蒸熟。④取出虾胶酿鸡皮，顺切成3条，再横切成8件，共24件长方形件，覆盛于碟上，使鸡皮在面上，摆上熟鸡头、翅和尾，砌成鸡形。⑤烧热炒锅，下油烹酒，加入清汤、精盐0.5g、味精1.3g、胡椒粉0.1g、芝麻油0.5g，用湿淀粉勾芡，加包尾油后淋于鸡上，伴以夜香花或白菊花瓣即可。

“海南椰奶鸡”：始创于海口市老店琼南酒家。此菜使用了椰汁调味，使菜品具有了浓烈的琼岛热带风味。制法：①将小母鸡1只（约1200g）宰杀治净，洗净沥干水分，用精盐5g、味精4g，抹匀鸡身内外。②取一窝碟，把鸡放在碟中，加入鲜汤、姜、葱、芫荽头、绍酒10g，用中火蒸15min至熟。③在熟砧板上将鸡斩件，摆在碟上砌成鸡形，烧热净锅，下猪油滑锅，烹绍酒，加入原汤50g和精盐2g、味精2g、白糖1g、鲜牛奶100g、清汤30g、椰汁50g，微沸时用湿淀粉勾芡，加包尾油后淋在鸡面上。

“园林香液鸡”：广东名菜。此菜为国内外著名的、坐落于广州荔湾湖畔的泮溪酒家首创。制法：①将小母鸡1只（约1200g）宰杀治净，沥干水分，把精盐10g、味精8g、姜蓉25g、葱白丝15g、汾酒15g抹于鸡的内外，姜、葱放在鸡腔内。②用中火将鸡蒸约15min至熟，取出，滗出原汁待用。③炒锅内下油，投入郊菜、精盐，加汤水将郊菜煸炒至熟，倒入漏勺沥去水，原锅再下油、郊菜，用芡汤20g、湿淀粉4g勾芡，盛起待用。④将鸡斩件落碟，摆砌成鸡形，将熟郊菜伴于鸡的两侧。⑤炒锅下油，加入鸡原汁，用湿淀粉勾芡，加芝麻油和包尾油后淋于鸡上即可。

“炒石榴鸡”：广东潮汕名菜，它因外形酷似开花的石榴，且因主料是鸡肉而得名。传统制法是以鸡皮或鸡胸肉作皮，现在有人用煎蛋清皮作皮，但不如鸡皮作皮更具潮汕风味。制法：①将鸡皮300g裁剪成24片、直径5cm的圆片，鸡蛋清15g加精盐1g、干淀粉调成蛋糊，涂在鸡皮内侧。②将鸡肉200g、虾仁、冬笋、冬菇、肥肉分别剁成细粒，冬笋粒用沸水滚过。③把以上原料混合拌匀，加入火腿末、精盐6g、味精4g、胡椒粉

0.5g、芝麻油2g和湿淀粉20g拌匀成馅料。④芹菜用沸水滚过后漂凉，然后撕出丝条待用。⑤将馅料分成24份，每份用一片鸡皮外皮朝外地包好，用芹菜丝扎口，把蟹黄点缀在封口上。⑥将包好的“石榴”用中火蒸8min至熟，取出，滗出原汁，放在有底油的炒锅内，加入清汤和精盐1g、味精1g，用湿淀粉勾芡，加包尾油后淋于“石榴”上，伴上芫荽即成。

思考题

1. 此鸡上麦芽糖是否要晾干再炸？

2. 此菜的茅台酒为何分两次用？

3. 制“江南百花鸡”时为什么要在鸡皮上戳小孔？鸡皮上拍干淀粉有什么用？拍时应注意什么？

4. 制“海南椰奶鸡”，鲜牛奶在此起什么作用？

5. 制“炒石榴鸡”为什么宜用中火蒸制？

二、正阳烧鸡

（一）菜品简介

“正阳烧鸡”是天津烤鸭店名菜。该店原名正阳春鸭子楼，早在解放前即享誉津沽。1958年8月13日，毛泽东主席曾到此店进餐，并挥毫写下了“要好好为人民服务”的题词。此菜曾荣膺1988年商业部首届优质食品评比“金鼎奖”。此菜既可热吃，也可作凉菜佐酒。

（二）烹调方法

蒸。

（三）原料组成

主料：净肉鸡1只（约1280g）。

配料：净葱白25g，净黄瓜25g，净芫荽25g，净红柿子椒25g。

调辅料：精盐2g，味精3g，白糖3g，白胡椒粉5g，酱油25g，醋10g，绍酒10g，茅台酒20g，甜面酱50g，葱段25g，姜块15g，八角1瓣，桂皮3g，花椒4g，丁香1g，小茴香1g，芝麻油20g，花生油1000g（约耗50g）。

（四）制作过程

（1）将鸡从腹部大开膛，去内脏，洗净，用刀背砸断翅骨，在腿肉及锁子骨肉厚处各划1刀。将葱白、黄瓜、柿子椒切成0.33cm见方的丁，芫荽切成末。

（2）用甜面酱将鸡里外抹匀，放入盆内，加葱段、姜块、八角、桂皮、花椒、丁香、小茴香、精盐、味精、白糖、白胡椒粉、绍酒、酱油15g、茅台酒、芝麻油15g腌渍12h，拣去调料，滗去腌汁。

(3) 炒锅置旺火上，下花生油烧至 200℃，下肉鸡炸至鸡皮起小泡、呈金黄色时捞出沥油，放入圆形盘中。

(4) 将腌汁入锅煮沸，撇去浮沫，浇在鸡身上，将鸡上屉用旺火蒸 1～1.5 小时至软烂。再将汤汁滗出，鸡脯朝上装入方形盘子中。然后将 4 种配料分别填放在方盘四角，将用醋、酱油、芝麻油调成的三合油淋在鸡身上即成。

(五) 制作要领

(1) 肉鸡要充分地腌渍入味。

(2) 蒸制时要旺火足汽，一气呵成。

(六) 风味特点

成品肉质酥烂，辅料清香爽脆，味咸鲜微酸，浓郁透骨，略带酒香。

(七) 知识拓展

"黄焖全鸡"：山东名菜。此菜是济宁地区历史悠久的传统名菜，是济宁历史名店"温泰和"的看家菜之一。制法：①将雏鸡 1 只（约 750g）治净，整鸡去骨，用酱油 20g、黄酱 10g 调匀抹在鸡身上。②炒锅置中火上，下花生油烧至 210℃时，将鸡下锅炸至皮呈金黄色时捞出沥油。③炒锅内留油 50g，下葱段、姜片、八角煸香，加黄酱、酱油、清汤、精盐，下入炸过的鸡。烧沸后移锅至小火上加盖焖 10min 将鸡翻面，至焖熟时出锅控汤，腹部朝下放入大碗内，倒入焖鸡的原汤。④将鸡入笼用旺火蒸 20min，至熟透时出笼，滗出原汤，把鸡扣入大碗内。⑤蒸鸡原汁倒入炒锅内，中火烧沸后，用湿淀粉勾薄芡，加绍酒、花椒油，浇在鸡上即成。

"龙穿凤翼"：西北名菜。制法：①将鸡宰杀后，除去羽毛、内脏，卸下翅膀，洗净沥干水分，将上段用明火烤至八成熟，然后剁去两端，抽去翅膀内的骨头。②把火腿、鱿鱼、玉兰片分别切成细丝，分别穿进翅膀上去骨的空隙中间，装入大碗内，入笼蒸熟，取出。③炒锅置火上，用适量清水加调料勾成白汁，浇入碗内上桌。

"母子大会"：湖北名菜。制法：①将鹌鹑 10 只（约 600g）宰杀洗净去内脏，剁去爪，放入卤锅，卤至六成熟取出。鹌鹑蛋 20 个煮熟去壳。②炒锅置旺火上，倒入熟猪油烧至 210℃时，放入卤好的鹌鹑炸至褐黄色捞出沥油。取 10 个小口汤碗分别将鹌鹑倒扣入碗内，加酱油、精盐 4g、黄酒、白糖、鸡清汤 200g、味精 1g，放上葱段、姜末入旺火笼中蒸 1h 至酥烂时取出，扣入大盘的周围，滗出蒸汁。③炒锅置旺火上，下鸡清汤、精盐、味精烧沸，放入菜心稍烫，分别摆放在鹌鹑之间，再将鹌鹑蛋、猴头蘑、冬菇、火腿放入原鸡汤内稍烩，用湿淀粉 15g 勾芡，淋上熟猪油 25g，盛在盘中间。将蒸汁倒入锅中烧沸，用湿淀粉勾芡，淋上芝麻油，浇在鹌鹑上，撒上胡椒粉即成。

"虫草鸭子"：四川名菜。虫草又名"冬虫夏草"，为肉座菌科植物冬虫夏草的子座，及其寄生蝙蝠蛾科昆虫动物虫草蝙蝠蛾的幼虫的复合体，晒干后可入药。本品味甘，性平，有利肺益肾的功效。制法：①活肥鸭1只，经宰杀后放血，煺毛，去掉鸭掌，再在鸭的背面尾部横割一刀，挖去内脏，然后用水清洗干净，下入汤锅内煮一下，去掉血腥味。捞起后切去鸭嘴，将翅膀翻向背上盘起。虫草用温水泡15min，用手轻轻搓洗，去其泥沙、杂质。②将鸭腹部面朝上摆好，用竹签斜起从鸭腹肚上穿成一个个的孔（深度约1cm）。将虫草头部（粗的一端）一个个地插入鸭腹戳好的孔内，尾部露在外面。插好后将鸭腹向下装入蒸碗内，加入绍酒、葱、姜、清汤，用皮筋纸盖紧碗口，上笼用旺火蒸3h至软。③蒸好后把鸭子腹部向上摆入另一碗内，去掉姜、葱不用，加入少许盐，将原汤注入即可。

思考题

1. 制作此菜要掌握好哪几个环节？

2. 此菜有何独到之处？

3. 制作“母子大会”蒸制鹌鹑前，卤、炸鹌鹑有何作用？除用鹌鹑和鹌鹑蛋外，还可用哪些原料制作“母子会”之类的菜肴？

三、花菇无黄蛋

（一）菜品简介

“花菇无黄蛋”是湖南长沙市传统名菜。它以鸡蛋清、花菇为主料制成，因形如鸡蛋而得名。早在20世纪30年代，长沙市曲园酒家就以擅长烹制此菜而闻名。50年代后，以长沙市又一村饭庄烹制此菜为最佳。这是一道热菜。

（二）烹调方法

蒸。

（三）原料组成

主料：鸡蛋12个。

配料：水发花菇75g，菜心100g。

调辅料：精盐2.5g，酱油10g，味精1g，胡椒粉0.5g，鸡清汤250g，杂骨汤100g，湿淀粉25g，芝麻油2.5g，熟猪油90g。

（四）制作过程

（1）将鸡蛋洗净，在每个蛋的大圆头顶端磕一小圆孔，逐个将鸡蛋清倒入1只大碗内，鸡蛋黄倒入另一碗内作他用，蛋壳内洗净沥干水分。用筷子将鸡蛋清搅匀，加精盐2g、味精0.5g、鸡清汤150g、熟猪油25g调匀，均匀地灌入12个蛋壳内，用薄纸封闭圆孔。

（2）取大瓷盘1只，上面平铺一层米饭，将鸡蛋逐个竖在饭上，入笼蒸熟后取出放在冷水中浸泡 2min，剥去蛋壳，盛入碗中，加杂骨汤，入笼保温。

(3) 炒锅置旺火上，下熟猪油 15g，烧热后下入菜心，加精盐 0.5g 炒熟，摆在大瓷盘的周围。将无黄蛋捞出摆在大瓷盘中间。炒锅内放入熟猪油 50g，烧热后下花菇煸炒，加酱油、味精 0.5g、鸡清汤 100g 烧开，用湿淀粉勾芡，盖在无黄蛋上，淋入芝麻油，撒上胡椒粉即成。

(五) 制作要领

(1) 用筷子搅打鸡蛋清时注意动作要轻，不可将鸡蛋清打起了泡。

(2) 无黄蛋竖立在饭上蒸制时，圆孔应朝上，入笼蒸到上大汽时，应将蒸笼揭开一会儿，降低气压，避免鸡蛋清从圆孔冒出，再加盖蒸 3min 熟后取出。

(六) 风味特点

此菜黄、白、绿三色相映，质地滑嫩，清爽淡雅，味咸鲜可口。

思 考 题

1. 制作无黄蛋时应注意什么问题?

2. 利用无黄蛋的制法，还可制作哪些菜肴?

四、长春罐焖鸡

(一) 菜品简介

“长春罐焖鸡”由长春亚细亚大菜馆崔长山师傅于 1941 年创制，20 世纪 70 年代以后，其徒赵君禄进一步研究，使制作工艺、菜品色味都有所改进，并开发了一些新品种，如“罐焖肘子”等。

(二) 烹调方法

蒸。

(三) 原料组成

主料：子鸡 1 只（重约 750g）。

调辅料：a. 姜块 10g，葱段 10g，蒜末 10g，植物油 1000g，老汤 30g，蜜糖 10g。b. 精盐7g，味精 3g，糖 15g，甜面酱 15g，绍酒 25g，八角 5g，花椒 5g。

(四) 制作过程

(1) 将鸡宰杀，去除内脏，用清水浸泡，洗净血污。

(2) 把鸡块斩成 4cm 左右的大块，洗净。

(3) 用清水 50g 与蜜糖混合成蜜糖水，放入鸡块拌匀。炒锅置于炉火上，加油烧至 180℃，放入鸡块炸至大红色，捞出，沥油。

(4) 取一净罐，放进鸡块、老汤、姜、葱、蒜及调料 b，加盖，放蒸笼中用大火蒸

1h 至鸡块软烂，即可上席。

（五）制作要领

（1）鸡块要洗净血污。

（2）蒸时蒸汽要足。

（六）风味特点

菜品质感软嫩，味道醇厚，原汁原味，气味芳香，食之不腻。

（七）知识拓展

“生扣鸳鸯鸡”：广东名菜。鸳鸯鸡始创时是用鸡肉与田鸡肉相扣，后来取消了田鸡肉，因而鸳鸯仅指色彩相间。制法：①将小母鸡 1 只（约 1200g）宰好，起出鸡肉，片成 5cm×2cm×0.5cm 的日字形片，鸡骨斩成块，均洗净，沥去水分。②鸡肉拌入精盐 3g、味精 3g、姜汁酒 10g，拌匀后再拌入干淀粉 10g 和花生油 5g，鸡骨拌入精盐 2g、味精 1g、姜片 3g、绍酒 5g、白糖 0.5g，拌匀后拌入干淀粉 10g 和花生油 5g。③将火腿切成 4cm×2cm×0.1cm 片，冬菇修改外形及大小，使其均匀、美观。④选一个完整的冬菇面朝下放在扣碗底中心，然后沿着扣碗内壁，按火腿、鸡肉、冬菇顺序，互相半叠地排砌在扣碗内，直至排满碗壁为止。鸡骨放到碟上，铺平。⑤分别将鸡肉、鸡骨用中火蒸熟。⑥将蒸熟的鸡骨放进排有鸡肉的扣碗内，填平扣碗，滗出原汁待用，将扣碗覆盖在碟上。⑦将短郊菜煸炒至刚熟，用芡汤 10g、湿淀粉 3g 勾芡后围在扣碗边，取起扣碗。⑧用油将热锅滑过，烹绍酒，下清汤及原汁，调入精盐、味精、胡椒粉、芝麻油，用湿淀粉勾芡，加包尾油后淋于鸡肉面上即可。

“白市驿板鸭”：在重庆市郊有一小镇，因其制作鸭子时，将鸭身绷成板状，故此菜被称为白市驿板鸭。产品色泽金黄，肉质肥美，鸭体光洁，香气浓郁，鸭体腹腔干燥，利于保存。制法：①活鸭 1500g 经过宰杀、浸烫、拔毛、剖腹、去内脏、翅尖和鸭掌，并用冷水漂约 20min 后，进行大开，剖骨破肋，割断蛮筋，用绳子拴好吊起，滴干水分，将精盐、五香粉、花椒和白糖放入碗内混合均匀，抹在鸭身上，抹匀揉透，入缸内腌 6h，翻动一下，再腌渍 6h 即出缸滴干水分，用热纱巾将鸭身内外擦干净，用两根竹签架成十字架，将鸭肚腹绷直伸平呈板状，放在通风处，晾干水分。②用谷草引火，撒上糠壳，进行烘烤，先烘里面，再烘表皮，翻来覆去烘烤至鸭身呈金黄色即成。③食用前将鸭上笼蒸熟，取出，晾凉后斩成 4.6cm 长、3.3cm 宽的条块，摆入盘内成“城墙垛子”形状，用芝麻油、味精调匀，刷上调料即成。

思考题

1. 鸡块为什么要上蜜糖水？
2. 此菜香从何来？

五、北京烤鸭

（一）菜品简介

“北京烤鸭”是北京传统名菜，用北京填鸭为主料烤制而成。烤鸭的历史悠久，从宋至元的古籍中均有关于炙鸭、烧鸭（均为烤鸭）的文字记载。明代，烤鸭成为宫廷美味之一。用填鸭制作的北京烤鸭始于明代。到了清代，在北京专门经营烤鸭的饭馆已有几十家，比较著名的有便宜坊、全聚德、六合坊、金华馆等，并有焖炉烤、挂炉烤和叉烧烤等不同的烤制方法。

（二）烹调方法

烤。

（三）原料组成

主料：净填鸭1只（约2000g）。

配料：饴糖水35g。

调辅料：甜面酱、葱段等。

（四）制作过程

（1）鸭子治净后要经过打气、掏膛、洗膛、挂钩、烫皮、打糖、晾皮等多道工序处理。首先要向鸭体皮下脂肪与结缔组织之间注入气体，充气约八成满，使鸭体膨胀。再掏膛，取出内脏、气管、食管，将高粱秆做成的鸭撑放进鸭膛，将鸭脯撑起，并用清水冲洗鸭膛，将鸭子挂在铁钩上。随后用开水洗烫鸭皮，使鸭皮绷紧，油亮光滑。然后打糖色，在鸭子身上均匀地浇淋上饴糖水，使鸭皮呈浅枣红色。接着将鸭子挂在阴凉通风处吹干。

（2）烤制有挂炉烤、焖炉烤和转炉烤等，通常用挂炉烤。在烤鸭入炉之前，先在肛门处塞入8cm长的高粱秆一节，即堵塞。有节处要塞入肛门里。鸭进炉后，先烤鸭的右背侧，即刀口的面，使热气先从刀口进入膛内，把水烤沸。约6～7min后转向左背侧烤3～4min，再烤左体侧3～4min，并燎左裆30s；烤右体侧3～4min，并燎右裆30s；鸭背烤4～5min。再按上述顺序循环地烤，一直到鸭全身上色成熟为止。

（3）烤鸭出炉后，放出腹内开水，再行片鸭。片鸭的方法主要有两种：一种是皮肉不分，基本上是片片带皮，可以片成片，也可以片成条；一种是皮肉分开片，先片皮，后片肉。

（4）鸭片装盘上桌，佯甜面酱、葱、荷叶饼佐食。

（五）制作要领

（1）打气要适中，不要过足，以免造成破口或跑气；充气太少，会使外形瘪不丰满。

（2）操作中要小心，不可令鸭皮破损。烫皮时水不要浇得过多或过少。过多时，易使鸭的脂肪从毛孔流出，不易着色；过少，毛孔不能紧闭，容易跑气，并且皮面松弛。

(3) 打糖上色须进行两次，以达到上色均匀的目的。

(4) 烤炉的温度要稳定在230～250℃，过高，会使鸭皮抽缩，两肩发黑；过低，会使鸭胸脯出皱褶。烤鸭的时间，应根据季节不同和鸭的大小、数量多少而调整。注意不要使鸭胸脯直接对着火烤。

(5) 鉴定是否烤好的依据，除时间外，还可掂重量，通常熟鸭比烤前的生鸭减重1/3；看颜色，烤熟的鸭，色呈枣红，油润光亮。

(六) 风味特点

色泽红润，皮脆肉嫩，腴美醇香。可根据个人的爱好加上适当的作料。烤鸭肉最适合卷在荷叶饼里或夹在空心芝麻烧饼里，蘸甜面酱食用。

(七) 知识拓展

“脆皮烧鹅”：广东较流行的名菜，几乎每家中型以上餐馆均制作出售烧鹅。制作与销售以“裕记深井烧鹅”和“烧鹅仔烧鹅”两家专门店最为出名。制法：①先用米酒100g、芝麻酱75g、五香粉5g、味精10g、蒜蓉15g、花生油5g、白糖200g、柱候酱150g、大茴香粉5g、南乳30g、干葱蓉10g、汾酒5g中的花生油爆香葱、蒜，然后加入调料中的其余原料炒匀便成鹅酱（可用于烧鹅、鸭、猪、鸡等）。②将光鹅1只（约2500g）洗净，斩去翅尖、爪，在颈背开一小孔吹气，使鹅皮鼓起，用五香盐擦匀内腔，再放入鹅酱抹匀内腔，用烧鹅针穿缝腹部开口处，腌制20min。③用沸水烫淋鹅皮至鹅皮洁净、紧缩，用排笔把糖水扫匀全身。④用鹅环从鹅翅底钩入挂起，把鹅头转夹在鹅环上，放于通风处晾干。⑤将晾干的鹅放进已燃好木炭的烤炉内，先背朝外烤至呈现红色，再转而胸部朝外烤制至鹅眼突出、色泽均匀、肉汁清而无血水时即熟，共约30min，食用时按需要斩件上碟。

思考题

1. 鸭子的气打到何种程度为宜？为什么？

2. 烫皮有什么技巧？

3. 如何掌握烤鸭的温度和时间？

4. 鸭腹灌水的作用是什么？

5. 制“脆皮烧鹅”为什么要将鹅皮吹胀？怎样吹？正式烧烤时炉内木炭应燃至什么程度？

六、竹筒鸡

(一) 菜品简介

“竹筒鸡”是云南哈尼族招待贵宾的一道名菜。利用竹筒烹饪，历史久远。早在成书于北魏时期的《齐民要术》中就有“筒炙”菜的记载。由于云南盛产翠竹，而竹筒菜具有独特清香，所以云南少数民族地区以竹筒烹菜较为普遍。

（二）烹调方法

烤。

（三）原料组成

主料：嫩公鸡1只（约1500g）。

配料：火腿片100g，水发冬菇、水发玉兰片各50g。

调辅料：甜、咸酱油各50g，精盐10g，白糖30g，味精3g，胡椒粉2g，葱段、姜片各20g。

（四）制作过程

（1）将鸡宰杀治净。鸡身及肝、肫、冬菇、玉兰片、火腿、葱、姜、精盐、味精、胡椒粉、白糖、甜咸酱油入盆，搓揉入味。

（2）选1节生长一年的青竹，约长50cm，外径12cm，一头留节，一头开口。将鸡肝、鸡肫及冬菇、玉兰片、火腿装入鸡腹，合拢成全鸡状，塞入竹筒，用芭蕉叶封口，放在栗炭火上烧烤2h左右至成熟时取出，去掉芭蕉叶，倒入盘内即成。

（五）制作要领

（1）必须选用嫩公鸡，烤制前原料要腌渍入味，腌渍的时间为0.5h左右，不宜过长过短。

（2）宜用木柴、竹枝等烤制，火不宜旺，竹筒口要封严，以保持独特而浓郁的香气。

（六）风味特点

此菜既有鸡肉之鲜甜，又有青竹之清香，质软嫩。

思考题

1. 竹筒鸡有何独特之处？
2. 制作此菜要注意什么问题？

七、常熟叫化鸡

（一）菜品简介

相传在明末清初，常熟虞山脚下有一叫化子，某日偷得鸡一只，因无炊具，即以黄泥裹而烧之，熟后泥干毛脱，奇香四溢，遂抱鸡狼吞虎咽起来。适逢此时，明朝大学士钱牧斋削职隐居在虞山，散步路过，忽闻异香，在树隙窥见叫化子吃鸡之情景，命家人上前询问鸡的制法，并取其鸡肉试尝，发觉其味确是独特。他回家后，便命家厨稍加调味，如法炮制，后竟传为名菜。至光绪年间，常熟山景园菜馆开业，店内名厨朱阿二根据当时大多数顾客既慕叫化鸡的美味，又不愿与难登大雅之堂的叫化鸡打交道的心理，改叫化鸡名为“煨鸡”，对其制法亦精益求精，并增添了多种调辅料，赢得了众多食客的赞赏，名声远播，慕名前来品尝者络绎不绝。

（二）烹调方法

烤。

（三）原料组成

主料：去毛嫩母鸡1只（约重1000g）。

配料：鸡肫丁50g，瘦猪肉丁100g，虾仁50g，熟火腿丁25g，水发香菇丁25g，猪网油400g，鲜荷叶4g，无毒玻璃纸1g，酒坛泥3000g，包装纸1张。

调辅料：绍酒50g，精盐5g，酱油500g（约耗100g），白糖20g，葱花25g，姜末10g，丁香4粒，八角2粒，玉果末0.5g，葱白段50g，甜面酱50g，芝麻油50g，色拉油50g。

（四）制作过程

(1) 将鸡斩去爪，在左腋下开约3cm左右的小口，掏去内脏及气管和食管，洗净血污，晾干水。用刀背敲断鸡翅骨、腿骨、颈骨（不能破皮），放入钵中，加酱油475g、绍酒25g、精盐腌渍1h取出。将丁香2粒、八角1粒一齐碾成末，加玉果末和匀，擦抹鸡身。

(2) 将锅置旺火上烧热，舀入色拉油，烧至五成热时，放入葱花、姜末、八角煸炒，接着放入虾仁、猪肉丁、鸡肫丁、火腿丁煸炒，烹入绍酒，加酱油、白糖，炒至断生，即为馅料，待晾凉后，从鸡腋下刀口处填入鸡腹，将鸡头塞入刀口中，两腋各放1粒丁香夹住，用猪网油紧包鸡身，先用荷叶1张包裹，再包一层玻璃纸，最后外面再包一层荷叶，用细草绳扎成椭圆形。

(3) 将酒坛泥碾成末，加清水拌和起黏，平摊在湿布上，厚约1.65cm，再将捆扎的鸡放在泥的中间，把湿布四角拎起包紧（使泥紧黏牢），然后揭去湿布，再用包装纸包裹。

(4) 将泥裹鸡放入烤箱，用旺火烤40min，视泥干裂，补泥于裂缝，再用旺火烤30min，取出敲掉泥，解去绳，揭去荷叶、玻璃纸，淋上芝麻油即成。上桌后由服务员把鸡分成小块，即可食用。

（五）制作要领

(1) 鸡浸渍要入味。黄泥要反复捣烂黏合，以使烘烤时不裂缝。

(2) 包裹鸡时要整洁牢固、清洁卫生，防止黄泥渗入鸡肉。

(3) 烘烤时间要长，不能急于求成，要烤熟烤透。

（六）风味特点

打开泥壳，满屋飘香，入口酥烂肥嫩，风味独特。

思　考　题

查找有关资料，了解“叫化鸡”的传说及制作工艺特色。

八、三鲜铁锅烤蛋

（一）菜品简介

“三鲜铁锅烤蛋”是河南名菜，原名“铁锅蛋”，因郑州市特级烹调师杨振卿在蛋糊中增添海味三鲜，始名“三鲜铁锅烤蛋”。“铁锅蛋”由专营河南菜的厚德福饭庄创始人陈建堂于清末创制。在1983年全国烹饪名师技术鉴定会上，郑州特级烹调师郝玉民制作了三鲜铁锅烤蛋等菜肴，被评为全国优秀厨师。

（二）烹调方法

烤。

（三）原料组成

主料：鲜鸡蛋6个，水发海参25g，水发鱿鱼25g，水发鱼肚25g。

配料：熟火腿20g，熟荸荠20g，生虾仁20g，大白菜叶1片。

调辅料：精盐4g，味精3g，绍酒5g，醋75g，姜末5g，清汤350g，熟猪油25g，芝麻油25g。

（四）制作过程

（1）将鸡蛋打入碗内搅匀，海参、鱿鱼、鱼肚、火腿、荸荠（去皮）、生虾仁均切成0.5cm见方的丁，放入鸡蛋液中，加精盐、味精、绍酒、熟猪油、凉清汤搅匀。

（2）把白菜叶铺在大鱼盘上，倒入50g醋。另取25g醋、姜末调匀成味碟。

（3）铁锅置小火上，将鸡蛋液倒入，边加热边搅拌，同时将特制的铁锅盖放另一火上烧红。待蛋液变稠时，将烧红的铁锅盖用一铁钩钩住，缓慢地盖到铁锅上，利用盖上的辐射热力使鸡蛋液进一步凝固，待凝固的蛋液膨胀鼓出锅面时，将盖勾起，淋上芝麻油，再盖上盖，使蛋的表面发亮呈深黄色时，掀去铁盖，将锅置于白菜叶铺底的鱼盘上。上桌时，外带姜醋味碟。

（五）制作要领

（1）烤制的工具须使用特制的铁锅。

（2）烤制的方法必须上烤下烘，相互配合，鸡蛋液烘至稍稠时再盖铁盖烘烤。

（3）必须佐以姜末、香醋才有蟹黄风味。须连同铁锅一起上桌。

（六）风味特点

成菜色泽深黄，油润明亮，佐以姜末、香醋，具有蟹黄风味，食时满口鲜香。

（七）知识拓展

烘是将原料置于无焰小火上，利用辐射热使之成熟的烹调方法，如烘白薯等。烘法因火力小，加热时间长而缓慢，不加水或汤汁，食品具有特殊香味。

烘法由烤法发展而来，历史已久，《诗经》已有记述。现代烘法，除于火上直接烘制外，已发展至利用炊具烘制。如四川“火腿烘蛋”、“椿芽烘蛋”，原料备好后，起油锅，旺火将油烧至适当温度，下料后转中火或小火烘制。河南“三鲜铁锅蛋”，用特制铁锅，铁盖于火上烧红备用，铁锅加蛋液于小火上烘至八成熟，将烧热的铁盖加上，再利用铁盖的高温从上向下烘，至达到适宜的成熟度，连锅上桌。

思考题

1. 此菜的制作工具、制法、风味有何独到之处？
2. 蛋液倒入铁锅后为何要边加热边搅动？

九、无为熏鸭

（一）菜品简介

“无为熏鸭”又名“无为熏板鸭”，已有200多年历史。相传是祖居无为县的回族同胞所创制，在安徽颇有名气，现无为县迎春饭店烹饪世家出身的板鸭技师林启全（回族）仍在制作，盛誉不衰。据《无为县志》记载：“民俗婚筵多用鹅，后改为鸭。”至今当地还流传着这样的风俗。

“无为熏鸭”享誉至今不衰的原因有二：一是鸭好，无为地区鸭以放养为主，多食小鱼、小虾等活食，收稻后，鸭于水稻田里觅食，故鸭成长快、体肥壮、肉嫩、脂厚；二是制法精良，操作细。

（二）烹调方法

熏。

（三）原料组成

主料：光鸭20只（每只约重2000g）。

调辅料：小葱结300g，姜块200g，八角25g，丁香7.5g，桂皮25g，小茴香7.5g，花椒15g，硝水300g，杉木屑300g，精盐2000g，酱油2500g，醋500g，白糖150g，芝麻油300g。

（四）制作过程

（1）将鸭翅膀尖和脚掌割下，在右翅下划开一道7cm长的直刀口，抠出内脏，洗后在肛门处插进一小竹筒，入缸浸泡90cm左右，再洗净沥干。

（2）每只鸭由开口处放入盐25g，再灌进硝水15g，抹匀，再用盐擦匀擦透鸭身。擦盐后，将鸭颈弯贴在脊背处，脯朝上，顺着缸边整齐地围成一圈，中间留空，腌制。在缸中腌2h后，上下翻动一次，再腌2h。

(3) 大锅内放水30kg，用旺火烧开，将鸭逐个在沸水中烫至鸭皮收缩绷紧，即拎起拔去小竹筒，挂在风口处沥干水分，然后将腿胯间骨关节折断，用湿洁布将鸭全身擦一遍，擦去皮衣。

(4) 在熏锅中放入燃烧过的芝麻秸的余火灰烬，上面均匀地撒上杉木屑150g，并迅速在锅上架放4根细铁棍（每根距离20cm左右，离火灰17cm高），把鸭背部朝下放在铁棍下，使鸭颈伸直，再在铁棍上盖上熏篷，使底火缓慢地燃烧木屑而冒出烟来。烟熏5min后，再撒匀一层木屑，将鸭翻身，再熏5min左右即可取出。再将小竹筒塞入鸭肛门。

(5) 大锅内放水30kg，将八角等香料装入小布袋中，扎上口放进锅中，再加酱油、醋400g、白糖、葱结、姜块（拍松）烧开后，放入鸭子用竹筛压住，盖上锅盖，用小火烧约10min后压火焖约30min，拨开火灰，添柴烧至听见水发出吱吱响声后，停火继续焖煮5min即成。煮好后捞起，去掉小竹筒，流出卤汁，捞出葱、姜和香料袋（卤汁可连续使用，越陈越好，但再用时，要酌加调味品和换香料）。

(6) 将鸭剁成5cm长、1cm宽的条块，整齐地排在盘中，淋上芝麻油15g即可上桌。

（五）制作要领

(1) 腌制时，鸭在缸中的摆砌中间要留空，以便通气。冬季腌制时间要延至2～4h。

(2) 煮制时要掌握好火候，火太大鸭易老，火太小鸭带腥味，卤汁温度宜保持在80℃左右，小火煮约10min后要压火焖一段时间。

（六）风味特点

成品体形完美，色泽金黄油亮，皮酥肉嫩，味鲜醇，并有烟熏幽香。若蘸醋食用，风味尤佳。

（七）知识拓展

“沟帮熏鸡”：辽宁传统名馔。相传，清朝光绪二十五年（1899年），安徽颖州府人刘世忠到辽宁北镇沟帮地区做熏鸡买卖，人称“熏鸡刘”。1905年刘世忠去世后，其子接管鸡铺，继续经营，到20世纪30年代初沟帮子经营的熏鸡铺发展到十几家。1942年在杜家熏鸡铺当学徒的田子成自立门户开设了田家熏鸡铺，他烹制的熏鸡更有特色，誉满关外，人称“田小鸡”。1983年全国十大名鸡评比会上被评为全国优质食品，与山东“德州扒鸡”并列第一。制法：①将子鸡40只（每只重约1200g）宰杀，整理干净，两翅尖交叉插入口腔内，双爪交叉插入鸡腹开口处。②在煮锅内加入清水（或鸡汤）5kg，放进鲜姜10g、胡椒粉10g、香辣粉10g、五香粉10g、精盐70g、味精40g和匀。砂仁10g、陈皮30g、肉桂30g、丁香30g、鲜姜50g、豆蔻10g、白芷30g、桂皮30g及草蔻20g，用布袋装好扎牢也放进锅内，燃火烧沸。烧沸10min后，放进鸡，转慢火煮1h，取出。③在熟鸡表面抹上芝麻油200g，放在锅内中间有投糖孔的铁帘上，用猛火烧锅，待锅微红时，投入白糖400g盖上盖，让焦糖香气熏鸡2min，翻转鸡身再熏2min。④斩件装盘，摆砌成鸡形。

"大城家常熏鸡"：河北名菜。制法：①将活鸡1只（约1000g）宰杀治净，用刀背砸断鸡的大腿，用剪刀横着剪去胸骨尖端，将剪刀从剪断处插入鸡胸腔内，剪断胸骨，用力将胸骨压平。鸡右翅从脖子刀口处插入，通过口腔，从嘴中穿出，将双翅别在背后。盘起双腿，将双爪塞进腹腔内，并使双腿骨交叉。②将鸡入沸水锅，加精盐、葱、姜、桂皮、花椒、大茴香、小茴香等，烧沸后撇去浮沫，用小火煮约3h捞出晾凉。③将煮好的鸡摆在铁丝网上，放在铁锅里，铁锅放入湿茶叶和白糖，盖上锅盖，用小火烧，待锅中白糖、茶叶冒出浓烟时，将锅离火熏制，约10～20min后取出，刷上芝麻油即成。

"太爷鸡"：广东名菜。它是由一位名叫周桂生的人创制的。周桂生是江苏人，清朝末年在广东新会当知县。辛亥革命推翻了清王朝，也结束了他的官吏生涯，于是举家迁往广州，设档专营熟肉制品为生。他凭着当官时常食名肴之经验，创制了卤熏结合的鸡菜，取名为"熏鸡"。熏鸡肉嫩味鲜且带清香，深得食客欢迎。后来，人们知道制鸡者原是县太爷，便把熏鸡改称"太爷鸡"。因太爷鸡滋味有特色，菜名也新奇，很快便享誉羊城，传遍广东、香港、澳门等地。太爷鸡出名后，附近的六国饭店以重金购得其销售权，转为六国饭店所有。六国饭店倒闭后，饭店主制此鸡的师傅受聘于广州大三元酒家，于是，太爷鸡乃成为大三元酒家的招牌鸡。20世纪70年代，极左思潮革了"太爷鸡"菜名的命，改名为茶香鸡。1981年周桂生的外孙高德良在广州文明路开设了"周生记"熟肉店，靠着祖先的名气，重新打出"太爷鸡"名经营熏鸡，也许是名正言顺的原因，生意做得非常红火。制法：①将小母鸡1只（约1200g）宰好，用精卤水浸至刚熟。②将铁锅置于炉上，用花生油滑锅后，加入茶叶炒至有香味，再放入片糖屑再炒，待起黄烟时，迅速放下竹箅子（离茶叶约7cm），把鸡放在竹箅子上，马上盖上盖密封好，离火熏约5min便可取出。③将鸡斩件后摆在碟上，砌成鸡形，用清汤、精卤水50g、味精2g、芝麻油调成味汁，淋于鸡上。

思考题

1. 鸭为什么要腌制？
2. 熏制时为什么选用杉木屑？
3. 煮制过程中最后的焖有何作用？
4. 生熏与熟熏有何不同？
5. 如何掌握烟熏的火候？
6. 烟熏起到了什么作用？

第五节　其他制法菜品

一、醉　糟　鸡

（一）菜品简介

“醉糟鸡”采用生糟醉鸡之法烹制，是福州传统名菜之一。它以鸡为主料，是肴馔中的上品，其成品色泽红润透白，醇香迷人，糟、酒美味融为一体，风味别具一格，食之大有鸡“醉”人亦“醉”的乐趣。福州西湖宾馆特一级厨师赵君松尤为擅长烹制此菜。

1983年福建特级厨师强木根在首届全国烹饪名师技术表演鉴定会上表演了“三丝拌糟鸡”、“翡翠珍珠鲍”、“鸡汤氽海蚌”、“淡糟香螺片”等菜品，获最佳厨师称号。其中“三丝拌糟鸡”便是在“醉糟鸡”基础上改变了辅料形状而成的。醉糟鸡是凉菜。

（二）烹调方法

醉糟法。

（三）原料组成

主料：净嫩母鸡1只（约重1000g）。

配料：白萝卜400g，红辣椒1只。

调辅料：红糟150g，绍酒100g，茅台酒100g，姜末1g，五香粉1g，白糖75g，精盐10g，味精7.5g，白醋50g，鸡汤100g。

（四）制作过程

（1）洗净鸡，去脚爪，在膝部用刀稍拍一下，放入有温水1500g的锅中，用微火煮10min，不待水沸，将鸡翻个身再煮10min，待膝部露出腿骨时（断生）捞起。

（2）将断生的鸡先剁下头、脚、翅膀，鸡头劈成两片，每只翅膀去翅尖后切成两段，再把鸡身切为4块，一并盛入小盆里，加入茅台酒、精盐5g、味精3g拌匀，加盖密封腌醉1h后，启盖，将鸡块上下翻一翻，密封再腌1h。然后启盖，加入味精4.5g、精盐5g、红糟、五香粉、姜末、绍酒、白糖35g、鸡汤翻拌均匀，密封再腌1h。

（3）启盖拨开红糟浮沫，轻轻取出鸡肉块，分别切成3cm长、2cm宽的柳条片，按鸡身形摆入盘中，再取鸡头、脚、翅膀拼成整鸡状。

（4）将白萝卜去皮、洗净，切成1.65cm见方的长条，每条相反的两面，分别剞上斜刀和横刀，拉开成“蓑衣萝卜”，放进盐水中浸30min，去苦汁后，洗净捏干。辣椒去蒂、籽，洗净，切成丝，放在碗里，加入白糖40g、白醋调匀，再放入蓑衣萝卜一并腌渍20min，取出时沥干汁，分别饰伴于醉糟鸡的两边即成。

（五）制作要领

（1）鸡煮至断生即可，太生或太熟都不好。

（2）醉糟时要密封好。

（六）风味特点

菜品色泽红润透白，醉香迷人，糟、酒美味融为一体，风味别具一格。

（七）知识拓展

糟是以糟卤为主要调味料将原料腌、浸、渍成菜的烹调方法。多用于动物性原料，包括蛋类；也可用于豆制品和少数蔬菜。成菜特点：糟香浓郁，口味清爽，色泽纯净。

用糟制作食物，始见于北魏《齐民要术》的“糟肉法”。其后，《清异录》上有“炀帝幸江都，吴中贡糟蟹”的记载。南宋之际，市食已有糟鲍鱼、糟羊蹄、糟蟹、糟猪头肉、糟黄菜、糟瓜齑等。元明清时期，出现制三黄糟、陈糟、甜糟、香糟、糟油、陈糟油、糟饼等方法。糟制食品除原有品种外，还有糟腐乳、糟萝卜、糟鱼、糟蛋、糟鲥鱼、糟肚、糟大肠等。

现代糟法很多，主要分熟糟、生糟两类。熟糟是将原料熟处理后糟制。一般取整只鸡、鸭、鸽等，或取鸡爪、猪爪、猪肚、猪舌等，经过煮熟成半制品后，整料分割成较大的块，浸没在糟卤内，使之入味。糟卤的配方各异，各显特色，基本配料为香糟、红糟、料酒、食盐、白糖、葱、姜等；有的再增添花椒、八角茴香、小茴香、桂皮、桂花、陈皮等香料，浸化后沥净渣滓，取卤使用，如糟鸡、糟凤爪、糟猪爪等。生糟是原料未经熟处理直接糟制，以浙江、四川等地所制糟蛋最为著名。

“糟蛋”：浙江民间佐餐、下酒的小菜，已有近200年的历史。清光绪年间参加南京品物会展出受到好评，从此列为贡品。因以浙江平湖所制作的最为著名，故又称平湖糟蛋。蛋壳略有裂痕的鸭蛋，放入铺有特制酒糟的甏中，糟渍4～5个月而成。渍成后蛋壳完全脱落或部分脱落，壳内有薄膜包住蛋体，蛋白呈乳白色，为软嫩胶冻状，蛋黄带橘红色，成半凝固状态。食时不用蒸煮，只用筷轻轻拨破软壳即可。特点是质地鲜嫩，糟香味醇厚。

“糟鸡”：绍兴酒糟丰富，且农家又自养越鸡，故此糟鸡成为民间招待客人的佳肴。制法：①将鸡1只（约重1500g）治净。焯水、放入锅内，舀入清水浸没鸡身，加入葱结、姜块，置旺火上烧沸，改用小火焖烧20min，将锅端离火口，任其自然冷却。然后，把鸡头、鸡翅剁掉，鸡身剁为4块，用精盐、味精擦透。②将酒糟、糟烧酒合在一起搅匀。备瓦罐1只，在罐底先倒入一半糟酒，铺上洁净纱布，再将鸡块放入罐内。另取洁净纱布盖在鸡块上面，然后倒入余下的酒糟压实，密封罐口存放两天，即可食用。

思考题

1. 醉糟时为什么要密封？
2. 醉糟前鸡的熟处理为何太生或太熟都不好？
3. 用糟制作的菜肴有什么特点？

二、白 切 鸡

(一) 菜品简介

“白切鸡”又称“白斩鸡”，是选用未产蛋的小母鸡用鲜汤浸熟而成，这种制作的方法，全国很多地方都有，并且很多地方也叫“白斩鸡”。但是从选食程度、制作的精细程度、成品质量标准和菜品派生程度四个方面来看，广东远远地排在首位。“白切鸡”在广东流传的历史也相当悠久，被誉为“粤菜第一名鸡”。

(二) 烹调方法

浸。

(三) 原料组成

主料：小母鸡1只（约1200g）。

调辅料：a. 鲜汤3000g，冻鸡汤3000g，花生油80g。b. 姜蓉50g，葱白丝50g，精盐8g，味精5g，芝麻油1g。

(四) 制作过程

(1) 用手抓稳鸡，然后割喉，放血，用65℃热水烫毛，以火燎毛，开颈开腹取出内脏，冲洗干净，沥干水分，腿弯至鸡腹里。

(2) 将味精、精盐、姜蓉、葱丝、芝麻油依次放在味碗内，用锅烧热生油至160℃，淋入味碗内搅匀为作料，留下10g熟花生油待用。

(3) 把鲜汤放在铝锅内加热至微沸，然后手持鸡颈，将鸡身放进汤内，待鸡腔灌满汤水后提起鸡，让鸡腔内的汤水流回锅内。如此重复4次，才让鸡全部浸泡在汤中，待汤再微沸后盖上盖，熄火浸制。

(4) 浸约13min，待鸡刚熟浮起，将鸡捞起放进冻鸡汤内，使鸡皮冷却，约5min后，捞起鸡，把熟花生油涂匀于鸡体表。

(5) 在熟砧板上把鸡斩成件，摆在碟上砌成鸡形，食时配以作料蘸食。

(五) 制作要领

(1) 宰鸡时必须挖净鸡肺和其他内脏，并冲洗干净。

(2) 浸制时要先进行烫腔操作，以使鸡体内外成熟速度一致。

(3) 浸制的汤温不能太高，浸制时间要掌握好。

(4) 鸡浸熟后要马上冷却鸡身。

(5) 选用好的鸡种特别重要。

(六) 风味特点

皮爽肉滑，鸡肉原有鲜味突出，鸡皮橙黄油亮，肉色洁白。

(七) 知识拓展

浸是将原料下入沸热液体致熟而成菜的烹调方法，适用于制作质地鲜嫩的鸡、鱼类和脆嫩的藕、荸荠等原料。成菜特点：保持原料自然色泽，口感软嫩或脆嫩，香滑鲜甜。因传热介质的不同，浸法可分为：①汤浸。将原料腌渍入味，入沸汤锅中，快速烹制调味，锅离火再浸养一定时间后煮沸而成菜的方法。多适于动物性原料，如“荔枝鸡”。②油浸。将经过腌渍入味的原料放入温油或油水混合的沸锅中，随即将锅离火，使原料慢慢浸至断生的方法。若原料体积较大，可复浸至熟为止。例如“油浸鲳鱼”、“油浸山斑鱼”等。

由“白切鸡”可演变出一系列的名菜：

“清平鸡”，用特制白卤水浸制，既保持白切鸡皮爽肉滑、皮色黄橙的特点，又增加了卤水油鸡骨香味浓的风味。1988年荣获商业部颁发的优质产品“金鼎奖”。

“东方市师鸡”，以清汤、靓生抽、加晒老抽、味精、姜丝、葱丝、熟花生油为调味品，跟作料蘸食或淋味汁于鸡上。此菜曾获国家烹饪大赛铜牌奖。

“霸王鸡”，与东方市师鸡制法相同，但在味汁中增加辣味及红辣椒丝。

“手撕鸡”，改变了上碟形式，鸡浸熟后用手撕拆，将鸡的皮、肉、骨撕成小块，拌入沙姜粉、精盐、味精、猪油、芝麻油，然后按骨在底、肉在中、皮在面的顺序砌成鸡形，以沙姜粉、精盐、味精加熟油为作料。

湛江九记“路边鸡”、“真味鸡”等多款名鸡，则是在浸鸡的清汤中加了干贝、虾米等多种浓鲜的海味。“贵妃鸡”用香叶卤水浸制，使其带有清香气味。较特别的是“夜香牛奶鸡”，是用鲜牛奶浸制，调味中也用了鲜牛奶。

海南“文昌鸡”（白切文昌鸡）制法与“白切鸡”相同，选用的是优质的海南文昌县农家鸡，作料有两种：一是用姜丝、葱丝、蒜蓉、精盐、味精加山茶油或芝麻油调成；一是用白醋、白糖、姜蓉、葱花、什锦酱（或辣椒酱）调成。

思考题

1. 为什么要进行烫鸡腔操作？
2. 为什么要注意挖去鸡肺？
3. 如何鉴别鸡的生熟？

三、东江盐焗鸡

（一）菜品简介

“东江盐焗鸡”始创于广东东江一带，据《归善县志》记载，300多年前在今惠州市、惠阳、惠东县一带沿海，一些盐场为保管熟鸡，有把熟鸡用棉纸包好放入盐堆腌储的做法。这种经盐腌过的鸡肉鲜香可口，别有风味。但是鸡鲜香可口的程度受腌储时间长短影响，当地厨师研究发现，生的鸡经烫盐焗制，现食，鸡的滋味更加诱人。从此，这种鸡就成了宴会上的常备佳肴，至今盛名不衰。后来，广州等地引进了东江盐焗鸡的制法，但是上碟时改为斩件，并冠以“正式盐焗鸡”之名。

（二）烹调方法

焗。

（三）原料组成

主料：小母鸡1只（约1200g）。

调辅料：a. 粗盐3000g，棉纸3张，姜块（拍裂）10g，短葱段15g，芫荽15g，八角末2.5g，花生油100g，猪油45g，生抽10g。b. 精盐4g，味精2g。c. 精盐5g，沙姜粉2g。d. 精盐5g，味精3g，芝麻油1g，猪油75g。

（四）制作过程

(1) 将鸡宰好，斩去趾尖，将鸡脚弯于鸡腹内，鸡头屈于翅底，将调料b抹匀于鸡腔内，把姜块（拍裂）、葱段亦放进鸡腔内，腌制15min。

(2) 把粗盐放在锅内猛火炒至炽热。同时，用生抽涂匀于鸡表皮，铺开双层棉纸，涂上花生油，然后把鸡包裹起来，外面再包一层棉纸，在热盐中拨开一个洞，把鸡埋于热盐中，加上盖，离火或用微火焗25min至鸡熟。

(3) 取出鸡包，小心剥开棉纸，取出鸡，拣去姜、葱，将鸡的皮、肉分别撕成小片，将鸡骨拆散，加入调料d拌匀，再按骨在底下、肉在中间、皮在面上的次序砌在碟上，砌成鸡形，把芫荽放在两旁。

(4) 用小火烧热炒锅，放进精盐5g，炒热后放入沙姜末拌匀取出，分成3小碟，每碟加入猪油15g为作料，鸡与作料一同上席。

（五）制作要领

(1) 必须选用活的嫩鸡。

(2) 腌制时，鸡的水分一定要沥干，味料要抹匀，姜、葱要拍裂。

(3) 焗制时，根据鸡的大小、盐量的多少控制火候，必要时可将盐再炒一次，必须将鸡全部埋在盐中。

(4) 作料的咸味宜调淡一点。

(5) 炒盐时要用猛火，同时要用锅盖遮挡，以防盐爆伤眼。

（六）风味特点

皮色浅金黄，鸡肉盐香浓烈，肉质嫩滑，味道甘美可口。

（七）知识拓展

“豆酱焗鸡”：广东潮汕名菜。普宁豆瓣酱是一种著名酱种，它鲜香略为偏甜，咸度稍低，色泽偏浅。用普宁豆瓣酱烹制的菜品，能闻其酱香，品其酱味，但少见酱迹。制法：①把小母鸡1只（约1200g）宰杀治净，洗净后沥干水分，把豆瓣酱搅烂成蓉，普宁豆瓣酱 25g、芝麻酱 15g、味精 5g、酱油 5g、绍酒 20g 和匀后抹于鸡身内外，最后将姜、葱、芫荽头放进鸡腔内。腌制约 15min。②取一净沙锅，垫上竹箅，把肥肉切成薄片，在中间划几刀后铺在竹箅上，再放上鸡，从锅边淋入清汤，加盖，盖边用湿草纸或湿布条封口，放在炭炉或煤气炉上，先用猛火烧开，转慢火焗约 15min 至熟，取出。③拣去姜、葱和芫荽头，斩下鸡头、颈和翅，起出鸡肉。把骨斩成块，先放碟上，再把肉切件盖在骨上，砌成鸡形，最后淋上原汁，伴上芫荽叶便成。

"花雕焗鸡"：广东传统名菜。此菜开了在整鸡烹制中以酒香衬托鸡香的调和滋味之先河，使鸡味独特，具有特殊香气，是广州老字号北园酒家的招牌鸡。制法：①将小母鸡 1 只（约 1200g）宰好，斩去双脚，洗净后放进沸水中略烫至表皮紧缩，抹干表皮水分后把蜜糖涂匀于鸡身，晾干。②烧热炒锅，放花生油及肥肉片，待炼出油后，把鸡放进锅内，慢火煎至金黄色，加入姜、葱爆香。③将鸡、姜、葱及油转放在沙锅内，烧热后烹入花雕酒，加入鲜汤、精盐 2g、味精 8g、蚝油 50g 及余下蜜糖，加盖，烧沸后转慢火焗 10min，将鸡翻身，再用微火焗数分钟至熟。④取出鸡斩件上碟，砌成鸡形，将原汁烧热后淋匀于鸡上即可。

"椰蓉焗鸡"：海南名菜，制法：①将 5 个椰子破开，倒出椰子水待用，用专用工具刨出椰蓉，挤出椰汁。②将小母鸡 1 只（约 1200g）宰好，沥净水，精盐 8g、味精 5g、白糖 2g、姜蓉 10g、胡椒粉 0.1g、葱段 15g、黄油 0.5g 和匀后抹于鸡内外，腌制 20min。③取一沙锅，先垫少许椰蓉，然后放上鸡，用余下椰蓉把鸡裹盖好，加入椰子水，加盖，先用猛火烧开，再转慢火焗 15min 至熟。④取出熟鸡，抖出料渣，起出鸡肉，鸡骨斩件垫于碟底，鸡肉切件铺在骨上砌成鸡形。⑤炒锅下油、椰汁、精盐、味精，用湿淀粉勾芡，淋在鸡身上便成。

"玫瑰焗双鸽"：广东东江名菜。此菜最早期的制法是将腌制好的乳鸽放在沙锅内，加入 1 杯玫瑰露酒，用微火干焗至熟，这种制法具有芳香浓郁的长处，但也有烹制时间较长、难度稍大的不足，故现在多改为加入少量汤水焗制。制法：①将乳鸽 2 只宰好，洗净，抹干水分，用精盐 5g、味精 3g、老抽 10g、白糖 0.5g、胡椒粉 0.05g、八角末 0.05g 抹匀鸽身内外，再加入露酒 15g，腌制 20min。②烧净沙锅，加入植物油、拍裂的姜、葱，焗爆至香，烹入绍酒，加入二汤、精盐、味精和乳鸽，玫瑰露酒用杯盛装后放于沙锅中间，盖上锅盖，用慢火焗 15min 至熟，去掉姜、葱，留用原汁。③取出乳鸽，切件上碟，砌成鸽形，成双鸽，把原汁淋于鸽上，伴以芫荽便成。

"香葱油焗鸡"：又名口福鸡，原是广州利口福酒家的招牌鸡。由于此菜销售甚好，为各家酒家仿制，于是改为此名。制法：①将小母鸡 1 只（约 1200g）宰好。斩去双脚，洗净沥干水分，柱候酱 10g、精盐 5g、味精 5g、白糖 3g、汾酒 7.5g 和匀后涂抹在鸡腔内，然后放进干葱头，用铁针缝口，腌制 20min。②蜜糖加清水 10g 调匀后涂匀于鸡皮，待用。③取净沙锅一个，烧干后加进油，烧至180℃时将鸡放进油内，加盖，用慢火焗炸5min，翻转再焗炸5min，再转成鸡胸向下焗炸5min，直至熟且鸡皮全部呈现红色，取出。④取出鸡，拔出铁针，滗出鸡腔内味汁，加入清汤和生抽5g、老抽3g、芝麻油0.5g、味精1g煮沸待用，在熟砧板上将鸡斩成件，摆在碟上砌成鸡形，淋上煮好的味汁便可。

“沙锅葱油鸡”：广东名菜。制法：①将小母鸡1只（约1200g）宰杀治净，沥干水分，用精盐味料涂匀鸡腔，将姜块和拍裂的10g葱白、八角填进鸡腔内，腌制20min。②将生抽涂抹鸡皮，在有油的热锅内煎至全身呈浅金黄色，取起。③取一净沙锅，铺上余下全部的葱，将玫瑰露酒倒入鸡腔内摇匀后把鸡侧放在葱段上，加入猪油，加盖，放到炉火上，用中慢火焗8min，将鸡翻转，再焗7min至熟。④滗出沙锅内的味汁，盛好，把沙锅重放在炉火上，慢火焗3min至闻出葱香味，端离炉火（不要揿开盖），再焗5min。

思　考　题

1. 包鸡的棉纸为什么要涂油？
2. 抹生抽的作用是什么？
3. 此菜的加热方式有何特点？制作中应注意什么？
4. 制“豆酱焗鸡”，豆瓣酱为什么要搅烂成蓉？为什么要垫肥肉片？

四、清香沙焐鸡

（一）菜品简介

以沙传热为烹调特色的“清香沙焐鸡”是安徽芜湖的创新菜。菜品系选用肥壮子鸡，经调味裹以网油等，用炒热的白沙焐熟，鸡肉水分不失，肉质鲜嫩，香气浓郁。食用时，随带花鼓葱、甜面酱、薄饼，同时配以瘦肉丝、熟鸡丝、香菇丝、熟笋丝和青豆制成的“五丝汤”佐食，润口宜人，风味更佳。

（二）烹调方法

焐。

（三）原料组成

主料：子母鸡1只（约1250g）。

配料：水发香菇150g，肥瘦火腿25g，猪网油250g，荷叶2张，瘦肉丝75g，熟笋丝50g，青豆5g，鹌鹑蛋20个，青菜丝10g，熟鸡蛋皮丝15g，瘦火腿丝15g，熟鸡丝50g，鳜鱼肉馅75g。

调辅料：葱白150g，姜75g，花椒10g，面粉750g，干淀粉25g，花鼓葱、甜面酱、辣酱油各1小碟，精盐102g，绍酒25g，酱油40g，芝麻油50g，味精1g。

（四）制作过程

（1）将鸡宰杀，从翅下开一刀口，取出内脏洗净沥干；葱、姜拍碎，加入绍酒、酱油搅拌后放入鸡肚内腌渍入味；香菇 100g 加汤、精盐 1g、芝麻油烧烩入味，装入鸡肚内。

（2）将网油洗净晾干，捶平油梗，将鸡身擦遍用葱、姜、花椒、肥瘦火腿剁成的泥，用网油包裹起来，再用荷叶包裹均匀，用细绳捆扎紧。

（3）取面粉 500g 加水、精盐 100g 调成厚糊状，涂抹在裹鸡的荷叶上，抹匀抹平，埋入事先炒热的白沙子锅内，放在火上焐约 2h 左右，见外壳裂开，散发出鸡香味即好。装盘时先剥去外壳，斩下鸡头、尾、翅、爪，摆成鸡形，鸡肉拆骨放在中间作鸡身。

（4）鹌鹑蛋煮熟去壳入油锅炸成皮蛋分别直切成两半，逐个瓤上鱼馅及绿菜叶丝、蛋皮丝、火腿丝，制成凤尾鹌鹑蛋上笼蒸熟，排围在鸡的四周即可。

（5）将面粉 250g 开水烫后做成 12 个薄饼（内放葱花、火腿末、芝麻油），小火炕熟，随菜上桌。

（五）制作要领

（1）鸡要腌渍入味。

（2）面粉糊涂抹要均匀。

（3）焐鸡时火候要掌握好。

（4）剥壳装盘要干净利落。

（六）风味特点

高温焐熟的子鸡肉香浓郁，肉质滑嫩，齿颊留香。佐食薄饼和五丝汤风味更佳。

（七）知识拓展

“清香沙焐鸡”是以沙传热制法，一般讲焐是利用微火或火灰余热保持恒温，使密封在炊具中的原料酥烂的烹调方法。多用于猪、牛、羊肉或鸡、鸭、鹅、肠、藕等比较难于烂熟的原料。一般先经旺火烧沸，然后用微火或移至特制焐窠中利用炭基微火焐制。成菜特点是汤清味醇，原汁原味，酥烂浑厚。

焐法由古代炖煨法演化而来。宋代出现称为炖制的菜品，如《梦粱录》中的“焰肠”，《玉食批》中的“炖湖鱼糊”、“羊鸡炖”、“杂炖四软羊”。元代出现汤炖法，如“炖牛肉”。清代炖法已多见，如《清嘉录》中的“炖熟藕”，注文说：吴涪，谓煮食物得暖气而易烂曰炖。《调鼎集》中的“灯灯肉”是比较典型的炖法：“肉五斤，切方块入锅，加黄酒、酱油、葱、蒜、花椒，放河水浮面一寸，纸封锅口；锅底先用瓦片铺平，烧滚撤去火，随用油灯一盏薰著锅脐，点一宿。次日极烂。烧猪头同。”

焐法以长江下游一带应用较多。炊具多用沙锅、沙罐等，封盖严密，并常使用称为“炖窠”的特制炉灶进行加热，“炖窠”上部放锅，四周和盖均有保温层，下部置炭基，利用炭基微火使锅内保持恒温，达到焗制目的。因焗法费工费时，现已不常使用。

思　考　题

1. 鸡肉为何要先腌透？
2. 火候如何掌握？
3. 网油、荷叶、面糊各起什么作用？

五、冻金钟鸡

（一）菜品简介

“冻金钟鸡”是广东潮汕名菜，它以潮州功夫茶杯为模，加入鸡肉等料和琼脂液，晾成冻后倒出，因形似金钟而得名。

冻菜也是潮汕特色，遍及禽、畜、水产和蔬果类菜品，除“冻金钟鸡”外，较常见的还有“潮州肉冻”、“潮州冻蟹”、“冻乌鱼”、“猪脚冻”、“凉冻菠萝羹”、“凉冻什果西瓜盅”等。

（二）烹调方法

蒸。

（三）原料组成

主料：光鸡 750g。

配料：火腿 25g，鸡蛋 1 个，罐头青豆 12 粒，琼脂 5g，鱼胶粉 10g。

调辅料：a. 姜块 10g，葱段 10g，芫荽 25g，精盐 5g，绍酒 15g，清汤 300g，熟鸡油 10g。b. 精盐 7.5g，味精 5g。

（四）制作过程

（1）用精盐 5g、绍酒擦匀鸡身，加入姜、葱腌制 15min 后，用中火蒸 15min 至熟，取出晾凉。鸡蛋也原个蒸熟。

（2）将熟鸡起出鸡肉，切出 12 小块带皮的鸡肉，其余切成丁。鸡蛋去壳、去蛋黄，切出 12 小片蛋白。火腿也切成 12 小片。

（3）把琼脂洗净，连同鱼胶粉一同放进炖盅内，加入清汤和调料 b，用中火蒸至全部溶化为止，取出，用洁净白布滤过，得琼脂液。

（4）洗净 12 个潮州功夫茶杯，抹干水分，再抹上鸡油，先放进青豆，再把带皮鸡肉皮朝下放在杯底，然后放入火腿、鸡蛋白、芫荽叶，相隔排好，最后放鸡丁填平杯面。

（5）待琼脂液凉至 30℃左右时，用汤匙把琼脂液灌到杯中至满，待冷却凝固后放入熟食冰柜冷藏，食用时取出，脱出杯，上碟，衬以装饰便可上席。

（五）制作要领

（1）注意卫生，鸡肉、火腿、鸡蛋均要在熟食砧板上切。

（2）青豆若是生的要预先滚熟。

（3）灌入的琼脂液不能太热。

（六）风味特点

金钟造型，晶莹别致，口感清爽。

（七）知识拓展

冻是利用胶质冷却凝固原理制成食品的烹调方法。有的汤汁清澈见底，凝固后晶莹透明光洁，故又称水晶法。冻法多用于制作冷菜，也用于制作甜菜或小吃，是一种特殊的烹调方法。成品质地软嫩滑韧，清凉爽利，有的入口即化。

冻法在南北朝时已有应用。《齐民要术》中的“水晶”法就是用猪蹄和肉等加水共同烹制，然后包压吊在井中，使其冷冻凝结的方法；“豚皮饼”法用淀粉和稀制成像猪皮冻一样的饼。宋代出现水晶菜名称，《东京梦华录》记有“滴酥水晶脍”。至南宋，都城临安市场中已有冻蛤蝤、冻鸡、冻三鲜、冻鲞、冻肉、冻姜豉蹄子和水晶脍等用冻法制成的食品，《梦粱录》、《武林旧事》还载有官邸菜肴鹌子水晶脍、红生水晶脍等。元代《居家必用事类全集》记有用猪皮熬取胶汁制水晶脍、水晶冷淘脍和用琼脂制素水晶脍的具体方法。清代《食宪鸿秘》并有用猪蹄加石花菜液共制“夏月冻蹄膏”的方法，冻法开始作为夏令菜式被应用。

冻法主要有：①直接利用主料所富含的胶质，经较长时间熬、煮水解后，再冷却凝结而为成品。如江苏镇江的“水晶肴蹄”、四川的“绿豆冻肘”、民间常见的“肉皮冻”以及冬季的“鱼冻”等。②在制作过程中加入胶质添加料，最常用者为猪皮或猪皮汤汁，或用琼脂、食用明胶等。以琼脂、食用明胶为冻料的如“江苏冻鸡”、上海“冰冻水晶全鸭”等；以猪皮为冻料的如广东“潮州冻肉”、云南“琥珀冻蹄”等。

思考题

1. 为什么灌入的琼脂液不能太热？
2. 冷藏的作用是什么？

六、棒棒鸡丝

（一）菜品简介

相传此菜起源于川西平原丘陵地带的青神县汉阳镇，这里过去是成都到嘉定府（现乐山）的必经码头，船运繁忙，土地肥沃，以产小米花生（花生的一种）而出名。在晒花生的院坝内放养的鸡，其肉特别细嫩。每逢赶集，就有小贩左手托一土盆，右肩搭一块白毛巾，嘴里吆喝着：“刚拌好的棒棒鸡，五分钱一块。”鸡不论斤而论块卖，大小不均怎么办？原来卖鸡的人在鸡煮好剁块时就先用刀比划好，再用农妇洗衣服的木棒敲打，肉多的块就小一些，肉少的块就大一些，倒也公道。敲打出来的鸡便称为“棒棒鸡”。现在市面上所售的棒棒鸡丝其实只是一种形式而已，食客也无需追究在制作时是否用棒棒捶打过。

（二）烹调方法

拌。

（三）原料组成

主料：嫩公鸡750g。

配料：葱白25g。

调辅料：红油辣椒25g，花椒油1g，芝麻酱10g，醋10g，芝麻油5g，白糖10g，酱油50g。

（四）制作过程

（1）鸡宰杀后去净残毛、内脏、鸡脚，放入清水锅内，置中火上煮约20min至熟，连锅一起端离火口，让其自然冷却；然后将鸡捞出，去胸骨、腿骨等，把撕下的鸡脯肉、腿肉等平放在案板上，用木棒轻捶，待肉质捶松后顺筋撕成粗丝（鸡皮可用刀切）；葱白剖开，切成如鸡丝样的丝，装盘垫底，再将鸡丝放在上面。

（2）酱油、白糖、芝麻油、芝麻酱、花椒油、醋、红油辣椒放在碗内调匀，上菜时浇在鸡丝上即可。

（五）制作要领

（1）鸡肉不能煮得过软。

（2）鸡刚刚煮熟时不要立即捞出，应同原汤一起端离火口，待其自然冷却后再捞出，这样鸡肉才嫩。

（六）风味特点

肉质细嫩，麻辣咸香，味美爽口。

（七）知识拓展

“椒麻鸡丝”：四川名菜，椒麻味与红油味同属于川菜中冷菜的复合味型，但风格迥异。红油味突出辣味，而椒麻味突出花椒的香麻味和香葱的清香味，十分淡雅，夏季佐食尤佳。制法：①嫩公鸡1250g宰杀后去内脏洗净，用清水煮至刚熟时捞放于冷开水内浸泡冷透，捞出。②大葱用葱白部分，洗净后竖切成6.6cm长的丝，放在条盘内垫底。③在墩子上将香葱切细，放入花椒粒，用刀将两者剁细，放一碗内，加精盐、味精、冷鸡汤调匀，再放入芝麻油，即成椒麻汁。④将晾凉的鸡剔骨取肉，用手撕成丝，抖放在葱丝上，淋上椒麻汁即成。

思　考　题

1. 此菜中的“棒棒”作何用处？

2. 如何煮鸡才嫩?

3. 椒麻味除适宜拌制鸡肉外，还可拌哪些原料?

七、樟茶鸭子

(一) 菜品简介

本菜是四川名菜，选用樟树叶、茶叶为熏料使鸭子变得更加美味可口。由于制法复杂、工艺考究、用料独特，使这一传统菜肴延续至今，成为川菜中一道当家菜，素有“四川烤鸭”之称。

(二) 烹调方法

熏、蒸、炸。

(三) 原料组成

主料：嫩鸭1只（约2000g)。

调辅料：菜子油500g，茶叶25g，香樟树叶250g，饴糖15g，木屑250g，松柏枝250g，花椒10多粒，精盐30g，绍酒15g，五香粉15g，胡椒粉5g，芝麻油15g，香葱15g，老姜20g。

(四) 制作方法

(1) 选用嫩肥鸭1只，宰杀清洗干净后去掉内脏、鸭掌，用精盐、胡椒粉、五香粉、绍酒、花椒、香葱（挽成结)、老姜（拍松）拌和均匀，抹在鸭身内外，肉厚的胸脯及腿部适当多抹，抹好后放在一盆内，夏天腌6h，冬天腌12h，中途翻一次，腌后取出在沸水锅内烫一下，捞出，揩干水分，抹上饴糖待用。

(2) 先将烧红的木炭置于烤炉内，撒上木屑、松柏枝、茶叶和香樟树叶，等初燃起的黑烟散去后，再将鸭子挂进去，关上炉门，熏到鸭身均匀呈现出浅黄色，并有一股香樟茶香味时取出。然后上笼蒸3h，取出晾凉，入热油锅中炸至皮酥，呈棕红色时捞出。

(3) 将炸好的鸭子放在墩子上，先剁下鸭颈，切成2cm长的段，放于大条盘中央；再将鸭身劈成两半，每半块顺切成两块，再横切成3.3cm宽的块，摆成原形，刷上芝麻油即成。

(五) 制作要领

(1) 鸭子出坯后，揩干水分，才易上色。

(2) 熏鸭子时，应注意观察，要求烟熏均匀，呈浅黄色。

(3) 鸭子蒸的时间不应过长，要求蒸软但不散架。

(六) 风味特点

色泽棕红，香味浓郁，皮酥肉嫩，肥而不腻。

思　考　题

1. 香樟树叶和茶叶作为熏料分别起什么作用？除此之外，还有哪些物质可作熏料来源？

2. “樟茶鸭子”在整个制作过程中，共用了哪几种烹调方法？在每种技法当中应掌握的关键是什么？

八、鸡　豆　花

（一）菜品简介

豆花，原本是四川的一道民间风味素菜，是以黄豆为主要原料，经浸泡、磨浆、烧煮、点卤、榨压而成，分石膏点制和胆卤点制两种，前者质优。它既不同于豆腐，也不同于豆腐脑，其嫩不及后者但又优于前者。特别令人叫绝的是，佐餐时配以特制的豆瓣、红油、花生米、芝麻、芝麻油、葱花、蒜水对成的味碟，蘸而食之，味美无比。如味碟不好，再好的豆花也无味。而“鸡豆花”则是以鸡肉为主要原料，因清汤、鸡浆凝固成团、质嫩形似豆花而得名。

（二）烹调方法

冲。

（三）原料组成

主料：老母鸡脯肉125g。

配料：鸡蛋清1个，熟瘦火腿10g，鲜菜心50g，鸡汤100g。

调辅料：特级清汤1000g，湿淀粉20g，精盐1.5g，味精0.5g，胡椒粉0.5g。

（四）制作过程

（1）鸡脯肉置放于干净案板上，用刀背捶蓉，边捶边用刀刮去白筋，捶蓉后放入碗内，用100g冷鸡汤将鸡蓉冲散，下盐0.5g、味精0.2g、湿淀粉20g搅匀，蛋清搅打起泡倒入鸡蓉内搅匀成糊浆状，火腿切成细末，菜心烫熟后用冷水漂凉。

（2）锅洗净下清汤1000g，烧沸时加味精、盐，然后将鸡浆用竹筷搅散入锅，待微沸时，用炒勺轻轻地顺锅边推动几下，以免生锅。再用微火焖10多分钟，待鸡浆全凝固成豆花状时，鲜菜心用刀修齐，放入汤碗内垫底，再将鸡豆花舀在上面，从碗的周围灌锅内的清汤，再把火腿末撒在鸡豆花上面即成。

（五）制作要领

（1）此菜必须选用老母鸡脯肉，成品才能凝固成豆花状。

（2）对鸡浆的淀粉要发透，胡椒粉要过细筛，否则影响色泽。

（3）焖“豆花”时火要小，温度不能太高，要慢慢凝固。

（六）风味特点

形如豆花，鲜嫩清爽，汤清味醇。

思 考 题

鸡豆花为什么不用石膏点制也能凝固成豆花状？

第五章　植物类名菜

第一节　煮氽涮卤煨炖类菜品

一、半 月 沉 江

（一）菜品简介

厦门南普陀寺东侧的普照楼，建于1986年，是专供素菜的餐馆。南普陀寺素菜，清纯素雅，烹制精美。它革除素菜仿荤腥模样的制作传统，素料素作，素名素形，独树一帜。既讲究色、香、味，又追求形、神、皿，每道菜有一个雅名，神韵高雅，诗情画意，红黄蓝绿，五彩缤纷，是中外游人旅厦必赏的美食。其中尤以“半月沉江”最为著名。1962年11月24日，诗人郭沫若参观南普陀寺，品尝一道“当归香菇面筋汤”时，发觉汤碗里香菇为黑色，面筋为白色，宛如半轮明月沉在江里，他立即给这碗汤取名为“半月沉江”，并即席吟诗：“我自舟山来，普陀又普陀。天然林壑好，深憾题名多。半月沉江底，千峰入眼窝。三杯通大道，五老意如何?”从此，“半月沉江”这道素菜，声名远播，饮誉中外。

（二）烹调方法

炖。

（三）原料组成

主料：水发冬菇200g，面筋150g。

配料：当归片5g，冬笋50g。

调辅料：精盐8g，味精8g，花生油1000g，素清汤750g。

（四）制作过程

（1）把当归片放在碗内，加入沸水250g炖30min，捞出当归片，当归汤待用。

（2）把面筋修成直径为1.5cm的圆柱形，放进170℃的热油中炸，待面筋浮起，呈金黄色时捞出，沥去油。

（3）把炸好的面筋浸泡在沸水中至软，捞起横切0.6cm厚的圆形片。

（4）将冬菇去蒂切成两半，笋切成小菱形片，并用清水滚过。

（5）取一大碗，在碗壁上抹上花生油后把冬菇面朝碗排在碗的一边，呈半月形，面筋排在另一边，中间放笋片及余下的冬菇和面筋。

(6) 往碗内加入素汤 150g 和盐、味精，用旺火炖 20min，取出滗去炖汤，冬菇面筋则覆扣于另一大汤窝内。

(7) 洗净炒锅，放进素汤 600g，以及炖汤、当归汤，加入盐、味精，待汤烧开后，轻轻地把汤淋入，扣在冬菇面筋的汤窝中即成。

(五) 制作要领

(1) 若冬笋有酸味，应先将其滚至无酸味。

(2) 炖前在碗内的排砌，碗面应填满铺平。

(3) 最后合成汤液时，火不要太猛，以免汤水混浊。

(六) 风味特点

汤清味鲜，富有当归的醇香，面筋香菇软滑，造型奇特，因含有当归成分，又可活血补虚，有较高的保健作用，是素菜中的佳品。

(七) 知识拓展

厦门南普陀寺的素菜久负盛名，原料除面筋、粉干、豆制品、蔬菜、香菇、木耳外，还配以闽南特产荔枝、龙眼、芦笋等，味道清新鲜美，色、香、味、形俱佳。如今，南普陀寺实业社开办了素菜馆，以选料严格、加工精细、美味独特受到各界人士的称誉。这里的菜如“春园锦锈”、“丝雨孤云”、“南海金莲”、“碧绿彩片”、“炙花三丝”、“普陀粉丝”、“香泥藏珍”、“白壁青云”、“天厨素饼”、“千层百叶”、“梵宫玉珠”等等，色、香、味俱全，美不胜收。类似“半月沉江”以月命名的地方名菜有很多，如：

“乌云托月”：山东名菜。是以紫菜与荷包鸡蛋做成的汤菜，这是孔府的一人一小碗的汤菜，在筵席上是口汤碗的一种，又叫进门点心，有时也可做成大汤碗。

“乌龙赏月”：西安清雅斋饭店创制的清真名菜，是以海参和鸡肉为主料精制而成。此菜选料精良、造型雅致、鲜香味醇。

“群虾望月”：沈阳名菜。此菜是将鸡蛋皮用碗扣成圆月放在盘中，然后将烤成红艳艳的 10 只大虾，把虾头朝向“月亮”，摆在“月亮”四周即成。此菜红黄相配，甜咸适口，滑嫩鲜香。

“四星望月”：江西兴国的传统风味名菜。此菜是以一尾活草鱼、米粉等烹制而成，成菜后，四周配以四个小碗菜。此菜原名叫兴国米粉鱼，后来，毛泽东在兴国品尝后改名为“四星望月”。

“洱海映月”：云南的“风花雪月”的四道名菜之一。洱海映月构思奇巧，菜盘中有一泓碧水，水中飘荡着彩云。在彩云中，则有一轮金黄圆月在飘浮、转动。原来，“碧水”是精心调制的菜汁；“彩云”系肉馔和蛋白；“圆月”是鸡蛋黄。

此外，以月命名的菜还有“龙游月宫”（鸽蛋鳝鱼）、“月宫仙女”（鸽蛋菜心）、“花好月圆”（虾仁鸽蛋）、“海底捞月”（海蜇鸽蛋汤）、“明月鸭松”、“会崎松月”、“月映玛瑙”等等，都是一方的名菜。

思　考　题

1. 当归分开炖有什么好处?
2. 要使汤水清澈，应注意哪些环节?

二、玻 璃 芋 蓉

（一）菜品简介

芋蓉即将芋头蒸熟后，用刀板压制成泥状的芋头，在广东潮汕地区称之为“芋泥”，“玻璃芋蓉”又叫“玻璃芋泥”、“清甜芋蓉”（泥）、“甜糕芋泥”等。称“玻璃芋泥”是因菜品最后要淋一层糖浆，糖浆透明如玻璃，下面芋蓉清晰可见，因而得名。此菜若将糖浆改为奶露，构成太极图案，则可叫“太极奶露”。若在芋蓉上点缀用糖水煮过的白果，就变成了“白果芋泥”。“玻璃芋蓉”是甜菜，以广东潮汕地区制作的最为出名。

（二）烹调方法

煮。

（三）原料组成

主料：去皮槟榔芋头 500g。

调辅料：葱段 5g，白糖 400g，熟猪油 150g。

（四）制作过程

（1）把芋头切成厚约 1cm 的片，上笼蒸熟。在干净砧板上用刀压烂成泥状或用绞肉机绞烂成细泥状。

（2）把猪油放进锅内，放进葱段，把葱炸至金黄色。捞起葱，盛起猪油。

（3）把芋泥放进锅内慢火炒 2min，用沸水 100g 溶化白糖 300g，滤过加入芋泥中慢火熬煮，边煮边用炒勺搅动，煮约 10min 后，芋蓉由稀变稠，加入炸香的猪油再搅动熬煮，直至猪油全部与芋泥混合成糊状，便可盛于汤碗中。

（4）洗净炒锅，下清水 50g 及余下白糖慢火煮制，边煮边搅动，直至成为浓稠糖浆。把糖浆淋于芋泥上即可。

（五）制作要领

（1）芋蓉要压得烂，呈泥状。

（2）芋泥要炒煮至不粘手为度。

（3）要选用多粉质的槟榔芋。

（六）风味特点

清甜香滑，芋香浓郁，成品表面虽未见热气，但内部温度很高，食用时需先用汤匙拨开散热，才可入口。

（七）知识拓展

芋头又称“芋艿”、“香芋”等，质地细软，滑软酥糯，易于消化，是广东、福建等地常用的烹饪原料之一。芋头的烹调方法多种多样，既可做菜，又可代饭，可炒、煮、蒸、烧、炸，可甜可咸，荤素皆宜。芋头里最好吃的数产于桂林荔浦县的荔浦芋，它个头大，营养丰富，剖开芋头可见芋肉布满细小红筋，类似槟榔花纹，栽培学称之为槟榔芋。把它切成薄片，油炸后夹猪肉做成“红烧扣肉”，风味特殊，肉不腻口，是宴会上的一道美肴；将它煮热剥皮，放在热锅中，加上猪油、白糖、少量奶粉，压成奶芋，味道甘香软甜；掺和鱼、肉、鸡、冬笋、香菇等，用油轻炸，香酥爽口。荔浦芋头曾作为广西的首选贡品在岁末进贡皇家大典，尤其是在清朝乾隆年间达到了极盛。近年，随着电视剧《刘罗锅》的播出，荔浦芋头更是在全国家喻户晓。从普通农家饭桌、从贫困时期不得已用来充饥的寒酸形象一跃登上了招待贵宾的餐桌，身价倍增。现有槟榔芋粉成品，拌以食油、砂糖、花生、芝麻等，用文火搅拌片刻即可上席，为人民大会堂国宴食品。芋头制作的食品，风味特佳，如：

“柿霜芋泥”：厦门风味，是在芋泥中加入熔化的白糖和猪油，蒸熟后放入油锅中炸至起泡，装碗撒上冬瓜糖末、红枣末、葱末和柿霜粉。现在厦门的芋泥以名寺南普陀的最出名。

“香泥藏珍”：是我国有名的寺院素菜，取材于厦门集美的“仙景槟榔芋”，将香菇、冬笋、荸荠、面筋等切丁炒熟，并调以细盐、味精、胡椒粉作馅料，埋入调有油、糖的槟榔芋泥中，装碗蒸熟，倒扣在圆碟上，周围缀以海苔或紫菜丝。

“太极芋头”：闽菜传统甜食之一。将芋泥加入白糖、鸡蛋、熟猪油和水搅拌均匀，装碗上笼用旺火热 1h 取出，再用瓜子仁、樱桃在芋泥上装饰成太极图案即成。香郁甜润，细腻可口，芋泥表面覆油，颜色灰暗，不冒热气，乍看犹如凉菜，实则滚烫，不小心会被烫舌。

“芋包”：厦门特色风味。将新鲜芋头削皮蒸熟，加上适量的细盐和白糖，一起捣成芋泥；另用五花猪肉、鲜虾、香菇、荸荠、冬笋、豆干等切丁，制成馅料。然后将芋泥摊在小碗内，放上馅料，浇上虾汤和鳊鱼末、胡椒粉等，再盖上一层芋泥，把小碗倒扣过来，将碗中之物放在蒸笼中用旺火蒸熟并文火保温。吃的时候才拿出，放在小碟中，滴上几滴葱头油，撒上点椒盐、芥末、蒜泥，配以蒜蓉辣酱或沙茶辣，趁热食之，鲜嫩香甜。“中华老字号”吴再添小吃店的芋包还被评为“中华名小吃”，深受欢迎。

“芋米果”：将芋头切块，稍经油炸后，加上米浆或地瓜粉，配以猪肉、鳊鱼、虾、笋等，搓成糊状，蒸熟而成。

“埔尾芋头”：厦门同安埔尾村的一道招牌菜，是将其出产的槟榔芋头削皮挖空，填进瘦肉、虾米、干贝、香菇等配料，煮熟后再油炸而成。此味源于清光绪年间，是一位在厦门做官的埔尾人一次回乡时偶然发明的。

此外，利用芋头还可制作“拔丝芋头”、“蜜汁玫瑰芋”、“金瓜芋泥”、“白果芋泥”、“燕窝芋蓉”、“反沙香芋”、“脆炸芋泥”等菜品。

思　考　题

1. 此菜制作宜用什么火候？
2. 为什么要选用多粉质的槟榔芋？

三、草 堂 八 素

（一）菜品简介

陕西菜“草堂八素”是“长安八景宴”中的一道名菜。此菜取名于长安八景之一“草堂烟雾”胜迹。主料选用草堂寺周围及附近山区出产的蔬菜、干鲜水果。最为神奇的是，菜上桌后以醋激入热油辣面，立即“噼啪”之声不绝于耳，香随雾起，腾空缥缈，颇有身临胜境之感。

（二）烹调方法

煨。

（三）原料组成

主料：板栗 50g，核桃仁 50g，冬笋 100g，水发香菇 100g，花生米 25g，荸荠 25g，烤麸 100g，嫩豆角 150g。

调辅料：辣椒面 10g，酱油 25g，精盐 2g，白糖 10g，绍酒 50g，香醋 5g，桂皮 5g，花椒 10 粒，鸡汤 500g，芝麻油 150g。

（四）制作过程

(1) 板栗每个划十字刀口，沸水煮后捞出去皮，栗仁用油炸至橘红色捞出；冬笋切片；荸荠切 0.7cm 厚片；香菇切大片与烤麸一起放炒锅内，加酱油、精盐、绍酒、白糖、桂皮、鸡汤，煨到汁浓时，加味精、芝麻油，收汁出锅。

(2) 核桃仁、花生米沸水焯后去皮，加精盐、花椒煮入味备用。豆角摘净煮断生，捞出加精盐、味精、芝麻油拌好备用。

(3) 上述 8 种原料装在大条盘内堆放，中间放一小盅，装辣椒面。芝麻油烧八成热时，浇在辣椒面上，迅速端上桌，用小汤勺向辣椒盅内点入香醋，烟雾、香气腾空，少刻将辣椒油倒入菜内即成。

（五）制作要领

(1) 要正确掌握各种原料的初加工及初熟方法。

（2）要正确掌握造“烟雾”的技巧。

（六）风味特点

色彩和谐，鲜嫩爽口，气氛热烈。

（七）知识拓展

此菜通过以醋激入热油辣面，产生香雾，营造一种独特的餐桌气氛，迎合顾客的好感、好奇心，达到调动客人就餐情趣的目的。类似这种方式的还有：

烟雾菜品：借助烟雾来渲染，使人如入仙境，大有排场胜于味道之趣。利用烟雾创制菜品，风格殊异，不仅儿童好奇，成人也颇感蹊跷。菜品运用烟雾，最初是由舞台灯光布置移植而来，最早用在食品展台展示菜上，近几年来开始应用到菜肴创制上面。既可以放在菜品左右旁边，也可以放在菜品的下面。将特色的烟雾菜品送上餐桌时，服务人员不仅仅端上了一盘菜，而是带来了梦幻般的仙境，给人出神入化之感。制作其实相当简单，乃是干冰加水所产生的杰作。

石烹菜品：即以烧热的石块，投入有食物的水中，到水沸食物熟为止。因烤得发烫的鹅卵石与水结合产生蒸汽，人们俗称其为“桑拿”菜，类似于“桑拿浴”，如“桑拿基围虾”、“桑拿生鱼片”等。当烤烫的鹅卵石放入耐高温的玻璃器皿中，倒进活虾，浇上对好的卤汁，盖上盖，待烫熟打开盖子，餐桌上蒸汽弥漫，热气腾腾。这种以“噱头”之奇而取胜者，确实能给初尝者留下很深的印象。

火焰菜品：用火焰加工烹制菜肴，以渲染气氛，这也是一种“奇招”。如“火焰焗螺”，用炒熟的细盐，堆于盘中似火焰山或雪山，将海螺加工、调味焗熟后，带壳装入盘中，在盐山下、螺壳外、菜盘上倒些雪梨酒，点上火上桌，既保持菜肴之温度，又带来“噱头”，产生了以奇媚人的效果。

烛光菜品：利用烛光制作菜点，就是借助蜡烛点燃后发出的微微红红的光线，用来衬托菜肴，显现菜品的独特风格。烛光菜品在成菜以后，配上细小的或短小的红烛入席，以营造餐桌浓郁的气氛，尤其是在晚上，用餐环境亮度略暗，点亮蜡烛，映着烛光，装饰在菜品中间或旁边，增加用餐的情趣和亮度，显示出餐厅高雅与幽静的环境，调节愉悦的心情。在情侣之间、朋友之间、夫妻之间营造出一种温情、亲情和友情，其价值已超越菜品本身，给人以遐想，给人以欢乐，给人以友谊，体现了现代餐饮之典雅气派。

思考题

1. 各种原料如何进行初熟处理？
2. 本品如何造“烟雾”？

四、大煮干丝

（一）菜品简介

“大煮干丝”是扬州传统名菜。清人《望江南》词云：“扬州好，茶社客堪邀。加料干丝堆细缕，熟铜烟袋卧长苗，烧酒水晶肴。”所谓“加料干丝堆细缕”说的便是扬州煮干丝。可见此物成为肆上名菜至少也有200年历史了。大文豪朱自清先生离开扬州多年，写文章时还满怀深情地回忆他吃过的扬州干丝。今日世界上凡标明是淮扬风味的菜馆，都挂牌出售“大煮干丝”，成为传统保留节目。“大煮干丝”是将干丝先在热水中烫过，沥去水，入鸡汁中煮至微沸，沥去原汁，再加入新鸡汁复煮，至鸡汁鲜味渗入干丝，加拌其他配料，装盆上桌。此一煮再煮之法，扬州人称之为“大煮”。现扬州有真空包装方干供应，可供外地制作此菜之需。

（二）烹调方法

煮。

（三）原料

主料：方豆腐干4块（约重500g）。

配料：熟鸡丝50g，虾仁50g，熟鸡肫片20g，熟火腿丝10g，冬笋片30g，烫熟的豌豆苗10g。

调辅料：虾子15g，精盐12g，白酱油15g，鸡清汤500g，色拉油150g。

（四）制作过程

（1）将方豆腐干片成厚0.15cm的薄片，再切成细丝，放入沸水锅中浸烫，用竹筷轻轻翻动拨散，沥去水，再用沸水浸烫2次（每次约2min）捞出，挤去黄泔水，去其苦味，放入碗中。

（2）将锅置旺火上，舀入色拉油25g，放入上浆的虾仁炒至乳白色，起锅盛入碗中。

（3）锅中舀入鸡清汤，放入干丝，再将鸡丝、肫、笋放入锅内左边，加虾子、酱油、色拉油，置旺火上烧约15min。待汤浓厚时，加精盐，盖上锅盖，烧约5min，端离火口，将干丝盛在盘中，然后将肫、笋、豌豆苗分放在干丝的四周，上放火腿丝、虾仁即成。

（五）制作要领

（1）干丝批片、切丝要整齐均匀，如火柴梗粗细。

（2）片好、切好的干丝要反复烫两次，去除黄泔豆腥味。

（六）风味特点

干丝绵软爽口，辅料色彩鲜明，汤汁醇厚味美。

（七）知识拓展

豆腐干，是中国豆腐家族的一大分支，品种繁多。最常见的是白豆腐干，系豆浆加热成熟点卤后在模具中压制而成，含水量比水豆腐少些，故称为干子。扬州烫干丝或鸡汁大煮干丝，均用此白豆腐干。其形方者称作“方干”；其形圆者，称“圆干”；用小蒲包压制者称“蒲干”；加调味品以茶叶熏成者称“茶干”；加五香料的称“五香茶干”；豆腐干切兰花刀，油炸后其形如兰花，称“兰花干子”；入油锅炸后，入糖蜜为主的调味汁中浸透，甜开口，咸收口，称“蜜汁豆干”，以姑苏出产者最有名；白豆腐剞刀油炸后浸调味卤汁，称作“回卤干”；入臭卤中腐变后，称“臭干”，可以加调味蒸食，亦可晾干水分下油锅煎炸后调味供食，扬州人吃油炸臭干子，爱用葱姜汁加蒜泥，滴醋，淋芝麻油，少加糖和酱油制成调味卤，浸臭干子下酒。其中，五香茶干流传最广，其著名的有扬州“十二圩茶干”、南京“牛首山香干”、安徽“采石矶香干”、扬州“虾子酱油香干”、南通“白蒲香干”等。“大煮干丝”只是众多的用豆腐干制作的美食的一种。

扬州干丝菜有两大品种：一是煮干丝，一是烫干丝。丝很细，一块豆腐干，先片18～20薄片，再切成火柴杆粗细的干丝。现代“大煮干丝”是在乾隆时扬州名菜“九丝汤”基础上发展而成的，豆腐干丝之外，还有8种配料：火腿丝、笋丝、银鱼、木耳丝、口蘑丝、紫菜丝、蛋皮丝、鸡丝。有时还配上海参丝、蛏干丝或燕窝丝。今则多加虾仁之类。煮干丝的汤必用鸡汤，故又名“鸡汁煮干丝”。所谓鸡汁，是用草母鸡煮出之浓汤鲜汁。煮汁之后，鸡肉已酥烂脱骨，鲜味溶入汤中，鸡肉略柴。茶社老板将此鸡肉切丁，再加猪肉丁和鲜笋丁，调制成馅，做三丁包子，真是综合利用，物尽其用。烫干丝是将干丝用热水烫，除去豆腥气与滷泔味，沥尽水，堆置盘中，以蒸过的虾米作配料，加在干丝上，调拌以虾子酱油，淋浇芝麻油，上置嫩姜丝上桌供食。

思考题

1. 豆腐干丝与百叶干丝的最大区别是质感不同，为什么？
2. 做好“大煮干丝”要注意哪几方面的问题？

五、口袋豆腐

（一）菜品简介

四川菜里的豆腐菜名目繁多，有“菱角豆腐”、“椒盐豆腐”、“碎末豆腐”、“蜂窝豆腐”、“口袋豆腐”、“锅贴豆腐”……除脍炙人口、家喻户晓的大众化名菜“麻婆豆腐”外，还有“口袋豆腐”。

“口袋豆腐”，又名“涨浆豆腐”，是一款四川传统汤菜。因豆腐成菜后，用筷子提起，形如口袋而得名，也因为它的制作难度较高而成名。其难度在于使用碱水的分量和浸泡豆腐条的时间，使豆腐成形不烂，内空而有浆。因此，操作时，需要不断观察豆腐在碱水中的变化，如稍有疏忽，就可能功亏一篑。此菜汤汁乳白，味咸鲜而醇香。食时，以调羹取用为宜。

（二）烹调方法

氽。

（三）原料组成

主料：石膏豆腐1000g。

配料：冬笋尖100g，豆苗50g，熟火腿片15g。

调辅料：精盐3g，胡椒粉1g，绍酒5g，味精1g，食用碱10g，奶汤1000g，肉汤750g，熟菜油1000g（实耗约100g）。

（四）制作过程

（1）嫩豆腐，分别片去表面，使之六面平整，再切成6cm长、2cm见方的条，共30条。

（2）炒锅置旺火上，下菜油烧至180℃时，分次放入豆腐条炸至金黄色捞出。

（3）锅中放入沸水500g、食用碱，将豆腐条放入浸泡10min待其皮软，内部成豆花时，捞出用清水浸漂去净碱味，再换两遍沸水，继续泡上。

（4）锅中下肉汤烧沸，将豆腐氽烫两次捞出。

（5）锅置旺火上，下奶汤、冬笋、火腿、胡椒粉、精盐、绍酒，烧沸后下入控去水的豆腐条、味精，稍煮一会即下人豆苗，淋芝麻油，盛入汤碗即成。

（五）制作要领

（1）豆腐条大小要均匀，不宜太大，一般以6cm长、2cm粗的条为宜。

（2）碱水溶液浓度适中，过浓会使豆腐条不成形；过稀不易使豆腐条内变空，达不到成形的要求。

（3）炸豆腐的油温宜高不宜低，否则炸不成形，也不能炸成坚硬的豆腐外壳。

（4）退碱要充分、透彻。退碱后的豆腐条不要久煮。

（六）风味特点

汤汁乳白，豆腐金黄形似口袋，质地嫩绵，味咸鲜香醇。

（七）知识拓展

据科学分析，豆腐里含有丰富的蛋白质，是可与动物蛋白相媲美的优质蛋白，其氨基酸组成除蛋氨酸略低外，其余8种人体必需氨基酸含量均较高；豆腐中还含有丰富的人体必需不饱和脂肪酸。据研究，大豆不含胆固醇，不易引起高血脂、高胆固醇等心脑血管疾病。美国肯塔基大学研究者认为经常食用豆蛋白能有效降低血液中胆固醇的浓度。在大豆中还含有一种被称为异黄酮的植物化合物，研究认为这种物质可能会有助于抗癌。豆腐是一种高蛋白食品，但因蛋氨酸的含量较少，单独食用，其蛋白质利用率较低，如果适当搭配一些蛋氨酸含量较高的蛋类和肉类食品，可使大豆蛋白中所缺乏的蛋氨酸得到补充，从而使整个必需氨基酸的配比趋于平衡。这样人体就能充分吸收利用豆腐中的蛋白质，提高豆腐的营养价值。

在我国，豆腐的种类很多，有南豆腐、北豆腐、内酯豆腐等。安徽淮南的八公山豆腐以其细若凝脂、洁白如玉、清鲜柔嫩、质优味美的传统，享誉四方。上海研制的彩色保健即食豆腐以黄豆为主料，配加其他天然原料，再经过科学方法提取天然颜色精制而成。还有点心豆腐、花生豆腐等，可以看出现在的豆腐品种多样、风味各具特色、营养丰富，是老少皆宜的食品。2003 年 11 月，在江阴市华西举办的“中国民间民族菜肴华西美食节”上，具有鲜明地域特色、风味特色和浓郁乡土特色的淮南豆腐宴应邀参赛，豆腐菜肴品种有“刘安点丹”、“蟹黄豆腐饺”、“民间小笼豆腐”、“口袋豆腐”、“豆制品制作花式冷盘”等十余种，都是淮南豆腐宴中的精品。

用豆腐制作的菜肴还有：“布袋豆腐”、“竹笙豆腐”、“乡村石磨豆花”、“白玉藏珍宝”、“淮山膏蟹豆腐”、“腐臭神奇”、“芙蓉虾玉”、“西施豆腐”、“顺德鱼腐”、“一团和气”、“山海藏清珍”、“松江浪里白”、“嫣红镶白玉”、“香局起司水果豆腐”、“什锦豆腐球”、“黄袍锦白玉”、“银杯御品珍”、“翡翠白玉”、“佛手腐球”、“鲜蚵臭豆腐”、“荷叶酿豆腐”、“莲花酿豆腐”、“壶品豆腐”等。

思 考 题

1. 此菜加碱起什么作用？
2. 烹调方法中的煮与汆有何差别？

六、两香问政山笋

（一）菜品简介

安徽竹笋资源丰富，主要产于皖南山区和大别山区，最负盛名的是皖南歙县问政山笋。问政山笋在所有的笋味中堪称一绝。这种山笋与其他地区产的竹笋大不一样，箨红薄肉白，质脆味鲜，嫩度尤佳，用手指捏掐即出水，一只新出土的笋，坠地能碎。当地人称之为“自壳苗”。据《安徽通忠》记载：“笋出徽州六邑，以问政山者味尤佳。”清代汪微在《诗论》中描述徽州家乡风味时曾写道：“群夸北地黄芽菜，自爱家乡白壳苗”，指的就是问政山笋。

清时，徽商已遍及江浙一带。他们客居在外，偏爱吃家乡的问政山笋，每年开春都要家人挖笋送去，为了保持新笋的风味，他们先将笋箨剥掉，将笋块放入沙锅内，在船上支起炉灶，用木炭文火清炖。从新安江顺江而下，昼夜兼程运送，船至笋熟，揭开沙锅一尝，温温的炉火正把沙锅里的笋子烧得恰到好处，笋味微甜，脆嫩可口，如同在家乡吃到的鲜笋一般，后来，这种吃法被皇上知道了，就下旨将问政山笋列为贡笋，以供御用，身价百倍。

（二）烹调方法

炖。

（三）原料组成

主料：净问政山笋 500g。

配料：水发香菇 50g，香肠 50g。

调辅料：精盐 2.5g，白糖 1.5g，湿淀粉 5g，火腿骨 1 根（煮汤调味）。

（四）制作过程

（1）将笋切成滚刀块；香菇、香肠切片。切好的笋块，放入沙锅中，加入火腿骨和水（淹没笋），用旺火烧开后小火炖 15min。

（2）炖好的笋放在另一炒锅中，加入香肠、香菇、白糖、精盐翻炒几下，待汤汁收浓时取出火腿骨，再用调稀湿淀粉勾薄芡，轻轻推翻几下，起锅即成。

（五）制作要领

（1）问政山笋水分足，氨基酸含量高，要随挖随炖，隔日则其味大减。

（2）连水炖制，炖时用小火。

（六）风味特点

菜品有红（香肠）、褐（香菇）、奶黄（问政山笋）三种颜色。笋经炖焖则入味透、质脆嫩，有香肠、香菇等混合芳香，是黄山春季时令菜。

（七）知识拓展

春笋脆嫩鲜美，著名的笋馔有：

“南肉春笋”：杭州传统名菜。将薄皮熟猪五花肉切成小长块，与嫩春笋块入沸汤中，烹入料酒，移小火上焖煮至肉酥笋熟，再镶绿叶菜即成。此菜春笋爽嫩，南肉香糯，两样煮在一起，汤味更加鲜爽可口。宋代文学家苏轼专门写了赞美“南肉春笋”的诗云：“无肉令人瘦，无竹令人俗。若要不瘦又不俗，最好餐餐笋烧肉。”使人们食之津津有味，联想妙趣横生。

“春笋鲚鱼”：杭嘉湖地区一道时令佳肴。由春笋与水乡特产鲚鱼同烹制成。此菜烧好后，鱼嫩味鲜，笋脆爽口，色泽油亮，鲜香之气氤氲而来，使人馋涎欲滴，为初春时难得的时鲜佳肴。

“油焖春笋”：它选用清明前后出土的嫩春笋，以重油、重糖烹制而成，色泽红亮，鲜嫩爽口，鲜咸而带甜味，令人久食不厌。竹笋是浙江的一大特产，有春笋、鞭笋、冬笋等，竹笋也就成饮食烹调中的一个重要原料，真可谓“无日不笋，无食不笋”。

“春笋白拌鸡”：是南京传统名菜，已有100多年的历史。此菜将鸡肉清汤烧沸，倒入笋片烫 3min，捞出沥干水后，趁热用卤汁拌匀笋片并放入盘中，然后将鸡片放在笋片上，浇上卤汁即成。此菜笋嫩清香，鸡肉鲜美，既可佐酒，又可下饭，为春令佳蔬。

“竹笋鳝糊”：20世纪20年代初，上海菜馆根据沪上顾客喜欢食用时令菜的特点，每到春季，就在“清炒鳝糊”中加早春上市的嫩笋共烧，它不仅营养丰富，而且更加鲜美清香，颇受食客欢迎。该菜在上海地区盛行，几十年来成为当地春季的一道时令名菜。“竹笋鳝糊”具有色泽酱红、卤汁浓厚、鲜嫩味香等特点。

“枸杞竹笋”：每当枸杞发芽，春笋上市的时候，江浙沪一些风味菜馆的春季时令名菜“枸杞竹笋”，以其碧绿、鲜嫩、清香、味鲜，深受食客欢迎。以枸杞嫩芽与竹笋丝一起加盐、糖、味精和鲜汤快速翻炒，烹制而成的一道色泽碧绿青翠、清香味鲜的佳肴。有人食后赋诗赞之：“家园竹笋白如玉，山野枸杞翠胜绿；姐妹虽非同根生，相伴相依赛天骄。”

“安吉百笋宴”：春笋，人们称它为春天的“菜王”。浙江安吉就用春笋做出上百样的名菜，这便是闻名于世的“百笋宴”。比如从“拔丝苹果”演化而来的“拔丝竹笋”，从家常菜“面拖黄鱼”演变的“面拖笋尖”，清淡鲜洁的“火腿鲜笋汤”，还有名目繁多的“脆皮笋条”、“夹笋金火”、“文武双全”、“佛手春笋”……实在让人叹为观止。

思考题

此菜加入香菇、香肠、火腿骨对成菜风味有何作用？

七、奶汤蒲菜

（一）菜品简介

蒲菜也称“蒲笋”，云南建水俗称“草芽”，为多年水生草本植物，其根部可食用，质地细嫩洁白，盛产于春夏两季，而最好莫过于春末夏初，江苏淮安、山东济南所产甚佳，有“天下第一笋”之美称。据史料记载，早在西周初年，菖蒲就已进入宫廷御膳了。奶汤蒲菜是山东济南传统名菜。史籍云：“大明湖之蒲菜，其形似茭，其味似笋，遍植湖中，为北数省植物菜类之珍品。”“奶汤蒲菜”是以鲜蒲菜为主料，用奶汤烹制而成的汤菜。

（二）烹调方法

汆。

（三）原料组成

主料：蒲菜250g。

配料：苔菜花50g，水发冬菇50g，熟火腿25g。

调辅料：精盐3g，姜汁1g，葱椒绍酒25g，奶汤750g，葱油50g。

（四）制作过程

（1）将蒲菜剥去硬皮，只留嫩心，切成3cm长、1cm宽、0.2cm厚的片；苔菜花去皮，切成相同大小的片；冬菇片成 0.2cm 厚的片；火腿切成 2.5cm 长、0.8cm 宽、0.3cm 厚的片。

（2）锅内下清水烧开，将蒲菜、苔菜花、冬菇放入焯水后捞出沥水。

（3）炒锅置中火上，下葱油烧热，加入奶汤烧开，下蒲菜、苔菜花、冬菇、精盐、姜汁、葱椒绍酒，烧沸后盛入瓷缸内，撒上火腿片即成。

（五）制作要领

（1）选用的蒲菜要新鲜，主配料应切成薄片，蒲菜、苔菜花、冬菇应先焯水，以保证汤味鲜而纯正。氽汤时间宜短，烧沸即可。奶汤要色白汁浓。

（2）葱椒绍酒的制法是：将花椒拍碎，葱白切成细末，加少量绍酒拌湿，剁成细泥，再将葱泥与花椒以 4∶1 的比例用纱布包起来，放在绍酒中浸泡 1h，除去布包即成。

（六）风味特点

汤白似乳，味咸鲜，香味醇厚，蒲菜脆嫩爽口，是夏季时令佳肴。

（七）知识拓展

蒲笋有两类，一类是普通水蒲之嫩叶茎，一类是石菖蒲之嫩叶茎，此类蒲为端午节人家户上所悬挂以辟邪所用者。比较讲究的筵席用蒲笋多用后者。淮阴淮安西汉时为楚王地，楚太子所食珍馐中，就有蒲菜。明代大作家吴承恩是淮安人，所著《西游记》中，多次写唐僧师徒食用蒲菜，诗曰："……油炒乌英花，菱科甚可夸，蒲根菜并茭儿菜，四般近水实清华。"菖蒲味美，备受称赞。唐人张籍有《寄菖蒲》一首，云："石上生菖蒲，一寸十二节。仙人劝我食，令我头青面如雪。逢人寄君一绛囊，书中不得传此方。君能来作栖霞伴，与君同入丹丘乡。"把菖蒲写成了仙家转老还童的灵丹妙药。宋词人姜夔有《菖蒲》一首，亦为佳作："岳麓溪毛秀，湘滨玉髓香。灵苗怜劲直，达节著芬芳。岂谓盘盂小，而忘臭味长。拳山并勺水，所至未能量。"食后难以忘怀，嫌盘子太小，不够过瘾了。

蒲菜在淮安又叫"抗金菜"。相传，南宋抗金女英雄梁红玉在镇守淮安时，因军粮接济不上，偶然发现马食蒲茎，而得知蒲可代食，解决了粮食尽绝的困境，故淮安民间又称蒲菜为"抗金菜"。经历代庖厨的不断总结实践，创制出具有特色的十二道味味殊异的时令蒲肴，肴肴皆为筵席上品。试举三例：

"油爆蒲笋"：春日取菖蒲嫩白茎，洗净，切 7cm 段，入小油锅，五成热油温爆炒，加少盐、少鸡汤，淋芝麻油，出锅装盘。如欲增鲜，可先泡大虾米数十颗，炒至蒲笋微熟，即将滤净的泡虾米的鲜水舀入少许，再加鸡汤少许，勾薄芡。入味加盐，不用酱油。口味清新，爽齿留香。

"开洋扒蒲菜"：主要选用春末夏初的壮嫩蒲菜的根茎，切成 10cm 长的段，配以上等的金钩虾米与鲜汁鸡汤精心烹制，食时纯嫩爽口，汤汁清鲜，清香四溢，造型独具一格。

“鸡粥蒲菜”：鸡脯肉、肥膘肉初加工排斩至细，加湿淀粉、大米粉，用鸡清汤250g稀释后，用纱布过滤，去残渣，加鸡蛋清、精盐、葱姜汁、绍酒搅和，成稀糊状。炒锅上火烧热，用熟猪油滑锅，加鸡清汤750g烧沸，徐徐倒入鸡粥糊用手勺不断搅动至黏稠。再放入蒲菜丁，加熟猪油、精盐、味精，继续搅拌，淋明油，装入汤碗，撒上火腿末即成。

思考题

1. 烹调方法中的汆与煮有何区别？
2. 奶汤的形成机理是什么？

八、文思豆腐

（一）菜品简介

“文思豆腐”是淮扬地区一款传统名菜，它始于清代，至今已有近300年的历史。传说在清乾隆年间，扬州梅花岭右侧天宁寺有一位名叫文思的和尚，善制各式豆腐菜肴。特别是用嫩豆腐、金针菜、木耳等原料制作的豆腐汤，滋味异常鲜美，前往烧香拜佛的佛门居士都喜欢品尝此汤，在扬州地区很有名气。清代李斗《扬州画舫录》记载：“天宁寺西园下院也……僧文思居之。文思字熙甫，工诗，善识人，有鉴虚、惠明之风，一时多贤寓公皆与之友，又善为豆腐羹、甜浆粥。至今效其法者，谓之文思豆腐。”一直流传至今。

（二）烹调方法

汆。

（三）原料组成

主料：豆腐3块（盐卤制作）。

配料：熟鸡脯肉50g，水发冬菇25g，熟火腿25g，熟青菜叶15g，熟冬笋10g。

调辅料：精盐4g，味精3g，鸡清汤750g。

（四）制作过程

（1）将豆腐削去外皮，切成细丝，用沸水焯水。把香菇、冬笋、火腿、鸡脯肉皆切成丝。香菇丝放入碗内，加鸡汤50g，上笼蒸熟。

（2）将锅置火上，放鸡清汤200g烧沸，投入香菇丝、冬笋丝、火腿丝、鸡丝、青菜叶丝，加入精盐烧沸，盛汤碗内加入味精。

（3）另取锅置火上，舀入鸡清汤500g，沸后放入豆腐丝，待豆腐丝浮在汤面，即用漏勺捞起盛入汤碗内上桌。

（五）制作要领

（1）必须用纯黄豆制作的嫩豆腐烹制。

(2) 豆腐切丝不要破碎，丝细而均匀。要入开水锅中略焯，去除豆腥味。

(3) 要用鸡汤烩煮，并掌握好火候。待汤烧滚以后再下豆腐，烩烧至开即出锅，不可久煮，不能使豆腐出现蜂窝点。

(六) 风味特点

色泽美观，豆腐白嫩，刀工精细，入口即化，汤味鲜美。

(七) 知识拓展

有学者考证，豆腐起源于汉代。公元前164年，刘安袭父封为淮南王，好仙道、喜炼丹的刘安为求长生不老之药，炼丹之中发明了豆腐。在不少古籍中，如明代李时珍的《本草纲目》、叶子奇的《草目子》、罗颀的《物原》等著作中，都有豆腐之法始于汉代淮南王刘安的记载。“扇面豆腐”、“镜箱豆腐”和昔日被列为御宴菜品的淮扬名菜“文思豆腐”等，都是我们耳熟能详的美味佳肴。即使满汉全席的冷、热菜中，豆腐均有它的一席之地。自从757年鉴真大师东渡日本把豆腐技术传进了日本后，豆腐已逐步走向世界，中国人吃了2000年的日常食品，如今已成为西方人餐桌上的珍馐，“TOFU”（豆腐）一词也作为新的外来语被收入英语词典之中。

清代大才子金圣叹是个对幽默一以贯之的人，他在狱中传出的遗嘱是：“吾儿，花生与豆腐干同嚼，有火腿味。”另一个视死如归的是瞿秋白，自始至终保持了人格的潇洒，他最后说：“中国豆腐天下第一。”袁枚的《随园食单》中，记录最多的是豆腐，有“冻豆腐”、“虾油豆腐”、“蒋侍郎豆腐”、“杨中丞豆腐”、“王太守八宝豆腐”、“程立万豆腐”、“庆元豆腐”、“张恺豆腐”等不一而足。其中最有名是八宝豆腐，是康熙赏赐给王太守的，在苏杭一带流传。其做法是把豆腐用纱布挤成泥，再与火腿、笋干、干贝、虾仁之类同烧而成。

豆腐名菜众多，从四川的“麻婆豆腐”，湖北的“荷包豆腐”、“东坡豆腐”，北京的“沙锅豆腐”，到江浙的“臭豆腐”、“豆腐干”，海南的“豆腐烧”，可以说，豆腐是大江南北、全中国美食中最平民化、最丰富多彩的一种。

思 考 题

为了保持豆腐丝漂浮不沉，需采取哪些措施？

九、西湖莼菜汤

(一) 菜品简介

莼菜又名“马蹄草”、“水荷叶”、“湖菜”、“水菜”、“水葵”，为睡莲科多年生宿根性水生草本植物，以嫩茎和嫩叶供食用，每年清明至霜降间可采摘嫩叶供食用，它与鲈鱼、茭白并称为江南“三大名菜”，自古就被视为珍贵食品，在国内外久负盛名。早在《晋书》就有“莼羹鲈脍”的记载；明李时珍在《本草纲目》中认定莼菜可以“清凉解毒”，治“痈疽”。莼菜食用部分是生长在水中有透明胶质的嫩芽，生长环境与采摘时间决定品质的优劣。我国主要产地在江苏太湖和杭州西湖，尤以西湖莼菜最为著名。根据明《西湖游览志》记载，西湖苏堤望山桥附近里西湖产莼菜，首先在西湖三潭印月和花港公园内湖进行人工种植，再发展到西湖区的茅家埠、仁桥、浮山、缪家等地，这就是称“西湖莼菜”的原因。

（二）烹调方法

氽。

（三）原料组成

主料：新鲜西湖莼菜 150g，熟火腿丝 25g，熟鸡脯肉丝 50g。

调辅料：精盐 4g，味精 2g，高级清汤 350g，熟鸡油 10g。

（四）制作过程

（1）将炒锅置旺火上，放入清水 500g 烧沸，投入莼菜，沸后立即捞出，沥去水，盛在汤碗中。

（2）把高级清汤和精盐、味精一起放入炒锅内烧沸，浇在莼菜上，再摆上熟鸡脯丝、熟火腿丝，淋上熟鸡油即成。

（五）制作要领

莼菜为鲜嫩清香之物，不宜入滚汤氽煮，只要将其放入开水锅中略煮即可捞出，加热鸡汤和调味料便可食用。

（六）风味特点

色彩和谐，颜色碧绿，鸡丝洁白，火腿鲜红，莼菜鲜嫩，汤清味美，营养丰富。

（七）知识拓展

在中国饮食文化史上，莼菜的名气不小，早在《诗经》中，就有“思乐泮水，薄采其茆”的诗句，茆，即莼菜之古称也。至晋代，出了“千里莼菜，末下盘豉”与“秋思莼鲈”两个典故，使莼菜沾上了浓重的文化气息，以至后人常常在诗作中提到莼菜这道名菜。

杭州西湖发现野生莼菜的时间迟于太湖与湘湖。最早记录下西湖莼菜的是明代杭州美食家高濂，他在《四时幽赏录》中说：“今西湖三塔基旁，莼生既多且美。……余每采莼剥菱，作野人芹荐，此诚金波玉液，青精碧荻之味，岂与世之羔烹兔炙较椒馨哉！”自然，高濂所说的莼菜还是野生的。现在，杭州莼菜的人工栽培产量已达 30 万斤以上，跃居全国第一。杭州的莼菜菜肴也较别地为多，除西湖莼菜汤外，还有“三江鲈莼羹”、“虾仁拌莼菜”、“莼菜猴头汤”等，据记载南宋时还有一道菜是莼菜笋。

莼菜，其叶碧绿，呈卵形或椭圆形，除了滑爽感觉外，并无味道。我国传统的品味理论历来崇尚“太羹之味”，即大味必淡。叶圣陶在《藕与莼菜》一文中说莼菜本来没有味道，味道全在于好的汤，但这样嫩绿的颜色与丰富的诗意，“无味之中真足令人心醉”。这番话，说出了莼菜之所以能成为千古名菜的奥秘。

做西湖莼菜汤需用新鲜莼菜，瓶装之物往往不够滑爽。翠绿的莼菜，再配以红酥透香的火腿丝、细白鲜嫩的鸡丝等，真是鲜美可口，清淡宜人。且莼菜富含蛋白质和多种维生素，低脂肪，有开胃、助消化、补虚弱的食疗功效（其中新鲜莼菜叶茎部的黏质，含有抗癌的L-阿拉伯糖等），可以毫无愧色地说：此真乃杭州第一汤也！

除“西湖莼菜”外，还有“太湖莼菜”。太湖莼菜从明末清初开始人工栽培，生长繁殖快，每年清明前后水底的地下茎开始萌芽生长。在这个时节采摘的莼菜嫩片称为春莼菜；立夏之后，气温上升，莼菜生长旺盛，到霜降可大量采摘，称为秋莼菜。

莼菜除鲜莼菜可食用外，还可以由食品厂加工成瓶装或罐装莼菜保存或出口，太湖莼菜不仅畅销国内市场，还荣获外贸优质产品称号远销国外。用太湖莼菜加辅料烹调而成的“鸡火莼菜汤”、“芙蓉莼菜”，滑嫩鲜美，清香诱人，是苏式菜肴中的名菜，因此国内宾馆、饭店、招待所对太湖莼菜的需求日趋增加。

思　考　题

高级清汤是如何制作的？

第二节　烧焖扒㸆烩类菜品

一、八公山豆腐

（一）菜品简介

“八公山豆腐”白如纯玉，细若凝脂，其味清淡中藏着鲜美，吃起来适口清爽，久食不腻，用手托着虽晃动而不散碎，具有容易造型、丰简随意、调味从心、可荤可素之特点，历史上曾作为贡品。“八公山豆腐”以做工细、质量优、风味好而名贯古今。其优点是采用八公山泉水精制，特别是做汤，汤中豆腐片随汤浮动，不沉底、无碎片，在绿菜叶陪衬中，恰似翠托白玉，清雅悦目，味美爽口。冬季冰冻天气，将豆腐置于室外，水分即出，能撕成条，用于炒肉丝、鸡丝别有风味。

（二）烹调方法

烧。

（三）原料组成

主料：八公山豆腐250g。

配料：熟笋（或玉兰片）25g，水发木耳50g。

调辅料：虾子10g，小葱段5g，精盐2g，酱油50g，湿淀粉100g，熟猪油50g，色拉油500g（约耗100g）。

（四）制作过程

（1）将豆腐切成2cm见方的块，下冷水锅中烧开焯水，放入漏勺沥去水分。笋切成薄片。

（2）将炒锅放在旺火上烧热，放入色拉油，烧至五成热，把豆腐在湿淀粉中蘸一下，随即下锅，炸至金黄色时，倒入漏勺沥去油，锅仍放在旺火上，下入熟猪油15g烧至五成热，再放虾子、笋片、木耳、葱段煸炒两下，加入豆腐、酱油、精盐和水50g，然后勾芡，迅速翻炒几下即成。

（五）制作要领

（1）豆腐挂糊时要均匀。

（2）虾子要煸但不可焦煳。

（六）风味特点

菜品豆腐如金镶白玉，外香脆，内细嫩，虾子吐鲜，木耳佐色，笋片清脆利口，虽是素料也成难得美味。

（七）知识拓展

“八公山豆腐”洁白细腻，清爽滑利，鲜嫩味美，营养丰富，烩、炸、炖、煮、拌均可，能制作出几十道豆腐佳肴。八公山豆腐烧汤，堪称“三绝”：热汤上盆，豆腐块漂浮汤上，称“漂汤”；做出的豆腐汤呈乳白色，又称“奶汤”；豆腐汤鲜如鱼汁，故称“鲜汤”。明代景泰年间十才子之一的苏平咏八公山豆腐诗曰：“传得淮南术最佳，皮肤褪尽见精华。一轮磨上流琼液，百淋汤中滚雪花。瓦罐浸来蟾有影，金刀剖破玉无瑕。个中滋味谁知得，多在僧家与道家。”

各地均有豆腐生产，为何唯有八公山豆腐独占鳌头呢？当然最重要的原因是用优质矿泉水磨制，所以制出的豆腐细如脂、白如玉，无豆浆味、酸味，无底脚，无豆渣。清人李兆洛在《凤台县志》中称：“屑豆为腐，推珍珠泉所造为佳品。”另外滤浆精细、点膏恰到好处、制作认真等也是八公山豆腐成为佼佼者的重要因素。吴育在《珍珠泉记》中说：“用珍珠泉水造豆腐，色白而质良，风味尤佳。”

如今，八公山下的大泉成为著名的豆腐村，这里兴建了一条1300米长柏油路面的豆腐街。紧邻合阜路的入口处，耸立着一座高大雄伟的牌坊，上书“中国豆腐村”，街内两侧，全是仿古民居。这里的村民身怀制作豆腐的绝技，一个村有400多户人家磨豆腐。在这里的清晨，你会看到家家户户、男女老少肩担、车装豆腐，鱼贯进入县城和淮南市销售。

思考题

1. 此菜在配料上有何特点?
2. 制糊要注意什么?

二、扒凉豆腐

(一) 菜品简介

“扒凉豆腐”是辽宁传统名菜。凉豆腐就是经过冷冻的豆腐，在数九寒天，把整板的鲜嫩豆腐切成大块摆在室外，用洁布或其他遮盖物挡尘，豆腐在低温下水分结冰膨胀，出现蜂窝状，其目的不光是为了好贮存，而且要吃它的特殊风味。冻豆腐已不同于鲜豆腐，里面已成蜂窝状，与肉、鸡或各种蔬菜一起烧制，汤的味道就可吸收进去，吃起来松软有滋味，如南方的烤麸一样。还有，可以加上自制的酸菜，再放些猪肉，可是北方家喻户晓的美食。

(二) 烹调方法

扒。

(三) 原料组成

主料：冻豆腐400g。

调辅料：猪油100g，面粉30g，鲜汤200g，鸡油40g，湿淀粉30g，绍酒20g，姜末30g，葱花30g，花椒水40g，精盐5g，味精3g，白糖1g。

(四) 制作过程

(1) 把冻豆腐放在凉水中解冻，解冻后，把冻豆腐切成5cm×2cm×0.8cm的长方形片，放到炒锅内，加清水烧开，捞出沥净水分。

(2) 炒锅烧热加猪油，热时放进面粉略炒，烹入绍酒后加汤水、姜、葱、调料和冻豆腐片，用慢火烧煮1min，待汤水将尽时调入湿淀粉勾芡，加入鸡油后出锅装盘。

(五) 制作要领

(1) 视豆腐质地掌握豆腐片的厚薄、大小，但规格必须一致。

(2) 烧制时用慢火，不要乱翻锅，装盘时用锅铲，以保持豆腐的形状完整。

(六) 风味特点

菜品质地酥软爽口，味醇带香，色泽洁白、油亮。

(七) 知识拓展

冻豆腐是在普通豆腐的基础上的一种发展变化。由于豆腐内部的水分到0℃时结成了冰，比常温时水的体积要大10%左右，原来豆腐中的小孔便被冰撑大了，整块豆腐就被挤压成网络形状。等到冰融化成水从豆腐里跑掉以后，就留下了数不清的孔洞，使豆腐变得像泡沫塑料一样。冻豆腐经过烹调，这些孔洞里都灌进了汤汁，吃起来不但富有弹性，而且味道也格外鲜美可口。在没有冰箱的时代，要想吃冻豆腐大概只有等到冬天，而现在一年四季都可以烧冻豆腐。

新鲜豆腐经冷冻后，其内部组织结构、成分发生了变化，使其形态呈蜂窝状。但是，维生素、蛋白质、矿物质等破坏较少。经研究证明，经常食冻豆腐，有促进胃肠道功能及全身组织脂肪吸收的作用，从而达到减肥目的。冻豆腐吃法多种多样，可依自己的爱好而定，既可做冻豆腐汤，又可与一些蔬菜炒食。此法最好每天食用，并保持一段时间方能收到较好的减肥疗效。下面介绍几例冻豆腐菜肴：

“麻辣冻豆腐”：四季豆烫熟切丁备用，起油锅，将花椒爆香后捞除，放入冻豆腐、素拌酱及适量的水，煮滚后添加四季豆及辣椒，起锅前添加芫荽即可。

“开洋冻豆腐”：在锅中放入清汤，把冻豆腐放入锅中，加入适量的盐和味精，煨炖40min，入味后捞出装入盘中，然后把海米也放入清汤中，煮10min，捞出后放在冻豆腐上，将锅洗净，放入清汤，烧沸后加入少许酱油、明油，然后把汤汁浇在海米冻豆腐上。

“酸菜粉丝冻豆腐”：将冻豆腐切成小块，焯水后漂凉，将口蘑、松蘑分别水发留原汤，洗净泥沙。粉丝用温水泡软，剪成20min长的段，酸菜去外层老帮，逐片片成极薄长片，顺长切丝，越细越好。芫荽洗净切段装小盘中。取火锅1个，松蘑码底，粉丝放上，再将酸菜码上，下入豆腐，最上层是口蘑。炒锅上火，下口蘑、松蘑，原汤烧开，加精盐、胡椒粉、花生油倒入火锅中，加盖。上席时点燃木炭，同上小盘芫荽段随意下火锅菜上调味增香。

“五花肉烧冻豆腐”：五花肉切块；辣椒切段；笋切小块；葱切寸段。锅烧热先入辣椒、蒜、姜爆香，续入五花肉炒至焦黄，最后加入调味料和清汤，以小火煮40min至汤汁收干即可。

思考题

1. 豆腐解冻后切与不解冻切有何区别?
2. 烹制时为什么宜用锅铲?

三、鼎湖上素

（一）菜品简介

“鼎湖上素”又名“鼎湖罗汉斋”，始创于广州西园酒家。据传，原来肇庆有山，山顶有湖名“顶湖”，后人根据黄帝铸鼎的神话易名为“鼎湖”。鼎湖山风景秀美，早在1300年前，禅宗创始人六祖慧能的弟子智常，在此山开建了白云寺。明崇祯年间修复了莲花庵，后又扩建了庆云寺。在明、清时期庆云寺有位老和尚，为了满足游山贵客的需要，特取用“三菇”（北菇、鲜菇、蘑菇）、“六耳”（雪耳、黄耳、石耳、木耳、桂花耳、榆耳）制成了一道素菜，称为“鼎湖上素”。20 世纪 30 年代时，开设在六榕寺附近的西园酒家老板，曾往鼎湖山庆云寺寻找善烹素菜的老和尚，并派人拜他为师，把“鼎湖上素”一类斋菜变为菜馆名菜。后来，菜根香素菜馆的“鼎湖上素”，其用料与制法更加考究。40 年来，一直名扬天下，特别在东南亚享有盛誉。

（二）烹调方法

焖、扒。

（三）原料组成

主料：水发冬菇 100g，水发蘑菇 100g，净鲜菇 100g，水发银耳 50g，水发桂花耳 30g，水发榆耳 100g，水发黄耳 100g，水发竹荪 100g，白菌 100g，鲜莲子 100g，笋肉 100g，银芽 50g，菜心 150g。

调辅料：绍酒 35g，湿淀粉 30g，精盐 30g，味精 33g，白糖 4g，酱油 15g，深色酱油 5g，植物油 500g，素鲜汤 1800g。

（四）制作过程

（1）将笋肉切改成秋叶形或其他植物图案形，即为笋花。沸水将莲子滚过，脱去莲子衣，捅去莲心洗净待用。

（2）用清水分别将冬菇、蘑菇、鲜菇、银耳、桂花耳、榆耳、黄耳、白菌、竹荪、笋花焯水，沥干水分。将冬菇、蘑菇同放在炖盅内，加入植物油 20g、调料和素汤 200g、绍酒 5g，用中火炖 15min，取起备用。

（3）在炒锅内放入植物油 30g，烹入绍酒 10g，放入素汤 800g 及调料，再放入鲜菇、榆耳、黄耳、白菌、竹荪、笋花、鲜莲等一齐煨制 2min 使其入味，然后取起沥去水分。重新在炒锅内放入植物油 15g，烹入绍酒 5g，加入素汤 300g 和调料，先煨银耳然后煨桂花耳，煨后沥去水分。

（4）在炒锅内放入植物油 40g，烹入绍酒 15g，加入素汤 500g 及调料，然后放进冬菇、蘑菇、鲜菇、榆耳、黄耳、白菌、竹荪、笋花、鲜莲等，用中火焖透，取起备用。

（5）在炒锅放入植物油 10g，放入银芽，用猛火煸炒至刚熟，取起备用。取另一炒锅加入植物油 10g、菜心、调料和沸汤，用猛火煸炒菜心软至熟。

（6）取大碗 1 个，按白菌、冬菇、竹荪、鲜菇、黄耳、鲜莲子、蘑菇、笋花、榆耳的次序，从碗底部向上依次分层排在碗壁上，每种原料排一圈。将银芽和余下的原料一同放入碗内填满，然后把碗覆盖于碟上，取起碗，桂花耳放于顶部，银耳围伴于底部边缘。

（7）将菜心围伴于银耳边缘，加热原汁，适当地补充素汤及调味料，用湿淀粉勾芡，加包尾油后将芡液淋匀于菜肴上即可。

（五）制作要领

（1）原料在煨前要用清水滚去异味。

（2）干货原料在烹制前要涨发好，菇蒂要切去，榆耳要刮净毛，黄耳要刷洗干净。

（3）注意掌握不同原料的质地要求和火候。

（4）在碗内排砌完填入余下原料时，要注意填满。

（5）芡不要太稀，且要浇淋均匀。

（六）风味特点

成菜色泽雅丽，鲜嫩爽滑，清香溢口，用料多样，风味各异。

（七）知识拓展

有资料称，罗汉斋大致源于礼佛之风兴盛的唐朝。“罗汉斋”是寺院菜的代表菜式，并非广州特有。淮扬菜系中也有“罗汉斋”，北京菜系有“罗汉全席”，湖北菜系也有“罗汉全斋”。今天的罗汉斋，已经成为素菜中相当普通的一道，“罗汉全斋”在技术上不难办到，但成本较高，一般素菜馆就不做“罗汉全斋”了，而普通的罗汉斋用料不会超过10种。

南宋的《萍洲可谈》记载：“广州饭僧设供，谓之罗汉斋。”不知道这是不是对广州“罗汉斋”的最早记载，但至少可以说明，罗汉斋原来应该不是指某一特定菜式，比如著名的广东素菜“鼎湖上素”又称“鼎湖罗汉斋”，可见，“罗汉斋”应该是对菇类、菌类混杂的菜式的一个通称。所以民间对这道菜的理解，还是相当准确的，这种“随缘”的态度，也和佛教的精神有相通之处。

广东罗汉斋最初的制作比较简单，仅是将所选原料合煮一锅而食。后因常用于隆重的佛事活动，且有人出钱，罗汉斋的用料日渐丰盛，制作逐渐讲究。在制作上需要选用18种素料食材，不过，像是草菇、木耳、竹荪、北菇、金针菇、猴头菇、松茸等鲜味较浓的食材，可以增加成菜的鲜美度，再搭配口感爽脆的银芽、芦笋、玉米笋、胡萝卜等，只要在食材配色上稍做调整，就能做出一道美味的上等素菜。但是这道菜在今天不多见了，过于奢华，既不是佛教的精神，也不符合素食馆在市场经济的环境下与其他餐馆竞争的原则。

思 考 题

1. 冬菇、蘑菇为什么要单独炖而不是与其他原料一起煨？
2. 银耳、桂花耳为什么要独立煨制？
3. 在碗内摆砌的次序主要是由什么决定的？

四、琥珀冬瓜

（一）菜品简介

琥珀原是古代树脂的化石，因色泽深红，光亮艳丽而受人喜爱。因此人们习惯于在一些菜肴前面冠以“琥珀”二字，来形容其色彩。最早是北魏贾思勰在《齐民要术》一书中记载的“琥珀汤”，并说它“内外明澈如琥珀”，后代都延续下来许多琥珀菜。在开封众多的琥珀菜中，以“琥珀冬瓜”最为著名。各大饭店经营的琥珀冬瓜色泽枣红、嫩甜筋香，深受消费者欢迎。琥珀冬瓜属于甜菜，制作时选用肉厚的冬瓜，去皮后刻成佛手、石榴、仙桃形状，晶莹透亮，然后铺在锅篦上，放进开水蘸透，再放进锅内，对入去掉杂质的白糖水，武火烧开后，改用小火，至冬瓜呈浅枣红色、汁浓发亮时即成。

（二）烹调方法

烧。

（三）原料组成

主料：鲜冬瓜 2000g。

配料：山楂糕 15g。

调辅料：白糖 100g，糖色 10g，熟猪油 15g。

（四）制作过程

（1）将冬瓜去皮去瓤，切成 1.5cm 厚和 4cm 见方的块，每块刻成鲜桃、石榴、佛手等水果形状。

（2）将冬瓜下入沸水锅内焯水，捞出摆在锅垫上，摆成两圈圆形。

（3）炒锅置旺火上，下清水 1000g，加白糖，待溶化后撇去浮沫，加糖色、熟猪油，摆好的冬瓜连锅垫一起放入锅内，用盘扣住。汤沸后移小火上，烧至汁浓，冬瓜块缩小，色泽红亮时，用漏勺托住锅箅扣入盘内，撒上山楂糕片，将原汁浇在冬瓜上即成。

（五）制作要领

（1）制作此菜宜选用经霜的冬瓜中段。

（2）烧冬瓜的火候要掌握好，先用旺火烧沸，再用小火慢慢烧入味，约需 3h。

（六）风味特点

色如琥珀，糖汁光亮，形态美观，味甜美，质地软绵。

（七）知识拓展

杭州有一道夏季菜肴也叫“琥珀冬瓜”，采用火腿作配料，吃起来清香鲜滑，入口即化，口味与众不同。这道菜比较清淡，也较简单。做法如下：将冬瓜修成莲花状，嵌入火腿片，用清汤煨 1h，再把鱼丸放在冬瓜上。在锅中放入原汁汤料，把冬瓜和鱼丸放入锅中，慢炖。锅中留原汁，勾芡，加入明油，把汤汁浇在冬瓜上，装盘。清香鲜滑，入口即化。

用冬瓜制作汤菜较常见，如“荷叶冬瓜汤”，将荷叶洗净，撕成碎片，与冬瓜片一起放入水锅中，煮成汤，烧沸后拣去荷叶，加盐调味即成。用冬瓜制成的“冬瓜燕”，色白透明，形如燕菜，汤清味鲜。适用于中、高级筵席的二汤菜。除汤菜外，冬瓜也能制成“扣蒸冬瓜”、“茄汁冬瓜”、“玉叶藏八珍”、“奶油冬瓜球”、“麻香酥瓜”等各式热菜。介绍如下：

“扣蒸冬瓜”：净冬瓜切大片，共10片，胡萝卜切5片，将冬瓜及胡萝卜片同放沸水锅内汆一下即捞出晾凉，取大碗1只，碗底涂上熟猪油，将冬瓜片背面朝下排入碗内，每2片冬瓜片中间插入1片胡萝卜片，上面撒上精盐、味精、猪油、葱末，上笼旺火蒸约10min左右。取出，倒扣入盘内，汤滗入锅内，上炉烧开，调好口味，湿淀粉勾薄芡，淋明油将此汁浇在冬瓜上即成。

“茄汁冬瓜”：冬瓜切成方块，放盐腌渍后滚上面粉，拖上蛋糊放油锅中炸至外皮起壳，捞出，复炸至微黄色捞出。用番茄酱、清汤、糖、盐、白醋调好味，倒入炸好的冬瓜块翻炒，随即勾芡淋油，出锅装盘即成。

“玉叶藏八珍”：冬瓜雕成秋叶形状3块，在近瓜瓤的一面挖去部分瓜肉，形成凹形平底槽，投入汤锅中汆煮，使之断生入味，随后捞出，装入八珍馅料于槽内（鲜蘑菇、香菇、火腿、海米、鸡脯肉、猪肉、虾仁、鸡肫），加料酒、盐、味精、清汤，上笼蒸至冬瓜酥嫩，然后滗出汤汁，反扣于平盆内，再把汤汁入锅内烧开，调好口味，湿淀粉勾薄芡，将此汁浇在冬瓜槽面上即成。

“奶油冬瓜球”：冬瓜去皮，削成小圆球，入沸水略煮后，投入冷水使凉，将冬瓜球排在大碗中，加精盐、味精、鲜汤后，上笼用大火蒸30min取出。把蒸好的冬瓜球倒入盆中，汤倒入锅中，锅内加炼乳煮沸，调好口味，用湿淀粉勾薄芡，浇上熟猪油，均匀地浇在冬瓜球上，再撒上火腿末即成。

“麻香酥瓜”：将冬瓜切成条，用盐略腌。拍上干淀粉后，逐条挂发粉糊投入五成热油锅，炸至金黄色起壳，沥油装盘，上面撒上芝麻即成。带辣酱油或甜面酱味碟。

思考题

1. 冬瓜适宜刻制出哪些水果形状？
2. 此菜为何不宜用旺火炼制？

五、镜箱豆腐

（一）菜品简介

“镜箱豆腐”，由无锡迎宾楼菜馆名厨刘俊英创制，选用无锡特产小箱豆腐烹制而成。

20世纪40年代，刘俊英对家常菜——“油豆腐酿肉”加以改进，将油豆腐改用小箱豆腐，肉馅中增加虾仁，烹制的豆腐馅心饱满，外形美观，细腻鲜嫩，故有“肉为金，虾为玉，金镶白玉箱”之称。因豆腐块形如妇女梳妆用的镜箱盒子，故取名“镜箱豆腐”，是雅俗共赏的无锡名菜。

（二）烹调方法

烧。

（三）原料组成

主料：小箱豆腐1块（约重500g）。

配料：猪肉末250g，大虾仁（留尾壳）12只，水发香菇20g，青豆5g。

调辅料：精盐4g，酱油20g，味精1.5g，白糖25g，番茄酱25g，葱末15g，湿淀粉25g，熟猪油15g，芝麻油10g，色拉油1000g（实耗约100g），猪肉汤150g。

（四）制作过程

（1）取肉末加绍酒25g、精盐1.5g拌和成肉馅。

（2）将豆腐切成长4.5cm、宽厚各3cm的块，共12块，排放在漏勺中，沥去水。炒锅置旺火上，加入色拉油，烧至180℃时，将豆腐滑入锅中，炸至豆腐外表结壳，呈金黄色时捞出沥去油，用汤匙柄在每块豆腐中间挖去一部分嫩豆腐（周围不能挖破），然后填满肉馅，再在肉馅上面横嵌1只大虾仁，做成镜箱豆腐生坯。

（3）炒锅置旺火上烧热，舀入色拉油25g，放入葱末炸香后，再放入香菇、青豆，锅端离火口，将镜箱豆腐生坯（虾仁朝下）整齐排入锅中，再移至旺火上，加绍酒25g、酱油、白糖、番茄酱、猪肉汤、精盐2.5g、味精，晃动炒锅，收稠汤汁，用湿淀粉勾芡，沿锅边淋油，颠翻将豆腐翻身，虾仁朝上（保持块形完整，排列整齐），淋上芝麻油，滑入盘中即成。

（五）制作要领

（1）不能选用含水量很多的嫩豆腐，否则无法炸定型。

（2）加汤水烧的时间要控制好，要注意箱内馅的成熟度。

（六）风味特点

色呈橘红，鲜嫩味醇，荤素结合，老少皆宜，雅俗共赏。

（七）知识拓展

豆腐箱造型的名菜南有“镜箱豆腐”，北有“博山豆腐箱”。山东名菜“博山豆腐箱”据传是由博山厨师张登科发明，最初是用博山优质豆腐为主料，将碎豆腐、海米、木耳、砂仁粉等装入箱内，整个外观呈箱形，用油炸成金黄色，勾芡后，更有金箱之感。因是一个“大箱形”，吃时很不方便，就将其改为若干个“小箱”凑成一个“大箱”。到了民国初年，有李姓厨师根据豆腐箱的做法，将其外形的“箱式”改为“塔式”，并将博山豆腐箱更名为“水漫金山寺”，使这道菜又赋新意。“水漫金山寺”共由4层小箱累成，上小下大，呈塔状，上菜时，在盘子的周围洒上适量的上好白酒，点燃后，关闭灯火，颇有烟雾水中金塔时隐时现之感。后来，在博山的酒席上，只要这道菜整个外形呈箱形的就叫它“博山豆腐箱”、“金箱”或“开箱取宝”；外形是“塔状”的都叫它“水漫金山寺”。传至今天，并登上了人民大会堂国宴之列，引起了中外客人的极大兴趣。

“博山豆腐箱”的制法：先将老豆腐切成长方块，用油炸至金黄色捞出，再在豆腐块的一面切开一块皮（一侧不切断，起箱盖作用），挖出内里豆腐，再填上调好的馅料，盖好“箱盖”。馅料有多种多样，有三鲜馅（海米、虾仁、猪肉）、蟹黄馅、鸡肉馅等。一般多用猪肉馅、什锦馅或素馅。上笼蒸约5min取出。另勺放芝麻油，热后加葱、姜、蒜末一煸，烹醋，投木耳、青菜、水笋和酱油、汁汤，汤开后调湿淀粉，汤浓后浇在豆腐箱上即成。

利用豆腐包裹馅料后再烹制成菜的菜例还有很多，风味不同，举例如下：

“三鲜豆腐盒”：京菜风味。将豆腐切成长方块，抹上酱油，过油炸至黄金色捞出控油，将炸好的豆腐切小口挖空，添入三鲜馅（虾仁、海参、香菇），将掏出的豆腐盖上成盒状，依次做完置碗中，加入清汤、料酒、葱、姜、酱油、味精，上锅蒸透入味，沥干水分。起锅将原汁烧开去浮沫，淋湿淀粉勾芡浇在豆腐盒上即可。鲜嫩，咸香。

“一口豆腐盒”：将豆腐改刀切成长方体，在上面挖个小坑，把豆腐切成与豆腐盒大小一样、薄为0.5cm的盒盖。用鸡脯肉、虾仁制成混合肉糜，填入豆腐盒内，上面盖好盖，摆入盘内，上蒸锅用文火蒸10min左右，浇上芡汁即成。

“红扒豆腐箱”：将豆腐切成6cm长、3cm宽厚的12块，下入七成热的油中炸成金黄色时捞出，在每块豆腐块距上面0.5cm处横切一刀（其中一面相连），成箱子形，挖去里面的嫩豆腐。冬菇、冬瓜、胡萝卜切成小丁炒后，装入豆腐箱中，排列在盘内上笼蒸30min取出，淋入花椒油芡汁即成。

思 考 题

1. 能否用内酯豆腐制作此菜？
2. 炸豆腐盒时要几成油温？

六、麻 婆 豆 腐

（一）菜品简介

“麻婆豆腐”是四川成都风味名菜。清同治初年（1862年），四川成都万福桥集市上，有一陈兴盛饭铺，主厨掌灶的是店主陈富春之妻陈刘氏。她常为过往挑油担子的脚夫加工豆腐，脚夫们偶尔也买点牛肉，从油篓里舀点菜油，请老板娘烹制豆腐。她做豆腐具有麻、辣、烫、嫩的特点，人们越吃越上瘾，声名渐传播开去，因她脸上有几颗麻子，故有人称其所制豆腐为“麻婆豆腐”。清朝末年，陈麻婆的豆腐，就被列为成都著名食品。作家冯家吉曾在《成都竹枝词》中写道：“麻婆陈氏尚传名，豆腐烘来味最精。万福桥边帘影动，合沽春酒醉先生。”100多年来，麻婆豆腐已成为享誉全国、并走出国门的四川名肴。

（二）烹调方法

烧。

（三）原料组成

主料：石膏豆腐400g。

配料：精牛肉100g，青蒜苗100g。

调辅料：辣椒面15g，花椒面25g，豆豉20g，郫县豆瓣酱15g，绍酒5g，酱油20g，味精2g，湿淀粉20g，鲜汤200g，色拉油100g。

（四）制作过程

（1）将豆腐切成2cm见方的小块；牛肉切成米粒状；豆豉剁细成蓉；豆瓣酱剁细；蒜苗切成2.5cm长的段。

（2）将豆腐放入加少许盐的沸水锅内焯2min后，捞出，控净水。

（3）炒锅置火上，放入色拉油烧至六成热时，下牛肉粒煸炒透，加辣椒粉、豆瓣酱、豆豉炒香，加盐、酱油、绍酒、鲜汤、豆腐，旺火烧开，移小火烧5min后加味精，用湿淀粉勾芡，晃勺，再勾少许芡，放入蒜苗段，出勺装盘，撒上花椒面即成。

（五）制作要领

（1）焯豆腐时，要焯透，但时间不宜过长，水不宜大沸，防止散碎。

（2）牛肉最好是纯瘦肉，以用切的方法加工成末为佳，不宜剁成泥，炒时要煸酥香。

（3）辣椒、豆豉、豆瓣酱要煸香炒透，但不能煳，否则味苦、色不佳。

（4）掌握好火候，中小火交替使用，防止煳底，菜肴变味。芡汁浓度适当，不能流芡。

（六）风味特点

麻辣酥嫩，色泽红亮，牛肉酥香，紧汁抱芡，形整不碎，具有浓郁的乡土风味。

（七）知识拓展

“麻婆豆腐”距今约有100多年的历史了，历经五代而不衰。全国各地均有制作，并且已漂洋过海越过了国界，风靡世界数十个国家和地区。各地制作，略有差异。

湖南风味：名“香麻豆腐”，豆腐切1cm见方丁，用肉汤加盐焯一下，肥瘦肉剁糜，干辣椒炸一下，切碎。炒肉糜，下调料，放豆腐，烧透勾芡装盘，淋芝麻油，撒花椒面即成。

“麻婆豆腐”的五代传人做法：豆腐切1.5cm见方块，用清汤煮一会捞出。先将豆瓣煸香，加辣椒面、豆豉、碎牛肉末稍煸，添清汤烧开，再放豆腐，加调料烧透，勾芡装盘，撒花椒面即成。

重庆风味：豆腐去皮，切四方墩，焯后捞出，牛肉切末，煸炒后盛入碗内，勺内余油炒豆瓣酱，煸出红色，下豆豉、辣椒面、姜末炒后，加汤、豆腐、酱油、味精，待汁略干，下牛肉末，勾芡，加蒜苗段，出勺装盘，撒花椒面即成。

四川郫县的“神仙豆腐”：豆腐切1.7cm见方，用盐开水焯3min，放清水中漂起。勺放油烧热，放净瘦肉（猪、牛、羊均可）煸炒，将干时，放豆瓣酱、豆豉炒出香味，放辣椒面，出红油后，加酱油、汤，烧开后，放豆腐烧开，再放蒜苗段，勾芡装盘，撒花椒面即可。

麻婆豆腐因口味麻辣浓厚，很多川外人适应不了，因此需要变化、调整，但不能差得太远，失去风味，面目皆非。另有人在麻婆豆腐的基础上，新创制出“麻婆鱼”，用活草鱼切块、油炸、烧制而成。目前市场上有袋装麻婆豆腐调味汁料，使川外人也能随时品尝到正宗麻婆豆腐。

思 考 题

1. 为什么豆腐烹制前要用淡盐水焯一下？
2. 为什么辣椒粉、豆瓣酱、豆豉不宜直接入汤锅，而是先要用中小火煸炒？
3. 麻婆豆腐为什么要勾二次芡？

七、散烩八宝

（一）菜品简介

“散烩八宝”是湖北江陵“聚珍园”酒楼的传统甜菜。聚珍园是湖北江陵的著名餐馆，开业于清光绪末年，因有名厨在店掌灶，菜肴颇有特色，被称为“江陵第一园”。“散烩八宝”是此店的拿手菜之一，相传由清末御厨肖代制作，专供慈禧太后食用。后来，因肖代流落在江陵的聚珍园餐馆制作八宝饭而闻名。新中国成立后，该餐馆的厨师曾在烹饪表演和比赛中多次制作此菜，颇受好评。

（二）烹调方法

蒸、炒。

（三）原料组成

主料：糯米1500g，红枣1250g。

配料：薏仁米500g，莲子750g，蜜冬瓜条500g，蜜樱桃250g，糖桂花250g，蜜橘饼250g。

调辅料：白糖1500g，熟猪油150g，湿淀粉25g。

（四）制作过程

（1）将莲子去皮捅去莲心，薏仁米淘洗干净，分别蒸熟；红枣蒸熟去核；蜜冬瓜、橘饼切碎；糯米入水中浸泡洗净沥干蒸熟，加白糖（1000g）、熟猪油（100g）拌匀。

（2）将莲子、薏仁米、红枣、蜜冬瓜条、蜜橘饼、糖桂花分别放在10只碗中，把拌好糖的熟糯米盖在上面，蒸透成八宝坯。蒸的时间不妨长，使碗里的东西充分松软膨胀，凝为一体。

（3）炒锅置中火上，加清水、白糖，下入八宝坯，用勺搅拌烧沸，待白糖溶化，加熟猪油50g推匀，用湿淀粉勾芡，盛入盘中，撒上蜜樱桃即成。

（五）制作要领

（1）要备足用料，原料品种应全，各料所占比重要恰当。

（2）莲子用碱水泡后用竹刷打搅去皮，直至莲皮去净为止，再用清水漂净，捅莲心时，不要损伤莲肉。

（3）糯米要烂，越烂越好，所以事先要把糯米煮过，至少要煮成八分烂。

（4）散烩八宝的火不宜太旺，因这道菜含糖量很高，防止焦化、色深味苦。

（5）调味不宜太甜，所以糯米里不宜加糖太多；猪油也不宜多，多了太腻。

（六）风味特点

色泽光亮，香甜；口感滋润，油而不腻。

（七）知识拓展

“八宝饭”是一道广受欢迎的中餐传统甜菜，做法简单，关键是选料。一般以糯米和8种干鲜果品为主料蒸制而成。此饭历经几千年，流传全国，各地用料、制法大同小异。如：

“荷叶八宝饭”：重庆西部风味。先把莲米、绿豆、花生仁用开水泡涨，再把莲米坯芽去掉，然后把淘洗干净的糯米和莲米、绿豆、花生仁等放入沸水锅里煮至半熟，捞出沥干水分，再和上剁成粒的半肥瘦猪肉和核桃仁。若是做成咸味的，就调入精盐和花椒面，若是做咸甜味的，则放些糖，拌和均匀后，用洗净的荷叶（鲜荷叶、干荷叶均可）将其包好，入笼用旺火蒸约60min，揭开笼盖，香气四溢，香美可口的“荷叶八宝饭”便做好了。唐代文学家柳宗元的诗句“青箬裹盐归峒客，绿叶包饭趁墟人”，所吟咏的便是“荷叶包饭”。

“紫米八宝饭”：云南风味。紫米也称“紫糯米”、“接骨糯”，仅产于云南思茅和西双版纳地区。因颗粒长、色紫红，做成饭粥后色更鲜艳，故名。民间喜在年节喜庆时做成八宝饭食用。味香微甜，黏而不腻，补血益气，暖脾胃，适应于胃寒痛、消渴、夜多小便等症，以之配草药可治跌打刀伤。紫米有特殊芳香，色紫红，制成八宝饭后软糯适口，油而不腻，加上各种调辅料形成难得的复合美味。

“豆沙八宝饭”：宁波的传统风味。由糯米、豆沙、枣泥、果脯、莲心、米仁、桂圆、白糖、猪板油等原料配合制成。先要把豇豆淘洗干净后煮熟捣烂去豆皮，加猪油白糖，炒至水分将干时备用；把糯米淘洗干净后煮至软硬适中，趁热拌上猪油和糖。盛八宝饭的碗内要先抹上一层冷凝的猪油，使之勿粘于碗，然后排入各色花样，豆沙加在中间，再覆上糯米饭。这样，“豆沙八宝饭”就做成了。在冰箱内可以放置数日而不变质。在食用前，须蒸熟后扣在大盆中，便可食用。

“双八宝饭”：江苏省南通市陈有成发明。古今中外的八宝饭均以 8 种左右原料制成，“双八宝饭”是以 16 种（双八）原料精制而成。普通八宝饭一般以红绿丝为主撒于表面，而“双八宝饭”是以各种果料摆列成花朵状，美观诱人，由于果料多，营养丰富、香甜可口。“双八宝饭”被广泛使用于春节年夜饭的餐桌上；为生日、祝寿，特别是婚庆等各种筵席所使用。

今天，在中国航天员的太空菜单上，有 20 余种食品可供选择，八宝饭便是其中之一。

思 考 题

1. 这道菜的营养如何？适合哪些人食用？不适合哪些人食用？
2. 制好此菜的技术要领是什么？

八、蒜子烧素鱼

（一）菜品简介

以素代荤的运用，使得菜品变化多样，顾客在食用品尝时边揣摩、边品味，增添了饮食的技巧与情趣，同时也增进了顾客的进食欲望。以素代荤在烹饪原料中应用较广泛，如鱼翅是高档原料，由于价高量少，故许多食品厂商就研制替代鱼翅的“人造鱼翅”，其他如“人造海蜇”、“素蟹柳”、“素虾仁”、“素乌贼”等等，仔细想想，它的成功就是因为创造者在思维流程中，在寻求解决问题时，采用了以素代荤的思考方法而实现的。“蒜子烧素鱼”便是常见的一例，此菜选用了多种原料来构造鱼体，使此菜滋味更加丰富，也为制作素鱼开拓了思路。

（二）烹调方法

烧。

（三）原料组成

主料：面皮 200g，水发玉兰片 200g，冬菇 100g，豆腐干 250g。

调辅料：鸡蛋清 40g，干淀粉 80g，蒜末 100g，姜末 25g，葱花 35g，素汤 150g，植物油 100g，湿淀粉 15g，精盐 3g，味精 4g，郫县豆瓣 30g，白糖 20g，酱油 15g，胡椒粉 1g。

（四）制作过程

（1）用清水分别将玉兰片、冬菇焯过。把玉兰片、冬菇、豆腐干切碎，加入盐、味精和一半的姜末、葱花拌匀后，加入鸡蛋清及干淀粉拌匀成馅料备用。

(2) 用面皮把馅料包起来，用蛋清淀粉糊口，做成鱼形，得素鱼多条。

(3) 将净锅置于炉上加入植物油，放进蒜末，炸至金黄色，捞起，再放入素鱼，亦炸至金黄色，捞起，沥去油。

(4) 原锅留下少许油，放入姜末和郫县豆瓣炒香，加入素汤、炸蒜末、盐、白糖、酱油、胡椒粉略烧后再加入素鱼烧制，然后放进葱花，用湿淀粉勾芡，淋油便可装盘。

(五) 制作要领

(1) 包鱼时要包得均匀、美观和紧实。

(2) 炸蒜末的油温不可太高，并注意不能炸焦。

(3) 烧制素鱼时，时间不能太长。

(六) 风味特点

菜品干香，蒜香较浓，滋味辛香鲜辣俱有，色泽绛红，芡量适中。

(七) 知识拓展

以素代荤的素鱼菜品变化多样，举例如下：

“醋熘素黄鱼”：上海功德林蔬食处所创制，已有60多年历史。用豆腐干丝、笋丝、水发冬菇丝入锅煸炒调味后作为鱼肉；大冬菇刳成木梳片状作鱼鳃；豆腐干一片切成鱼尾形作尾；青椒切成丝，木耳、卷心菜均切成1cm见方的小块。取豆腐皮一张，放调味的土豆泥，做成一条鱼的形状。取小冬菇一只面朝下当鱼眼。在土豆上面放“鱼肉”，再用土豆泥盖没“鱼肉”，堆装成整条鱼状。在四周涂上面粉糊，把“鱼”全身包裹住。翻过身用刀尖在鱼眼的后端划开的刀口内，用手指捏成凹形成鱼嘴。在另一端装上“鱼尾”，涂些面粉糊粘住，使造型成为一条有头、有尾、有眼、有鳃的素黄鱼。入油锅炸至两面发黄发脆后装入盘内。用青椒、卷心菜、木耳、姜末、白糖、米醋等做成芡汁，淋上芝麻油，均匀地浇在鱼身上即成。

“魔芋素鱼”：熟土豆制泥，魔芋粉用温水调成稠糊，加入土豆泥和调料拌匀成馅料。豆油皮蒸软后铺开，抹面糊到豆油皮上，再铺上馅料，抹成鱼形，用豆油皮包好，保持原形。用剪刀分别剪出鱼尾、鱼鳍等，入油锅炸定型，色泽金黄、酥脆，捞起装进盘里，淋芡于鱼身上便可。

“葡萄鱼”：熟土豆压成泥状再调味，在蒸软的豆油皮上抹蛋面糊，然后对折成两层，铺平后再铺上土豆泥，并铺成鱼形。用刀在鱼身上刳出长方形纹，在刀纹中撒一层干淀粉，以防黏连，全部刳完后，再撒上面包屑，用手轻轻压紧，入锅炸鱼至色泽金黄、质酥脆捞起，淋芡汁在鱼身上便可。

“素脆鳝”：由北京真素斋饭庄始创，上海功德林素食馆姚志行对“鳝丝”的烹制过程作了改进，增添了菜品的回味效果。把发好的香菇洗干净，用剪刀剪出丝状“鳝丝”，与调料拌匀后，拍上干淀粉放进油锅中，炸至“鳝丝”硬挺，捞起沥油，原锅做好芡汁，下“鳝丝”翻炒几下，装盘堆成山石形。

“糖醋素刀鱼”：南京绿柳居菜馆的著名素菜。将豆腐皮切成旗帜形块，土豆泥加精盐、味精抓和均匀，腐皮摊开，先铺一层土豆泥，再填一层冬菇、笋丁熟馅，再复一层土豆泥，用手捏成鱼形，豆腐皮进而折叠，用粉糊封口，呈刀鱼状，头部捏成扁圆形，用刀背配合手推捏成翘嘴，再在颈部横划半圆形，将胡萝卜雕鱼鳃插入，用红豆镶鱼眼，再镶上用茭白雕的鱼须、鱼鳃，即成素刀鱼生坯；将素刀鱼入油锅炸至金黄捞出，每条改成段，拼入长盘中；将豌豆、笋、菇丁、素汤、盐、白糖、姜末、番茄酱烧沸后加醋勾芡，浇在刀鱼身上即成。此菜形似刀鱼，外酥内嫩，酸甜适口，素菜荤做之佳品。

思考题

1. 蒜末为什么要炸过？炸时为什么油温不能太高？
2. 素鱼烧制时间为什么不能太长？

九、云腿护国菜

（一）菜品简介

广东潮州菜的传统名菜“护国菜”，已有700多年的历史。相传于宋末帝昺与文天祥、陆秀夫等兵败，走至广东省潮州府潮阳县，晚上寄宿寺庙。当时老和尚、小和尚到后园摘一些番薯叶煮给他们三个充饥，他们一时饥饿，吃得非常满意，事后帝昺封它为“护国菜”，后被厨师把这个菜不断加以改进，成为今天誉满中外的“云腿护国菜”。“云腿护国菜”又名“云腿素菜汤”或“云腿薯叶羹”，从一道原本是素菜变成素菜荤做，从简单的番薯叶到成为历史上的名菜佳肴，显然这一过程比较特殊，这也是这道名菜的独特之处。“云腿护国菜”不但本地人喜爱，外地人也欢迎，不但本国人爱吃，外国人也爱尝。“云腿护国菜”的创制成功反映了广东菜灵活善变、不断求新的烹风与食风。

（二）烹调方法

烩。

（三）原料组成

主料：嫩番薯叶500g。

配料：火腿25g，湿冬菇或草菇100g，瘦肉100g，鲜汤1250g。

调辅料：鸡油50g，色拉油150g，精盐6g，味精6g，芝麻油5g，湿淀粉30g。

（四）制作过程

（1）番薯叶撕去茎外粗筋，洗净，用沸水加小苏打将其滚2min捞起，漂去碱味后，沥干水分，用刀略剁细，待用。

（2）湿冬菇洗净切改后，放进碗内，加入鲜汤、味精、瘦肉、鸡油，用中火炖 20min 取出，拣去鸡油渣和瘦肉。

（3）火腿切成小菱形片。

（4）在净热锅内下色拉油，将番薯叶炒过，加入冬菇及原汁、鲜汤、调味料，然后用湿淀粉勾芡，加芝麻油和包尾油后，将 4/5 盛入汤碗内，余下 1/5 连锅放回炉上，加入鲜汤、火腿片搅匀后再盛进汤碗内，使此汤羹分成两层，上清下滑。

（五）制作要领

（1）番薯叶要嫩，并要撕筋，否则影响嫩滑口感，无番薯叶时可用苋菜、菠菜等代替。

（2）推芡时，火不要太猛，稀稠度要随气温而定，天气炎热可稍稀些。

（3）烹制时火不可太猛，否则会使汤变得混浊不清。

（4）番薯叶焯后要漂清碱味。

（六）风味特点

菜色碧绿，味道清鲜而略带咸香，口感嫩滑，有番薯叶特有的香味。

（七）知识拓展

“护国菜”原来只不过是番薯叶（又称甘薯叶或红薯叶，北方称为白薯叶）煮的菜，用料粗糙得不能再粗糙了，因为它只是作喂猪的饲料，即使是 20 世纪中期的那段困难时期，人们也只是在勒紧裤腰带之际，才会勉强地想到它，足见其“珍贵”。

近年来因其诱人的保健功能而日益受到世人的青睐。香港人誉称其为“蔬菜皇后”，日本人则推崇其为令人长寿的新型蔬菜，其中是自有缘由的。现代营养研究发现番薯叶中维生素 C、维生素 B_2、胡萝卜素及 α-生育酚含量颇丰，如番薯叶中胡萝卜素较胡萝卜中的含量高 3.8 倍。每 100g 番薯叶含钙 47～94mg，磷 13～56mg，铁 0.18～0.90mg，是人体所需矿物质良好的供给源。据分析，番薯叶所含的胡萝卜素、维生素 C、钙、磷、铁及必需氨基酸为菠菜的 2 倍以上，而草酸含量仅为菠菜的一半。番薯叶也含丰富的黄酮类化合物，能捕捉在人体内兴风作浪的氧自由基“杀手”，具有抗氧化、提高人体抗病能力、延缓衰老、抗炎防癌等多种保健作用。可见番薯叶不仅是正常人的“营养食品”，还是某些患者的“功能食物”。下面介绍两道番薯叶菜肴：

“蒜蓉番薯叶”：番薯叶 200g，洗净，切去茎基部变黑的部分，以鸡油或花生油起锅，加入蒜蓉一起快火炒 2～3min，调味即可。

“罐头鲮鱼炒番薯叶”：番薯叶 200g，洗净，切去茎基部变黑的部分，以鸡油或花生油起锅，加入蒜蓉、适量的罐头鲮鱼炒 0.5min 后，加入番薯叶炒 2～3min，调味即可。

思　考　题

1. 番薯叶用沸水加小苏打焯过的目的是什么？

2. 列举一些用粗贱物料、边角料制作菜肴的菜例。

第三节　炸烹熘爆炒煎贴煸类菜品

一、八宝豆腐

（一）菜品简介

清代著名的文人袁枚在《随园食单》中记载说："王太守八宝豆腐，用嫩片切粉碎，加香蕈屑、蘑菇屑、松子仁屑、瓜子仁屑、鸡屑、火腿屑，同入浓鸡汤中炒滚起锅。用腐脑亦可。用瓢不用箸。孟亭太守云：'此圣祖赐徐健庵尚书方也。尚书取方时，御膳房弗银一千两。太守之祖楼村先生为尚书门生，故得之。'""八宝豆腐"自此广泛流传各地，现为江浙地区一款特色名菜。本例中的八宝配料选用全素的原料，为北方做法，又名"八宝豆腐丁"。

（二）烹调方法

炒。

（三）原料组成

主料：北豆腐300g。

配料：水发冬菇30g，水发口蘑30g，炸核桃50g，炸松仁30g，京冬菜50g，胡萝卜50g，豌豆30g，荸荠50g。

调辅料：姜片3片，姜末5g，葱末10g，素汤1000g，精盐8g，植物油100g，湿淀粉10g，芝麻油2g，味精4g，白糖1.5g。

（四）制作过程

（1）把豆腐切去四边，切成1.5cm的方丁，用沸水滚过，再用素汤100g、姜片1片、精盐4g，煨制豆腐丁至入味，沥去汤水备用。

（2）冬菇和口蘑均切成1.2cm的方丁，用沸水略滚，沥去水，重新在炒锅内加入植物油15g，加入姜片2片煸炒至香，加入素汤100g和盐、味精，放进冬菇和口蘑慢火煨5min。

（3）去皮荸荠、胡萝卜、京冬菜分别切1.2cm的方丁，用清水漂洗京冬菜部分咸味。

（4）胡萝卜丁、豌豆分别用沸水滚过，沥去水备用。

（5）将炒锅置于炉火上，加入植物油、姜末，爆香后依次放入荸荠丁、豌豆略炒，再放进京冬菜丁、胡萝卜丁、冬菇丁、口蘑丁炒匀，放进素汤75g及盐、味精、白糖，放入豆腐丁，烧开后，加湿淀粉勾芡，加入葱末，淋油，撒入核桃后，炒匀装盘，把松仁撒在菜面上。

（五）制作要领

（1）豆腐要尽量煨透。

(2) 冬菇和口蘑可用炖的方法处理。

(3) 核桃和松仁应炸脆。

(六) 风味特点

色彩艳丽，芡色油润，味道鲜美香醇，酥脆爽滑兼有，滋味丰富。

(七) 知识拓展

"八宝豆腐"原是清朝康熙时代的宫廷名菜。据说，其名为康熙所赐，康熙还命宫中文人将"八宝豆腐"的用料及制法写成御方，将其作为金银财宝一样重要的礼物，赐予江苏巡抚宋牧仲等宠臣。后来，他又将此方赐给尚书徐乾学（号健庵），不久徐将此方传给门生楼村，楼村又传给自己的后人。至乾隆时代，其方已传给了楼姓王的外甥孟亭太守，故称"王太守八宝豆腐"，并在北京和江浙地区首先出名。

"八宝豆腐"原来的制法为：豆腐用清水过净，去边，切成小方块，放入碗内。虾米末加酒稍浸。将鸡肉、火腿分别切成末。炒锅烧热，用油滑锅后，下猪油，将鸡汤和豆腐丁同时倒入锅内，用勺炒和，加虾末、盐烧开后，加猪肉末、鸡肉末、香菇末、蘑菇末、瓜子仁末、松仁末，小火稍烩后，旺火收紧汤汁，放味精，加湿淀粉勾芡，出锅装入汤碗内，撒上熟火腿末，淋上熟鸡油少许即成。关键是必须用嫩豆腐以纯鸡汤煨煮。要恰当掌握火候，当豆腐下锅加汤接近烧沸时，即移火烩，切勿滚烧，使豆腐熟而光洁，不起泡和蜂窝眼，鲜嫩入味。

思考题

1. 豆腐为什么先滚过再煨制？

2. 若松仁、核桃要重炸，应在何时炸？

二、炒豆腐脑

(一) 菜品简介

"炒豆腐脑"是著名清宫素菜，是慈禧太后晚年时喜食的软菜之一，成为清宫御膳房必备的菜品。此菜后被仿膳饭庄继承下来。炒豆腐脑以南豆腐为主料，炒成后色白嫩滑，细腻如脑，因而被命名为"炒豆腐脑"。

(二) 烹调方法

炒。

(三) 原料组成

主料：南豆腐 500g。

配料：芫荽叶 5g。

调辅料：姜片 5g，胡萝卜片 25g，葱花 15g，素汤 700g，植物油 100g，湿淀粉 40g，芝麻油 3g，精盐 4g，味精 3g。

（四）制作过程

（1）用清水将南豆腐漂透，沥水，碾成泥状。

（2）置炒锅于炉上，放入植物油，投入姜片、胡萝卜片，用小火炸出胡萝卜油，澄清。

（3）把净锅放在炉火上，下胡萝卜油，放入葱花略炒，投入豆腐炒透。下素汤及调料，烧开后下湿淀粉勾芡成羹状，淋入芝麻油后装入窝碟内，撒上芫荽叶。

（五）制作要领

（1）要选用嫩豆腐。

（2）葱花一定要用葱白切制。

（3）煸炒葱花时火不能太猛，葱花不能变色。

（4）勾芡时稠度要合适，不能太稀。

（六）风味特点

软嫩鲜香，色泽洁白素雅，细腻如脑，入口即化，富有姜葱香气。

（七）知识拓展

豆腐脑是怎样做成的呢？把黄豆浸在水里，泡涨变软后，在石磨盘里磨成豆浆，再滤去豆渣，煮开。这时候，黄豆里的蛋白质团粒被水簇拥着不停地运动，聚不到一块儿，形成了胶体溶液。要使胶体溶液变成豆腐脑，必须点卤。点卤用盐卤或石膏，盐卤主要含氯化镁，石膏是硫酸钙，它们能使分散的蛋白质团粒很快地聚集到一块儿，成了白花花的豆腐脑。再挤出水分，豆腐脑就变成了豆腐。豆腐、豆腐脑就是凝聚的豆类蛋白质。豆浆点卤，出现豆腐脑。热菜“炒豆腐脑”不是选用上述豆腐脑来炒制，而是将嫩豆腐制成豆腐泥，再与配料炒制，现再举数则类似的菜肴：

浙江风味“炒豆腐脑”：雪里蕻洗净，挤干切末，海米切末，青蒜苗切段，嫩豆腐片去皮制成泥；油烧至六成热，放葱姜末炝锅，再放入豆腐泥、海米、雪里蕻、精盐、料酒，炒 3min 装盘，撒上葱段即成。

山东风味“炒豆腐脑”：将葱、姜切成碎末，豆腐用清水洗净沥干，炒锅上火，倒入熟猪油，烧至四五成热，放入葱、姜末稍炒，随即将豆腐放入搅碎，炒两三分钟，用铁勺不断搅拌，然后加盐、酒、清汤、味精，搅成羹状，用湿玉米粉勾芡，淋入鸡油即成。色白羹稠，入口即化，葱香味浓，尤宜老年人食用。

“三色豆腐泥”：嫩豆腐压成泥；熟咸蛋黄切成细粒；韭菜择洗净，切成细末。净锅置火上，放入适量精炼油烧热，投入姜末、蒜末炒香，下入豆腐泥来回翻炒，至豆腐泥滚烫时，撒入蛋黄粒、韭菜末，调入少许精盐、味精，炒匀后起锅装盘即成。色泽美观，鲜香味浓。

“棋子豆腐”：将豆腐用刀压成泥，沥干水分，盛入碗，加入鸡蛋清拌和。瘦肉、白膘肉、虾制成肉糜，加入味精、精盐搅匀。然后用洁净白布铺开在砧板上，将豆腐泥一半放在白布上，抹平成长方形，把肉糜、火腿末铺在豆泥上，再将豆腐泥一半盖上，然后将白布卷起，卷成4条长约15cm、直径约3cm的圆条，两头用水草扎紧，中间依次扎牢，放入开水锅煮约10min取出，用冷清水冷却后，剥去白布，每条切成6块，形似棋子。把棋子豆腐盛入盘，入蒸笼再蒸15min取出，原汁下鼎加入清汤、味精、精盐，用湿淀粉勾芡，淋入猪油，起鼎淋在豆腐上面，醉好香菇围在盘的四周即成。

“荷包豆腐”：将豆腐表面粗皮去掉，过细箩成泥。火腿剁成细末。菠菜心洗净。取蛋清、盐5g、味精3g、胡椒粉、料酒10g、湿淀粉20g与豆腐泥对在一起搅匀。用小勺，抹上大油把豆腐泥挤成丸子，然后用手按平，上面撒上火腿末，上屉蒸5min，取出用汤漂上。将鸡汤烧开加入菠菜心，稍煮后即加入豆腐丸子，用火煮透勾芡盛盘，再淋上鸡油便成。

思 考 题

1. 为什么要选用南豆腐？

2. 如何能确保此菜细腻如脑的特色？

三、醋熘素鲤

（一）菜品简介

“醋熘素鲤”源于四川成都宝光寺，早在20世纪30年代就享有盛名，当时四川的军政要员、富商巨贾等常专程到宝光寺品尝素菜，其中必有此菜，故此菜做工十分精细，其造型反映了始创者那种朴素的造型观。

（二）烹调方法

炸。

（三）原料组成

主料：土豆300g。

配料：笔笋1根，水发玉兰片30g，豆腐皮1张。

调辅料：蒜泥5g，泡辣椒末15g，葱花15g，植物油1000g，湿淀粉15g，鸡蛋清50g，干淀粉50g，精盐5g，味精3g，胡椒粉2g，醋100g，白糖60g，酱油5g。

（四）制作过程

（1）土豆去皮蒸熟后压烂成泥状，加入盐、味精、胡椒粉及鸡蛋清拌匀成馅料备用。

（2）用清水将笔笋滚过后，每隔2cm剞一刀口，直至尾部。将玉兰片切成丝，用清水滚过后，由长到短有规律地嵌入笔笋刀口内，使其呈鱼骨状。

（3）将豆腐皮蒸软，铺在砧板上，撒上一层薄干淀粉，铺上一半馅料，抹成鱼形摆上“鱼骨”，再把余下馅料盖在上面，也抹成鱼形，包上豆腐皮，用面粉加清水调成的面糊粘好，包成鱼形，用黄豆作鱼眼，用梳子按压出鱼鳍、鱼尾，用剪刀修整后，便成素鱼坯，在表面抹上蛋液，拍上干淀粉。

(4) 烧热净锅，下植物油，烧至 150℃时放入素鱼炸至金黄色且酥脆，捞起，沥去油，放在盘子上。

(5) 原锅留下少许油，放入蒜泥、姜末、泡辣椒末略煸炒后，放入酸甜味汁的混合液，用湿淀粉勾芡，加入葱花淋油后，浇在“鱼身”上便可。

（五）制作要领

(1) 笔笋和玉兰片预先要滚熟和焯去异味。

(2) 豆腐皮要包紧包好。

(3) 抹在鱼身上的蛋液可用取鸡蛋清余下的蛋黄。

(4) 炸鱼时要略降油温浸炸，要炸至香酥脆。

（六）风味特点

形象逼真，内软外脆，芡色带红，甜酸可口，特别适于夏季炎热季节食用。

（七）知识拓展

菜肴制作中运用以素托荤创作菜肴是十分广泛的。我国古代菜肴制作就出现了以假乱真的替代品。在宋朝，已有“假蛤蜊”、“假河豚”、“假鱼圆”、“假乌鱼”、“虾肉蒸”、“假奶”等 30 多个以素托荤菜肴。这些菜肴，利用植物性原料，烹制像荤菜一样的肴馔，其构思精巧，选料独特，令人刮目相看。

我国寺院菜与民间素菜中利用以素托荤法制作菜肴亦十分普遍。诸如“素香肠”、“素熏鱼”、“素火腿”、“素烧鸭”、“素肉松”以及那些荤名素料的“酥炸鱼卷”、“脆皮烧鸡”、“糖醋排骨”、“糖醋鲤鱼”、“松仁鱼米”、“芝麻鱼排”、“南乳汁肉”、“鱼香肉丝”、“炒鳝糊”、“清蒸鳜鱼”等等，这些利用豆制品、面筋、香菇、木耳、时令蔬菜等干鲜品为原料，以植物油烹制而成的菜肴，以假乱真，风格别具，从冷菜、热菜、点心到汤菜，样样都可制作出新鲜的素肴来。

我国厨师运用以素托荤法制作素肴的技艺是相当高超的。如利用豆腐衣可制成素熏鱼、素火腿、素烧鸭；烤麸可制成“咕噜肉”、“炸熘荔枝肉”；水面筋可制成“炒鸡丝”、“炒牛肉丝”、“炒鱼米”、“炒肉丝”等；土豆可制成“炒蟹粉”、“素虾球”、“炸鱼排”；水发冬菇可以制成“炒鳝糊”、“素脆鳝”；黑木耳可制成“素海参”；粉皮可制成“炒鱼片”、“蹄筋”等等。“翡翠鸡丝”是以熟水面筋切成细丝与青椒丝配炒而成；“炒蟹粉”是以土豆泥、胡萝卜泥与笋丝、水发冬菇丝、姜末一起煸炒而成；“茄汁鱼片”是以粉皮切成长方片与荸荠片、胡萝卜片加番茄酱炒制而成；“虾子冬笋”以素火腿切成细末替代虾子与冬笋炒制；“松仁鱼米”以水面筋切成小方丁替代鱼米与松仁、红椒丁炒制；“三鲜海参”是以黑木耳切成末与玉米粉加水等调料，用刀把面糊刮成手指形，下温油锅氽成海参形，然后配三鲜一起烩制；“酥炸鱼卷”用豆腐衣包上土豆泥，卷成长条，拖薄糊，放油锅中炸至金黄。

思考题

1. 在豆腐上撒上一层薄干淀粉有什么作用？撒时应注意什么？

2. 用上述原料还能做出哪些造型的鱼菜？

四、冬笋炒底

（一）菜品简介

“冬笋炒底”是闽北建瓯县的传统风味菜肴，其菜名系当地方言。建瓯是全国著名的竹子之乡，盛产竹笋。因此笋是建瓯人食谱中一种重要的食品。以鲜冬笋为原料烹制的“冬笋炒底”，是建瓯风味第一名菜。不但深受当地民间喜爱，也受到各地客人的青睐，如今依然是当地宴会的头盘大菜。“冬笋炒底”以冬笋为主料烹制而成，款式朴实无华，不仅油光可鉴，而且鲜美甜脆异常。此菜上席，总是引人频频下箸，被吃个精光，大有不见盘底不罢休的诱惑力，故而有“一抄到底”的寓意。

（二）烹调方法

炒。

（三）原料组成

主料：净冬笋1000g。

配料：猪五花肉（去皮）175g，黄花菜50g，鸭蛋1个，葱段25g。

调辅料：干淀粉10g，湿淀粉15g，白糖75g，酱油50g，味精10g，熟猪油100g。

（四）制作过程

（1）将冬笋切片，下沸水锅氽熟捞起，切成5cm长的中丝；猪五花肉洗净，切成与冬笋相似的中丝，用酱油15g抓匀后加干淀粉拌匀；黄花菜用温水泡软，洗净后去头尾，切成中丝；鸭蛋打开、打散，下锅用熟猪油5g煎成蛋片，取出稍凉切成丝。

（2）炒锅置旺火上，下熟猪油100g，烧至150℃时，将肉丝下锅拨散稍炒至色泽变白，加入笋丝、黄花菜丝，转用小火再炒片刻，加酱油35g、白糖、味精调匀烩一会儿后，用湿淀粉调稀勾芡，放入葱段，颠炒几下装盘，撒上蛋丝即成。

（五）制作要领

（1）炒肉丝时锅要烧红，以防黏连。

（2）卤汁多少要把握好。

（六）风味特点

肉丝干香，冬笋脆嫩，色红亮。

（七）知识拓展

寒冬时节，被誉为山珍的冬笋又成了人们餐桌的上宾。冬笋肉质细嫩、味鲜爽口、洁净金黄、营养丰富。在筵席上，配肉类烹制，不失为一盘山珍佳肴。杜甫有诗赞曰："远传冬笋味，更觉彩衣浓。"文学家们，常用竹笋抒发春天的诗意；那么，在美食家看来，能够吃上冬笋，就是绝早享受春天的美味了。

冬笋味鲜、脆嫩可口，被人们称之为"笋中皇后"。冬笋不仅味道鲜美，而且营养丰富。据现代科学研究测定，每 500g 冬笋含有蛋白质 4.1g、糖类 5.7g、脂肪 0.1g、钙 22mg、磷 57mg、铁 0.1mg，含多种维生素及多种氨基酸。特别是它含有天冬酰胺，与各种肉类烹调后会显出特别鲜的味道。冬笋还具有较高的医药价值，有"利九窍、通血脉、化痰涎、消食积"等功效。冬笋所含的丰富纤维素，能促进肠道蠕动，既有助于消化，又能预防便秘和结肠癌的发生。加上冬笋是一种高蛋白、低脂肪、低淀粉食品，对肥胖症、冠心病、高血压、糖尿病和动脉硬化等患者有一定的食疗作用。它所含的多糖物质，还具有抗癌作用。

冬笋的食用方法颇多，烧、炒、煮、煨等皆可成佳肴。由于它有吸收其他食物鲜味构成可口美味的特点，因此既可与肉禽蛋等荤料合烹，也可辅以豆制品、食用菌、叶菜类合烧，如可烹制鲜嫩脆香的"冬笋肉丝"、清香爽口的"雪菜冬笋"、口味鲜美的"冬笋鲤鱼"等。冬笋也可单独做菜，如风味独特的"油焖冬笋"、"干烧冬笋"等。至于湖南的"火方冬笋"和"酥炸兰花冬笋"、上海的"冬笋塌菜"、扬州的"虾子冬笋"、湖北的"炒香冬"、四川的"干煸冬笋"、广东的"蒸酿冬笋"、安徽的"火烧冬笋"、浙江的"烩双冬"、山东的"炒三冬"等更是风味各异、吊人胃口的地方名菜。冬笋，不仅用于筵席，也适宜家常食用。下面介绍几款以冬笋作主料制作的菜肴。

"冬笋炒肉丝"：先将肉丝放入锅内炒一下，再将切好的冬笋丝加进，经搅拌后，加入少许精盐、白糖和芡汁半分钟后，即可装盘。此菜清淡爽口，吃饭或下酒皆宜。

"白玉冬笋"：将净冬笋、熟火腿各切成长 5cm、宽 2.5cm 的片，炒锅置旺火上，放入猪油、葱段，煸出香味，再放入笋片、火腿片，翻炒一下，加入鸡汁汤、酒、糖、盐烧开后，加入味精，用淀粉勾芡，起锅装盘。此菜笋白葱翠、火腿略红、清香脆嫩、鲜美上口。

"冬笋烩三鲜"：将冬笋切成薄片，配以适量黑木耳、香菇和青菜心，放入烧开的鸡汤或肉汤中用文火炖 20min 左右，加少许精盐，待菜心已熟但不能发黄即可停火。

思考题

加笋丝、黄花菜炒时为何要转用小火？

五、冬笋炒素牛肉

(一) 菜品简介

“冬笋炒素牛肉”无论是配色还是滋味都较吸引人，是一道受欢迎的热菜。素牛肉可与其他原料配合成菜，也可以单独成菜。

(二) 烹调方法

炒。

(三) 原料组成

主料：素牛肉200g。

配料：冬笋100g，豌豆尖100g。

调辅料：精盐8g，鸡蛋2个，干淀粉50g，蒜5g，姜5g，葱白15g，植物油1000g，味精3.5g，白糖1g，胡椒粉1g，湿淀粉10g。

(四) 制作过程

(1) 洗净豌豆尖，沥净水，洗净冬笋、姜、葱、蒜。冬笋切片，姜、蒜切成小片，葱白切成段，长4cm。

(2) 先用清水将冬笋片汆过，另放清水200g、精盐3g在锅内，放入冬笋片煨1min，沥去水。

(3) 将素牛肉切成长约3cm的段，放进碗内，加入蛋黄、干淀粉和调味料拌匀。

(4) 在净锅内注入植物油，烧至180℃，放入已上浆的素牛肉块，炸至金黄色，捞起，沥去油，晾凉，切成薄片。

(5) 取一小碗，放入调味料，加清水40g和匀成芡液。

(6) 烧热净锅，加入植物油，依次放入姜片、蒜片、冬笋片煸炒几下，再放入素牛肉片、葱段、豌豆尖，再煸炒至熟，调入芡液勾芡后淋油，起锅装盘。

(五) 制作要领

(1) 冬笋要用清水汆过，以除去涩味。

(2) 炒制时火要猛，动作要快。

(3) 没有豌豆尖可以丝瓜片、胡萝卜片等代替。

(六) 风味特点

素牛肉片酥香甘美、口感软嫩、色泽浅红，菜品配色艳丽，冬笋脆嫩入味。

(七) 知识拓展

随着对科学饮食和身体健康的重视，人们已开始由过去的嗜好肉食转向偏重素食。为美容而吃素的人则认为，素食不会产生多余的脂肪，可减肥；而且像核桃、芝麻之类的植物果实，富含不饱和脂肪酸，能令皮肤滋润、头发乌亮、身体健康。

调查研究发现：素食、肉食者的性格迥异。非洲马赛族人，粗暴好斗，是因为他们以肉类、猪血和脂肪为主食；而温和友善的吉克犹族人则是以蔬菜为主。研究证明：素食中的汁液、叶绿素与纤维，可降低血压、舒解心情，因而食素者脾气相对温顺；而以食肉为主者，肉食分解后的毒素积存相对较多，会使人暴躁不安，须通过运动借以释放，很容易滋事。研究还发现，素食者的血压的确比背景相同的肉食者低得多。

历史上，莎士比亚、牛顿、萧伯纳、孙中山和爱因斯坦等仁人智士都偏爱食素。因为，素食给人带来一种朴素、安全、纯净、韧性的人生态度。专家分析认为，人类血液越清，衰老得越慢，而且工作时不容易疲倦。肉类本身不但在体内消化时产生废物，而且肉中本身也残留着动物未排净的废物，需要再靠人的肝脏、肾脏倍力工作。

据世界健康统计资料显示，肉类消耗得多的国家，心脏病、癌症的发病率要高于素食为主的国家。爱斯基摩人、吉尔斯人以肉类为主，平均年龄 40 岁以下，巴基斯坦的杭瑞、墨西哥的欧托米是非肉食民族，但是他们却享有健康、长寿，很多人寿命超过 110 岁。我国有名的长寿地区广西巴马瑶族自治县，那里的农民以玉米、红薯、大米、豆类等为主食，蔬菜则以青菜、番瓜、红苕叶、瓜苗等为主，也很少吃荤食。

“餐餐备有牛、鸡肉，张口不离汉堡包”的美国人，近年也兴起了素食热。近年来，吃素也成为我国都市人的一种时尚，传统素食业在素食风潮推动下，已发生了很大的变化。过去餐桌上的素食，多局限于面筋和豆类制品做成的象形菜，如素肉、素鸡、素鸭、素鱼等，单调得令许多人不愿问津。而现在的素菜多采用蔬菜、菌类和菇类，且味道比较香浓，符合大众品味，使素食更为可口，为追求健康的人们乐于接受。

思考题

1. 豌豆尖为什么要最后才下？
2. 冬笋片为什么要煨过？
3. 素牛肉为什么先炸后切？

六、干炸响铃

（一）菜品简介

泗乡豆腐皮薄如蝉衣，色泽淡黄，豆香诱人，闻名遐迩。据说，古时这个菜初出现时，既不是现在这个形状，又不叫现在这个名称。有一次，有位英雄进店专点这个菜下酒，不巧这里的豆腐皮刚刚用完，这位英雄有不达目的不罢休之势，听说原料泗乡定制，返身出店，跃马挥鞭，自己把豆腐皮买来了，厨师被他的精神感动，特意把菜做成马铃状，于是，后人称此菜为“炸响铃”。

经过杭州楼外楼厨师烹制而成的“炸响铃”，皮层松脆突出了豆香，里层鲜嫩增添了食欲，特别是食用时再辅以甜酱、葱白段或花椒盐，就更感香甜可口、风味诱人。

（二）烹调方法

炸。

（三）原料组成

主料：泗乡豆腐皮 4 张。

配料：猪里脊肉 50g。

调辅料：鸡蛋黄 1 个，甜面酱 50g（已炒好），精盐 1g，葱白段 5g，绍酒 2g，花椒盐 5g，味精 1.5g，色拉油 1000g（实耗约 80g）。

（四）制作过程

（1）将猪里脊肉剔去筋膜，斩成细末，放在碗中加精盐、味精、绍酒、蛋黄拌成肉馅，豆腐皮抖松（干的要润湿），撕去周围的硬皮，叠好，切成正方形，边料留好。

（2）取肉馅放在每张豆腐皮的一端，用刀面或竹片，将肉馅向豆腐皮的两侧拖开（宽约 3cm），放上腐皮边料，从肉馅的一端开始卷至成松紧适宜的圆筒形，卷合处蘸上少许清水黏住。共制 5 卷，然后切成 3.5cm 长的段，直立在盘中。

（3）将炒锅置旺火上，下入色拉油，烧至 150℃时，将豆腐皮卷投入油锅中，稍炸，然后用勺不断翻动，炸至黄亮松脆时捞出装盘，带上甜面酱、葱白段、花椒盐上席即成。

（五）制作要领

（1）肉馅用量适宜，涂塌厚薄均匀，卷时松紧适宜。切段后直立放，防止变形。

（2）控制油温，火候为中火，腐皮卷下锅时不能马上翻动，稍炸后再翻动，以防止散开。

（六）风味特点

色泽黄亮，松脆有声，豆腐皮卷粗细长短均匀。

（七）知识拓展

“包裹法”是菜肴常用的一种生坯造型方法，一般运用薄软而有一定韧性的片状原料或加工成片形的原料作外皮包住另一种原料。包料有不可食的薄纸、无毒玻璃纸、荷叶、粽叶等；有可食的威化纸（也叫糯米纸，是食品加工中的一种可食用纸）、蛋皮、豆腐皮、猪网油、卷心菜叶、春卷皮、百叶、紫菜等。另外用猪肉、鸡肉、鸭肉、鱼肉、对虾切成大薄片，也可做包料；或者将虾肉、鲜贝、小肉块用木槌敲打成片状（一边捶一边拍上干淀粉），也可包入馅料；特殊的菜肴还可用豆腐泥、面团、泥土包入馅料，如豆腐饺子、烤花揽鳜鱼、黄泥煨鸡。馅料为鸡、鸭、鱼、虾、肉等，可以是大块的或整只的原料，也可以是加工成丁、条、丝、块、片、粒、糜等形状的细小原料。可为生料，也可为熟料；可为荤料，也可为素料，但都必须在包前调味。包时可直接包制，也可用浆、糊或黏性的原料黏合，以防开口、爆包及漏馅。生坯的形状有条形包、方形包、长方形包、圆形包、半圆形包、三角形包、饺子形包、葫芦形包等象形包。烹调方法多采用蒸、炸、烤、氽、煮等方法。以豆腐皮作为包裹料的菜肴很多，如：

"腐皮包黄鱼"：富有宁波地方特色的十大名菜之一。选取新鲜的大黄鱼，大条的小黄鱼亦可，洗净，剔净鱼骨鱼刺，待用；选用优质豆腐皮，用湿布使其返潮，将鱼肉包在里面，切成段，入油锅炸至金黄色即可装盆。腐皮酥脆、鱼肉鲜嫩、外酥内嫩、营养丰富。食时用醋蘸之更妙。

"金黄腐皮包"：将熟芋头粒、冬菇丝、小棠菜粗丝加工成馅料，腐皮用布抹净剪成8块，用每张腐皮包入适量馅料，成腐皮包，用少许油及文火煎至腐皮包呈微黄，蘸入汁料，煮匀即可上桌。

"魔芋腐皮卷"：用魔芋丝、冬菇丝、西芹、甘笋丝做成馅料，用湿布将腐皮抹净，剪成8块。用腐皮包卷后，炸至金黄，再配以调味汁煮至入味。

"彩丝腐皮卷"：胡萝卜、笋肉、甜椒、香菇分别切成丝状，韭菜黄切成段状。鸡肉丝先炒熟，再放入香菇丝、甜椒丝、笋丝、胡萝卜丝一起炒，调味勾芡，加鸡肉丝和芝麻油搅匀；每张腐皮剪成6块；再把馅料分别放在腐皮上包成卷筒状，用少量面粉和清水开稀作为粘口，粘密。然后将腐皮卷用中火油温炸至金黄色，捞起，排上餐盘即成。

思考题

1. 炸豆腐皮卷如何才能保证不焦？
2. 如果包裹肉馅太多，成菜能否形成松脆的效果？

七、金边白菜

（一）菜品简介

"金边白菜"是陕西西安慈恩寺素斋著名传统素菜之一。此菜以最普通的蔬菜、最精妙的技法烹制而成。大白菜味甘温，利肠胃，除胸烦，解酒渴，维生素C和磷、钙含量都较高，为冬令时蔬，在西安食肆也广泛流传。清末翰林院侍读学士薛宝辰的《素食说略》中有记载："或取嫩菜切片，以猛火油灼之，加醋、酱油起锅，名'醋熘白菜'。或微搭，名'金边白菜'……'金边白菜'，西安厨人做法最妙，京师厨人不及也。"据传，庚子役慈禧太后逃到西安时，每餐几十道菜肴中必有"金边白菜"，足证西安的"金边白菜"早已享有盛名。

此菜选用西安郊区出产的帮大、质嫩、水分少的筒子白菜为最佳。

（二）烹调方法

炒。

（三）原料组成

主料：筒子白菜500g。

配料：干辣椒 8g。

调辅料：姜末 5g，酱油 20g，精盐 7g，醋 25g，白糖 10g，湿淀粉 15g，芝麻油 5g，色拉油 100g。

（四）制作过程

（1）将大白菜剥去老帮，取嫩帮洗净，控干水分，菜面朝上放案板上，用刀拍一下（使之变松，便于入味），再切 4cm 长、2cm 宽的条或片成同样大小的斜形片；干辣椒切开去籽，切成 3cm 长的段。

（2）炒锅内放色拉油，用旺火烧热，投入辣椒段炸至辣味透出，下姜末和白菜，用旺火急速煸炒，烹入醋，颠翻几下，加酱油、精盐、白糖，煸至呈金黄色时，用湿淀粉勾芡，淋入芝麻油颠翻装盘即成。

（五）制作要领

（1）选料时要选嫩帮，切白菜前，一定要拍一下，以利入味。

（2）干辣椒不能炸焦，以褐红色为佳。

（3）煸炒时火要猛。

（六）风味特点

白菜片四边金黄，酸辣脆嫩，鲜香爽口，解腻开胃。

（七）知识拓展

白菜是居家常用的烹饪原料，经过厨师的巧妙搭配，可作主料，可作配料，菜肴众多，如："栗子烧白菜"、"海米烧白菜"、"酸辣白菜"、"排骨炖白菜"、"老鸭白菜汤"、"瓤白菜卷"、"白菜串鸡"、"白菜扣虾牛肉片"、"炒白菜"、"珊瑚菊花白菜"、"白菜开洋"、"白菜墩"、"开水白菜"、"白菜炖豆腐"、"三丝白菜汤"、"滑肉白菜"、"清汤白菜"、"白菜萝卜汤"、"三鲜酿菜胆"、"醋熘白菜"、"麻辣白菜"、"芥末白菜墩"、"白菜木须"、"糖醋素鳝"、"油焖白菜"、"剁椒白菜"、"仙人掌板栗烧白菜"、"榅桲白菜心"、"腊肉烧白菜"等。现举大白菜烹调七例：

"荷花白菜"：选绿帮菜洗净，用开水烫透（八分熟），用凉水投凉，控干水分，改成抹刀片，把猪肉糜、虾糜加盐、味精、鸡粉、蛋清调匀，用抹刀白菜片卷上调好口味的肉糜，卷成直径约 1.7cm 粗花筒形，花瓣口朝上，从盘外往里摆成大荷花形，撒上少许海米和胡萝卜末，上屉蒸约 8min 左右，滗去原汁，勾薄芡浇上白汁即可。

"佛手白菜"：将白菜叶洗净，用开水烫软，放凉水投凉，控净水，卷上调好口味的肉糜约 3.3cm 粗按扁，改成间隔 0.6cm 宽相连四刀、4cm 长的段，成"佛手"形状，盘内垫上绿菠菜叶，由盘外往里摆上"佛手"菜段呈圆形，上屉蒸 5min 左右即熟。滗去汤汁，勺内另放底油，炝锅放冬菇丝、菠菜丝，加调料汤，勾薄芡浇在佛手白菜上。

"猪手菜胆"：将熟猪手去掉大骨，皮朝下放碗内上屉蒸烂备用；小白菜一切两半，切成5cm长段，用开水烫熟，投凉挤干水分，抹上肉糜，再抹上蛋泡糊，上面用胡萝卜小象眼片、芫荽叶摆上花草图案，上屉蒸2min左右即熟，摆在盘外圈边，中间放蒸好的猪手，"菜胆"浇白汁，淋少许芝麻油即成。

"软炸白菜卷"：将白菜叶用开水烫透，投凉，卷上调好口味的肉馅，拍上面粉，沾上软炸糊，放入六成热油锅内，炸成浅金黄色，改刀成2～6cm长段，摆盘即可食用。用酥糊挂叫"酥炸菜卷"，用脆糊叫"脆炸菜卷"，用蛋泡糊叫"雪衣菜卷"..

"板炸菜卷"：将白菜叶洗净，烫软，投凉挤干水分，卷上肉馅约1.7cm粗，沾上面粉，再沾上蛋液，再沾上面包渣，用五六成热油浸炸成熟，炸成金黄色，改成1.5cm长斜刀段，摆盘成形。

"西汁菜卷"：在"板炸菜卷"基础上改刀成形。勺内另放少许底油，用番茄沙司或番茄酱少许，加糖75g、醋25g、盐10g，淋点汤，烧开勾芡，浇在炸好的原料上。颜色金黄，口味甜酸，增进食欲。

"虾仁扒白菜"：将大白菜洗净，一切二半，放沸水锅内烫烂，放凉水投凉，用干净毛巾挤净水分，帮面朝下，改刀成0.6cm宽、17cm左右长的条，码在盘内待用。锅内放少许底油，用大料、葱、姜块炝锅捞出，放虾仁和码好的白菜条，添少许老汤，加盐、味精、鸡粉扒烂，勾米汤芡，晃匀，淋芝麻油，大翻勺出盘即成。

思考题

1. 用刀拍一下菜帮的作用是什么？
2. 为什么煸炒时要用猛火？结合此菜，谈谈如何掌握旺火急炒的火候。

八、素炒银芽

（一）菜品简介

绿豆芽是以粮变菜中的佼佼者，几乎全国各地四季均有生产，因地域之间的不同，其异名较多。豆芽不经加工则称豆芽菜、绿豆芽、细豆芽等。加工时掐去须根和豆瓣，仅留梗，色白如银，名曰掐菜、豆莛、银针、银条、银芽、玉针、赛银鱼等。掐根留瓣，称丁香或如意菜等。中华药典认为：绿豆芽，味甘平，无毒，性寒凉，可解酒毒、热毒，利三焦，消暑止渴，利水行血之功效。美国医学和食品营养专家研究表明：豆芽菜含有丰富的综合性矿物质以及大量的维生素，其包含的叶绿素，可以防止直肠癌等一些癌症，如果把豆芽菜和其他食品一起烹调，可以提高其他食品的营养价值，有一定的营养互补作用。豆芽乃蔬中上品。

（二）烹调方法

清炒。

（三）原料组成

主料：豆芽梗500g。

调辅料：精盐5g，香醋2g，葱白15g，鲜姜10g，蒜瓣15g，料酒5g，花椒油15g，味精2g，猪油50g。

（四）制作过程

（1）豆芽用手逐根掐去须根和豆瓣，去除折断的，洗净，控干水。葱、姜切成细丝，蒜切末。

（2）炒锅上火，放适量水烧开，再放入豆芽梗，汆烫一下，迅速捞出，控净水。

（3）另起锅，放入猪油烧热，然后放葱、姜、蒜炝锅，出香味后，立即投入豆芽，迅速翻炒，烹料酒、醋、盐，快速颠翻，炒至七八成熟时，加味精，淋花椒油，翻炒匀，出勺装盘，即可食用。

（五）制作要领

（1）炊具要洁净，防止菜肴变色，出现污点。

（2）豆芽焯水时，水要大沸下勺，时间要短，迅速捞出，防止变软失脆。

（3）投放调料时，掌握好投料时机和顺序。不宜加入酱油等颜色过重的调味品。

（4）烹调时，速度要快，勤翻勺，1min左右即可，盐要后加，咸味调的不宜过重。

（5）掌握好出勺时机，出菜与食用要紧密相连。

（六）风味特点

色白如银，形色美观，脆嫩无渣，爽口开胃，清鲜不腻。

（七）知识拓展

绿豆芽本身无显味，适应各种基本味和复合味，不仅能单独成菜，还可与其他荤素原料合烹，制羹、调汤、做馅炝拌，无一不可。素炒银芽的类似菜有“炝豆芽”、“拌豆芽”、“肉丝银针”、“醋烹豆芽”、“海米银条”等。另外，清炒工艺为常用烹制技法之一，应用极为广泛，主要适用于细嫩较小的原料，本色本味，清淡隽永，极富特色，如“清炒里脊丝”、“清炒鸡丝”、“清炒虾仁”等。

天津风味的“烧绿豆芽”或“烧银芽”，烹制时加酱油，色泽不佳。

河南风味的“熘绿豆芽”是将豆芽掐成2.5cm长，焯一下，炝锅，加入各种调味品，添一勺水，汁沸，放入豆芽梗，翻一两次身，并加酱油，即成。

素菜风味的“熘银条”用花椒粒炝锅，出香味后，捞出花椒粒，再放入红辣椒，炸出辣味，投入豆芽，烹醋，加盐翻炒均匀出勺。

四川风味的“翡翠银芽”是用豆芽梗串上绿豌豆，烹制而成。为一道创新菜，极富特色。

此外，还有“炒银针”，掐去两头，炝锅后，放银针翻炒，加调料、鸡汤、红绿青椒丝，烹醋，点花椒油出勺，盘四周围上芹菜叶即成。

绿豆芽成为常蔬后，其做法和吃法都有了很大的变化和提高。绿豆芽本身无明显气味，清淡素雅，烹制时不争味，不抢味，调味无所拘束。豆芽不仅能单独成菜，还可与其他原料合烹，荤素皆宜，冷热随意，可高可低，任意调制。豆芽类菜肴已形成一大风味系列菜式，花色、风味、品种难以罗计。我们可利用豆芽本身素淡无味的特点，与各种基本味和复合味调和，并利用新式调料，创制出各种风味独特的豆芽菜。豆芽可与各种荤、素原料相配，创出更多新式花色品种。在原料的搭配上，使其营养更加合理丰富，并创制出具有医疗、保健作用的豆芽菜，使人们既饱口福，又能增进健康。

思考题

1. 豆芽正式烹制前为什么要用沸水稍烫一下?
2. 为什么豆芽炒到七八成熟即可?
3. 烹调时点醋起什么作用?

九、香酥菜卷

(一) 菜品简介

此菜是黑龙江创新菜，选择头刀韭菜为主要原料。韭菜旧时又称为“起阳草”，是我国特有的蔬菜之一，已有3000多年的历史了，它不仅含有多种维生素，而且富含钙、磷、铁等多种矿物质。韭菜食之味道鲜美，并可供药用。中医学认为，它具有健胃提神、温补肝肾、助阳固精、温中下气、活血化瘀等功效。《本草拾遗》中记有：“在菜中，此物最温而益人，宜常食之。”在历史上，常有许多诗人为之命笔吟咏，如杜甫的“夜雨剪春韭，新炊间黄粱”和苏东坡的“渐觉东风料峭寒，青蒿黄韭试春盘”。韭菜春、夏、秋三季常青，可在温室栽培，已普遍推广，因而常年供人烹用，但人们最喜欢吃的还是春季的初韭，即通常所指的自然生长的头刀韭菜。

(二) 烹调方法

炸。

(三) 原料组成

主料：韭菜50g，干豆腐100g。

配料：冬笋20g，水发木耳15g，胡萝卜15g，葱丝10g。

调辅料：精盐8g，味精2g，干淀粉1.5g，面粉10g，色拉油750g（实耗约100g）。

(四) 制作过程

(1) 将冬笋、木耳、胡萝卜分别切细丝，加盐、味精调味。

(2) 将干豆腐放在案板上，撒上面粉，放上韭菜、冬笋、木耳、胡萝卜、葱丝，卷成 2.5cm 粗的管形，裹干淀粉。

（3）锅内放油，烧至八成热时，将卷好的菜卷逐根放入，炸至外皮呈金黄色捞出。

（4）将炸好的菜卷切成 4cm 长的段，整齐地摆在盘内即成。

（五）制作要领

（1）主料选择初春自然生长的头刀韭菜。

（2）炸此菜时要掌握好油温。

（六）风味特点

色泽金黄，外焦里嫩，具有浓郁的韭鲜味。

（七）知识拓展

“卷”是利用薄软而有韧性的片状原料或将韧性的原料加工成较大的片形作外皮，中间加入馅料，卷裹成长圆筒形，然后再烹制成熟的成形工艺。

常用的卷料有鱼片、鸡片、里脊片、蛋皮、网油、豆腐皮、百叶、海带、白菜叶、笋片等，甚至煮熟或半熟的五花肉大片也可以卷料，如将肉片裹上枣泥馅成卷后挂糊油炸；或卷上咸蛋黄泥，沾上蛋液，滚面包糠油炸；或卷上土豆条，再用腐乳汁烧制；或卷入冬瓜蓉，用豉椒酱腌味，上笼蒸熟。馅料有各种调过味的肉糜和丝、粒、末状原料等；卷入的原料隐于内，或一端显露卷外，或两端略出于卷外；卷后或拍粉，或挂糊，或需上浆，或不用粉、糊、浆。卷条粗细相等，或依形而卷，有粗壮而长的圆形卷条，有细瘦而短的圆形卷条，亦有分大小头的圆锥形卷条。卷的形式有：单卷、如意卷和相思卷。

“香酥菜卷”名为菜卷，但卷料不是用大白菜，而是用干豆腐，馅料则是冬笋、木耳、胡萝卜一类的蔬菜。现举名为菜卷的菜肴数例：

“麻辣菜卷”：大白菜剥开叶片、洗净，放入沸水烫软捞出，红辣椒、干辣椒均洗净，切丝；芫荽洗净切末，锅中倒油烧热，爆香红辣椒，用盐、糖、醋、酱油调味，放入大白菜，以小火焖至入味，盛出，待凉，再卷成圆筒状，并淋上芝麻油，撒上芫荽即可。

“五色旺菜卷”：将旺菜（黄牙白）放入锅略煮，取出沥干水后洒上盐。青椒、鲜冬菇、火腿、蛋皮切丝，用盐、胡椒粉和芝麻油拌匀。把一片黄牙白放平，加入心料卷起来，然后入平笼蒸 3～5min，拿出切成容易入口的长度装盘，把鲣鱼汁调好味后煮热下芡汁，淋在菜上即可。

“韩式牛肉菜卷”：牛肉丝与李锦记韩式烤肉酱、湿淀粉、油拌匀，分成 10 份，将圆白菜的硬柄切去，将牛肉丝放在菜叶上卷好，用短竹签串好菜叶，切去两边做成菜卷。将水放入平底锅中煮沸，放入菜卷，水刚好盖过菜卷便成，盖煮约 5min 至圆白菜转熟，取出排放碟上。将芡汁煮热，淋在牛肉菜卷上。

“鸡汁菜卷”：将白菜洗净、取叶，用开水烫熟，浸入凉水中过凉，捞出，沥干水分，用洁净干布沾干，平铺在案板上，再将猪肉馅放在菜叶的一端捏成长条然后将菜叶卷成卷，改刀切成寸段，码放在盘中，入笼蒸熟取出，调薄芡浇在菜卷上，撒上火腿末即成。

思 考 题

1. 菜卷炸制的要点是什么？
2. 用此方法还可以制作哪些菜肴？

十、植物四宝

（一）菜品简介

“植物四宝”为上海风味菜，是用4种不相同的植物原料配制烹调而成。它采用花菇、草菇、蘑菇、冬笋尖等原料，含大量维生素和蛋白质，是一味食补佳肴。此菜分锅操作，各有其味。以香油花菇、蚝油草菇、奶油蘑菇和鸡油冬笋尖各占一隅，配以嫩绿的菜心围边，互相媲美。为使其美观，也有将4种原料分层排列的，更令人赏心悦目。

（二）烹调方法

熟炒。

（三）原料组成

主料：水发花菇150g，水发蘑菇150g，水发草菇150g，鲜冬笋嫩尖或鲜春笋嫩尖150g。

配料：小菜心24棵。

调辅料：酱油15g，精盐3～5g，味精3g，白糖10g，绍酒10g，湿淀粉40g，淡炼乳25g，蚝油7g，鸡油40g，芝麻油15g，熟花生油500g（实耗约65g），鸡汤650g。

（四）制作过程

（1）大小均匀的水发花菇剪去根蒂，洗净挤干，放入盆里加鸡汤150g、鸡油20g，用旺火蒸1h，取出待用；把冬笋嫩尖顺长切成1cm见方粗的条，加鸡汤100g，用小火煨12h左右，入味待用；将菜心洗净沥干，根削成尖形。

（2）将锅置火上，放入花生油，烧到130℃时，投入菜心过油，见菜心呈翠绿色时倒出沥油。锅里下鸡汤100g、精盐2g、味精0.5g，菜心烧片刻，使之入味，用漏勺捞出，沥干汤汁，取直径32cm的大圆盘，将菜叶向里在盘边内围成一周。

（3）另取炒锅置火上，放入蒸过的花菇和原汤，再加酱油10g、白糖7g、味精0.5g，烧入味后用湿淀粉勾芡，滴入芝麻油，把花菇伞面朝上，装进青菜心盘圈里的一边（占1/4）。

（4）将净锅置火上，下熟花生油20g，烧热投入草菇，加酱油5g、绍酒、白糖3g、鸡汤 50g，入味后再下蚝油，用湿淀粉勾芡出锅，装在花菇对面一角。

(5) 净锅上火，倒入鸡汤 30g，烧开后加入蘑菇、精盐 0.5g、味精 1g，烧入味，用漏勺捞出蘑菇，装入盘内空着的另一角，再将炼乳 25g 加鸡清汤 20g 下锅烧开后，用湿淀粉勾薄芡，浇在蘑菇上。

(6) 净锅上火，下熟冬笋尖、鸡汤，加精盐、味精，用湿淀粉勾芡，淋入鸡油 10g，整齐地装入盘内最后一角里。然后将鸡汤 150g 上火烧开，用湿淀粉 5g 勾芡，下鸡油推匀，淋在盘内四周的菜心上即成。

（五）制作要领

选料高档，烹调方法多样，是复合烹调方法，装盘要注重艺术，要讲究美观。

（六）风味特点

风味各异，味美异常；光亮，排列整齐，卤汁紧。

（七）知识拓展

菜肴名称中的“四宝”，一般指 4 种优质原料或特色原料，如常见的鸭四宝“鸭胰、鸭掌、鸭舌、鸭腰（切除腰臊）”，下面列举“四宝”菜肴数道：

“植物扒四宝”：粤菜风味。把笋尖、冬菇、蘑菇、竹荪放入温油锅，用温火炸烤一下，再加鸡汤、鸡油和蚝油、味精、糖各少许约烩 5min 可熟。每样分开放在盘子中央成花瓣形。临吃时，一面就原盘上笼约蒸 10min，一面把青菜心下热油锅，加适量调味品，用温火烧熟，取出围边。最后滗出少量烩笋尖等的原汤，加适量菱粉，鸡油勾芡，浇上即好。

“白扒四宝”：油菜心洗净沥去水，用刀将根部削尖后，划十字形刀口，刀深约 3cm；胡萝卜洗净放冷水锅中煮开捞出，用清水过凉，切成 0.3cm 厚的片；腐竹洗净泡软，用刀平片成两片，切成 5cm 的片；鲜蘑一片两瓣。锅放炉火上，放入食油烧热，投入菜心煸软出锅。再将菜心、胡萝卜、腐竹分别摆在大圆盘中（三色鼎分，摆成边缘大、圆心小的三个扇面形），中心放鲜蘑。锅放小火上，放入鲜汤，将盘中的菜轻轻推滑到锅里，加精盐略烤后，放入味精、湿淀粉（加水调匀淋入锅中），并将锅轻轻晃动几下，淋上芝麻油，将锅倾斜着把菜滑入大圆盘中即成。

思 考 题

1. 在具体操作中应注意哪些问题？
2. 如何排列才能使此菜更美观？

十一、东江酿豆腐

（一）菜品简介

“东江酿豆腐”是一道广东传统名菜。此菜源于中原时包饺子的习惯，因迁徙到岭南无麦可包饺子，逢年过节，东江流域的客家人便首创了酿豆腐的吃法，所以也叫“客家酿豆腐”。在东江的上游，龙川县车田镇，有一条东江支流——车田河。没有一点工业污染的河水和当地的黄豆做出的豆腐是豆腐中的极品，当中又以卤水点的豆腐为最。这种豆腐皮韧肉嫩、筷夹不烂、嫩滑爽口、入口奇香、过喉清甜，送酒下饭皆宜。不要说再精心烹调后怎样，就是“生吞活剥”也能吃下好几大块。若用精心制作的馅料酿好，再配以各种作料烹调，更是其味无穷，食不绝口。所以老隆宾馆、餐馆卖的酿豆腐，大部分都是从 60 多公里外运送来的车田豆腐。“东江酿豆腐”是东江人喜庆日子的必备佳肴。

（二）烹调方法

煎。

（三）原料组成

主料：豆腐 15 块（约 600g）。

配料：去皮猪肉 325g，鱼肉糜 150g，浸发虾米 50g，左口鱼末 10g，菜心 150g。

调辅料：葱花 15g，干淀粉 30g，湿淀粉 10g，鲜汤 500g，花生油 500g，老抽 10g，胡椒粉 0.05g，芝麻油 0.5g，精盐 8g，味精 7g。

（四）制作过程

（1）将猪肉剁糜，加入盐、味精拌打至起劲，加入鱼肉糜、切成小粒的虾米、清水 50g、干淀粉、葱花 10g、左口鱼末再拌打至均匀起劲，即为馅料。

（2）每块豆腐切成 2 块，在豆腐宽面中间挖一个洞，酿入肉馅 20g，共酿 30 个。

（3）烧热炒锅用油滑过，把酿好的豆腐逐个排放在锅中，用中火煎至两面金黄色，取出。

（4）把菜心放在沙锅内，把煎好的豆腐放在菜上，加入鲜汤、盐、味精，盖上盖，用中火焖 15min，打开盖，加入胡椒粉、老抽、芝麻油，用湿淀粉勾芡，淋油，撒上余下葱花，即可上桌。

（五）制作要领

（1）肉馅要打起劲，猪肉不可太肥，肥瘦比约为 2∶8。

（2）酿馅时注意豆腐的完整。

（3）豆腐两面均要煎至有金黄色。

（六）风味特点

原煲上席，软滑香浓，带有左口鱼的特殊鲜香味。

（七）知识拓展

“东江酿豆腐”是一款大众化的菜式，除车田豆腐外，梅州地区多山泉，泉水清澈，也出产著名的山水豆腐，因而客家人对豆腐的烹调法甚有研究。酿豆腐的馅很重要，东江酿豆腐具有代表性，其馅用半肥半瘦的猪肉掺入鱼肉及其他配料剁成胶状的馅，酿入油炸过的豆腐里面焖熟，再加入调料食用，可算豆腐珍品。现开发出的酿豆腐品种有酿盐卤豆腐、煎白豆腐、煎酿白豆腐、酿炸豆腐、豆腐丸、腐卷、豆腐煲、豆腐皮等等。

淮南有一款传统名菜“朱洪武豆腐”，也叫“凤阳酿豆腐”。据传，此菜是明朝开国皇帝朱元璋最爱吃的菜。朱幼时家境贫寒，一天，他在凤阳城内讨食到一块酿豆腐，吃得极香，余味不绝。他当了皇帝之后，便将凤阳厨师召进宫中，专为他做此菜，遂成为宫廷宴中之名菜，流传至今，因而得名。此菜是以豆腐夹鲜馅炸制而成。豆腐虽炸犹嫩，色黄，豆腐脆香，肉馅鲜嫩，吃起来又甜又酸，清爽适口。此外，本章介绍的“镜箱豆腐”、“博山豆腐箱”实际上都是酿豆腐系列。采用酿法（也叫填馅法）是菜肴生坯成型的常用方法，一般是将原料制作成馅心填入另一种原料的空隙处，形成生坯。

外面的原料为皮料，里面的原料为馅料。皮料一般为脱骨全鸡、全鸭、全鱼、猪肚、肠、海参、贝壳（鲍鱼、海螺、蛤蜊、蟹）及挖空的青椒、丝瓜、苦瓜、黄瓜节、豆角、冬瓜盒、炸豆腐盒、面筋、藕、苹果等。馅料可荤可素，可生可熟，填入前一般都要调好味，如各种糜泥胶糊，丁、粒、末、丝、片状原料及小型的脱骨鸽子、鹌鹑等。一些贵重原料，如鱼翅、鲜贝、海参、鲍鱼等都可做馅料。原料填入后，为防止内部原料渗出，往往采用扎口、缝口、用淀粉蛋清糊粘口等方法，少数的原料也可为开放式。烹调方法多采用蒸、炸、煎、焖、炖、烤等，如“八宝葫芦鸡”、“叫化鸡”（腹内填料）、“葫芦鸭”、“三鲜脱骨鱼”、“怀胎鱼”、“荷包鲫鱼”、“鸳鸯海参”、“羊方藏鱼”、“玉蚌藏珠”、“田螺塞肉”、“扒原壳鲍鱼”、“翡翠虾斗”、“雪花蟹斗”、“镶青椒”、“瓤糖藕”、“枣泥苹果”、“八宝冬瓜盒”、“酿黄瓜”、“酿丝瓜”等。

思考题

1. 此菜馅料中的猪肉用纯瘦肉好不好？
2. 此菜最后的勾芡有何作用？

十二、锅爆豆腐

（一）菜品简介

“锅爆豆腐”是山东地方传统菜肴。此菜是取用锅爆烹调方法制成，故称“锅爆豆腐”，该菜营养丰富，是很受食客欢迎的大众化菜肴。

（二）烹调方法

锅爆。

（三）原料组成

主料：水豆腐500g。

配料：猪肉馅75g，芫荽10g。

调辅料：精盐10g，味精5g，酱油4g，花椒面2g，面粉15g，葱5g，姜3g，色拉油50g，鸡汤250g，鸡蛋2个。

（四）制作过程

（1）将豆腐放精盐2g，上屉蒸15min（去除豆腥味），切成长5cm、宽3cm、厚0.3cm的24片；葱、姜一半切丝，一半切成末；芫荽切成2.5cm长段。

（2）将肉馅放碗中，加酱油、花椒面、葱、姜末、味精搅匀。

（3）将12片豆腐分别裹上面粉，放上肉馅，再将余下的12片豆腐盖在上面，然后两面再裹上面粉。

（4）鸡蛋放碗中打散，取一个大平盘，放一半蛋液，将豆腐平码在上面，将余下的一半蛋液倒在豆腐上抹匀。

（5）炒锅放火上烧热，把豆腐平推入锅中煸煎，煎至两面金黄色，撒上葱、姜丝，大翻锅，加入鸡汤、精盐 、味精，在小火上慢煨5min，待汤汁将尽，再大翻锅，放芫荽段，出锅装盘。

（五）制作要领

（1）豆腐片要切得大小、厚薄一致。

（2）煎豆腐时要注意掌握火候，不可煎煳。

（3）大翻锅要干净利落。

（六）风味特点

色泽金黄，柔软鲜嫩，滋味清香；荤素搭配，营养丰富。

（七）知识拓展

“锅煸豆腐”是一款传统鲁菜，也是锅煸技法的代表菜。要做好这道菜也并非易事。实际操作中，由于豆腐盒中馅料的水分会随锅内温度的升高而溢出，这样便容易造成豆腐片与馅料脱离，或者馅料肉质不鲜嫩、口感老韧、豆腥味处理不净、豆腐片易破碎等问题。解决方法如下：

首先将用于制作豆腐盒的老豆腐放入冰箱冷藏3～5h，取出，入笼蒸约20min，晾凉后，改刀切成长3.5cm、宽2cm、厚0.3cm的长方片，接着将每片豆腐沾匀薄薄的一层干淀粉，接下来取一片豆腐抹匀馅料，再另取一片豆腐覆盖其上，按实即成豆腐盒。逐一制完后，将每块豆腐盒逐一挂匀用面粉和蛋黄调成的蛋黄糊，入锅煸煎至两面金黄且熟时，即成。改进后的方法，在豆腐片表面附着了少量的淀粉，这样便增加了豆腐片与馅料间的黏合力，从而使豆腐盒在加热及翻面过程中得以保持形态完整。此外，改用蛋黄挂糊则使得成菜的色泽金黄一致。

思　考　题

1. 怎样制作才能保持菜肴的色泽？
2. 怎样做才能保持豆腐的柔软鲜嫩？
3. 用锅塌的技法可以做哪些菜肴？

十三、徽州毛豆腐

（一）菜品简介

“徽州毛豆腐，打个巴掌都不吐”。相传古时有一名叫王致和的举子，多次科举落第，自认只有卖豆腐的命，便接过父辈的豆腐坊，做起了豆腐生意。结果一日天气闷热，豆腐滞销，他顺手将多余的豆腐铺在稻草上，洒上盐水，打算日后自家食用，过几日因为事多，早忘到九霄云外去了，待记起，那豆腐已是色变毛长，茸茸密密。他自认晦气，打算倒掉，不经意用手掰下一点用舌头舔尝，居然尝出一种难以言喻的咸黏味，于是他便放些油及作料下锅煎烤，一时奇香四溢，出锅口食，更是鲜美无比，从此潜心做起毛豆腐的生意，且越做越大，做到了京城，还被收进了御膳谱，成了宫廷佳肴。

（二）烹调方法

煎、烩。

（三）原料组成

主料：毛豆腐 10 块（约重 500g）。

调辅料：精盐 2g，葱油 25g，味精 0.5g，白糖 5g，小葱末 5g，姜末 5g，菜子油 100g，肉汤 100g。

（四）制作过程

（1）将每块毛豆腐分别切成 3 小块。

（2）将锅置旺火上，放入菜子油，烧至七成热时，将毛豆腐放入煎成两面呈黄色，表面皮起皱时，加入葱末、姜末、味精、白糖、精盐、肉汤、酱油，烧烩 2min，颠翻几下，起锅装盘即成。

（五）制作要领

（1）毛豆腐是一种特有的食品，选料要讲究。

（2）煎制时要使其表面色黄皮皱时才加调配料烹调。

（六）风味特点

经油煎后，外皮色黄，有虎皮状条纹，味鲜醇爽口，芳香诱人；有开胃作用，配辣佐食味更美。

（七）知识拓展

臭豆腐是我国特有的发酵食品，目前市面上所售之臭豆腐，其制造方式仍为传统之开放式酿造法，将材料置于自然环境中，任其腐败发臭而成。浸渍臭豆腐之发酵液（臭卤水），因发酵时间相当长，容易吸引小虫在此产卵孵化成小蛆，卫生安全性极差，品质无法稳定控制，且易污染各种病原菌及霉菌，有害人体健康，不宜多吃。据测定，臭豆腐中含有大量挥发性盐基氮，平均每 kg 含 4.9g，平均每 kg 含硫化氢 16.5mg。这两种物质都是蛋白质分解后的腐败物质，对人体有害。另外，臭豆腐发酵前期是用毛霉菌种，发酵后期易受其他细菌污染，其中还有致病菌。因此，臭豆腐一次不要吃得太多，以免引起胃肠道疾病。

目前，有地方利用纯菌接种之技术，将一组发酵菌接种至臭卤水培养基中，约 1 个月后，即可发酵出卫生安全的臭卤水。此方法制造出来的臭卤水用来浸泡臭豆腐，不但能节省时间成本，更能符合卫生要求，且生产出来的臭豆腐品质及风味更稳定。徽州的臭豆腐就是用豆腐进行人工发酵，表面长出一层白色茸毛，故也称“毛豆腐”，实际上就是一种臭豆腐。豆腐在发酵中蛋白质分解成多种氨基酸，味特鲜。微生物将氨基酸进一步分解，就会产生臭气味，所以发酵时间及程度不同，产生的挥发性臭气也不一样。中国各地都有用臭豆腐制成的风味小吃。南方的臭豆腐以毛豆腐和臭豆腐干为主，而北方的形态上则是臭豆腐乳。

火宫殿的臭豆腐：长沙火宫殿的臭豆腐与众不同之处在于豆腐胚在下油锅前用卤水泡过，所以滋味厚实一些，而且正宗的是用清茶油来烹制，外焦里嫩，新鲜的剁辣椒增色不少。还有把豆腐胚炸成泡状时在中间钻个洞，灌之以大蒜汁和酱醋，再刷上剁辣椒。更高级的是从中间破开，夹入辣椒萝卜条，又酥又脆，真是想想都流口水。

“臭豆腐拌马兰头”：这是江南有名的小菜。马兰头是野菜，比荠菜更高一格，上海人喜欢用臭干子来拌，取其口感之韧；而安徽人则喜欢用毛豆腐来拌，取其口感之糯。二者各有千秋，而毛豆腐臭味浓，切得碎碎的与马兰头结合得好。

“臭豆腐煎卷”：上海的一道小吃。臭豆腐剁成泥，与笋丁、猪肉泥、虾仁末一起炒熟，用春卷皮包起来在平底锅里油煎，蘸镇江香醋吃，很精致。

“臭豆腐麻辣火锅”：贵州风味。滚滚的红汤中，臭豆腐上下翻飞，佐之以鱼腥草、盐酸菜、油炸门板酥肉、鲜牛肝菌，臭豆腐也是先油炸过的，在红汤里返酥，浸满了麻辣香气，与牛肝菌夹在一起吃是一酥一嫩，与门板酥肉夹在一起则是亦荤亦素，都属天作之合。

“清蒸臭豆腐”：芜湖风味。这种臭豆腐比一般的要大几倍，里面镶了猪肉、虾泥、冬笋丁的三鲜馅，蒸熟后用刀从中间拦几下，像整整齐齐的一堆瓷砖，上面细细的绿色霉斑如一幅淡淡的山水，透着一股清灵。其汤甚美，臭香臭香的。

“复合臭豆腐”：京城街头出现一种集百家之长的臭豆腐新秀。有南京版的体积，上海版的形状，湖南版的色泽、口感，而作料则完全是北京风味，除传统的蒜汁、辣椒油外，还有碎碎的芫荽叶和一种味道鲜美的浓稠酱汁，是用芝麻酱和味精调出来的。这种臭豆腐很受欢迎，北方人喜其酱汤浓稠，南方人喜其鲜美多汁，而嗜辣者更可以大放辣椒，可谓各得其所。

思　考　题

“徽州毛豆腐”与臭豆腐是一样的吗?

第四节　蒸烤熏类菜品

一、洛阳素燕菜

（一）菜品简介

洛阳燕菜又名“假燕菜”、“牡丹燕菜”，是河南传统名菜。历来被推崇为洛阳传统水席的首菜。

“洛阳水席”起源于唐代，有1000多年历史，全席24道菜，有八冷菜、四大菜、八中菜、四压桌菜，除冷菜外全都带汤上席，故称“水席”。因主料萝卜丝酷似水发后的燕窝细丝，故称假燕菜。

（二）烹调方法

蒸。

（三）原料组成

主料：大白萝卜1000g。

配料：水发海参250g，水发鱿鱼250g，熟鸡肉250g，熟火腿15g，水发蹄筋15g，水发玉兰片15g，生鸡脯肉100g，水发海米15g，红老蛋糕100g，绿老蛋糕100g。

调辅料：精盐10g，味精3g，绍酒5g，清汤1000g，鸡蛋清2个，湿淀粉15g，干淀粉250g，熟猪油15g。

（四）制作过程

(1) 将白萝卜的白色中心部分切成6cm长和2mm粗的细丝，放入清水中浸泡0.5h捞出，沥干水分后用干淀粉拌匀，摊在笼上蒸5min。取出晾凉，再放入清水中抖散，捞出沥干水分，撒上精盐4g拌匀，再上笼蒸5min即成素燕菜。取出放在大品锅内。

(2) 将海参、鱿鱼、玉兰片、熟鸡肉和蹄筋均片成约5cm长和2cm宽的薄片，分别入沸水中焯水；火腿也切成长方形片；把海米与片好的配料，分别间隔相对地码在品锅内的素燕菜上。

(3) 将鸡脯肉剁成糜，加精盐2g、蛋清、湿淀粉、清汤100g搅打上劲，再加熟猪油5g搅匀后放在小碗内。将红蛋糕切成花瓣，绿蛋糕做成叶，在鸡肉糜上插成牡丹花形，上笼蒸透后取出置于品锅中央。

（4）汤锅置旺火上，下清汤900g、精盐4g、绍酒、熟猪油、味精，汤沸后盛入品锅中。

（五）制作要领

（1）萝卜丝用清水浸泡后一定要沥干水分再拌干淀粉，上笼蒸时应摊开，防止粘在一起。

（2）鸡脯肉糜入小碗前可在碗中内抹一层猪油，便于蒸熟的牡丹花取出。

（3）此菜要突出菜肴形态的美观和味道的鲜美。

（六）风味特点

汤汁清澈，牡丹花色彩鲜艳；萝卜丝形似燕窝细丝，牡丹花形逼真；味咸鲜，质嫩。

（七）知识拓展

洛阳水席的头道菜是“牡丹燕菜”，原称为“假燕菜”，是洛阳独具风格的风味菜。相传，武则天居洛阳时，东关一块菜地里，长出一个几十斤的大萝卜，菜农认为是神奇之物，献给女皇武则天。御厨师把它切成丝，拌粉清蒸，配以鲜味汤汁，女皇吃后，感到其味异常鲜美，大有燕窝风味，赞不绝口，赐名“燕菜”。从此，武则天的菜单上就加了“假燕菜”，成为武则天经常品尝的一道菜肴。女皇的喜好，影响了一大批贵族、官僚，大家在设宴时都要赶这个时髦，把“假燕菜”作为筵席头道菜，即使在没有萝卜的季节，也想法用其他蔬菜来做成“假燕菜”，以免掉身价。上有所好，下必甚焉。宫廷和官场的喜好，极大地影响了民间的食风，人们不论婚丧嫁娶，还是待客娱友，都把“假燕菜”作为桌上首菜来开始整个筵席。后来，随着时代的推移，武则天的赐名逐渐湮没，传入民间，日久天长，大家都叫做“洛阳燕菜”，流传至今。1973年10月，周恩来总理陪加拿大总理特鲁多来洛阳参观。著名厨师王长生、李大雄精心制作燕菜，招待两位总理。总理食后同声称赞。因菜中雕有牡丹花，故周总理风趣地称为“牡丹燕菜”。从此，洛阳的“牡丹燕菜”誉满中外。

“水席”是河南洛阳特有的地方风味菜肴，它风味独特，选料十分讲究，烹制认真精细，味道鲜美多样，口感舒适爽利，和龙门石窟、洛阳牡丹并称为“洛阳三绝”。洛阳水席是豫菜的一个分支，始于唐代，至今已有1000多年的历史，也是中国迄今保留下来的历史最久远的名宴之一。水席起源于洛阳，这与其地理气候有直接关系。洛阳四面环山，地处盆地，雨少而干燥。古时天气寒冷，不产水果，因此民间膳食多用汤类。之所以称为水席，一是它的每道菜都离不开汤汤水水，二是一道道地上，吃一道换一道，仿佛行云流水一般，故称水席。

沿至今日的洛阳水席，其上菜程序是：席面上先摆四荤四素八凉菜，接着上四个大菜，每上一个大菜，带两个中菜，名曰“带子上朝”，第四个大菜上甜菜甜汤，后上主食，接着四个压桌菜，最后送上一道“送客汤”。二十四道连菜带汤，章法有序，毫不紊乱。真命天子假燕窝水席的另一特点是素菜荤做，以假代真。水席中有名的“洛阳燕菜”、“假海参”等，都是民间普通的萝卜、粉条，但经厨师妙手烹制后，便脱胎换骨，味美异常，如奇花绽放，让人叫绝。

思　考　题

1. 制好此菜的关键是什么？

2. 查找资料，了解“洛阳水席”包括哪些主要菜肴。

二、蜜饯捶藕

（一）菜品简介

江苏宝应是个湖荡纵横、水网交错的地区，土壤肥沃，水面辽阔，盛产荷藕，是各种藕制品的主要原料基地，素有“荷藕之乡”之称。“蜜饯捶藕”是宝应独特风味菜，据传，此菜还是明代向皇帝进贡的贡品。该菜选用上等老藕经过去皮、笼蒸、棒捶、油煎、蒸扣等工序，再配上生粉、蛋清、枣脯、果仁、糖桂花等配料精制而成，口味清香，营养丰富。现在捶藕有了真空小包装推向市场，以其独特的制作方法和上乘的质量而走俏。

（二）烹调方法

煮、蒸。

（三）原料组成

主料：老藕1000g。

配料：糯米100g，糖青梅丝10g，金橘饼丝15g，蜜枣丝50g，清水莲子25g。

调辅料：鸡蛋3个，干淀粉60g，湿淀粉20g，白糖200g，蜂蜜50g，色拉油500g（约耗75g），熟猪油20g。

（四）制作过程

（1）将糯米淘洗干净，放入60～70℃的温水中浸20min，捞出待用。将藕洗净，削去两头，将洗净的糯米徐徐灌入藕孔内，用刀背将藕孔敲合，然后放入锅中，加满清水，封好锅盖，置旺火烧沸后，移小火焖至酥烂取出，削去藕皮，将藕顺长切成长宽6cm、厚1.5cm的块。

（2）将鸡蛋磕入碗内，加干淀粉50g，调成蛋糊。将藕块裹上蛋糊，两面沾匀干淀粉，用面杖反复捶扁至藕片酥松。

（3）将锅置旺火上，舀入色拉油，烧至六成热时，逐一放入藕片，炸至淡黄色捞起，沥油，横切成长条，待用。

（4）在碗内抹上熟猪油20g，将糖青梅丝、金橘饼丝、蜜枣丝、莲心排入碗底，再将捶藕条排入，放入白糖 100g，上笼蒸 15min 取出，复扣入盘内。将锅置旺火上，滗出盘内汤汁，舀入清水 250g，加白糖 100g、蜂蜜烧沸，用湿淀粉勾芡，起锅浇在捶藕上即成。

（五）制作要领

（1）必须选用老藕制作此菜。

（2）藕削去两头时注意一头必须不见藕孔，灌糯米时不可灌实。

（六）风味特点

色泽金黄，香甜酥烂，浓而不腻，风味独特，有润肺之功效。

（七）知识拓展

莲藕原盛产于江南地区，现各地都有栽种。莲藕不仅可作水果和蔬菜食用，而且是制作藕粉的原料。藕可生食，生食生津、行淤止渴、开胃消食、解鱼蟹毒；熟食可补虚、养心生血、开胃舒郁。莲藕节是良药。据传有一次，宋孝宗因食湖蟹患痢疾，众医医治无效。有一民间医生诊断为冷痢，便速将新采的藕节研成细末，用热酒调和服用，连服数次后痊愈。孝宗感激不尽，赐给那位医生一个杵药的金杵臼。

藕有多种食法，现列举其主要者如下：

“蜜煎藕”：初秋取新嫩者焯半熟，去皮切片或条，用白梅沸汤浸 1h，捞出控干，用蜜煎至水汽干，再另取好蜜，慢火熬煎，使藕肉渗入蜜汁，煎至琥珀色即停火取出，冷后入罐收贮，蜜煎藕主要用糖煎。

“桂花糖藕饼”：藕洗净去节，藕孔内塞淘净之糯米，在铁锅中炖烂，冷后切片。在炒锅中放熟猪油、白糖、桂花卤熬溶，加少水，勾薄芡，浇藕片上。

“煎藕饼”：取藕中段去节，切薄片，两片中间夹已调味的肉馅，拖糊后入油锅煎熟。

“炒藕丝”：取藕去节，顺切 5cm 长细条，入油锅。加葱姜汁盐单炒，或伴肉丝、鱼丝、鸡丝炒。

“豆煎藕”：绿豆粉调砂糖（如欲咸味者，则调葱姜汁盐）灌藕孔内蒸熟，冷后切片，拖蛋粉糊油炸至表皮香酥，供食。

“藕粉元子”：将芝麻仁、花生仁、核桃仁炒熟，碾成细末，将大枣煮烂、去皮，加糖熬成枣泥，同上述三仁末同拌，做成小丸，成馅料。将干藕粉散放竹扁内，取丸馅在扁内滚过，沾上藕粉，取出，喷洒上微水，再入藕粉扁中滚过，再取出，再喷水，再滚，直至元宵坯大如小栗；锅内烧沸水，下元宵煮，加桂花糖卤，至元宵在汤中浮起，呈半透明状，隐若龙眼微赤，即可装小碗上桌，各客分食。此为甜食，亦可充作主食。

湖北黄岗县巴河镇的七孔藕，洁白如玉、甜脆可口。在清代，七孔藕被列为贡品，用此莲藕和糯米为主料制作的“蜜汁甜藕”是鄂东地区的风味食品。将鲜藕灌入糯米，入笼蒸熟，切成 0.5cm 厚的块状撒上白糖，再入蒸笼蒸 10min，浇蜂蜜、桂花芡汁，鲜嫩、香甜，味道醇厚。现在全国各地的美食家来到湖北，慕名来黄岗吃这道佳肴，一些外国客人来华访问，也点名要吃“蜜汁甜藕”这道菜。

思　考　题

1. 利用莲藕还能制作哪些菜肴?
2. 捶法是此菜的关键技法，为什么?

三、牡 丹 木 耳

（一）菜品简介

我国的黑木耳名扬五洲，而黑龙江的黑木耳在产量和质量上都居全国首位。黑木耳又称黑菜，色黑褐，有光泽，形似人耳，生长在腐枯的柞木等硬杂木上，一般长 10cm，宽 4～6cm，肉厚清脆，富有营养，黑龙江产“雪山牌”黑木耳已远销欧洲、北美、日本、东南亚和港澳等地区。黑木耳是食用菌中的一种，它既是筵席上的营养佳品，还可以当药。李时珍的《本草纲目》中记载，木耳生于杨木之上，性甘平，主治益气不饥，清身强志，并有治疗痔疮、血痢、下血等作用。近代医学界研究发现，经常食用黑木耳，还可以预防心脏冠状动脉疾病。经常食用，可起到保健作用。

（二）烹调方法

蒸。

（三）原料组成

主料：水发木耳 250g。

配料：水发海蜇头 100g，鸡脯肉 100g，猪肥膘肉 50g，火腿 5g，绿茶叶 5g。

调辅料：精盐 5g，味精 5g，料酒 10g，葱丝 5g，姜丝 5g，葱姜水 10g，鸡汤 100g，湿淀粉 10g，熟豆油 25g。

（四）制作过程

（1）将水发木耳选大朵 12 个；用海蜇头制成牡丹花形一个，用水煮熟，发好待用。

（2）将鸡脯肉、猪肥膘肉剁成糜，加精盐 3g、味精 3g、料酒 5g、葱姜水、鸡蛋清调和好；将火腿、绿茶叶分别切成末待用。

（3）将调好的鸡肉糜做成丸子，装入水发的 12 个木耳中间，点缀上火腿末、绿茶叶末，上屉蒸熟，取出摆在大圆盘周围。

（4）将加工好的海蜇头牡丹花摆在大圆盘中间。

（5）炒锅放油，加入熟豆油烧热，放葱丝、姜丝炝锅，放入精盐 2g、味精 2g、料酒 5g 烧开后，用湿淀粉勾芡，出锅浇在木耳和海蜇头上即可。

（五）制作要领

（1）选料要精，装盘要美。

（2）鸡肉糜要剁细均匀。

（3）鸡肉、肥肉要分别剁糜。

（六）风味特点

造型美观，色泽夺目，质地脆嫩，口味清淡爽口。

（七）知识拓展

黑木耳是一种营养丰富、用途广泛的胶质食菌。科学分析表明，每100g黑木耳含蛋白质10.6g、碳水化合物65g、脂肪0.2g、粗纤维7g、铁185mg、钙375mg、磷201mg。此外，还含有维生素B_1、维生素B_2、维生素C和胡萝卜素、多种氨基酸和脱氧核糖核酸及多种多糖类物质成分等，营养价值很高。

黑木耳味甘气平，具有滋养、益胃、活血、润燥之功效，适用于痔疮出血、便血、痢疾、贫血、高血压、便秘等症。国外科学家还发现黑木耳能减少血液凝块，有防止冠心病的作用。如治痔疮出血和大便带血时，可用黑木耳6g、柿饼30g，同煮烂食之。对于血管硬化、冠心病、高血压患者，最好在菜中添加黑木耳，长期食用，有辅助治疗作用。

药理实验表明：①木耳能提高淋巴细胞转化率，增强巨噬细胞吞噬功能，从而提高肌体的免疫力，具有一定的防癌作用。②有清涤胃肠、清除毒素、防止巨噬细胞变性和坏死、防止淋巴管发炎、帮助消化纤维类物质的特殊功能。③木耳中含有一种胶质成分及丰富的钙元素，可增加人体血液的黏稠性，促进血液凝固，从而止血。

思考题

1. 木耳、海蜇头用什么水温泡发为最好？
2. 鸡肉、肥肉为什么要分别剁肉糜？
3. 鸡肉糜调味时为什么放葱姜水而不放葱姜末？

四、三鲜千张卷

（一）菜品简介

“三鲜千张卷”是湖北黄石名菜。以千张皮包裹肉糜、冬菇、冬笋、虾仁等馅料蒸制而成。黄石金牛镇所产千张皮始于宋代，至今已有千年历史，千张皮薄而韧性强，颇有独到之处。

（二）烹调方法

蒸。

（三）原料组成

主料：千张皮5张。

配料：猪肥瘦肉150g，香菇100g，鲜虾仁100g，冬笋尖50g，鸡蛋清1个。

调辅料：精盐6g，味精2g，白胡椒粉1g，绍酒5g，鸡汤200g，湿淀粉10g，鸡油15g，熟猪油25g，葱花5g，姜末5g。

（四）制作过程

（1）将猪肉剁成肉糜；香菇、冬笋、虾仁分别切成末，加盐4g、味精1g、绍酒、蛋清搅拌上劲成馅料。

（2）将千张皮用热水泡软，洗净，沥水，切成20个三角块，各块分别包入馅料卷成千张皮卷。

（3）将千张皮卷码在大碗内，加鸡汤、精盐2g、味精1g，入笼用旺火蒸15min取出，滗出汤汁，翻扣在盘中。炒锅置火上，下猪油烧热，放入姜末煸香，将滗出的汤汁入锅烧沸，用湿淀粉勾芡，淋入鸡油，浇在千张卷上，撒上胡椒粉、葱花即成。

（五）制作要领

（1）千张皮要切得大小一致，并包入分量一致的馅料，使各千张卷大小一致、形态美观。

（2）千张卷入碗蒸制前，应在碗内抹一层猪油，防止千张卷粘碗。

（3）此菜应勾薄芡。

（六）风味特点

汤汁洁白透明，千张卷大小一致；味咸鲜淡雅，外柔里韧嫩爽。

（七）知识拓展

前文通过“干炸响铃”和“香酥菜卷”的学习，知道了菜肴成型的“包裹法”和“卷制法”。卷制法与包裹法的区别如下表。

	卷制法	包裹法
卷料包料	均为可食性原料	有可食性原料，也有不可食的原料（如玻璃纸、荷叶、粽叶、泥土等）
生坯造型	都呈条状，有三种卷法	除条形包外，还有方形、圆形、半圆形、三角形、葫芦形等
馅料	糜状或丝、粒、末状原料等小型原料	除小型原料外，还有大块的或整只的原料，如鸡、鱼
是否封闭	卷入的馅料不封闭，甚至可露出卷外	大部分包入的馅料全封闭

其中卷的造型常见的有三种：

单卷　馅料放于卷料的一端成条状，或铺满裹卷料，再从一端卷成生坯。有大卷、小卷之分，大卷形状较大，以干炸方法居多，成熟后需改刀（装盘）；小卷形状较小，成熟后不需改刀，可直接食用。外皮原料一般为肉类大薄片，如鸡片、鱼片、肉片等。

如意卷　将馅料放在卷料两头成条形，卷制时，由两头向中间卷成如意形，馅料可以用两种不同的原料。

相思卷　将馅料放在卷料一端，卷至中间，反过来，在裹卷料另一端放馅料，卷至中间，使条形卷的截面呈“∽”形。

本菜例“三鲜千张卷”和“春卷”一样，名为“卷”，实际上成型手法为“包”。下面再介绍两则“百叶卷”。

“如意百叶卷”：虾仁抽去肠泥，用盐抓洗，沥干水分，剁成虾肉糜，与拍碎的荸荠、绞碎的肉糜及盐、白胡椒粉、芝麻油、湿淀粉拌匀成馅。将百叶用小苏打水浸泡至微软、色白，立即取出，放进清水中反复漂净后，沥干水分，每张百叶包入馅两大匙，然后折叠成长方形，入蒸具中蒸10min，取出置于盘中，再撒上葱丝、辣椒丝，淋上芡汁。百叶因需包裹内馅，浸泡时间不宜过久，否则会破裂。

“荠菜百叶卷”：南京风味。百叶放开水中泡软，沥干水，铺开。荠菜择洗净，沸水中稍焯，捞入冰水中，挤干，剁成末，加调料拌匀，堆放在百叶上摊平，放上胡萝卜丝，卷成卷，用保鲜膜裹紧，入冰箱冷藏，食用时去保鲜膜，切1cm厚的片装盘即成。荠菜翠绿，清鲜爽口，清新淡雅。

思 考 题

1. 此菜蒸制时间过长会出现什么情况？
2. 还有哪些原料适合作包馅料的皮？

五、素 火 腿

（一）菜品简介

“素火腿”是以豆腐衣为主料，经过卤与蒸两种方法制成。各地对素火腿的调味有不同的特色，有用酱油、五香粉调味，突出其豉味芳香的；有以酱油为主突出其酱香的；还有的用乳腐、酱油调味，使其含有另一种香味等等。豆腐衣是豆腐浆煮沸后浆面所凝结的薄膜。性味甘、淡、平，有清肺养胃、止咳消痰、敛汗的功效，其营养素的含量比黄豆、豆腐要高。此菜营养全面、丰富。

（二）烹调方法

卤、蒸。

（三）原料组成

主料：豆腐衣3000g。

调辅料：湿淀粉50g，红曲米15g，芝麻油15g，八角25g，小茴香25g，丁香15g，桂皮20g，花椒15g，酱油300g，白糖300g，精盐25g，味精10g。

（四）制作过程

（1）把八角、小茴香、丁香、桂皮、花椒放在锅内炒香，碾成粉末，加入红曲米粉，混合后用布袋装好成香料袋。

（2）锅内放入清水 1000g 和香料袋滚 15min，再加入酱油、白糖、精盐、味精烧沸，调入湿淀粉，制成卤汁。

（3）把豆腐衣分若干批放进卤汁中浸入味，取出，挤去卤汁，铺平叠齐，修切整齐后卷成圆筒形，共卷成长约 16cm、直径约 5cm、大小相等的 20 条火腿坯，用薄纱布把每两条火腿坯又紧包在一起，用草绳捆紧。

（4）将捆好的火腿坯放进蒸笼中蒸约 1h，取出，晾凉后解去草绳，拆去纱布抹上芝麻油便成素火腿。

（5）把素火腿切成片，整齐地摆在盘上，便可上席。

（五）制作要领

（1）浸卤入味要恰当。

（2）卷筒时要卷紧扎牢，否则切片时会散。

（3）可与其他原料配合做成菜。

（六）风味特点

色泽深红，质地柔韧，味道咸鲜，气味芳香。

（七）知识拓展

“上海素火腿”：黄豆芽汤或笋汤少量，加酱油、白糖、香油各 25～30g 及味精、五香粉各少量，烧开。把 250～300g 碎豆衣放进汤里搅和（使之吸饱汤汁），再把豆衣捞出放在一块干净布上，裹紧呈圆棍形，外用绳子扎紧，在蒸笼内蒸 60～70min 后取出冷却，去包皮切成片，即成素火腿。

“虎跑素火腿”：杭州的传统素食，因经常在虎跑供应而得名。它选用富阳泗乡的皮薄油润、落水不糊的优质豆腐皮，拌入姜汁、红曲粉、白糖、绍酒、芝麻油等调味品，用火腿模型压制，上笼蒸熟而成。色、形如同火腿，鲜甜清香，柔中带韧。既是素席上的名菜，又是美味的旅游食品。

“虾子素火腿”：将油豆腐皮先用凉水浸一下，用盐、芝麻油、酱油、白糖、味精及鲜浓汤汁涂在豆腐皮上，夹入虾子，将豆腐皮叠好，卷好，卷紧，用净布包裹好，外面再用麻线绳捆紧，在蒸锅中蒸 1h，以使虾子味渗透到油豆腐皮内，取出晾凉后，将布、绳打开去掉，里边呈火腿状，即为素火腿，切成薄片上盘即可。

“义隆素火腿”：常州风味。义隆素火腿创建于 1932 年，以制作净素点心而闻名于市。义隆素火腿是常州市义隆素菜馆的传统特色食品。本品选料精优，配方先进，采用科学的制作工艺流程，辅以多种天然名贵香料和天然色素精制而成。本品芳香干鲜、韧而柔软、味美爽口，切成薄片，淋上芝麻油，形似火腿肉，是佐餐、下酒、外出旅游之佳肴，也是馈赠亲友之佳品。1989年荣获中商部优质食品“金鼎”奖，是常州市十大名点之一。

“山药素火腿”：将山药去皮入笼蒸熟，制成泥与湿淀粉一起放在盘内，加入鸡蛋清、精盐、芝麻油、味精、白糖搅匀，成为山药料。取1/10的山药料，加入嫩糖色，掺匀放入抹油的铁盒，摊平入笼蒸硬后取出，为“肉皮”。将3/10的山药料放在肉皮上，摊平蒸10min，出笼为“肉膘”。再将剩余山药料加入砂仁面、曲汁，用芝麻油搅匀，摊在“肉膘”上，再入笼蒸35min，晾凉，刷上芝麻油，切片上席即成。红白相间，香甜细嫩，色形逼真，并有益肺固肾、行气和胃之功效。

思考题

1. 为什么要先浸卤再蒸?
2. 为什么要用布包好再用绳捆?

第五节　其他制法菜品

一、拔丝西瓜

（一）菜品简介

“缕缕花衫沉睡碧，厚痕丹血馅映红，香浮笑语方生水，凉人衣襟骨有风”，这是元代诗人赞美西瓜的诗句。西瓜原产非洲，相传南北朝时期传入我国，德州种植西瓜亦有几百年的历史，《德县志》载有“西瓜田野种之，花黄，雌雄同株，实大皆二三十斤，形有长者、圆者、椭圆者之别，瓤有红、黄、白等色之分，味甘，含水分甚富，为夏季消暑之良品”。“拔丝西瓜”则是用优质西瓜经拔丝技法制作的美味佳肴。

（二）烹调方法

拔丝。

（三）原料组成

主料：德州西瓜1个（约重3000g）。

配料：鸡蛋1个，白糖100g，青红丝3g。

调辅料：色拉油750g（实耗约100g），湿淀粉100g，干淀粉25g。

（四）制作过程

（1）将西瓜切开，取瓜瓤无籽处500g切成滚刀块，裹上一层干淀粉。

（2）取鸡蛋1个，加湿淀粉100g，混合搅匀成糊。

（3）锅内加色拉油750g，旺火烧至八成热时，将裹上干淀粉的西瓜逐块挂匀糊放油中炸，呈金黄色捞出控净油。

（4）锅内留底油10g，加白糖100g，熬汁，待糖熬至金黄色时，放入炸好的西瓜、青红丝，颠翻均匀装盘。

（五）制作要领

（1）选择西瓜时要注意成熟的程度，不熟者味不甘甜，过熟则容易起沙，不能切块。

（2）由于西瓜含水分大，所以操作时要用旺火速成，以保持菜肴整齐不碎。

（六）风味特点

色泽金黄，清香甜蜜，汁多爽口。

（七）知识拓展

怎样做好拔丝菜呢？有三点需要掌握：

①根据原料质地决定是否挂糊，如苹果、梨、橘子等水果，含水分较大，在下锅炸时，一定要用蛋清和淀粉挂糊，将原料裹住，否则原料内部出水后，会黏在一起；土豆、山药等原料，含淀粉较多，下锅炸时，可不必挂糊。在油烧到七成热时，将原料下锅，炸至金黄色捞出。

②炒好糖。锅内要放干净底油，中火加热，加入白糖，用勺不断搅动，使糖受热均匀，炒至糖呈浅黄色时，由于水分蒸发冒出气泡，待泡沫多且大时，将锅端离火口，使泡沫变小，颜色加深。用勺舀起糖汁往下倒，能成一条线状，说明糖已炒好。这时迅速将原料下锅翻动，使糖汁裹匀原料。糖量与原料的体积比例为1∶3，按原料重来说，块和片状的原料用糖量为原料的50%左右，条、丸状原料则为30%～40%。挂糊的比不挂糊的用量要多些。

③糖汁炒好后，倒入的原料一定要热，如果原料不热，会使糖汁变凉，就拔不出丝来。为此，做拔丝菜时，应用两个炒锅，一个炒糖，一个炒主料。这样易保持主料温度，以挂匀糖浆。做拔丝菜不可用急火，以免糖浆过热，炭化发苦。如在糖浆中加少许蜂蜜，则风味尤佳。

其他风味的拔丝菜还有：

“拔丝苹果”：山东地区著名的甜菜。将苹果去皮、去核，切成橘瓣块，滚上一层面粉，再放入蛋清糊内搅匀，入油锅炸至呈金黄色时捞出。炒锅内留油15克，用微火熬白糖，用手勺搅炒至呈金黄色、起泡时，迅速倒入炸好的苹果，加入桂花酱，随即把炒锅端离火眼，颠翻几下，使糖汁均匀地挂在苹果上，盛入盘内即成。色泽金黄，拔丝细长，外脆酥香，里嫩微酸，热吃鲜甜。

“拔丝楂糕”：江苏徐州风味。将山楂糕切成条，滚沾干淀粉，再拖满蛋糊放入油中，炸至金黄色时捞出。同时，另取锅上火，放花生油、白糖和清水，用小火熬至糖液出丝时，放入桂花酱和炸好的楂糕条颠翻炒锅，撒上芝麻仁，装盘即成。楂糕外皮甜脆，内软嫩，酸甜爽口。

思考题

1. 西瓜在挂糊、炸制时应如何掌握火候及油温?
2. 用此方法还可以烹制哪些菜肴?

二、桑莲献瑞

(一) 菜品简介

"桑莲献瑞"始创于福建泉州开元寺。相传该寺内有古桑一棵，唐初建寺时曾开过莲花，故名桑莲，该寺厨师遂用莲子、豆腐、香菇等原料烹制出一道以莲花为造型的菜肴，寓意着吉祥如意。

(二) 烹调方法

蒸、炸。

(三) 原料组成

主料：莲子 100g。

配料：豆腐 4 块，水发香菇 30g，荸荠 50g，鲜冬笋 30g，嫩姜 15g。

调辅料：素汤 400g，植物油 1000g，精盐 6g，味精 7g，酱油 5g，白糖 1g，芝麻油数滴。

(四) 制作过程

(1) 莲子去衣去心后，放在炖盅内，加入沸水，用中火炖至熟烂，取起备用。

(2) 用清水将冬笋滚过后，将冬笋、荸荠、香菇、嫩姜均剁碎，放入炒锅内炒熟，再调入调料盐、味精炒至入味，即为馅料。

(3) 搅烂豆腐，加入调料盐、味精搅匀，取干净汤匙，抹上油，铺上一层豆腐，放上 1 份馅料，然后再盖上一层豆腐，填满汤匙，抹平表面。

(4) 将放了豆腐和馅料的汤匙用猛火蒸 10min 至熟，取出，晾凉后脱出汤匙。

(5) 在炒锅内注入植物油烧至 150℃时放入莲瓣，炸至金黄色，捞起，沥净油。

(6) 取一干净的碗，底部中央先放部分熟莲子，成三圈，周围摆莲瓣，面朝下，然后依次放入莲子和馅料，填满后，覆盖在一个窝碟上，取起碗，两旁摆些烫熟的绿菜叶作莲叶。

(7) 在炒锅内放入素汤，用调料盐、味精调好味道，煮沸，然后加进汤窝中即成。

(五) 制作要领

(1) 冬笋要先焯水过再剁碎。

(2) 莲瓣炸的时间不要太长。

(3) 造型用的碗不要太深，但碗口要大些。

（六）风味特点

造型别致，豆腐细润，馅料香脆，莲子香且软糯。

（七）知识拓展

莲子营养丰富，据检测，每 100g 莲子干品，含蛋白质 16.6mg、脂肪 2g、糖 6.2g，以及钙、磷、铁等微量元素，还含有维生素 B_1、维生素 B_2，胡萝卜素含量也相当丰富。新鲜的莲子可当水果，又可与鸡、鱼、虾、肉等同炒，做成清香爽口、别有风味的菜肴。干莲子在菜肴制作中是一种不常用的原料，主要用于制作甜菜，面点制作中则用于做莲蓉馅、八宝粥、八宝饭等糕点馅料。除此之外，莲子还是多功能、高疗效的中药，有补脾、益肺、养心、固精、补虚等功效，适用于心悸、失眠、慢性腹泻等症。现在介绍两种莲子药膳。

"莲子百合猪肉汤"：先将莲子水发去心，百合、瘦猪肉切块洗净后共煮，再加入姜、酒、盐，用旺火烧沸，文火炖 1h 即成。吃时，再加葱、味精佐餐。此汤益脾胃、养心神、润肺肾、祛痰止咳，适用于神经衰弱、心悸失眠、肺结核低热干咳、慢性支气管炎等患者，也可以作为病后体弱的滋养补品。

"莲子红枣桂花汤"：莲子 50g，红枣 10 枚，桂花 3g，冰糖适量。将莲子去心、红枣去核放入锅内，文火炖 90min 左右，至烂熟，加入桂花和冰糖，稍炖片刻即成。此汤健脾益胃，补中气不足，对胃及十二指肠溃疡病有辅助治疗效果。

思考题

1. 为什么莲瓣要炸过？
2. 此菜为什么不淋芡而淋汤？

三、杏仁豆腐

（一）菜品简介

"杏仁豆腐"实非大豆加工成的豆腐，而是用鲜牛奶、杏仁汁和琼脂混合凝结而成的"豆腐"。"杏仁豆腐"是北京小吃中的夏令食品。洁白如玉的杏仁豆腐经过冰镇盛在碗内，对入冰镇过的桂花糖汁，点缀红绿樱桃及葡萄干等，红绿果料，清淡雅丽。食后甜蜜醉人，冰凉的感觉沁人心脾，到了夏季，许多家餐馆，特别是清真小吃店都有供应。杏仁豆腐不仅民间流行，宫廷中食用也很普遍。现民间供应的杏仁豆腐，用牛奶为主料，不用杏仁粉，改用杏仁精，虽有杏仁味儿，却无杏仁润肺清热之功效。据现代科学研究，杏仁含有多种对人体有益的氨基酸和微量元素及维生素。不用杏仁粉而改用杏仁精，实有偷工减料之嫌。

（二）烹调方法

冻。

（三）原料组成

主料：甜杏仁100颗，苦杏仁100颗，鲜牛奶1000g，琼脂10g。

调辅料：糖桂花15g，玫瑰花末5g，白糖1500g。

（四）制作过程

（1）取铝锅一只置旺火上，舀入清水1250g，加进洗净的琼脂烧沸，改为小火烧15min，使琼脂充分溶解。

（2）把甜、苦两种杏仁用沸水浸透，去膜捣碎，然后加入清水250g，捣成泥，用纱布滤去渣，取汁水，加鲜牛奶拌匀，随即徐徐淋入盛琼脂溶液的锅中，边淋边搅拌均匀（汁水不能太稠或结块）。当烧至90℃时，速将混合溶液分别装在10只小搪瓷盘内，使其凝结成“杏仁豆腐”，放在冰箱内用平瓷盘盖好，冷藏待用。

（3）把白糖用清水500g溶化，放在铝锅内，熬成糖水，撇去浮沫，冷却后过滤，分别装入10只洗净的瓶内，冰镇待用。

（4）食时，先把1份糖水倒在汤碗内，再从冰箱中取出1份杏仁豆腐，用小刀切成厚0.2cm、长1.5cm的片，放入糖水碗中，撒上玫瑰花末和糖桂花即成。

（五）制作要领

琼脂加水的量要适当，否则凝结不是太嫩就是太老。

（六）风味特点

晶莹如玉，香甜滑润，沁人心脾，是夏季最佳甜食之一。

（七）知识拓展

爱新觉罗·浩在《食在宫廷》中写到杏仁豆腐的制法：杏仁80g，白糖150g，琼脂25g。用开水将带皮的杏仁浸泡3min，然后剥去皮，用水冲洗干净，加水磨成杏仁浆，滤去杏仁渣。加水将琼脂上火化开，对入白糖50g，煮10min后倒入杏仁浆，煮开后（不宜煮得时间过长，会失去杏仁的香气）立即将杏仁浆倒入深6cm的器皿中，撇去浆面浮末，然后让其冷却凝固成杏仁豆腐。把白糖100g倒入锅内，加水80g，将锅上火，煮成糖水，出锅后晾凉，将冷却的杏仁豆腐用小刀切成斜块，把小块杏仁豆腐放小碗内，从碗边倒进糖水，杏仁豆腐即浮在水面。

“杏仁豆腐”是一种传统食品，它既可单独成小吃，又可作为筵席的甜菜。本品选用纯正杏仁、优质黄豆为主要原料，经现代科学方法精制而成，是一种含植物蛋白质、维生素、矿物质的风味小食品。本品清香嫩滑、滋润肺腑、常食有益，适合任何年龄人士食用，是早餐点心及夜宵佳品。全国许多地方都有杏仁豆腐，但是制作方法不尽相同。这里介绍三种不同方法。

华北地区的“杏仁豆腐”：将甜杏仁洗净，用开水泡透后去皮，再用搅拌器磨成浆状，然后用纱布滤去料渣，即得杏仁汁；冻粉放入碗中，加入适量清水，上笼蒸化后取出，再用纱布滤去杂质，即得冻粉液。净锅上火，倒入杏仁汁和冻粉液，放入白糖和鲜牛奶，烧沸搅匀后，起锅盛入一方形盘内晾凉，再放入冰箱内冷藏，至凝结成冻时取出，用刀划成小块，装入碗中，撒上京糕①丁、蜜桂花即成。

华中地区的"杏仁豆腐"：净锅上火，掺入适量清水，下入冻粉烧沸，待冻粉溶化后滤去杂质，再下入杏仁粉、炼乳、白糖和食用香精，搅匀煮透后，起锅盛入一方形盘中晾凉，然后放入冰箱中冷藏，至凝结成冻时取出，用刀划成小块，装入碗中即成。

华南地区的"杏仁豆腐"：将粟粉放入盘中，加入鲜牛奶500g调成稀糊状，再加入抽打起泡的鸡蛋清，搅匀即成粟粉糊；甜杏仁用开水泡透后去皮，再下入清水锅中煮软，然后加入鲜牛奶1000g、白糖500g，烧沸后起锅盛入容器内晾凉，再放入冰箱中冰镇，即成杏仁糖水。净锅上火，放入剩余的鲜牛奶、白糖及适量清水，烧沸后倒入调好的粟粉糊搅匀，用小火煮至起大泡时，起锅盛入一方形盘内晾凉，再放入冰箱中冷藏，至凝结成冻时取出，用刀划成小块，装入碗中，浇上杏仁糖水，即成。

思　考　题

有否琼脂的代用品？

---

① 京糕即山楂糕，是用山楂泥加糖制成的。

第六章　其他特色名菜

第一节　煮汆涮卤煨炖类菜品

一、白 玉 藏 珍

（一）菜品简介

“白玉藏珍”是广东名菜，它以冬瓜为主料，利用冬瓜肉熟后透明的特点，巧妙地设计出这款见珍宝而不见刀痕的菜式。

（二）烹调方法

蒸、炒。

（三）原料组成

主料：冬瓜1块约600g（厚4cm以上）。

配料：鸡胗50g，鸡肝50g，鲜虾肉100g，鲜草菇50g，鸡肉100g。

调辅料：精盐5g，味精8g，鲜汤500g，粟粉10g，绿车厘子1粒，生油750g（耗油100g），胡椒粉0.1g，芝麻油2g。

（四）制作过程

（1）先将冬瓜刨去外表的青皮，用刀切成长15cm、宽9cm的长方形块，然后在中间挖长10cm、宽6.8cm的长方形块，不要见底，再将挖出的方块冬瓜块切出约2cm厚的近皮部分，余者待用。

（2）把鲜虾肉、鸡胗、鸡肝、草菇洗净，分别切成丁，再分别调味上浆。然后把炒锅洗净烧热，放入生油，待油温至约160℃时，先将冬瓜放入油内炸过，然后将冬瓜捞起再放入清水中漂洗油渍，捞起沥干水分，用大碗盛着，放入鲜汤、精盐1g，盖严，放进蒸笼蒸30min取出待用。

（3）将鲜虾肉、鸡肉、鸡肫、鸡肝丁、鲜草菇分别入锅内炒熟待用。再把蒸熟的冬瓜块，整大块用餐盘盛着，把辅料倒入已挖的孔内，抹平，然后把另一块冬瓜盖上，再用蒸冬瓜的鲜汤加上味精、精盐、芝麻油，用粟粉水勾芡，淋油，浇在冬瓜上面，把绿车厘子放在冬瓜的正中间即成。

（五）制作要领

（1）冬瓜要蒸得够熟。

(2) 瓜洞要挖得够深，但切不可挖穿。

(六) 风味特点

造型美观，口感清鲜，质地嫩香，冬瓜透明如玉，“珍宝”隐约可见，汤清澈，为夏令佳品。

(七) 知识拓展

冬瓜肉质细嫩，水分丰富，味淡爽口，吃法多样，既可红烧，又可清蒸、煎炸、炒、烩，作汤料可谓是美味佳品，是一种清热解暑的大众蔬菜，而且能登上筵席，如蜚声中外的“冬瓜盅”，就是上乘名肴，“冬瓜盅”外形碧绿，瓜白如玉，呈半透明状，瓜内物料隐约可见，汤汁清澈，味鲜而不腻。

名为“白玉藏珍”的菜肴还有两种做法：

①将冬瓜改成直径约18cm的圆形块，入汤锅炖1h，将冬瓜转放到盘上，在瓜肉中心挖出一个直径约14cm的洞，越深越好（但不能挖穿）。将加工好的火腿片、烧鸭片、蟹肉、鲜菇、鲜莲子整齐地排在瓜洞里，已拌匀的鸡片、鸭肾肉等也填进瓜洞里，最后用挖出的瓜肉封口，轻轻覆扣在大汤碗内，注入烧至微沸的清汤，用中火再炖10min便可上席。

②以豆腐为主料，将嫩板豆腐3块放入滚水中煮5min，取起沥干水，把豆腐片开成2块，面的一块薄，底的一块厚，放入小碗内，在底的一块挖开1个洞，把蒸过的江珧柱、火腿、浸软的冬菇粒拌匀，酿入豆腐之洞内，然后把面的一块豆腐盖上，慢火蒸7min。淋芡汁，放上少许芫荽装饰即可。

此外，以冬瓜为主料，挖出部分再填料的菜肴还有：

“八宝冬瓜箱”：冬瓜洗净去皮，切成10个长8cm、宽4cm的长方块，用小刀先切下一薄片作盖，中间掏空，成皮箱形；海参、海米、火腿、鸡肉、猪肉、冬菇、冬笋、蘑菇分别切成细丁，放入大碗内加料酒、精盐、味精、葱、姜汁拌匀上味，冬瓜箱内布一层干淀粉，将八宝填入，盖上原切下的冬瓜片，上放两条海米作为拎手的箱环，排放入大盘内上笼蒸熟取出。原汤倒入锅中，勾薄芡，淋明油浇在冬瓜箱上即成。瓜肉隐约透明，八珍鲜醇香嫩，别具一格。

“八宝冬瓜船”：选取冬瓜1个，去掉瓜瓤，加工雕为船形，船身精心刻上“八宝冬瓜船”的字样和多种花卉图案，放入沸水中滚过，即将调味制作好的干贝、海参、虾米、鸡丁、火腿、鹿筋、莲子等八宝置入冬瓜船内，就可入席食用。此菜制作独特、造型美观，不啻于一件精美的工艺品，而且食味鲜香可口，内容物多，营养丰富。所以，品尝此菜，是既饱口福，又饱眼福。

思　考　题

1. 蒸瓜的目的是什么？

2. 利用冬瓜为主料还可变换出什么菜肴?

二、佛跳墙

(一)菜品简介

闽菜首席挂牌者当推“佛跳墙”,此奇食上桌,醇浓鲜香,美味四溢,嗅之即令人食欲动摇,馋涎欲滴;举箸食之,朵颐大快,令人常思有再。据《中国名菜谱》载:此菜出现在清光绪二年,福州扬桥巷官钱局一官员宴请上司布政司周莲时,此官员之妻下厨烹制成此菜,周很爱食此菜,事后便携衙厨郑春发登门求教,学得其法又加以改进。光绪三年,郑与人合开聚春园菜馆,便把此菜推向了市场。食客高兴吟诗称赞,说此菜飘香诱人,“坛启荤香飘四邻,佛闻弃禅跳墙来……”,众人应声叫绝,拍手称奇。此菜遂正式命名为“佛跳墙”。此菜吃法也别有风味,上菜时,将坛中各料倒入大盘,并将过油鸽蛋摆在最上面,同时上蓑衣萝卜1碟、火腿拌豆芽1碟、冬菇炒豆苗1碟、油辣芥1碟以及银丝卷、芝麻烧饼佐食。

(二)烹调方法

煨。

(三)原料组成

主料:水发鱼翅500g,水发鱼唇250g,水发刺参250g,干鱼肚125g,净母鸡1只(约重1500g),金钱鲍6个(每个约重15g),水发猪蹄筋250g,猪蹄尖1000g,大猪肚1个,净鸭1只(约重500g),羊肘500g,净鸭胗6个,净火腿腱肉150g,鸽蛋12个,水发干贝125g。

配料:水发花冬菇200g,净冬笋500g,猪肥膘肉95g。

调辅料:葱段95g,姜片75g,桂皮10g,冰糖75g,绍酒2500g,上等酱油75g,味精10g,猪骨汤1000g,熟猪油1000g(实耗约250g)。

(四)制作过程

(1)将水发鱼翅洗净去沙,排在竹箅子上,与葱、姜、酒一并下沸水锅,煮10min去腥味取出,放碗里,上面摆放肥膘肉,加绍酒50g,上笼屉用旺火蒸2h取出。将鱼唇、金钱鲍分别用水涨发或蒸发,将鱼肚用油发后,切成5cm长、2.6cm宽的块。

(2)将鸡、鸭分别剁去头、颈、脚,各斩成12块;猪蹄尖去蹄甲,拔净毛,洗净;羊肘刮洗干净,各斩12块。分别下沸水锅氽一下。鸽蛋煮熟,去壳。将猪肚处理干净后切成12块,放入盛有250g烧沸的骨汤锅中,加绍酒85g氽一下捞起,汤汁不用。

(3)将水发刺参每只切为2片;水发猪蹄筋切成6cm长的段;火腿蒸熟后切成1cm厚的片。冬笋焯水后每条直切成4块,用刀轻拍。锅置旺火上,下熟猪油烧至七成热时,将鸽蛋、冬笋块下锅过油后捞起。

(4) 锅置旺火上，下熟猪油50g，烧至六成热时，将葱段、姜片下锅炒出香味，放入鸡、鸭、羊肘、猪蹄尖、鸭肫、猪肚块炒几下，加入酱油、味精、冰糖、绍酒、骨汤、桂皮，加盖煮20min后，起锅捞出各料盛于盆中，汤汁待用。

(5) 取1个中型绍兴酒坛洗净，坛底垫上1个小竹箅子，置于木炭炉子上，先将煮过的鸡、鸭、羊肘、猪蹄尖、鸭肫、猪肚块及花冬菇、过油冬笋块放入，再把鱼翅、火腿片、干贝、鲍鱼片用净纱布包成长方形（上菜时拆去纱布包），摆在鸡、鸭等料上，然后倒入煮鸡、鸭等料的汤汁，用荷叶在坛口上封盖，并倒扣压上1只小碗。装好后，将酒坛置于木炭炉上，用小火煨2h后启盖，速将刺参、猪蹄筋、鱼唇、鱼肚放入坛内，即刻封好坛口，再煨1h即成。

（五）制作要领

(1) 各料在合坛煨制前要做好预制工作，以清除异味。

(2) 合坛煨制时要控制好火候。

（六）风味特点

菜品香气四溢，滋味浓郁；肉料软烂，选料多样，名贵大方。

（七）知识拓展

“佛跳墙”用料很多，可谓集山珍海味于一体，海陆空俱全，还有绍酒、猪油、猪骨汤和冰糖、葱、桂皮、姜等调味品。多种不同的原料在一起加热，所产生的鲜味相乘的化学变化效应，使得“佛跳墙”具有特别鲜美的滋味与丰富的营养。

制作福建“佛跳墙”须用绍酒坛子作炊器。主配调料总重量加起来已超过13kg，即使把加热后耗去的液态调味品扣除，也远远超过10kg。整坛上桌，坛口小，坛腹深，临时很难进食，且美味分层而置，极易食而不均。于是，宾馆饭店烹好佛跳墙后，先整坛抬上席，当众启封，使与宴者先睹为快，先目食、鼻食，然后下去用小餐具各客各分一份，有参翅鲍贝，更有原汁鲜汤，得尝一口，回味即可良久。一坛佛跳墙如供一桌客人一次食用，则其他美味均可免矣。按重量计每客可分得500g左右，食过“佛跳墙”，其他美味当时即很难再引起强烈的食欲了。故精明的饭店老板分小器供佛跳墙时，总是控制其量，因此菜是品味之菜，非果腹之粗食也。寻常家食，料可稍减，器可酌小，但费工费时，不易置办。

思　考　题

1. 禽畜肉为何要先煮过？
2. 此菜鲜香味浓的原理是什么？

三、海南椰子盅

（一）菜品简介

椰子是海南岛的特产，椰子入菜的例子很多，而以椰子本身作盛器的菜品既有本例的汤菜，也有用冰糖银耳等制成的甜菜。

（二）烹调方法

炖。

（三）原料组成

主料：椰子 1 个（约 1000g）。

配料：鸡肉 125g，熟瘦火腿 25g，发好的香菇 25g。

调辅料：椰汁 25g，鲜奶 50g，清汤 400g，干淀粉 5g，鲜汤 1500g，精盐 2g。

（四）制作过程

（1）剥去椰子外衣，刮净外壳，洗净，锯出蒂部约 1/5 作盖，倒出椰汁，即成椰盅。

（2）鸡肉、香菇均切成粒，鸡肉用湿淀粉拌匀，放鲜汤内滚过。

（3）先把椰盅放在鲜汤内煮 10min，沥净水后，把鸡粒、菇粒、火腿粒、清汤放在椰盅内，加入精盐，盖上盖，入蒸笼用中火炖约 90min，取出后加入椰汁、鲜奶再炖 3min 即成。

（五）制作要领

炖制时要将椰盅立稳。

（六）风味特点

椰奶香浓，清鲜滋润，别有风味，具有海南地方特色。

（七）知识拓展

一盘美味可口的佳肴，配上精美的器具，运用合理而独特的装饰手法，可使整盘菜品熠熠生辉，给人留下难忘的印象。那些体现食物原料的营养价值和本来风味的“原壳原味菜”与巧配外壳、渲染气氛的“配壳增味菜”，以及情趣盎然、赏心悦目的盘边装潢与古色古香、各具风姿的精巧餐具的有机结合，使得中国菜肴的配饰造型与装盘绚丽多彩、不拘一格而十分诱人。类似于椰子壳盛装菜肴的主要有：

①利用原壳盛装原味菜品，如一些贝壳类和甲壳类的软体动物原料（如鲍鱼、鲜贝、赤贝、海螺、螃蟹等），经特殊加工、烹制后，以其外壳作为造型盛器而一起上桌。如“扒原壳鲍鱼”、“老鲍怀珠”、“鹬蚌相争”、“原壳海螺”、“雪花蜗牛斗”、“清蒸原壳鲜贝”、“蒜糜青口贝”、“蒜糜蒸生蚝”、“豉汁蒸生蚝”、“雪花蟹斗”、“软煎蟹盒”等等。

②利用水果、蔬菜制作象形器物盛装菜肴。如以橙子皮壳作为菜肴的配器，其色之雅、形之美，使人感到焕然一新。像“橘篮虾仁”、“橘盅鲜贝”等菜，鲜爽可口，特色、

风味显著。取用冬瓜、南瓜、西瓜外壳制成的冬瓜盅、南瓜盅、西瓜盅，此名为“盅”，实为装汤、羹的特色深盆，其瓜盅只当盛器，不作菜肴；在瓜的表面可以雕刻成各种图形，或花卉，或山水，或动物，可配合筵席内容，变化多端，美不胜收。

③利用经加工制成的特殊外壳盛装各色炒、煎、炸、煮等烹制成的菜肴。如以菠萝外壳、椰子壳、春卷皮、油酥皮、土豆丝、粉丝、面条制成的盅、巢等。用这些不同风格的外壳装配和美化菜肴，可使一些普通的菜品增添新的风貌，达到出奇制胜的艺术效果。

下面列举类似“椰子盅”的菜肴两则：

“琼州椰子盅”：海南特产名菜。将椰子剥去外衣和硬壳，完整取出椰肉，在棕黑色表皮上雕刻出海南风光图案，在蒂部圆周割出锯牙交错的盖口及盖，即成椰盅，浸在清水中待用。将净乳鸽同瘦肉一起放沸水中煮 10min 取出洗净，将火腿、冬菇、瘦肉一起切成粗粒状，然后连同乳鸽放进瓷炖盅内，加进味精、精盐、姜片、料酒及适量清汤，中火炖熟，将炖好的物料平均分放在 2 只椰子盅内，再上笼蒸 15min，然后把事先制好的椰子汁倒入盅内便成。此菜鸽肉鲜嫩、汤液乳白、椰香扑鼻、入口润滑，曾于 1988 年第二届全国烹饪技术比赛中获金牌奖。

“海南椰子船”：又称“珍珠椰子船”，是海南琼海、文昌一带民间传统小吃。取刚结满白瓤的鲜嫩椰子，剥除外衣及硬壳，取出整只肉瓤，在顶端切开小口留盖，倒掉椰子水，将淘净的糯米填入椰盅内，同时加入白糖及鲜椰汁，灌入淡鲜奶（或沸水），用椰盖封口缚紧，放进盛有清水的锅中（勿使椰盅内水分渗出）加盖，旺火煮沸，然后用慢火煮约 3～4h，糯米熟透胀满后取出。自然冷却后，解开绑绳，用刀切开，顺势解成若干块两头尖、中间宽的船形块件，摆盘即成。椰肉和糯米饭紧密结合，色泽白净，晶莹半透明，状如珍珠（故有“珍珠椰子船”别名）。硬软相间，脆糕结合，慢品细嚼，椰香浓郁，清甜爽口。一般只流行于椰子产地的民间，只有个别餐饮店作为产品销售。

思　考　题

为什么椰汁、鲜奶要最后才下？

四、泥鳅炖豆腐

（一）菜品简介

“泥鳅炖豆腐”别名“泥鳅豆腐汤”、“黑龙钻白玉”、“乌龙钻豆腐”、“玉函泥”、“鳅鱼拱豆腐”等。相传，此菜源于宋朝年间，一日，饶州府抚台微服私访，来到一村庄时，天色渐晚，准备找一户人家歇息吃饭，这时看见一农妇，抚台便上前与她商量，善良好客的农妇慨然答允，把客人安顿下来，农妇苦于家中没有什么荤腥招待客人，便到田间小塘，想弄点鱼虾，结果只弄到些泥鳅，而当地的风俗是无鳞鱼不能单独做菜上席，怎么办？农妇想出了一个好办法，做出了一道菜。这是一碗豆腐菜，抚台大人开始以为很平常，不料品尝后，感觉异常味美，咬破豆腐，里面藏有泥鳅，其肉质特别鲜嫩，不禁赞到：这乃是“金屋藏蛟”，奇菜！绝菜！后来便更名为“泥鳅钻豆腐”而流传至今。

（二）烹调方法

沙锅炖。

（三）原料组成

主料：活泥鳅鱼200g，豆腐500g。

配料：冬笋、胡萝卜各50g。

调辅料：鲜姜3g，葱白4g，味精、精盐各5g，鸡油50g，料酒10g，胡椒粉1g，鸡汤1000g。

（四）制作过程

（1）胡萝卜洗净去皮，同冬笋用梅花模具压成厚块，再切成梅花片，用沸水稍烫，捞出，用冷水投凉。姜去皮，切成碎末；葱白切葱花；豆腐切成6.6cm见方块。

（2）取干净沙锅一只，放鸡汤、泥鳅，用非常小的火逐渐加热，这时泥鳅就有些难以招架，立时将火熄灭，泥鳅虽然感到不好受，却死不了；待一会，再点着火，随着鸡汤的温度不断上升，泥鳅又惊慌起来，趁此时机把冰冷的豆腐放入锅内，正受热煎熬的泥鳅忽遇冷豆腐，以为找到了家，拼命地向豆腐中钻；为了给泥鳅留下足够的钻豆腐时间，再一次将火熄灭，待泥鳅绝大部分钻进豆腐中，只露出一只只小尾巴在外面微微摆动时，盖上盖，加大火，烧至汤开，打开锅盖，撇净浮沫；再烧炖30min左右，豆腐起蜂眼时，放料酒、盐、姜末、味精，然后将胡萝卜、冬笋梅花片摆在沙锅中的两旁，调味，再炖一会，加入胡椒粉、鸡油，撒上葱花即可上桌。

（五）制作要领

（1）泥鳅鱼要选活的、生命力较强健的，须用清水养两天以上，每天换3次水。

（2）豆腐要先焯透。沙锅、鸡汤、豆腐都必须冷凉。让泥鳅喝足鲜汤，再加热。

（3）加热时应盖严锅盖，防止泥鳅窜跳锅外。加热时要用非常小的火逐渐加热，并做到两次点火、熄火，注意水温和时间，以及泥鳅鱼的变化。火候不宜过大、过急，待泥鳅全部钻入豆腐内，再改用中火炖至成熟。

（4）汤要一次加足，中途不宜添汤，保持原汁本味。豆腐、泥鳅要烧炖熟透，既味透肌里，又可达到杀菌消毒的目的。

（5）成菜后，沙锅上桌前，锅底应衬垫锅垫或盘碟，以防锅底骤冷破裂，并且端时也不烫手，高雅、卫生、大方，又能防止烫坏餐桌面。

（六）风味特点

泥鳅钻入豆腐中，豆腐形整而不碎，原汤本味，汤色乳白，豆腐、泥鳅鲜嫩，形色美观。烹法独特，新颖有趣，风味特佳。

（七）知识拓展

豆腐、泥鳅是常备烹调原料，物美价廉。泥鳅素有“土人参”之称，具有补中益气，祛湿除邪，治消渴、阳痿、痔疾、疥癣等症的功效。最近研究发现，泥鳅对于治疗急、慢性肝炎、传染性肝炎方面，有特殊疗效。豆腐素有“植物肉”之美称，具有益气和中、生津润燥、清热解毒、消渴止痢等功效。常吃豆腐，能够降低胆固醇，防止血管硬化。豆腐可凉拌热炒，适应各种烹调方法与各式吃法；泥鳅可炒、炸、烧、酱、烤，能烹制百余种不同风味的菜肴。

白族风味：沙锅内放入卷心菜、火腿、青辣椒、花椒粉、胡椒粉、粉丝、适量清水和牛奶、水豆腐、泥鳅，先微火、中火慢慢烧至旺火，烹制而成。

成都风味：将豆腐切成 3cm 见方块，放铝勺内堆成堆，放冷水、活泥鳅，用中火升温。另用炒锅炒牛肉末，再加豆瓣酱炒香，添汤，倒入豆腐、泥鳅勺内，加调料烧透，勾芡，加味精，撒上花椒面即成。

湖南风味：锅内放清水、芝麻油、盐、辣椒、白酒、醋、泥鳅，放小火上加热，水温升高时，再加入大块豆腐，盖上锅盖；烧 2～6min 后，加姜、味精、红辣椒，盛出装盆即可。

河南风味：饿养后的泥鳅与大块豆腐一起放入 1000g 温水锅内，用旺火烧煮，泥鳅钻入豆腐内，加调味品和板油丁，烧开，汤呈浓白时，淋芝麻油，撒芫荽段即成。

土家族风味：选用 13～17cm 长的活泥鳅 12 条，喂养 4～5d。将豆腐、泥鳅放在锅子里，再放入清水，用微火煮，慢慢加热，并加入红辣椒丝、芫荽段、茶油、酱油、盐，待锅开出味后，铲入盘里，然后放适量葱姜丝、芝麻油、味精、胡椒粉即可上桌食用。

思考题

1. 怎样通过控制火候使泥鳅钻入豆腐中？
2. 用鸡汤烹调对成菜风味有什么作用？

五、四生火锅

（一）菜品简介

火锅是由我国古代的铜鼎逐步发展演变而来的。唐代诗人白居易诗“绿蚁新醅酒，红泥小火炉，晚来天欲雪，能饮一杯无”，这“红泥小火炉”就是今日的火锅；宋代汴京市肆，冬天已有火锅应市；辽代民间吃火锅已很普遍了，从内蒙古出土的墓壁画中，就有契丹人吃涮羊肉的场面；明清时吃火锅已达到了鼎盛时期，并传入宫中，嘉庆元年（1796 年），清宫内曾举办过“千叟宴”，动用火锅 1550 余只，成为历史上最盛大的火锅宴。

火锅菜的吃法称“涮”，南方称“烫”，具有浓郁的乡土民族风味，古香古色，情趣别致。其特点是餐炊合一，自烹、自调、自食，选料广泛，可荤、可素，因地、因人、因时、因料灵活多变，容量大，丰俭由人，不受约束，易于掌握，经济实惠。冬天绝不会因天冷，而使菜肴变凉，令人扫兴，自始至终是热食，因此，被人们称为“冬天里的一把火”。如今火锅已四季不分，常年供应。

（二）烹调方法

涮。

（三）原料组成

主料：生鸡脯肉片 100g，生鸡肫 100g，生河虾仁 100g，生猪腰 100g，大白菜丝 150g，豌豆苗或菠菜 150g，油条 2 根，油炸粉丝 50g。

配料：冬笋片 150g，雪里蕻咸菜末 50g。

调辅料：葱丝 10g，姜丝 5g，绍酒 20g，精盐 3g，味精 2g，辣酱油 1 小碟，虾油卤 1 小碟，芝麻酱 1 小碟，芫荽 1 小碟，熟猪油 5g，清汤 1000g，胡椒粉 2g。

（四）制作过程

（1）将鸡脯肉、鸡肫、猪腰分别片成薄片，整齐地排放在 3 只圆盘中。将河虾仁放入另一只圆盘内摊平。取洗净的菜叶 4 张，用沸水焯一下，过凉，盖在四生荤料盘上。

（2）将大白菜丝、豌豆苗或菠菜、油条（切成斜刀形后复炸）、油炸粉丝、葱丝、姜丝分别装在盘内。

（3）将炒锅置旺火上，舀入清汤 1000g，加入冬笋片、雪里蕻咸菜末、精盐，烧沸后撇去浮沫，加入味精倒入火锅中。

（4）将四生荤料盘上的菜叶揭去，分别淋上绍酒，连同大白菜丝、豌豆苗或菠菜、油条、粉丝和火锅及调料一起上桌。火锅底加入酒精，临食点燃，待汤沸后，随意分次涮食。

（五）制作要领

（1）选料要精细、严格、讲究。

（2）初步加工必须除净筋、膜、骨底等，修理整齐，薄厚、大小一致。

（3）涮肉时要掌握好火候，时间不宜过久，一次涮肉不宜过多，要涮熟透。

（4）食用时应及时用汤匙清除浮沫，保持汤清如水，鲜醇卫生。

（5）锅内汤汁不宜过咸，稍淡为宜，涮食时，要随时添加汤汁，保持火锅的恒定温度，不使火锅骤凉骤热。

（6）吃火锅多在冬季，如以木炭作为燃料，切忌人多、空间小、门窗紧闭，室内要有良好的通风，留有通气口，防止一氧化碳中毒。

（7）涮锅底座应垫一空盘，注入冷水，防止热锅将桌面烫坏。

（六）风味特点

冬令时菜，原料多样，荤素俱备，边烫边吃，既嫩且鲜，配以各种调料，其味更佳，自烹、自调、自食，气氛热烈。

（七）知识拓展

既是餐具又是炊具的火锅可以说是中国饮食文化的国粹，在南方有的地区称“暖锅”，广东则称“打边炉”或“御寒生馔”，又名“锅边炉”。如今火锅更是花样翻新，名目众多，如什锦火锅、四川毛肚火锅、麻辣烫、活鱼火锅、北京清水涮、各吃火锅、香港四季火锅、台湾沙茶火锅、朝鲜火锅，传至日本称“锄烧”，以及药膳火锅等，已遍地开花，传遍世界。现在无论大江南北、长城内外，无论饭店酒楼、居家饮食，也无论是春夏秋冬都少不了火锅的足迹。不管是四川火锅还是北京东来顺的涮羊肉，都是一个大桌子上放上一个大火锅，锅里汤水翻滚，大家围在一起都在锅子里搅和，吃得满头大汗，津津有味。

全国各地的火锅制法与吃法基本相同，无太大差异，不同的是所用原料、蘸料品种各异。

吉林风味：名“冬至火锅”，用鸡汤，锅子底料有口蘑、冬笋、蛎黄、海参、海米、干贝、姜片、豆豉、咸韭菜。肉有鸡肉片、鱼片、白肉片、瘦肉片、牛肉片、羊肉片、野味肉片等。配以白菜、西红柿、胡萝卜、芫荽。蘸料由酱油、卤虾油、芝麻油、红方、韭菜花、姜丝、料酒、醋等配制而成。汤开，分别涮制。

天津风味：锅底汤用蘑菇、八角、葱丝、姜片制成。小菜四样：酱豆腐、糖蒜、腌韭菜、腌芥菜等。蘸料有芝麻油、麻酱、酱油、辣椒油、卤虾油、红方、韭菜花、料酒、醋等。配菜有白菜、酸菜、细粉条，喜食海味者，可加蛎黄、海参、螃蟹、海米等。下货有肚片、肚仁、腰子、羊肝片等。

四川风味：四川火锅用牛骨汤、固体牛油、豆瓣、辣椒、花椒等多种原料、调料配制汤汁。煮沸后，即可将洗净的毛肚、鱼片、鳝鱼片、鸭血等放入锅中烫食。烫熟的入芝麻油碟子，边蘸边吃，吃起来有麻、辣、烫、鲜、嫩、脆的特点。早期的火锅系烫毛肚为主，后来发展为烫食各种荤、素菜。最初多在寒冬腊月吃，现在人们一年四季都爱吃。而且火锅品种繁多，有“红锅”、“白锅”、“鸳鸯锅”，有“排骨火锅”、“肥肠火锅”、“酸菜火锅”，有“火锅鸡”、“火锅鸭”、“火锅兔”等。四川人多爱吃火锅，并以此为待客佳肴。

1983年，中国第一届全国烹饪名师技术表演鉴定会上，重庆代表队拿出的一款变化器具的新作“鸳鸯火锅”（双味火锅），创作者将“清汤火锅”和“红汤火锅”两种味道不同的火锅有机结合起来，格调高雅，又便于顾客选择。然而火锅的不卫生食法早已引起人们的注意，清代袁枚对许多人在一个锅里涮来涮去的火锅食法表示异议，认为应当“戒”去。所以火锅在保持其传统风味的基础上，加大改革力度，在饮食形式上，灵活多变，如采用自助式、零点式等，涮锅采用多格式或各吃式等。全国连锁的华安肥牛餐馆将众人共食的火锅采用一人一炉一锅的“各客火锅”形式，自涮自食，既卫生又方便。偌大的餐厅每日人流如涌，受到顾客青睐，究其原因，除了味道好、价格实惠外，就餐形式的变化不能不说是吸引客源的重要条件之一。这种新型的分餐火锅，为消费者提供了一个安全的屏障。

思考题

1. 火锅的热源有炭火、液化气、电或酒精火等，试比较优劣。
2. 涮、氽、烫、煮之间有什么区别?

第二节 烧焖扒㸆烩类菜品

一、扒三白

(一) 菜品简介

“扒三白”是山东传统风味名菜，它广泛地流传于京、津等北方大部分地区，尤其盛行于东北三省。此菜始于何时？出自何人之手？典籍无载，难以考证。据说此菜是在传统名菜“扒肥肠”、“扒白肚”、“扒二白”的基础上改制而成，此菜实际是一道“扒三鲜”或称“扒三样”，但因原料组成都是白色，而又采用了白扒的做法，故得此名。因其清丽雅洁，深受美食家青睐，故常出现在高级筵席的餐桌上。“扒三白”是一道精湛细致的刀工火候菜，在烹坛被视为白扒系列菜肴中的代表菜，它集中概括了扒制菜肴的全部内容与特点，因此常被选定为晋级必考菜和表演菜以及重点教学菜。由此可见“扒三白”在诸多名菜之中占有的重要地位。

(二) 烹调方法

白扒。

(三) 原料组成

主料：水发鲍鱼、鸡脯肉、芦笋各150g。

配料：蛋清1个。

调辅料：精盐6g，葱白25g，姜块20g，味精7g，料酒15g，湿淀粉20g，鸡汤300g，鸡油40g，色拉油500g（约耗75g)。

(四) 制作过程

(1) 鲍鱼片成0.7cm厚的片；芦笋两头切齐；葱白切段；姜去皮，拍松。

(2) 鸡脯肉片成 4cm 长、2.6cm 宽、0.7cm 厚的长方形片。用碗放入鸡片，加入蛋清、湿淀粉，抓匀上浆，静置待用。

(3) 锅放少许油烧热，倒出，再另放色拉油 500g，烧至四成热时，投入鸡片，用筷子迅速滑散滑透，倒入漏勺，控净油。

(4) 将三样原料均正面朝上叠摆码盘，取芦笋码盘正中，鲍鱼片摆左面，鸡片摆右面，芦笋上面垫些笋片，呈圆形，中间略凸，整齐地码于盘内。

(5) 锅上火，放少许色拉油烧热，再放入葱、姜炝锅，出香味后，捞出不要，添鸡汤，加盐、料酒、味精，然后将“三白”轻轻地平行推入勺内，保持原形不变，汤与菜肴平行为度，旺火烧开，撇净浮沫，及时移至小火，盖上锅盖，慢慢烧煨，至菜肴酥烂入味，调味，用淀粉勾薄芡，晃勺，淋鸡油，大翻勺，整齐地拖入盘内，再将勺内余芡薄薄地淋在菜肴表面即可。

(五) 制作要领

(1) 切鲍鱼、鸡片时，刀工形状要大小一致、厚薄均匀。

(2) 鲍鱼、芦笋要焯透，投凉；鸡片上浆要抓匀，滑油时不宜过老变色。

(3) 码盘时，要仔细认真，三样摆得要整齐、紧凑，压住茬，正面朝下，表面舒展平贴。

(4) 推菜下勺时，平推入勺，原形不变，菜肴一散乱，前功尽弃。

(5) 烹调时要注意控制火候，不宜大沸，防止冲散走形和菜肴粘锅煳底。

(6) 添汤要适量。汤多，菜形易散，又延长烹制时间；过少，又会造成中途添汤。

(7) 勾芡时，注意勺内汤汁多少及芡的浓度大小。

(8) 大翻勺时注意姿势和腕力的运用，防止出现意外而翻散菜肴，要一次全翻过来，否则即告失败。

(六) 风味特点

色泽洁白，明油亮芡，质地酥烂滑润，鲜香味美，形状整齐美观。

(七) 知识拓展

“扒三白”是一味地道的北方菜，其他地区皆无此馔。南北的扒法不尽相同，南方多用“屉扒”，河南用锅、勺扒，孔府用沙锅扒，但要加放锅垫，粤菜扒法是主、配料分别烧制后，用配料垫底制成，都没有大翻勺的技法，大翻勺为北方特有的技法，尤其是在关东地区，极为重视。对于扒制技法的理解，南北也各有差异，南方视扒与炖、焖、煨、烧相类似，用炒锅烹制，对北方的扒多不认同。而北方认为扒是一种独具特色的烹制技法，必须用炒勺（俗称“马勺”）烹制，这样才能最大限度地突出和体现扒的特色。

“扒三白”始出至今，变化不大，各地方做法略有不同，主要表现在用料上。黑龙江风味是用鲜鲍鱼、芦笋、熟猪肥肠烹制而成；另一道是用熟心、熟猪脑、熟脊髓烹制而成；吉林风味是用小白菜、芦笋、鲍鱼烹制而成；清真风味是用熟羊舌、羊脊髓、熟羊肠烹制而成；旅大风味是用鲍鱼、水发龙鱼肠、广肚烹制而成；北京全聚德是用鲍鱼、熟鸭掌脯、鸡芽肉，加香糟，制成"糟扒三白"；辽宁风味是由秋白菜、鱼肉、芦笋合烹成；天津风味则是由鱼肚、白鸡、玉兰片烹制而成。可见三白原料的组配，并无定制。

"扒三白"各地具体操作时，有炝锅与不炝锅之分，有散扒、整扒之别，还有垫底扒与不垫底扒之差，有高、有低，无一雷同，各具风味特色，无正宗与非正宗之分，不必强求一致、千篇一律。此馔可在不失传统风味的基础上，扩展和变换更多的原料品种，使其丰富多彩，也可新制出扒四白、扒五白等。尽量突出本地区的特色，可研制出"蚝油扒三白"、"奶汁扒三白"、"椰汁扒三白"等。

思考题

1. 此菜怎样勾芡才能达到成菜效果？
2. 为什么说大翻勺技术是此菜的制作关键？

二、鸡粥菜心

（一）菜品简介

鸡粥馔为江苏传统名菜。每年十月间，南通盛产一种"绿玉镶边"青菜，翠嫩味甜。民谚有："鱼鲜肉鲜比不上十月的菜心"，"十月的白菜鲜"。厨师选用此菜心和鲜嫩的鸡、虾制成的"鸡粥菜心"，已成为传统佳肴。

（二）烹调方法

煮。

（三）原料组成

主料：鸡脯肉 75g，熟肥膘肉 25g，鸡蛋清 3 个，青菜心 400g。

配料：熟火腿末 5g。

调辅料：精盐 9.5g，味精 8g，湿淀粉 10g，干淀粉 50g，熟猪油 75g，鸡清汤 1050g。

（四）制作过程

（1）将鸡脯肉、熟猪肥膘肉分别放在砧板上，先粗斩，放入鸡蛋清后再细斩成糜，放入碗中，将鸡清汤 150g，可分批加入，加精盐 1.5g 搅匀，隔 5min 再加入鸡清汤 600g、干淀粉 50g、味精 0.5g、精盐 3.5g，拌匀。将鸡蛋清打成发蛋倒入，搅拌成鸡糜糊。

（2）将锅置旺火上烧热，舀入熟猪油 25g，烧热，将洗净的已切成 3cm 长的菜心入锅略煸，放入精盐 2.5g，舀入鸡清汤 150g，加味精 1g 烧沸。倒入漏勺，待用。

（3）将锅置旺火上烧，舀入熟猪油 25g，加入鸡清汤 150g、精盐 2g、味精 2g，烧沸，用湿淀粉 10g 勾芡。然后将鸡糜料徐徐倒入锅中翻炒，待鸡粥大沸时，淋入熟猪油 25g，投入熟菜心，再翻炒几下，起锅装盘，撒上火腿末即成。

（五）制作要领

鸡脯肉和猪肥膘要斩细，越细越好。有条件要过筛。

（六）风味特点

鸡粥滑若凝脂、白如雪，菜心鲜嫩，色绿欲滴，白中隐绿，似玉中藏翠，清鲜味美爽口，为初冬老幼皆宜的美肴。

（七）知识拓展

烹饪菜肴中的鸡粥与鸡粥店（如著名的小绍兴鸡粥店、无锡鸡粥店、广州强记鸡粥等）经营的鸡粥是两回事。如广州强记鸡粥店的招牌粥“强记鸡皇粥”是选用全只鸡最美味最嫩滑的部位，加上特制的酱料腌上一段时间，使鸡肉完全吸收调料，再用老火熬制的靓粥，粥底每天都要熬 4h 以上，然后放进已调好酱料的鸡肉，生滚而成。这样的粥，粥水滑口味香，用汤匙舀起一匙热粥，香气扑面而来，绵密的鸡粥，入口即化。烹饪中的鸡粥不用一粒米，全用鸡脯，外加肥膘，制成粥一样的菜肴，除了“鸡粥菜心”外，还有下列鸡粥菜肴：

“双色鸡粥”：也叫“鸳鸯鸡粥”，浙江风味。将鸡脯肉、肥膘肉剁成糜，加入干淀粉、盐、葱、姜汁、味精、蛋清、料酒、鸡汤调开，搅匀上劲即成白色鸡糜。将鸡汤放入烧至三成热的炒勺中，勾成薄芡，随之将鸡糜徐徐倾倒于勺内，待鸡蓉将烧开时，加入熟猪油，继续搅动均匀，离火盛入碗中。绿菜叶用开水烫透，捞出剁成泥，入锅炒热，加入鸡汤少许，用湿淀粉勾芡，盛入与鸡蓉同一碗的另一边即成。绿白双色相映，肥嫩清香爽口。

“鸡粥干贝”：将鸡脯肉斩成细糜，加入鸡蛋清、盐、葱姜酒汁、湿淀粉、鸡清汤，调成鸡糜。锅内放入鸡清汤，将调匀的鸡蓉放入锅中，熬制成粥状，装入盛具中。干贝涨发后放在鸡粥上，用毛豆末、火腿末点缀。鸡粥洁白，咸鲜适口。

“鸡粥鲜桃仁”：将鲜核桃的外壳砸去，将核桃仁剥出并去掉仁上的嫩皮，用清水冲洗后泡入凉水中。鸡脯肉剁成细末放于碗中，用鸡汤澥开，加入 5g 湿淀粉搅成粥状。鸡油入炒勺，用旺火烧热，葱段、姜片炸出香味后烹入料酒，加入奶汤，汤开后将浮沫撇去，拣去葱、姜，加入味精和牛奶，用 10g 调稀的湿淀粉勾成流汁芡。随后将核桃仁、鸡粥放于汤内搅匀，待烧开使鸡粥散开后，淋入鸡油便成。色白味鲜，营养丰富。

思　考　题

鸡粥要求色泽白中带绿，在制作过程中需注意什么？

三、满 坛 香

（一）菜品简介

“满坛香”是广州著名的秋冬名菜。据说此菜始于清末，由大排档首创。当时，广州有许多食摊大排档，秋冬季节这些食摊将狗肉、鸡肉、猪肉、鱼肚、鸡汤等放入食坛，加酒、葱、姜、盐等调味，放在炉上煨煮而成，其汤汁浓醇、肉香扑鼻，人们非常爱吃。由于该菜颇有特色，不久餐馆也经营此菜，并不断加以改进。该菜用食坛密封煨煮，开坛时香气扑鼻，文人雅士们称其为“满坛香”，此名一直流传至今，但用料及制法则有较大改进，广州北园酒家粤菜名师黎和制作的较为出名。

（二）烹调方法

焖。

（三）原料组成

主料：带骨狗肉3500g，光鸡750g，光鸭750g，烤猪腹肉500g，水发鱼肚500g，干鱼唇150g，水发香菇500g。

配料：洗净生菜1000g，青蒜250g。

调辅料：姜365g，葱段10g，精盐25g，豆酱175g，腐乳50g，绍酒150g，姜汁酒15g，湿淀粉50g，鲜汤6000g，芝麻油5g，花生油1000g，味精10g，白糖40g，陈皮末3g，老抽20g，蚝油1000g。

（四）制作过程

（1）鱼唇放清水中浸10h，取出洗净，用沸水煮三次直至软透，洗去细沙，去除黑腐肉，洗净后用清水浸着备用。

（2）将狗肉斩成块（每块约25g）；鸡、鸭斩成块（每块约20g）；烤猪切成15g重的块；鱼肚、鱼唇切成3.5cm×2cm的块；青蒜切成4cm长的段。生菜洗净分作两碟。

（3）用中火烧炒锅，下狗肉炒干水分，取出。

（4）烧热炒锅，下油50g，放入姜块、蒜段煸炒1min至香，取出。再下油25g，放入豆酱、腐乳略炒后下狗肉、姜块、蒜段爆炒1min，烹绍酒100g，加鲜汤3500g、盐、味精、白糖、陈皮末，烧沸后转放沙锅内，加盖，用中火焖90min至烂。

（5）用湿淀粉拌匀鸡块、鸭块，放到160℃热油中滑油，捞起，沥去油。原锅下鸡块、鸭块、烤猪腹肉爆炒，烹绍酒50g，加鲜汤1500g和调料盐、味精、白糖、老抽、蚝油，烧沸后转放另一沙锅内，用中火焖30min至熟烂，加香菇后端离炉火。

（6）用沸水分别将鱼肚、鱼唇焯过，沥去水，炒锅下油，下姜、葱段爆香，烹姜汁酒，下鲜汤1000g、精盐5g，先放鱼肚煨1min，捞起压干水分；再放鱼唇煨3min，也沥干水分。

（7）焖好的狗肉、鸡、鸭、烤猪、香菇、鱼肚、鱼唇等全部放进食坛里，下芝麻油，加盖，放于餐桌中间的炉火上，边滚边吃，另上生菜两碟、花生油一碗约 100g 佐食。

（五）制作要领

（1）肉料烹前均要洗干净。

（2）狗肉要先炒干水分再焖。

（3）鱼唇必须发透，要去净细沙及黑腐肉。

（4）食坛端上桌时，应烧滚几分钟再启坛食用，这样香气更浓。

（六）风味特点

此菜用料广泛，汤汁芳香浓郁，揭盖时香味四溢，食物异常鲜美，肉料软烂，在隆冬季节，围着坛边煮边吃，炉热身暖，是冬令佳品。

（七）知识拓展

坛菜是中国烹调中的一种特色菜肴，它以陶瓷坛罐为烹制容器，多采用煨炖技法，成菜醇香味浓、汤厚鲜美。在中华名肴中，除广州的“满坛香”外，还有几道著名坛菜。

前述的“佛跳墙”是福建首席传统名菜，近百年来一直闻名中外，成为我国最著名的坛菜菜肴之一。据说“满坛香”也是从闽菜“佛跳墙”演化而来。

北京贵宾楼饭店的“御福坛老大”，采用最高档的紫砂大坛，以鱼翅、鲍鱼、海参、裙边、鸵鸟筋、鱼肚等几十种珍贵原料经长时间熬炖而成，将紫砂坛端上桌，开盖则香气四溢，汁浓味厚的清汤口感决然不同。如此佳肴美味，加上名厨的特殊配方，更是营养含量丰富的滋补食品；精致而名贵的容器，令人垂涎之余，更觉高贵气派。

思　考　题

1. 狗肉与鸡鸭为何要分开焖制？

2. 狗肉焖前为什么要炒干水分？

3. 配生菜有何作用？

四、全　家　福

（一）菜品简介

明朝永乐年间，明成祖朱棣到市曹观赏元宵花灯，回宫后感到腹中饥饿，便令御厨供膳。此时，御膳早已冰冷，重新做又来不及，于是，御厨们灵机一动，将各种冷膳放入勺内，加上各种鲜香调料，很快就烩制成一盆色艳、汤浓、味香的御膳来。皇帝、皇后、太子尝过，非常高兴，问曰：“此膳何名?”御厨们一时惊慌起来，其中一位御厨急中生智，连忙回旨曰：“此乃‘全家福’也。”皇上闻奏大喜，从此“全家福”流传开来。

“全家福”是一道高级烩制汤菜，俗称“高级大杂烩”、“什锦杂烩”等，属于鄂菜系的武汉风味。此菜原料多种多样，口味、质感丰富，寓含合家团圆、吉祥幸福之意，因此，常作为中、高档筵席大件上席。现全国各大菜系及地方风味均善制此菜，其中尤以陕西、上海、福建、江苏、湖北、仿膳为最。

（二）烹调方法

烩。

（三）原料组成

主料：水发海参 225g，油发鱼肚 150g，水发笋片、水发香菇、鲜虾仁各 75g，鲜猪腰 50g，熟鸡片 50g，熟火腿 25g，虾子 10g，虾米 20g，鱼肉 100g，鸡蛋 1 个。

调辅料：酱油 40g，葱、味精各 5g，姜片 6g，料酒 15g，精盐 8.5g，鸡汤 400g，胡椒粉少许，淀粉 75g，色拉油 125g。

（四）制作过程

（1）将海参、鱼肚片成 2.7cm 长、1.7cm 宽的象眼片；笋片切成 2.7cm 长、1.3cm 宽的薄片；香菇切成片；鱼肉切成 3.3cm 长、1.7cm 宽的片；猪腰片薄片；火腿切成片。

（2）虾仁放碗内，加少许盐、蛋清、淀粉上浆；猪腰片放碗内，加淀粉上浆；鱼片放碗内，加蛋清、蛋黄、淀粉抓匀上浆。

（3）炒锅放猪油 25g 烧热，再放入葱段、姜汁炝锅，加鸡汤 300g、盐、料酒、酱油、虾子、海参、香菇、鱼肚、笋片、火腿、鸡片、虾米烧开，撇净浮沫，调好味，加味精，用淀粉勾芡，边淋边搅动，见芡汁稠浓，淋少许猪油，盛入大汤钵中。

（4）炒锅放色拉油 250g，烧 80℃左右时，放入虾仁、鱼片滑透捞出；再放入腰片滑透捞出。原锅去油放火上，再放鸡汤 100g、料酒、盐、酱油、虾仁、鱼片、腰片烧开，调味，勾芡，淋色拉油，浇在烩好的海参上面，撒上少许胡椒粉即成。

（五）制作要领

（1）烹调时掌握好投料顺序，切忌胡乱颠倒。

（2）鱼肚、海参等应用鸡汤煨煮透入味，去净异味，但时间不宜过长，防止溶化。

（3）鱼片、腰片、虾仁上浆要抓匀入骨。

（4）滑鱼片、腰片、虾仁时，油温不宜过高，防止脱水失嫩或鱼片滑碎。

（5）芡汁浓度不宜浓稠，三鲜勾芡要紧汁抱芡。

（六）风味特点

用料多样，山珍海味、荤素俱全，汤汁微红，口感丰富，鲜香滑润，脆嫩滑爽，馨香浓郁，营养丰富，风味独特，成菜鲜艳美观。

（七）知识拓展

“全家福”原料多样，变化灵活，不受原料、季节、地区等条件的限制，皆可制作。它是经厨师精心选择、巧妙组合而烧制成的一道高级烩菜。选料讲究，多用一些中、高档名贵原料，档次要够标准，质地要细嫩，味道纯正，鲜香味充足持久，营养丰富。如原料短缺，可用质量较高的鲍鱼、干贝、鱿鱼、鱼唇、鱼骨等代替，配备要齐全，一般都在10种以上，但不能随便拿过来一样原料凑数，必须质味、档次相当，因为此菜是一道团圆高级大菜。此菜在原料配备上基本无主、次材料之分，因此，选料时互相搭配，分量应基本相等，失于偏颇就会降低菜肴档次，失去风味特色。

“全家福”流行地域极为广阔，由于各地的饮食习惯、口味及物产的不同，其原料的选用也存有很大差异，有高、有低，有多、有少，其风味各具千秋。烹调方法以烩为正宗，操作时，有盖帽与不盖帽两种做法。如北京便宜坊风味由海参、大虾、冬笋、鱿鱼、熟鸡肉、熟猪肚、鸽蛋以及调味料烩制而成；仿膳风味由海参、鱼肚、鲍鱼、鱼皮、对虾、鸭腰、干贝、鱼丸、鸡丸、香菇、冬笋、羊肚菌、油菜心、火腿、调料等烧至入味，勾芡即成；上海风味有鱼肚、猪腰、鸡肫、猪肉、海参、熟鸡片、熟肚片、虾仁、火腿、香菇、笋片、青豆等以及调味品，主料切片，用虾仁、青豆、火腿三鲜熘后，盖帽而成；清真风味则由鱼翅、海参、鸡皮、玉兰片、香菇、鱼肚、鱼骨、鸭肝、青菜以及调味品烧烩而成，用鱼翅盖帽。

如今“全家福”又演变出红扒、红烧、熘、炒、煨、清汤等多种，还有用沙锅、火锅烹制的，近年来，又创新出“铁板全家福”，风味殊异，气氛热烈。由于这道菜的选料与做法同杂烩和海杂拌有很多相似之处，因此，有人认为“全家福”是由这两道菜演变而来，这是不对的。海杂拌原料完全选用海味品，很少有其他原料配伍，档次较低，没有盖帽的做法，多以烧制成菜；杂烩选料多而杂，无一定章程，任意选料，不甚讲究，档次也较低，也没有盖帽的做法。这三道菜是截然不同的，不能混为一谈，它们与福建“佛跳墙”、广东“满坛香”、“鼎湖上素”、“什锦菜”等，具有异曲同工之妙。

思　考　题

1. 鱼肚、海参为什么要用鸡汤先煨煮一下？
2. 此菜烹制时操作过程较多，如何控制火候的变化以达到菜肴的最佳效果？

五、烧　三　合

（一）菜品简介

“烧三合”是湖北武汉黄陂传统名菜。相传明崇祯十五年间，农民起义军领袖李自成率部由襄阳出发，攻占黄陂县城。当地老百姓用当地年节食品——鱼圆、肉圆、肉糕犒劳起义军，厨师将其合而烹之，一菜三鲜，味道特鲜，义军极喜食用。此菜后在民间广为流传，并把它作为品评酒席的起码标准，没有三鲜不称席，三鲜不鲜不算好。此菜用精制的鱼圆、肉糕、肉圆，加上玉兰片、黑木耳、酱油、味精、猪油等调配料经红烧而成。一菜三样，色泽艳丽，滋味各异，质软鲜嫩。

（二）烹调方法

烧。

（三）原料组成

主料：猪前腿夹缝肉 150g，净鱼糜 125g，已制好的鱼圆 20 个，肉圆 12 个。

配料：豆油皮 1 张，荸荠 50g，水发黑木耳 25g，水发玉兰片 25g，鸡蛋 1 个。

调辅料：精盐 8g，味精 3g，胡椒粉 2g，鲜汤 300g，酱油 25g，湿淀粉 40g，熟猪油 75g，葱段 3g，葱姜汁 10g。

（四）制作过程

（1）将猪肉剁成豌豆大的肉丁，加精盐 3g、姜葱汁一起搅拌均匀。净鱼糜加湿淀粉 30g、精盐 3g、清水 75g、味精 2g 一起搅拌上劲，再加荸荠丁、肉丁、胡椒粉 1g，混合制成糊。

（2）把豆油皮平铺在蒸笼上，将鱼糊、肉糊倒入摊平，四周抹齐，上笼蒸 0.5h，熟后切成 4 块，将蛋黄抹在肉糕上，再蒸 0.5h，切成 5cm 长、2cm 宽的条。

（3）炒锅置旺火上，下猪油 40g 滑锅，加鲜汤烧沸，放入肉圆、肉糕烧透后，下鱼圆、味精、盐、黑木耳、玉兰片、酱油，烧沸后勾薄芡，淋上熟猪油，撒上胡椒粉、葱段装盘即成。

（五）制作要领

（1）如果鱼圆、肉圆、肉糕均为现做，注意鱼蓉应尽量剁细，肉要剁得粗一些。不论是鱼蓉还是肉蓉，和制时均要注意投料顺序，顺一个方向用力搅打上劲。

（2）蒸肉糕时，笼内肉糊要铺 3cm 厚，蒸 0.5h 后，应用洁布搌干糕面水分再抹蛋黄，否则难以抹上裹匀。

（3）烧三合时，应将肉圆、肉糕先烧透再加鱼圆，加鱼圆后烧沸即可，不能久烧，否则影响质感。

（六）风味特点

色泽黄亮，圆子形圆，肉糕块形一致，味咸鲜，鱼有肉味，肉有鱼香，质地软嫩，弹性强。

（七）知识拓展

湖北菜选料以鱼、肉、时蔬为主，形成鱼中有肉、肉中有鱼、肉蔬结合。如“沔阳三蒸”，全部以米粉为辅助物，粉蒸肉类、粉蒸鱼类、粉蒸时蔬既突出了各原料自有的风味特色，又融合了稻米的清香。由于稻米黏附于原料之上，保护了原料的水分，使成菜吃起来鲜嫩柔滑，本味特色鲜明。再如“荆沙鱼糕”、“江陵千张肉”等湖北风味的代表菜，选料也很普通，无非鱼肉之类，但由于构思独特新奇，做工精细考究，使菜肴软嫩异常、汤鲜味醇、浑香四溢。

湖北本地人极喜欢吃丸子。经过长期的摸索和积累，不论民间百姓或专业厨师都掌握了许多制作丸子的方法。肉丸、鱼丸、虾丸、珍珠丸、豆腐丸、绿豆丸、银丝丸等，光丸子菜肴就林林总总多达几十种，可谓一丸一格，百丸百味。

鄂菜尤为讲究一菜多料。像“金包银”、“银包金”、“烧三合”、“滑三丝”、“八宝饭”等。从现代营养学观点来看，多料合烹可使多种营养素相互补充，调色变形，增鲜提味，有利于提高原料的食用价值。

思考题

1. 为何鱼糜应尽量剁细，肉糜要剁得粗一些？
2. 和制鱼糜、肉糜的投料顺序是怎样的？
3. 将蛋黄加少量鱼糊、肉糊和匀，抹在摊平的鱼、肉生糊上再蒸制，是否可行？

六、羊方藏鱼

（一）菜品简介

“羊方藏鱼”是江苏徐州名菜。相传已有几千年历史，是彭祖的儿子夕丁传下来的。彭祖曾是尧帝的厨师，他的儿子夕丁幼时喜游水，且爱捞鱼摸虾，彭祖恐其意外溺水，不让夕丁下水，若知道夕丁下水，必定怒责。一日夕丁捞得一鱼，其母正烹羊肉，夕丁母怕其父知道并责备儿子又下水，便将鱼治净藏入割开的羊肉中同烹。彭祖食之，非但不责备儿子，反而甚喜——因为太好吃了。从此徐州传下了这道名菜。此菜鱼羊同烹，鱼无腥气，羊无膻味，独得一个鲜字，实为千古绝妙的美味。其实，古代食经早有这类菜的记载，如谢讽的《食经》中有一味“鱼羊仙料”；唐代丰巨源《食帐》中有一味“逡巡酱——鱼羊休”，为同类古菜，是确定无疑的。很值得回味的是汉字“鲜”字，正是由鱼和羊两味组成的，可见水陆同烹，鲜味相乘，中国人早有经验！

（二）烹调方法

炖。

（三）原料组成

主料：羊肋肉1250g，鲜鲫鱼1条（重约400g）。

调辅料：精盐10g，绍酒50g，葱段25g，姜片20g，花椒2g，味精1g，芝麻油15g。

（四）制作过程

（1）将羊肉切方形，用绍酒5g、精盐5g擦匀后，再把花椒1g、葱段5g、姜片5g搓抹在羊肉上，腌6h，下沸水锅焯水，捞出洗净，四面修齐。

（2）将鲫鱼洗干净，在鱼身两侧剞上花刀，焯水后洗净，抹上精盐1g和绍酒5g。

（3）用刀把羊肉从侧面剖开，以能容下鱼为度，将鱼藏入，用竹签封口。

（4）将沙锅置旺火上，将加工好的羊肉放入锅中，舀入煮羊原汤2000g，投入精盐5g、绍酒40g、姜片15g、葱段20g、花椒1g，烧沸后撇去浮沫；将锅移至小火炖至酥烂，加味精装盘，淋芝麻油即成。

（五）制作要领

（1）除鲫鱼外，也可用鲤鱼、鳜鱼。

（2）羊肉要先腌数小时至入味。

（3）在沙锅内烧制时，要用煮羊原汤烹调。

（六）风味特点

造型完整，构思新奇，味道鲜美，菜品香腴。

（七）知识拓展

我国食羊，经验丰富，食羊谓之养，养身活命之源也。羊之体，可做百种以上佳肴，有所谓“全羊席”者，清代号称“屠龙之技”。

烹制羊肉有多种烹法：可以风制，腊月取肥羊去毛脏风干，冷水泡软后，煮炖皆可。可以白煮，熟后冷切，蘸椒盐或甜酱油食用，用整方羊肉煮熟切块，汤清而不走油，也有少加食碱，爽口不腻。可以煨炖，配黄芽菜或竹笋、胡萝卜煨，或加鸡汤、蕈丁、山药丁同煨，或切大块，入缸中水酒各半，用砻糠火煨熟再加佐料，绝无膻气。清代鱼羊同烹用鲤鱼，《调鼎集》载有“羊肉与鲤鱼块同煨”。还可以加栗子丁煨羊肉羹，羊肉丁配大栗丁，加盐、酒、姜汁、淀粉、羊汤煨作羹，清代此羹是咸鲜味的，同今日北京之栗羊羹很不相同。可以做羊肉丸子，《齐民要术》的“跳丸炙”，用的就是羊肉。可以用旺火炒羊肉片或羊肉丝，宜速炒，调味品可用韭、蒜、姜丝之类，炒羊肉丝越细越好。可以冷冻，把熟烂精羊肉撕碎，加鱼肚、松仁、栗肉、核桃仁、白酱油熬冻，盛在平底盒盘内，压实，切片，名“羊糕”。还可以叉烧炙烤；可以油炸；可以蒸食；还可以做糟羊肉，用煮熟羊肉切块，布包入糟坛，数日香味即溢。

清代浙江也有类似“羊方藏鱼”的羊肉菜，不过不用鲫鱼，而是用的石首鱼。施鸿保诗云：“老绵羊肉糁芝麻，红熟登盘烂似霞。更爱冬来台鲞煼，冻成块块结霜花。”胡羊亦称绵羊，老者肉尤肥美，芝麻糁煮，号芝麻羊。冬月切大块，同台鲞煼成冻，面上凝脂，白若霜花。石首鱼鲞，台州松门出者尤有名，故俗称“台鲞”。与徐州“羊方藏鱼”相比，一是热菜，一是冷菜，但都是鱼羊同烹，都有鲜美的佳味，都值得品尝。一是北味，一是南味，各有特色。

此外，安徽名菜“鱼咬羊”也是鱼羊同烹。淮北地区民俗喜食羊，原先在羊肉汤中氽鲫鱼，是奶汤菜，后改用鳜鱼烹制。鳜鱼因肚膛较大，可由口中绞出内脏，灌入羊肉，小火红烧。此菜鱼体完整，而鱼腹中有羊肉，故称“鱼咬羊”。上桌时，撒上白胡椒粉，配以芫荽佐食，别具风味。

思　考　题

1. 两种火候不相同的原料能否合烹成一菜？
2. 陆生动物原料与水产原料合烹，往往滋味鲜美，为什么？

七、杂　　烩

（一）菜品简介

杂烩，原是广东中小饭店经营的一种小菜，中小饭店的消费对象多数是劳动群众，他们到饭店吃饭，要求经济实惠和供应方便。杂烩正好具备了这两个方面的特点。鸦片战争后，广州正式成为对外通商口岸，外国人增多，这种小菜竟博得不少外国人士的欢迎。初时无以名之，后来根据它用料既杂又碎的特点，直呼为“杂碎”；随后，吃它的国内外人士越来越多，经营这种小菜的小店也骤增，杂烩的用料品位也就固定下来，名声也就越来越大。中国人到国外去开餐馆，也以这种杂烩宴客，遂成为外地熟悉的菜品，并成为华人餐馆的特征和代名词。也有说法认为此菜是李鸿章所传，据《清朝野史大观》载：“李鸿章出使欧美各国，在美思中国饮食，嘱唐人埠之酒食店，进馔数次。记者问李所食何菜？为了摆脱记者的纠缠，老板随口说了个‘杂碎’的名来搪塞一番，谁知道记者本来一窍不通，以为是了不起的名菜，经他介绍，从此，中餐馆的‘杂碎’在美国社会上享有盛誉。”

（二）烹调方法

白烩。

（三）原料组成

主料：鸡脯肉、净鱼肉各 100g，水发海参、油发鱼肚、水发鱿鱼、熟白鸡肉、熟猪肚、熟蛋黄糕、熟火腿、水发腐竹各 50g，大金钩 4 只，水发干贝 10 个，水发香菇 30g，水发玉兰片 60g，鸽蛋 11 个。

配料：熟咸鸭蛋黄 1 个，菠菜 1 棵。

调辅料：精盐、料酒、葱段、鲜姜片各 20g，湿淀粉 25g，味精 2g，色拉油 100g，鲜汤 250g。

（四）制作过程

（1）将海参、鱼肚、鱿鱼、玉兰片、熟蛋黄糕 30g、熟白鸡肉、熟火腿、生鸡肉均片成 5cm 长、1cm 宽的长形片，剩下 20g 熟蛋黄糕切 6.5cm 长丝。葱切片，鲜姜拍碎。

（2）炒锅放入海参、鱼肚、鱿鱼、腐竹、香菇、鸽蛋、金钩及鲜汤、精盐、料酒、味精烧透入味，捞出，将各料分类拣出，原汤备用。

(3) 取底稍平一点的大碗一个，将海参、鱼肚、鱿鱼、腐竹、玉兰片、香菇、鸽蛋、熟蛋黄糕、熟白鸡肉、熟猪肚、热火腿、干贝分类间隔，花色分开，整齐排列，由碗底码摆到碗平，多余各料，放入碗中间填底加满，倒入原汤，上面放上葱片、姜片，上屉蒸 5min 取出，汤滗入勺内，菜肴反扣在大盘内，将熟咸鸭蛋黄放在菜顶上，周围放上蛋黄糕丝，将菠菜用开水略氽，投凉后，插在咸蛋黄下面，金钩剖开，沿菜四周竖起。菜形模似清朝红顶花翎官帽。

(4) 炒锅加原汤上火烧开，勾二流芡，淋色拉油，均匀地浇在菜面上即成。

(五) 制作要领

(1) 选料要得当，不可滥用，造成虚杂失精，破坏菜肴的整体形象。

(2) 原料烧入味，应及时出勺，防止过火糜烂，不利于码摆造型。

(3) 码碗时，要分开料，间开色，整齐细致摆码，注意形态美观。

(4) 上屉蒸熟透即可，蒸制时间不宜过长；翻扣时，要稳、轻，不要弄乱。

(5) 造型要丰满，不要塌瘪；勾芡时，掌握好芡汁浓度和汁量多少。

(六) 风味特点

原料多而杂，原色本味，鲜香滑润，汁明油亮，质感丰富，形状美观，营养全面。

(七) 知识拓展

杂烩全国各地方菜系均有，其烹调方法、原料选择，无一雷同，各有特色，灵活多变，可高可低，丰俭由人，不受约束，杂而不乱，有荤有素，集山珍海味、鸡鸭鱼肉为一体，是一道俗而不凡的高级风味名菜。

东北风味的原料由海参、熟鸡肉、猪肉、虾肉、鲍鱼、干贝、海螺、鱼肚、红豆腐、白豆腐、蛋糕、冬菇、玉兰片等 13 种组成，烩成半汤半菜，装大海碗内即可。

四川风味名“清汤杂烩”，用料由熟猪心、熟猪肉、圆子、酥肉、油发蹄筋、如意蛋卷、熟火腿、玉兰片、土豆、冬菇、海带等多种原料组配而成，分层摆入碗内，加入清汤蒸制而成。

广东风味名“炒杂烩”，是用花肚、叉烧、熟猪肚、整虾仁、鸡胗、香蕈和青菜组成，然后加调料，用小炒烹制而成。

湖南风味名“荤杂烩”，原料为三肥七瘦猪肉、净肥肉、水发鱼肚、水发玉兰片、熟肚片、瘦肉片、水发云耳、水豆笋、水发墨鱼片。猪肉做成炸丸子、蒸丸子，鸡蛋做成蛋卷，摆入大碗内。炸熟的肥肉块与剩余的原料烩好，浇在大碗内即成。

孔府风味名“炒杂烩”，其用料由红肉块、白肉片、氽肉丸子、素丸子、松肉、炸山药、炸豆腐、绿豆芽、青菜、酥鱼、蒸白山药、粉皮 12 种组成。以肉和蔬菜为主，无山珍海味，炒制而成。

“李鸿章杂烩”用料为鸡丝、海参丝、海带丝、洋粉、黄花菜、木耳、鱼丸子、口蘑等，加鸡汤，蒸至半干食之。

香港平安饭店的"董氏杂烩"，有猪排骨、豆腐、胡萝卜、黄豆芽、木耳，炝锅用原汤，沙锅烧透，点芫荽而成。

美国华人餐馆风味名"杂烩"，原料有芽菜、菜心、冬菇、兰豆、马蹄、鲜笋、洋葱等，以芽菜为主料，加鸡肉就叫鸡肉杂碎，加猪肉就叫猪肉杂碎，加什么肉类叫什么杂碎，炒制而成。

思　考　题

1. 试比较杂烩与"全家福"有何异同?
2. 此菜的芡汁有什么要求?

第三节　炸烹熘爆炒煎贴煸类菜品

一、油爆双脆

（一）菜品简介

"油爆双脆"是山东名菜，以猪肚头、鸡胗为主料爆制而成。早在元代，倪瓒在《云林堂饮食制度集》中就记载了"腰肚双脆"的菜名。清代袁枚在《随园食单》中概括为："滚油炮炒，加料起锅，以极脆为佳。此北人法也。"这是对"爆肚头"一菜的记载，正是"爆双脆"的特点。此菜早期是济南聚宾园饭庄的传统菜，现为聚丰德饭店所继承。

（二）烹调方法

爆炒。

（三）原料组成

主料：猪肚头 250g，鸡胗 150g。

调辅料：精盐 3g，味精 3g，绍酒 15g，清汤 75g，葱末 2g，姜末 1g，蒜末 1g，鸡蛋清 2 个，湿淀粉 15g，熟猪油 750g（实耗约 75g)。

（四）制作过程

（1）将猪肚头剥去脂皮硬筋洗净。先在正面交叉打十字花刀，然后在反面每隔 0.2cm 打直刀，刀口深度均为肚厚的 2/3，切好后呈网状，再改切成 1.5cm 见方的块。鸡胗洗净，批去内外筋皮，每隔 0.2cm 交叉剞花刀，深为鸡胗厚的 2/3。

（2）将猪肚加 1.2g 精盐、1 个鸡蛋清、6g 湿淀粉上浆；鸡胗加 0.8g 精盐、1 个鸡蛋清，4g 湿淀粉上浆。

（3）用 1g 精盐、味精、绍酒、清汤、湿淀粉制成汁芡。

（4）炒锅置旺火上，下猪油烧至 160℃时，下鸡胗、肚头，用铁筷子划开，至鸡胗片由红转白、肚头挺起断生即可倒入漏勺沥油。锅内留油50g，放入葱、姜、蒜末煸香，下主料，倒入对汁芡，急火爆炒出锅装盘。

（五）制作要领

（1）将鸡胗和猪肚头洗刷干净，去除异味。

（2）肚头、鸡胗打花刀时，应刀距一致，深浅适度、均匀，其中肚头需要两面剞花刀。

（3）此菜旺火热油爆炒时，要求火力旺、油温高、速度快、动作敏捷、干净利索，以达到脆嫩的质感。

（4）此菜的汁芡应稠浓一些，但不要过浓，以达到汁芡紧裹原料，而又不过分黏稠，使口感不爽。

（六）风味特点

色泽淡雅，红白相间，吃口脆嫩，清鲜爽滑。

（七）知识拓展

汤爆、油爆菜肴是山东菜所擅长的，其中“汤爆双脆”、“油爆肚”、“爆腰花”、“爆鱿鱼卷”等皆为传统名菜，其共同的特点是清淡、脆爽、鲜醇。利用猪肚头、鸡胗、鸭胗制菜，大致有两类方法，一类用于炸、炒、爆、熘等快速加热的烹调方法，成菜口感爽脆，菜例如下：

“汤爆双脆”：将猪肚头剞上十字花刀，再切成方块，用淡碱水泡过以后，用清水漂洗干净。将鸡胗剞上菊花花刀，用清水泡洗。猪肚头、鸡胗分别用90℃的热水焯片刻，捞在汤碗内，将清汤烧沸，加上酱油、精盐、味精、绍酒，浇在猪肚头、鸡胗上，再撒上芫荽末、胡椒粉即可。

“生爆脆肚”：鲜猪肚洗净，撕去残余脂肪，用纯碱揉擦均匀后，静置约0.5h，然后用清水洗净，再用适量的盐揉洗几遍，冲洗净，放入清水中漂一会儿捞出切成丝，用适量精盐、醋拌匀码味片刻，放入七成热的油锅，迅速翻炒至肚丝全部散籽、微起硬卷时，倒入漏勺内沥油，然后用水漂洗，以除去碱味，再沥干水分待用。锅留底油，下入姜末、葱花、泡红辣椒末炒香出色后，投入竹笋丝、青红椒丝略炒，再下入肚丝，烹入对好的芡汁，待翻均匀后，淋入芝麻油，起锅装盘即成。

另一类用于烧、炖、焖、酱、卤之类的长时间的烹调方法，成菜口感酥烂。菜例如：

“炖猪肚”：将熟猪肚切成每块1cm长、3cm宽，卷成肚花，用炖盅盛好，放入胡椒、精盐、味精，放进蒸笼蒸1h取出，配入香菇和笋花，灌入清汤，调好咸淡口味即成。

“罗汉肚”：将猪肚去油，用醋、矾反复洗净后备用。将猪肉切成5cm长、1cm宽的条片，提前用硝水腌渍后洗净。肉皮刮净毛，用水煮一会儿，洗净，剁成块。将肉条及全部调料拌匀，填入猪肚内，用竹签别上肚口，放入卤汤锅内煮至熟（用针在猪肚上扎上眼放气），取出后将肚放平压扁，至凉透，切成片码入盘内上桌即成。

“乳鸽瓤猪肚”：将猪肚洗净，放入沸水锅里略汆，刮净白衣膜，开一小孔于肚壁，放白果仁、胡椒、枸杞子、江珧柱、苡米、水发冬菇、精盐、乳鸽于猪肚内，露鸽头于小孔外。用水草扎牢肚子。放入汤盆内，加入二汤、花生油，入蒸笼蒸约 3h 至软烂，取出。

思　考　题

1. 此菜的制作关键是什么？

2. 烹调方法中的爆与炒有何区别？

二、东江炸春卷

（一）菜品简介

春卷是由古代立春之日食用“春盘”（“春盘”源于晋代，初名为“五辛盘”）的习俗演变而来的，是立春之日必备的应节食品，立春俗称打春，是新年里第一个节气，以节气表示寒冬已过，春天即将来临，万物复苏，因此，人们在这个节日里都要吃春饼、春卷，以迎新春。

“东江炸春卷”是一道广东东江名菜，在传统春卷的基础上逐步演变出来的一个新品种。传统的春卷以薄饼作皮，以芹、韭、笋丝为馅；“东江炸春卷”保留春卷的基本制法，改用煎蛋片作皮，用猪肉、鱼肉、鱿鱼等精料作馅炸制而成，食时佐以淮盐、喼汁，风味独特。

（二）烹调方法

炸。

（三）原料组成

主料：去皮猪肉 325g，去皮鱼肉 100g。

配料：水发鱿鱼 35g，水发香菇 40g，鸡蛋 4 个（约重 150g）。

调辅料：精盐 6g，味精 3g，白糖 1g，葱、姜、黄酒适量，干淀粉 100g，色拉油 1250g。

（四）制作过程

（1）将鱼肉、猪肉分别剁成糜状（猪肉糜宜粗一点），鱿鱼和香菇切成小粒。

（2）将鱼糜放在盆内，加入精盐、味精、白糖、葱姜酒汁先拌后打，至其上劲，再加入猪肉糜又打至上劲，加入湿淀粉拌匀，再加入鱿鱼粒、香菇粒和鸡蛋液，直打至十分黏稠、很匀滑时便成馅料。

（3）把鸡蛋液打散，烧热炒锅，端离炉火后涂上一层薄薄的油，下蛋液，手持炒锅转动，使蛋液在锅内传成一块厚薄均匀的薄圆蛋片，随即放回炉上用微火煎熟，取出蛋片。

(4) 把蛋皮切成4块，分别包入馅料，卷成筒状，斜切成菱形，共36块，用手捏一下，使蛋皮与肉馅粘牢。

(5) 烧热炒锅，下油，烧至150℃时放入春卷块，炸2min至外皮稍硬时，将锅端离炉火浸炸1min，再端回炉火上，直炸至皮脆、色泽金黄，捞起沥去油便可上桌。

(五) 制作要领

(1) 鱼糜要先上劲，再下其他辅料，馅心调味不宜过重，并要拌均匀。

(2) 煎蛋皮时，锅温要均匀，用微火煎，蛋皮的薄厚要一致，且柔软。

(3) 卷春卷时要卷紧粘牢，防止炸时松散，生坯处皮不可破损露馅。

(4) 炸制时油温不宜过高，要勤翻动，浸炸至熟，使春卷受热均匀，成熟、色泽一致。

(六) 风味特点

形状整齐，色泽金黄，皮脆馅爽，滋味甘香，味道鲜美，风味独特，充满春意。

(七) 知识拓展

春卷沿传至今天，其馅料、卷皮、制作工艺及风味都有了较大的变化。春卷皮除传统的面粉烙制的皮外，还有鸡蛋皮、豆腐皮、米粉皮等，多种多样。春卷的馅心也因地、因时、因人而异，可荤可素，荤素相配，无硬性规定，不受任何限制，用什么馅，就称什么春卷。北京多以韭菜、韭黄、豆芽、菠菜、猪肉、鸡蛋等为鲜，南方多以荠菜、冬笋、香菇、火腿、香椿、鱼肉、鱿鱼等为美。但馅心无论怎样调配变化，必须要有绿色蔬菜参与，绿色能使人产生明媚、清新、鲜活、自然的感觉，它有预示春天的来临、万物复苏、生气勃勃、大地回春之感，因此，馅内不可无鲜绿色。春卷的规格，无统一规定，其长度、重量、大小、形状因地、因人而异。试举数例说明。

四川风味：用鸡蛋、面粉、湿淀粉烙皮，馅用猪肉、韭黄、豆芽、香椿芽配制而成。蛋皮切三角形，包卷，跟姜汁，风味不同。"鱼丝春卷"用鱼肉、芹黄、菜椒、冬笋、香菇配制而成，其皮可用面皮或鸡蛋皮。

广东风味：用猪肉、卷心菜制馅心，豆腐衣包皮，挂发粉糊，油炸而成，名"脆皮春卷"。

河南风味：用鸡蛋、湿淀粉、面粉和匀烙皮，馅心用猪肉、韭菜制成，炸熟后切段装盘。

湖北黄梅县五祖寺风味：馅心用野荠菜、五香豆腐干、花生米制成。用豆腐皮包制，香油炸。

云南风味：名"什锦春卷"，用鸡蛋、面粉、蚕豆粉和匀烙皮。馅心用猪肉、冬菇、玉兰片、火腿、虾米、黑芥、韭菜、香椿等制成。炸后单跟香醋食用。

北京风味：名“爆春卷”，鸡蛋不打散，放锅内，摊成15cm大小的蛋饼，鸡肉蓉、青菜、苹果丁等拌成馅，鸡蛋饼卷馅用纱布卷紧，蒸10min取出，切3.3cm长段，炸熟。

由于春卷风味诱人、制作简单、经济实惠，如今已完全突破节令时限，几乎全年都有供应，成为人们日常饮食生活中的佳肴美点。这道具有浓郁民族乡土特色的平民食品早已流传到国外，无论哪个国家，只要有华人中餐馆，必有春卷供应，深受当地人们的欢迎，从而使春卷成为一种国际食品，名满天下。丹麦华人范岁久因卖春卷而发了大财，被誉为“春卷大王”。1985年为建厂25周年，还特制了一条25m长的世界最大春卷，以示庆贺。

思 考 题

1. 打肉馅时为什么要分次下辅料？
2. 为什么鱼肉糜宜细一点，而猪肉糜宜粗一点？
3. 为什么煎蛋皮时锅温要均匀？

三、锅 巴 肉 片

（一）菜品简介

“锅巴肉片”是一道四川传统名菜。此菜所用的锅巴是四川人在煮大米饭时所形成的副产品。由于它是在煮焖饭时巴锅的一层米饭，故称“锅巴”。锅巴入馔，由来已久，据文献记载，唐以前就已出现，但当时只作为一种极寻常的民间小吃，用糖汁或肉末浇拌，并无名馔传世。一直到明末清初，锅巴菜肴才逐渐丰富起来。相传成都昭觉寺日食稻米千斤，僧厨做饭，潜心加工锅巴，颇有名气，重庆缙云寺在1932年创办汉藏教理院时，僧厨创制出香脆油亮的缙云盐茶锅巴，成为闻名一时的天府小吃。后来，川厨又用锅巴制作出“锅巴肉片”等系列锅巴菜。在席间，将烹制好的带汁肉片倒在刚炸至金黄酥脆的锅巴上，顿时发出“嗞嗞”的声响，热气腾腾，浓香四溢，令进餐气氛更加热烈。

（二）烹调方法

炒、炸。

（三）原料组成

主料：猪里脊肉150g，大米锅巴250g。

配料：水发木耳15g，冬笋50g，豌豆苗10g。

调辅料：精盐2g，酱油15g，白糖20g，湿淀粉20g，醋20g，味精1g，绍酒10g，肉汤500g，蒜片5g，葱20g，姜片5g，泡红辣椒10g，猪油50g，色拉油1000g（实耗约150g）。

（四）制作过程

（1）将猪里脊肉切成5cm长、2.5cm宽和0.2cm厚的片，加盐、绍酒、湿淀粉搅拌上浆。将冬笋切成薄片；葱、泡辣椒切成马耳朵形；木耳洗净。

（2）用盐、白糖、醋、绍酒、酱油、味精、肉汤、湿淀粉制成汁芡。干锅巴掰成6cm大的块。

（3）炒锅置旺火上，加色拉油烧热，下肉片炒散，加入姜、葱、蒜、冬笋、豌豆苗、木耳、泡辣椒炒香，倒入汁芡烧沸，推匀后盛入碗内。

（4）炒锅置旺火上，下色拉油烧至七成热时，下锅巴炸至金黄，浮起捞出。舀沸油15g，同带汁肉片上桌，将肉片浇在锅巴上。

（五）制作要领

（1）应去净里脊筋膜，泡红辣椒加工后不必冲洗，否则味道不浓；锅巴应厚薄适中、不湿不焦。

（2）肉片上浆要厚薄适中，过厚则煸炒不易散开，且显粗糙；过薄则煸炒后易使质地老韧。

（3）炒肉片前要将锅滑好，以防肉片粘锅；炸锅巴的油温要高，才能达到酥松效果。

（4）汤汁以每片锅巴能裹上为度；肉片、锅巴都需保持热度，上桌时才能发出响声。

（六）风味特点

色泽黄亮，味咸鲜微带甜酸；锅巴酥香，肉片鲜嫩。

（七）知识拓展

锅巴的古今异名较多，古称："锅焦"、"饭底板"、"铛底焦板"。《本草纲目拾遗》称"黄金粉"；清袁枚《随园食单》称"白云片"。现今广东地区沿古称"锅焦"或"饭焦"，四川称"锅粑"，天津称"嘎巴"，苏州称"锅底饭"，东北称"锅嘎渣"等。锅巴的品种，以米而定，用什么米焖饭，就能产生什么锅巴，米种不同，锅巴的风味也各异。锅巴菜肴一经创制应市，就收到了意想不到的效果，深受人们喜爱。它不但有色、香、味、形，而且还有声响，从而成为菜中一绝，如"锅巴鸡片"、"锅巴肉片"、"锅巴鱼片"、"锅巴海参"、"锅巴三鲜"等。锅巴除能烹制各式风味菜肴外，还可以制作小吃、点心、小食品，调制馅心等，适应范围极为广泛。

锅巴菜肴的选料非常重要，锅巴的品种有糯米锅巴、粳米锅巴与籼米锅巴。一般多用糯米锅巴。这种米的锅巴米汁黏稠，干燥结成块后，凝结度好，经热油炸后，酥松脆，不散碎，浇上芡汁，仍成块状。易于食用，口感好，是制作菜肴的优质原料。锅巴一般块形较大，烹制前必须加工成小块，才便于烹制和食用，体现菜肴的特色。用刀切成小块，块形整齐，大小一致，易于食用；用手掰成小块，大小不一，边缘呈不规则状，炸后浇上粉红色芡汁，犹如一瓣瓣鲜艳悦目的桃花，成菜形态美观。两种方法各具特色。

要想品尝到锅巴菜肴的正宗风味特色，必须做到：服务动作要灵活，菜肴烹制前，服务员应候在灶前，搁置的时间要尽量缩短，室内温度不宜过低，上菜距离不宜太远。

锅巴炸的要酥脆，温度要高，芡汁要烫，以 85℃浇汁最宜，动作快而熟练，做到“四快”，即炸得快，上得快，浇汁快，吃得快，只有这样才能达到理想的效果，完成菜肴的完美属性。

思 考 题

1. 锅巴的品种有糯米锅巴、粳米锅巴与籼米锅巴，选用哪种锅巴成菜风味好？

2. 做好此菜的关键是什么？

四、三 不 粘

（一）菜品简介

“三不粘”是一道香甜风味的北京传统名菜，盛行于北方大部分地区，据有关资料介绍，此菜的始出，历史较为久远。它以鸡蛋黄为主料，配以白糖、淀粉、熟猪油炒制而成。因成菜一不粘盘，二不粘匙，三不粘牙，清爽利口，故而得名。此菜色金黄、形浑圆，油光闪亮，朴素无华，香甜爽口，端上席面犹如跃出云海的一轮骄阳，它寓意吉祥，象征事事圆满、生活甜蜜，风味独特，驰名中外。许多国际友人和海外侨胞，常慕名而至，每到京城必尝“三不粘”，食后还要买几盒带回去馈赠亲友。北京同和居饭庄制作此菜堪称一绝。

（二）烹调方法

软炒。

（三）原料组成

主料：鸡蛋黄 12 个。

调辅料：绵白糖 250g，绿豆淀粉 150g，熟猪油 100g，凉开水 600g。

（四）制作过程

（1）凉开水放入锅内，再放入白糖化开，倒入碗内晾凉。将淀粉、白糖水倒入蛋黄碗内，搅拌均匀，然后将其过滤待用。

（2）炒锅放少许油烧热，将锅炼光滑后，倒出余油。再重新放入底油 40g 烧至四成热时，将蛋黄液搅匀倒入锅内，用手勺慢慢推炒，约 2min，视蛋黄液呈浓稠状时，再将余油分 3～4 次淋入锅内，并继续不停地推炒，炒至蛋黄发稠变浓、略呈棉絮状时，移至微火，采用拨、炒、拍、揿等手法，炒 400～500 下，并一气呵成。视蛋黄柔软有劲、糯而不散、不粘锅、不粘勺、不见油迹时，其色呈金黄，反复轻轻地颠为一体，呈橄榄形时，推入盘内即成。

（五）制作要领

（1）烹制此菜必须选用优质绿豆淀粉，否则达不到质量风味要求，其他淀粉略逊。

(2) 各种调料的兑制比例要准确，蛋黄液要一次对好，半途不能加原料。

(3) 取蛋黄时，不能带蛋清，蛋黄液必须过滤，确保质量。

(4) 炒勺、水勺及所使用的炊具，必须洁净，炒勺可用油炼好，达到光滑如镜。

(5) 采用"热锅冷油法"，不粘锅，蛋黄液要搅匀后下锅，防止淀粉沉淀、汁液不均。

(6) 炒制时，掌握好火候，火候不宜过大或过小。

(7) 推炒时，用力要均匀，连续不断，应快而稳，不能急速乱搅。

(8) 油要分次加入，不可一次全部加入。掌握好炒制手法，一气呵成，不能停顿。

(六) 风味特点

此菜颜色黄亮润泽，呈软稠的流体状，似糕非糕，似粥非粥，入口绵软柔润，不粘盘，不粘勺筷，不粘牙，滋味香甜不腻，爽滑利口，食后盘内不见油迹，风味别具。

(七) 知识拓展

"三不粘"流行地域较为广阔，年代久远，因此，在原料的选择、配合比例和烹制手法上，各地存有不同的差异，如：

济南风味：蛋黄 6 个，白糖 150g，绿豆淀粉 8g，猪油 60g，清水 300g，和匀推炒而成。另有一道"彩珠三不粘"，用鸭蛋黄（或鸡蛋黄）8 个，红绿樱桃各 4 个，蜜饯藕条 15g，白糖 250g，干淀粉 80g，猪油 75g，清水 250g。蛋黄加白糖、淀粉、清水搅匀，过滤，勺放水烧开，倒入蛋液推炒后倒出。藕条切小珠状与樱桃拌匀。另起勺，放油，再放入蛋糊、配料合烹而成，这是一道创新做法。

河南风味：鸡蛋 12 个，山楂糕 100g，淀粉 40g，桂花糖 15g，白糖 200g，猪油 150g。蛋黄内带 4 个蛋清，打匀敲暄，再加白糖、桂花、淀粉搅匀，推炒装盘，然后用山楂糕切成条，拼成"寿"字或"喜"字即成。

四川风味：名"甜黄菜"，蛋黄 6 个，湿淀粉 200g，猪油 200g，白糖 250g。蛋黄打散，加水、淀粉调匀，炒锅放油烧热，倒入蛋糊推炒成糊状，加白糖、猪油、冬瓜糖、荸荠、蜜樱桃等炒匀即成。

正宗"三不粘"，不加任何配料，因为加入瓜条、藕条、樱桃等配料，会影响不粘牙的特色。但在不影响主体风味的基础上，添加一点桂花糖、香蕉精等调制一下风味是可以的，因为这些原料不影响不粘的特点。如果用少量配料作为成菜外表点缀、装饰，以增强菜肴的形态美观，是无可厚非的，但配料加入过多，则面目全非，风味尽失。"三不粘"所需原料，简单易得，烹制也不繁琐，但要想达到质量标准，绝非易事。烹者必须具备丰富的实践经验和过硬的本领，才能获得成功。操作时，不能忽视每一个细小的环节，否则，就会前功尽弃。

思 考 题

1. 此菜推炒时不翻勺，要搅炒 400～500 下，并采用拨、拍、炒、撒等不同手法才能成功，为什么？

2. 蛋液在推炒过程中，为什么要分次向锅内淋少许油？

五、天下第一菜

（一）菜品简介

“天下第一菜”原名“虾仁锅巴”，属于江苏菜中的苏锡风味名肴。其他的别名有：“席间一声雷”、“天下第一响”、“轰炸东京”、“平地一声雷”、“番虾锅巴”、“虾仁烩锅巴”等。传说乾隆皇帝下江南时，一天在苏州一家名不见经传的小饭店用膳，店家给他做了一道虾仁鸡丝锅巴汤。乾隆见此菜卤汁鲜红、锅巴金黄，又闻香气袭人，耐不住马上挟了一块送到嘴里，顿觉鲜香松脆、美味可口，便脱口而出：“此菜可称天下第一。”乾隆皇帝此言一出，“虾仁锅巴”顿时身价倍增。从此，“天下第一菜”的美名流传到各地，并进入餐馆，登上大雅之堂，成为江南传统风味名菜。

（二）烹调方法

炸熘。

（三）原料组成

主料：锅巴 100g，鲜虾仁 150g，熟鸡丝 100g。

配料：鸡蛋清 1 个。

调辅料：番茄酱 100g，料酒 15g，白糖、白醋各 10g，精盐 4g，味精 2g，干淀粉 10g，湿淀粉 50g，鸡汤 500g，色拉油 1000g。

（四）制作过程

(1) 将锅巴切成约 7cm 大小不成规则的小菱形块（也可用手掰成小块）。也可选用市售的专用制菜的圆形锅巴。

(2) 虾仁洗净，用洁布搌干水分，放碗内，加盐、味精拌匀，再放入蛋清、干淀粉 25g 拌匀上浆。炒锅放少许油烧热，倒出，再重新放入凉油，烧四成热时，放入虾仁迅速用铁筷子推开，滑散滑透，见虾仁呈白色时，迅速连油倒入漏勺内，控净油。

(3) 炒锅放少许底油烧热，再加入番茄酱炒透，加入鸡汤、精盐、味精、料酒、白糖烧开，放入虾仁、鸡丝、白醋，用湿淀粉勾芡，起锅，倒入大汤碗内。

(4) 炒锅放入油烧至七成热时，将锅巴块放入油内炸，并用手勺不断翻动，炸至金黄色、酥脆时，捞出，放入深汤盘内，再烧上 100g 热油，迅速与番茄虾仁汤汁上席，迅速将汤汁浇在锅巴上即成。

（五）制作要领

(1) 虾仁上浆要抓匀入骨；滑油时，油温不宜过高，时间不宜过长。

(2) 炒汁时要掌握好芡汁的浓度和量；注意炒勺要洁净，保持卤汁红润明亮。

(3) 炸锅巴时，要掌握好火候和油温，锅巴要炸得酥脆，不能炸煳。

(4) 装锅巴的盘和装汁芡的碗要事先用沸水烫热，使汁芡与锅巴都要保持较高温度。

(5) 此菜要操作快、上菜快、浇汁快，席面浇汁，声响大而持久为标准。

(六) 风味特点

锅巴酥松香脆，虾仁鲜嫩，卤汁红润明亮，色泽美观，浇汁后，迅速发出激烈的“吱吱”的响声，别有一番风趣。

(七) 知识拓展

锅巴入菜最早起源于四川民间，后来逐渐流传到江浙、广东各地，其他地区则很少见。锅巴原本为废弃之物，但经过厨师的巧妙烹调，即可变成美馔，登堂入室，可以说锅巴入菜是物尽其用、化平庸为神奇的一个典范。用锅巴作主料烹调的菜肴不但色、香、味、形俱佳，并且还有声响，因此，又被人们称之为“带响的菜”、“有声的菜”、“吱声菜”等，甚至还有人提出，菜肴的声音大小，为鉴别菜肴质量的标准之一，可见其声响的内在魅力。

“虾仁锅巴”最初是由四川的“鲜汤锅巴”演变成“锅巴肉片”、“锅巴鸡片”，传至江浙地区，改称“天下第一菜”，后来又传到无锡，并配入鲜虾仁，改糖醋汁为番茄汁，才更名为“虾仁锅巴”或“番茄虾仁锅巴”，并确定为无锡第一名菜，变成无锡菜。此后，又添加了鸡丁或鸡丝，因此又改称“鸡丁虾仁锅巴”。菜肴由初创时的汤菜，逐步演变成炸熘菜。北传至京城，又增加了水果味，改名为“桃花泛”。

锅巴炸制后，其随意性很大，较为灵活。其口味上可制成糖醋味、茄汁味、荔枝味、咸鲜味等，多加汤，可制成汤菜、烩菜，浇汁后可制成熘菜，蘸椒盐可制成干炸菜。锅巴菜肴多以配料定名，可以说，加什么配料就叫什么锅巴，如加鸡片叫“锅巴鸡片”，加三鲜原料叫“三鲜锅巴”等，移入素馔，用山药泥做虾仁，可烹制出“素桃花泛”。另外，还有“多味铁板锅巴”，采用铁板盛器，浇上芡汁后，不但锅巴吱吱作响，而且芡汁与铁板也产生较大的温度差，而使芡汁沸腾不止、汽化生烟，能使芡汁和锅巴保温时间延长，能增添宴会的热烈气氛。这种盛器上的创新，能使成菜的色香味形器声，融于一盘，给人一种新颖别致的感觉。

思考题

1. 锅巴炸后浇汁为什么能发生悦耳的响声?
2. 锅巴本是平常之物，但烹调得法可以变成名馔佳肴，试举几例锅巴菜说明。

六、香蕉锅炸

(一) 菜品简介

“香蕉锅炸”又名“赛香蕉”、“香蕉果炸”、“芝麻香蕉锅炸”等，属于北京风味菜肴。据说，创制“香蕉锅炸”，是因北方不产香蕉，尤其是在淡季，更是看不到、吃不到。后来，发明了食用香蕉型香精，经厨师巧妙的配合，在锅炸内加入少许香蕉精，成菜形、色、味颇似香蕉，从而演变出了“香蕉锅炸”一菜，以解北方无蕉之苦，至此，流传开来。哈尔滨北来顺饭庄的厨师把“香蕉锅炸”的制作经验，总结成一首顺口溜，曰：“香蕉锅炸是名菜，技巧奥妙在包浆。芝麻香蕉色浅黄，全凭‘打坯’手艺强。坯老成块硬邦邦，坯软‘散花’勺中晃。不老不嫩显高艺，脆皮浓浆软、甜、香。”

（二）烹调方法

炸。

（三）原料组成

主料：鸡蛋黄 6 个，面粉 100g。

调辅料：白糖 50g，湿淀粉 10g，香蕉精 2 滴，清水 425g，色拉油 750g（约耗 50g）

（四）制作过程

（1）蛋黄搅开，面粉 70g，湿淀粉 10g，加水，连同白糖 10g，加入蛋黄内搅拌均匀，再加入清水 125g（水要分次加，加一次搅一次），搅匀成蛋黄糊，过箩待用。

（2）炒锅放清水 300g 烧开，把搅匀蛋糊徐徐倒入开水内，边倒边顺一个方向搅，搅至发亮上劲、浓缩起大泡、不粘锅时即熟。将锅端离火口，加入香蕉精 2 滴，搅拌均匀，倒入事先抹好油的平盘内，趁热摊平、抹光，成 1cm 厚的饼状晾凉（夏天可放入冰箱内）。

（3）取出成块的蛋糊，切成 1cm 宽厚、3.3cm 长的条，再均匀地滚上一层干面粉，即成香蕉条生坯。

（4）炒锅放色拉油，用旺火烧至七成热时，投入香蕉条炸 5s，再移至微火上炸 10s，然后再端回旺火上，将香蕉条外皮炸脆，呈金黄色时捞出，控净油，堆放盘内，撒匀白糖即可。

（五）制作要领

（1）选料要严格讲究，保证原料质量，为成菜奠定基础。

（2）蛋黄、面粉等兑制比例要准确，蛋浆必须过箩，香精加的切勿过多，香精味过浓，无法食用。

（3）搅炒蛋糊时，水要开，边倒边顺一个方向搅，上劲发亮为准，切勿炒煳，影响质量。

（4）搅炒时要掌握好火候与出锅时间，摊晾锅炸坯的方盘要抹匀油，防止粘盘，将坯料起碎。

（5）锅炸坯料要完全冷透，切条后，沾匀面粉，下锅炸前，抖净浮粉。炸制时掌握好火候的变化与交替运用，以及油温的高低。

（六）风味特点

外酥脆，内软嫩，色金黄，味如香蕉，风味独特。

（七）知识拓展

锅炸，可咸宜甜，可荤宜素，调味多变，烹法灵活，炸、熘、拔丝、挂霜、蜜汁，无一不可，适应范围极为广泛。类似锅炸的食品较多，其原料不同，配比各异，制作方法也多种多样，风味各呈千秋。

广东风味：名“鸡子窝炸”，鸡蛋两个半，汤、粟粉、味精、盐、干淀粉、猪油、糖、蚝油、生油等。鸡蛋加粟粉、味精、盐搅匀，放锅内加清汤炒成糊，冷却切榄核形，沾淀粉炸透，食时单跟蚝油、白糖，风味特异。

辽宁“香蕉脆皮锅炸”：鸡蛋 2 个，酵面 150g，芝麻、青红丝、白糖、面粉、淀粉等。将鸡蛋、面粉、淀粉加清水调成浆，炒成糊，晾凉，切条，沾面粉。芝麻炒熟，压成面，加糖、青红丝拌匀。酵面加面粉、油、小苏打调成脆皮糊。锅炸挂糊，油炸装盘，撒上芝麻糖即可。

杭州风味：名“玫瑰果炸”，原料有鸡蛋、面粉、白糖、干淀粉、玫瑰花，芝麻油、玫瑰香精等。做法是：鸡蛋、淀粉、面粉加水和成浆，勺放水加玫瑰香精，炒成糊，晾凉切条，沾淀粉，炸后装盘，撒上玫瑰花、白糖即成。

四川风味：名“玫瑰锅炸”，用料是面粉、鸡蛋、干淀粉、白糖、菜子油、蜜玫瑰等。做法是：鸡蛋、面粉、干淀粉和水调成浆，勺放水，倒入蛋浆，炒成糊，晾凉，切条，沾干淀粉，炸熟，放玫瑰糖汁中翻炒均匀，出勺装盘即可。

此外，还有台湾的锅炸，切菱形状，炸后撒上白糖称“白糖锅炸”，放入桂花汁称“桂花锅炸”；北京饭店有“蜜汁锅炸”；四川有“水晶锅炸”、“果酱锅炸”、“麻糖锅炸”等；河南有“糖醋熘疙瘩”；西餐称“哈斗配司”等。近年来，又创制出了“双火锅炸”，用火鸡、火腿、鸡蛋等制成。四川新创出“鲜贝素锅炸”，用鲜贝、鸡蛋、土豆、面粉等制成。“瓤玫瑰锅炸”，锅炸过油后，挖空嫩心，瓤入蜜枣馅制成。“香蕉锅炸”也有用鲜香蕉绞成泥，加入蛋糊中，更具天然风味。

思考题

1. 怎样控制炒蛋糊的火候?
2. “香蕉锅炸”可演变出哪些菜肴?

七、扬州炒饭

（一）菜品简介

“扬州炒饭”是饭菜合一、点菜合一的菜肴。它继承了周代“八珍”中“淳熬”、“淳母”的做法。在谢讽的《食经》中就有“越国公碎金饭”，即是“扬州炒饭”的前身。相传隋炀帝巡视扬州江都时喜食此菜，随之此菜在扬州流行。后经淮扬历代厨师不断改进，其辅料日益丰富多彩。“扬州炒饭”已经成为海内外扬州风味的代名词。

（二）烹调方法

炒。

（三）原料组成

主料：上白籼米饭 500g，草鸡蛋 4 只。

配料：水发海参 50g，熟草鸡腿肉 30g，熟精火腿 10g，水发干贝 10g、上浆湖虾仁 50g，水发花菇 20g，熟净鲜笋 30g，青豆 10g。

调辅料：湖虾子 1g，精盐 6g，绍酒 6g，香葱末 10g，色拉油 60g，鸡清汤 100g。

（四）制作过程

（1）将海参、鸡肉、火腿、花菇、鲜笋均成小方丁（比青豆略小）；鸡蛋磕入碗内，加精盐 20g、葱末 5g，搅打均匀。

（2）将锅置火上，舀入色拉油 50g 烧热，放入虾仁滑熟倒入漏勺。再放入海参丁、鸡丁、火腿丁、干贝、花菇丁、笋丁煸炒，加入绍酒、精盐、鸡清汤烧沸，盛入碗中作什锦浇头。

（3）锅置火上，舀入色拉油，烧至 150℃时，倒入鸡蛋液炒散，加入米饭炒匀，倒入一半浇头，继续炒匀，将饭的 2/3 分装盛入碗后，将余下的浇头和虾仁、青豆、葱末倒入锅内，同锅中余饭一同炒匀，盛入在碗内盖面即成。

（五）制作要领

（1）用于炒饭的煮饭要软硬适中。太软米粒不分明；太硬味不入，口感欠佳。

（2）翻炒时，要动作娴熟，防止粘锅。

（3）炒饭时加油不可过多。

（六）风味特点

米粒颗颗分明，光润油亮，鲜美爽口。

（七）知识拓展

“扬州炒饭”是淮扬风味有名的肴馔之一。几乎可以说世界上只要有华人的地方就可以看到“扬州炒饭”，但没人能说清什么是正宗的“扬州炒饭”，对“扬州炒饭”的主配料，也是说法各异，甚至连扬州市在申请“扬州炒饭”注册商标时，也无法提供一个统一的标准。多年来，受多种因素尤其是缺乏统一标准的制约，影响了“扬州炒饭”的工业化生产，造成鱼龙混杂、质量不一、真假不分的状况。扬州市烹饪协会根据《中国扬州菜》、《扬州菜点》、《淮扬风味》等菜谱的叙述，同时参考了 10 多种食品工业标准，决定为“扬州炒饭”制定一项科学的标准。2000 年拿出了“扬州炒饭”标准的初稿，并广泛征求有关专家和院校的意见。此后，扬州大学旅游烹饪学院将“扬州炒饭标准的研制”作为科研课题立项。经过严格的实验，科研组分别得出了煮饭的最佳投水比例和炒饭的最佳配料比例等技术参数，并分析了营养成分。专家们还进行了成本测算，以500g米饭为例，加上燃料费，目前所有的成本为12.99元，建议市场售价为每份25元。另外，“标准”对扬州炒饭的制作方法、技术要求、生产以及销售等等，都进行了非常详细的说明。

类似“扬州炒饭”的肴馔有：

广东“菠萝炒饭”：将菠萝切去顶部作盖用，用刀将菠萝中间挖空，把挖出的菠萝肉及菠萝壳分别放入盐水中稍浸泡，捞起滤干水分，将菠萝肉切成小丁。将油锅上中慢火，放入蛋液、白米饭、叉烧肉丁、熟虾肉，炒至有香味溢出，加葱花、精盐、味精调味，再加入菠萝丁炒匀后，盛入菠萝壳内，并放上芫荽叶，盖上顶盖便成。此炒饭醒胃可口，富有果香味，是夏日适口饭品。

上海“叉烧蛋炒饭”：炒锅放入熟猪油用小火烧热，下入鸡蛋液摊成片状，加入米饭、熟猪油、精盐及味精，翻炒，至蛋和米饭拌匀、松散时起锅。将2/3的蛋炒饭装盘，余饭放入叉烧肉片，翻炒均匀。起锅后盛入蛋炒饭盘的上面即成。此饭色泽鲜艳、清爽滑润，配以鲜汤，其味更佳。

扬州“肉丝蛋炒饭”：将猪里脊肉切成丝，鸡蛋打入碗内，加盐、干淀粉、葱花，搅拌均匀。炒锅上旺火，放熟猪油，投入肉丝略炒，加酱油、绍酒、鸡清汤，烧沸后盛入碗内作浇头用。炒锅上中火，放油，倒入蛋炒熟，放入米饭、盐同炒，再倒入一半肉丝与全部浇头，炒匀，盛入碗内，盖上另一半肉丝即成。

山东“龙凤炒饭”：先把米饭摊在盘内，晾凉；把鸡蛋打入碗内，滗出一部分蛋清拌虾仁用，其余部分打散，鸡脯肉切成丝；将鸡蛋清、湿淀粉、虾仁和盐调成糊；葡萄干洗净沥干。再将炒锅放旺火上，加猪油烧至六成热，放入虾仁滑散，捞出。用另一炒锅放入葱油，倒入鸡蛋，翻炒拨碎后加入米饭及少量盐、味精和绍酒，在微火上不断翻炒。待米饭炒透，加入虾仁、鸡丝、葡萄干，炒拌均匀即成，此饭油亮、色鲜香甜。

八、锅煽三鲜菜盒

（一）菜品简介

“锅煽三鲜菜盒”是山东名菜。它以山东盛产的大白菜，酿以海鲜馅心，煽制而成。这是一道制作精细、造型别致、味道鲜美的工艺热菜。

（二）烹调方法

煽。

（三）原料组成

主料：大白菜心500g，水发海参100g，水发干贝50g，鲜虾仁100g。

配料：鸡脯肉 50g，猪肥膘肉 50g，净冬笋 25g，鸡蛋 200g，面粉 100g，湿淀粉 50g。

调辅料：精盐 6g，味精 3g，绍酒 5g，葱末 3g，姜末 3g，葱丝 2g，姜丝 2g，清汤 100g，花生油 150g，芝麻油适量。

（四）制作过程

（1）将大白菜心洗净去梗，用沸水焯水，切成直径为 5cm 的圆片。海参、虾仁、干贝切成细末。鸡蛋打入碗内搅匀。鸡肉、肥肉剁成泥。

（2）将海参、虾仁、干贝、鸡肉、肥肉加冬笋末、葱末、姜末、精盐 4g、湿淀粉搅匀为馅。

（3）取白菜叶 1 片，包住馅料，用另一片白菜叶包严，用蛋液粘住，再将其周身沾以蛋液，沾匀面粉。

（4）炒锅置小火上，下花生油烧至 180℃时，将粘好的菜盒入锅煎至两面呈金黄色时，加入葱、姜丝、精盐 2g、清汤，至汤汁将尽时，加味精 3g，淋上芝麻油装盘。

（五）制作要领

（1）包制三鲜菜盒时，白菜叶应将馅料包严，并裹匀蛋液、面粉。

（2）菜盒下锅前，应将锅用油滑好，防止原料粘锅，用小火煸制，汤汁要收干。

（六）风味特点

成菜两面金黄，略带一层浓汁，松软鲜嫩。

思　考　题

1. 煎、贴、煸三种烹调方法有何异同？

2. 此菜的风味有何独到之处？

第四节　蒸烤熏类菜品

一、八宝鸳鸯鸽

（一）菜品简介

“八宝鸳鸯鸽”是古凉州（今武威市）一道雅俗共赏的珍馐。鸽子，原名鹁鸽，属鸠鸽科的一种鸟类。据说早在 5000 多年前，埃及人就开始把野鸽驯养成家鸽。鸽肉蛋白质含量很高，肉质细嫩，味道鲜美。民间曾有“地上半斤，不如天上四两”之说，我国历代规定鸽肉为皇家贡品。同时鸽肉也是不可多得的健身补品，对肾虚阳痿、头晕神疲、记忆衰退具有显著疗效。鸽肉的烹法很多，因其肉质鲜美，多以清蒸、清炖为好。

（二）烹调方法

蒸。

（三）原料组成

主料：乳鸽2只。

配料：鲜虾仁50g，火腿50g，笋尖50g，蘑菇50g，鸡脯肉50g，青豆50g，水发木耳50g，鲍鱼50g。

调辅料：淀粉20g，番茄酱40g，白糖20g，大葱段25g，花椒5粒，精盐5g，绍酒25g，生姜15g，味精2g，胡椒粉2g。

（四）制作过程

（1）乳鸽宰杀后，用热水浸泡去毛。然后从颈端处下刀，剥离皮肉，剔除躯骨、翅骨、腿骨，剁去嘴尖，除去内脏，用凉水冲洗干净。

（2）将虾仁、火腿、笋尖、蘑菇、鸡脯肉、鲍鱼全部洗净发好，改刀切成小丁，加入精盐、胡椒粉、葱末、绍酒搅拌均匀，填塞到乳鸽腹腔，然后提起鸽颈，用其翅绕颈，穿入刀口，再把刀口封闭。

（3）乳鸽投入开水锅中烫过，洗净血末，捞出放大汤盘中，加清水500g、精盐、胡椒粉、花椒、葱段、姜末、绍酒、白糖，上笼蒸约2h。出笼后，滤去汤汁，在长盘内摆成两尾相对的鸳鸯状待用。

（4）炒锅置火上，将滤下的乳鸽汤倒入锅内，烧开撇去浮沫，用淀粉勾成流芡，浇到一只乳鸽上。炒锅再置火上，加油滑锅后，留油少许，用葱段炝锅，加番茄酱炒至翻沙时，加入白糖，再加肉汤少许，用淀粉勾芡，淋明油，浇到另一只乳鸽上即成。

（五）制作要领

（1）剔全鸽时，注意不要将鸽皮划破；酿原料时，不要装得太多。

（2）蒸鸽时，不要蒸太久，否则易蒸烂变形。

（六）风味特点

形似鸳鸯，鸽嫩肉香，口味醇厚，别具风味。

（七）知识拓展

肉鸽肉味鲜美、营养丰富，自古以来就是名贵的食物，古罗马的贵族就开始喜欢用鸽子肉来蘸蜂蜜吃，同是家禽，鸽子却无鸡之腥、鸭之骚，但却极富营养。广东人爱吃乳鸽，因为乳鸽由于年龄小，肉质细嫩，结缔组织含量少，是高蛋白、低脂肪、低胆固醇的高级滋补佳品。俗话说得好："要吃飞禽，鸽子鹌鹑"。同时鸽肉的药疗保健作用也很明显，自古民间就有"一鸽胜九鸡"的美誉。乳鸽的骨内含有丰富的软骨素，可与鹿茸相媲美，经常食用，可使皮肤白嫩；鸽血中含有丰富的血红蛋白，对手术后伤口愈合、增强脑力和视力有相当好的促进作用。中医还认为，鸽肉有调心、养血、补气、养颜、解毒、固体之功效。

现将常见肉鸽烹调法介绍如下：

“美林手撕鸽”：将大王鸽洗净，酱料放入锅内加清水煮开，放入鸽子煮约30min取出。将白醋50g、麦芽糖50g加水500g对成上皮水。把鸽子放入上皮水稍浸泡取出，鸽子表皮吹干放入五成热的油锅中炸至金红色，取出改刀装盆。鸽肉外脆内嫩，且有汁水，香味十足。

“川式脆皮乳鸽”：先将去毛、内脏、食管、气管的乳鸽用精盐、干海椒节、花椒粒、十三香粉、老姜片、白酒等拌匀码味，再入沸水锅中烫至紧皮，然后挂入熏炉内，点燃花生壳、茶叶、松柏枝、木炭，但使其没有明火，关上炉门，熏约40min，中途翻动一次，出炉后放入卤水桶锅中，浇沸后转小火卤约10min，再焖约20min捞出，用沸水冲洗净乳鸽表面的油污，趁热用洁净毛巾搌干水分，再用毛刷在鸽身均匀地刷上脆皮汁，挂在阴凉通风处晾干。入四成热的油锅中，浸炸至色呈棕红且表皮酥脆时捞出，斩成条，摆入盘中还原成鸽形上桌即成。

“油焖乳鸽”：乳鸽2只宰杀，去毛，除内脏，每只从背脊切开一分为二，用刀背轻击鸽肉使肉纤维松软。鸡蛋打碎，取蛋黄和2汤匙淀粉调匀，涂在鸽肉上，放入加热后的油锅中煎成黄色，取出。另用一深锅，放入沸水1碗，加糖10g、酱油2汤匙、酒2汤匙、葱姜及花椒粉，盐少许，将煎好的鸽肉放入锅中炖，待肉酥软后，将原汁收干，浇在鸽肉上即可食用。

“焗乳鸽”：杀好去内脏的乳鸽，吹干，内外涂抹酱油，腌0.5h，放在油锅中炸2min呈金黄色时捞起，锅中留油少许，放入切成丝的洋葱略炒。然后将乳鸽及其他调味料一起放在锅中，使盐、糖、柠檬汁、胡椒粉、番茄酱煮成汁，均匀地沾在鸽体四周。

思考题

1. 如何整鸽出骨？
2. “八宝”指什么？可否变换？

二、霸王别姬

（一）菜品简介

“霸王别姬”是江苏徐州名菜，乃古彭城“龙凤宴”中的主要大件之一，系用甲鱼与鸡蒸炖而成。它是徐州厨师借用西楚霸王别虞姬之典故，以取其鳖（别）、鸡（姬）谐音创制命名，为当地喜庆筵席中的必备佳肴。相传公元前203年，楚霸王项羽兵败彭城，被困垓下，夜饮帐中，忽闻四面楚歌，自知败局已定，故慷慨悲歌：“力拔山兮气盖世，时不利兮骓不逝，骓不逝兮可奈何，虞兮虞兮奈若何！”美人虞姬和之：“汉兵已略地，四方楚歌声，大王意气尽，贱妾何聊生。”虞姬为免项王后顾之忧，舞剑歌罢后，遂拔剑自刎。项羽见爱妾已死，万念俱灰，悲愤之余，率残部突围不成，亦自刎于乌江边上。徐州人民为纪念在推翻暴秦统治中立下汗马功劳的英雄，并纪念那位心系国运、大义凛然的绝代佳人，创制了“霸王别姬”这道名菜，流传至今。

（二）烹调方法

蒸炖。

（三）原料组成

主料：光母鸡1只（约重750g），活雌鳖1只（约重600g）。

配料：鸡肉糜150g，熟冬笋50g，水发香菇50g，熟火腿40g，青菜心3棵。

调辅料：精盐10g，味精5g，绍酒50g，葱结15g，姜块10g，干淀粉10g，色拉油50g，鸡清汤1500g。

（四）制作过程

（1）将光鸡洗净，两翅从宰杀刀口处插入嘴中抽出，成“龙吐须”状，鸡脚别至鸡肋处，焯水后洗净。

（2）将鳖宰杀烫洗，去掉黑衣膜后去壳，去内脏，洗净，把鳖蛋和鳖一起入锅中焯水，蛋捞入盘中，鳖肉捞出后用干净布擦去水，撒上少许干淀粉，将鸡肉糜、鳖蛋放入腹中，盖上壳，仍成鳖形。

（3）将鸡、鳖背朝上，两头方向相反放入沙锅中，舀入鸡清汤，加姜块、葱结、绍酒、精盐，上笼蒸后取出，去掉姜、葱，加入味精、冬笋、香菇、火腿、青菜心，再略蒸2min即成。

（五）制作要领

（1）母鸡及鳖必须用沸水焯水，除去血污、腥、土气味，以及残渣，使之清爽利落。

（2）旺火烧开后，应及时转入慢火炖，火不宜过大，掌握好甲鱼和鸡的成熟时间。

（3）加盐不宜过早，原料八成熟时加盐为宜。

（4）汤色要清白，不能加任何有色调味品。

（六）风味特点

鸡、鳖肉质酥烂不腻，汤清味醇，原色本味，风味别具。

（七）知识拓展

《调鼎集》中载有的甲鱼菜有：“带骨甲鱼、全壳甲鱼、白汤甲鱼、鸡炖甲鱼、煨甲鱼”等多达16款。可见甲鱼与母鸡合烹，早已有之。现安徽、山东、湖南皆有此菜，均命名为“霸王别姬”。徐州的做法是将原料入沙锅中，加清汤后笼蒸，那么其烹调方法是蒸还是炖呢？如果将原料放入盘中笼蒸，原料直接获得蒸汽的热量，烹调方法显然是蒸；而在沙锅中，原料获得的热量来自水（汤），烹调方法应是炖，水的热量可来自蒸汽，可来自水（即隔水炖），也可来自火力（直接上火炖）。

甲鱼虽然滋味鲜美，营养丰富，但味鲜而不浓，缺少脂肪，骨多肉少，腥土味重而难除，不为人们所喜欢。因此，必须除净异味，才能显露出本味，突出风味。选用醇正鲜美的母鸡补其不足，来提高鲜香味，排除异味。同时，还能增加菜肴的营养成分，发挥更大的食疗、食补作用。

目前“霸王别姬”成菜的造型已不适合分餐制要求，可在器皿上加以变通，如用各客盅、各竹筒做盛器，风味上可调入蜂蜜、冰糖，以及火腿、山鸡、香菇等，使成菜营养更加丰富、全面。也可根据身体需要，适当地调入一些滋补性原料，如桂圆、山药、红枣、枸杞子、人参等，创新出滋补药膳菜，来提高食用价值及滋补功效。

思考题

1. 甲鱼的宰杀与开膛各有几种方法？分别适合哪些菜肴？
2. 以历史题材命名的菜肴有哪些典型菜例？

三、嘉禾雁扣

（一）菜品简介

“嘉禾雁扣”是新创的广东名菜，它由广州酒家始创，深受食客喜爱，此菜由国家高级烹调技师、中国烹饪协会副会长、广东十大名厨之一黄振华设计并制作，并在第二届全国烹饪技术比赛上夺得热菜铜牌。“嘉禾雁扣”是一道风味特别的热菜。

（二）烹调方法

蒸、泡。

（三）原料组成

主料：烧鹅肉 400g，冬瓜 1500g，浸发鱿鱼 350g。

配料：菜心 150g。

调辅料：大地鱼末 25g，蒜泥 3g，姜汁酒 10g，精盐 7g，味精 5g，白糖 2g，蚝油 5g，老抽 0.5g，湿淀粉 20g，清汤 200g，花生油 500g。

（四）制作过程

（1）将冬瓜去皮、瓤后，切成 5cm 长、3cm 宽、1cm 厚的长方形块，用 180℃热油略炸后，放沸水锅滚 1min，转放清水中漂冷。

（2）将烧鹅切成长 5cm、厚 0.7cm 的块，鱿鱼剞麦穗花刀，用姜汁酒腌渍。

（3）鹅皮朝下、冬瓜朝上，把烧鹅肉与冬瓜块间隔地排在扣碗内，排平至碗口，加入大地鱼末和清汤 100g，入蒸笼用中火蒸 15min，取出滗出原汤，覆扣在圆盘上。

（4）在炒锅内下油，放入菜心煸炒，加精盐 3g、沸水 100g，将菜心煸炒至熟，沥去水，勾芡后围伴于鹅肉冬瓜旁。

（5）烧热炒锅，下花生油，烧至 150℃时放进鱿鱼滑油至卷曲，沥净油，刮净原锅底油，下蒜泥、鱿鱼，烹绍酒5g，下精盐2g、味精3g、白糖1g、蚝油5g、老抽0.5g、湿淀粉6g、清汤35g，勾芡后加尾油，在菜心上排砌在鹅肉冬瓜旁，外缘须露出菜心。

(6) 净锅下油10g，下原汤50g、清汤、精盐2g、味精2g、白糖0.5g、湿淀粉10g，推匀成芡，淋于烧鹅肉和冬瓜上便可。

(五) 制作要领

(1) 烧鹅要选胸肉。

(2) 排砌要整齐。

(3) 鱿鱼要选体小质不韧的品种，要发透。

(4) 蒸的时间不要太长。

(5) 最后淋上的芡要稍稠厚，但量不要多。

(六) 风味特点

烧鹅冬瓜扣成圆形，红白相间，翠绿色菜心和鱿鱼花摆成禾穗形相伴，造型美观，色彩鲜艳悦目，菜品味道和谐，清香鲜美。

(七) 知识拓展

中国烹饪中的禽类菜肴以鸡肴居多，鸭肴其次，鹅菜很少，所以值得开发。中国传统筵席中有“百鸡宴”、“全鸭席”，如鸭宴中的“糟熘鸭三白”、“火燎鸭心”、“红曲鸭膀冻”、“香椿拌肫花”、“鸭舌芙蓉皇帝蟹”、“松仁鸭肝生菜包”、“孜然鸭心串”、“文武鸭”、“果仁鸭片烧茄子”等等，特色鲜明。即使简单的鸭掌，也从传统的“红烧鸭掌”、“糟香鸭掌”、“水晶鸭掌”到现代的“卤水鸭掌”以及走红的“芥末鸭掌”、“泡椒鸭掌”等，其口味不断翻新。这类菜肴使用的主料只是一种，所变的仅是辅料、技法和风味。学习这种方法可以创造新的鹅类菜肴，浙江德清莫干山大酒店以白鹅为原料，吸收我国南北烹饪之精华，推出独具特色的“全鹅宴”便是成功之作。

全国四大避暑胜地之一的莫干山，以凉、绿、清、静闻名中外，山清水秀，空气清新，自然环境优越，当地农民世代放养着一种优质瘦肉型白鹅。白鹅是食草家禽，肉质鲜嫩，风味独特，营养价值高，是高蛋白、低脂肪、低胆固醇、无农药残留的绿色食品，符合21世纪人类餐饮新观念。从中医观点看，鹅肉性甘平、无毒，可利五脏，解五脏热，补虚益气，有暖胃生津之功效，为食补之佳品。清县莫干山大酒店瞄准白鹅的优良品质，以白鹅为原料，运用蒸、炒、焖、烧、炖、氽等多种烹饪工艺，制作出冷盆、热炒、汤、煲等地方风味的“全鹅宴”。在1999年金秋期间应市，以其独特的风味深受顾客青睐，品尝“全鹅宴”的食客趋之若鹜。

“全鹅宴”的主要鹅菜有：“清蒸风鹅”、“鲍汁鹅掌”、“风鹅烧笋”、“五彩鹅肝”、“麻花鹅丁”、“香辣鹅头”、“盐水咸鹅”、“卤味鹅肫”、“酱香鹅”、“鹅掌清波”、“卤水鹅掌”、“滑炒鹅肠”、“酸菜鹅”、“香稣鹅”、“锅仔咸鹅”、“金牌鹅头”、“香卤鹅翅”、“滑炒鹅心"、"鹅什锦沙锅"、"五彩鹅肫"、"腌鹅蒸千张"等二三十款鹅馔佳肴。一款款清香缭绕的鹅菜鹅肴，香气扑鼻，脍炙人口。如"金牌鹅头"、"鹅掌清波"两道鹅菜，味浓鲜香，外软里嫩，是下酒的佳肴。风鹅原料则是净选50多种纯天然芳香中草药，将七十七天左右鹅龄的成鹅腌制加工而成，构成全新的复合型芳香口感，具有独特的风味，深受顾客好评。

"全鹅宴"原料讲究新鲜，刀工精良多样，多用本汁原汤，重视营养搭配，保持鹅香原味。烹制方式博采众长，既有清淡嫩滑的南味菜，又有青年人喜欢的嚼之有劲、回味无穷的鹅肴佳作，丰富多彩，成为吴越美食文化中一朵初放的芙蓉花。

思 考 题

1. 烧鹅扣冬瓜有何好处（设计思路）？
2. 鱿鱼为什么要用姜汁酒腌制？
3. 烧鹅片与冬瓜件的厚度为何不同？

四、扣 三 丝

（一）菜品简介

"扣三丝"是上海传统的家常菜。最早的起源是在川沙一带，经过厨师的改良，这道菜被赋予了新的内涵，变成了一道功夫菜，成为具有独特风味的上海名菜。三丝分别是猪肉丝、火腿丝和鸡脯肉丝，被切成很细很细的丝，功夫好的厨师可以切成头发丝粗细，然后紧紧扣在小碗里，再用清汤煨制，味道极其鲜美，而且造型也很漂亮。过去上海人每逢过节、喜庆或团聚办筵席时，往往少不了它。因为三丝紧扣盆中，状如小山，寓意团圆和金（火腿）银（鸡脯肉）堆成山，讨个吉利。

（二）烹调方法

蒸。

（三）原料组成

主料：熟猪臀肉125g，熟火腿丝30g，熟鸡脯肉丝100g，生猪肉丝100g，熟笋丝50g，水发冬菇1个。

调辅料：精盐7.5g，味精2g，熟猪油30g，鸡清汤250g。

（四）制作过程

（1）将熟猪臀肉片下肥膘后，把肥、瘦肉分别切成约0.15cm宽、5cm长的细丝。

（2）将冬菇去蒂，洗净，面朝下放在小碗底中央；熟火腿分成3份，按六等分间隔地排列在碗边；鸡脯丝分2份，笋丝1份，分别排列在火腿丝边空位处。然后，将猪臀肉的瘦肉丝抖松，填在碗中心，揿实，再放上肥膘肉丝，加上精盐2.5g、味精1g、鸡清汤

50g，上笼用旺火蒸15min，出笼，翻扣在大汤碗中。

(3) 炒锅置旺火上，放入剩下的鸡汤，再把生猪肉丝放入搅散、烧开待用。丝浮上汤面，用漏勺捞出另作他用，撇净浮沫，加入精盐5g、味精1g，淋入熟猪油，浇在三丝上面。上席后取走扣碗，即可食用。

（五）制作要领

在制作过程中，对刀工的处理和三丝的排放，要求都很严格。要很精细，排列整齐。

（六）风味特点

色泽美观，造型雅致；汤汁澄清，口味鲜美。

（七）知识拓展

丝状的东西极易给人以美感，产生联想。丝竹管弦，千丝万缕，藕断丝连，丝丝入扣等人们常用的词语，就能使人愉悦。“春蚕到死丝不断，留赠他人御风寒”这类诗句，意境也很美。连李时珍这样的明代大药物学家在描述藕丝之美。也用了“孔窍玲珑，丝纶内隐”之句来赞誉。历代烹饪大师们运用娴熟的烹饪技艺，创制了不少巧夺天工的丝状菜，受到后人的赞颂。曹植的《七启》也说厨师所切之脍像“蝉翼之割，剖纤析微”，到了“轻随风飞”的程度。唐代段成式在《酉阳杂俎》书中也曾记载过善斫脍的厨师有“谷薄丝缕，轻可吹起”的高超水平。

丝状的菜点之丝多数是厨师运用刀技切出来的。比如切莴笋丝、鱼丝、鸡丝都比较粗，行业内称为“头粗丝”，稍细一点的则称“二粗线”或“香棍丝”，再细一点的就叫“细丝”或“麻绒丝”、“火柴棍”。最细的丝，仅有0.1cm直径，业内人士将其美称为“银针丝”。菜肴“红油黄丝”、“红油耳丝”之丝，则属“麻绒丝”，蒜泥味型或红油味型的“皮扎丝”就是“银针丝”。

不少地方都有很著名的丝状菜。上海的“扣三丝”，丝虽不是最细的，但火腿、鸡脯、笋肉三丝紧扣，寓意团聚，好吃好看。陕西的“三皮丝”，鸡皮丝香，蜇皮丝脆，猪皮丝韧，滋质各异。浙江的“三丝敲鱼”，亦是香菇、鸡脯、火腿三丝与敲打过的鳕鱼片配作烩制成的精美佳品。山西将海参、鱿鱼、冬笋切丝与鱼翅合制成的“三丝鱼翅”，亦为传统名菜。

而扬州的“大煮干丝”，更是值得人们津津乐道的丝状菜的极品。一块3cm厚的大方豆腐白干，先片成23张薄片，再切作细丝。切出来的丝，丝丝细匀，令人叫绝。

丝状的菜点不全都是运刀切出来的。比如流行于山东、北京、天津等地的拔丝菜，其丝的出现就是“拔”出来的。拔出的丝，短丝至少有三四十厘米，长丝有的可达二三米。看厨师表演拔丝菜，真是烹饪艺术享受，令人心情愉悦。北京的“龙须面”和山东福山的“龙须丝”、“一窝丝”拉面（也叫抻面），同样不用刀切，而是抻拉出来的。其面条（当称面丝更符合实际）之细，令人叹为观止。这些丝状面条呈现在食客面前，不知代代厨师注入了多少智慧和技巧。

思　考　题

1. 此菜有什么风味要求？
2. 制作此菜要注意什么问题？

五、腊 味 合 蒸

（一）菜品简介

“腊味合蒸”是湖南地区流行最早的一种特色风味菜，受到城乡人民喜爱。此菜出名，与湖南特产腊肉有关，湖南腊肉历史悠久，据《易经噬嗑篇释文》记载，“于阳而炀于火，曰腊肉”。这说明我国在2000多年前已开始制作腊肉。湖南地区地势较低，气候温暖潮湿，经烟熏后的腊肉方能防腐耐贮，这样当地人们就逐渐形成了喜欢吃腊肉的饮食习惯。早在汉朝时，湖南先民就用腊肉制作佳肴，到清朝此类菜肴已经很出名，“腊味合蒸”就是许多腊味菜肴中的一种。因它是用腊肉、腊鸡、腊鱼为主料合蒸而成，故此得名。此菜腊香浓重、咸甜适口、色泽红亮、柔韧不腻、稍带厚汁，且味道互补，各尽其妙，是湖南民间冬春季节家餐或筵席上的常用菜肴。

（二）烹调方法

蒸。

（三）原料组成

主料：腊猪肉200g，腊鸡肉200g，腊鲤鱼200g。

调辅料：白糖15g，味精1g，熟猪油25g，肉清汤25g。

（四）制作过程

（1）用温水将腊肉、腊鸡、腊鱼洗净，盛入瓦钵中上笼蒸熟取出。

（2）将腊肉去皮，腊鸡去骨，腊鱼去鳞。将腊肉切成4cm长和0.7cm厚的片；腊鸡、腊鱼切成大小略同的条。

（3）将腊肉、腊鸡、腊鱼分别皮朝下整齐排放碗中，加熟猪油、白糖和调有味精的肉清汤上笼蒸烂，取出翻扣在大瓷盘中即成。

（五）制作要领

（1）腊肉、腊鸡、腊鱼中含盐量较高，用温水清洗以及入锅初蒸均可减轻含盐量。烹调中不宜再添加含盐调料。

（2）腊制品经晾干后失水较多，质地较硬、韧，蒸制应充分，以蒸至软烂为佳。

（六）风味特点

色泽深红，片、条一致，拼摆整齐；味咸鲜甜，腊香、烟香浓郁，质软烂不腻。

（七）知识拓展

腊味制品在湘菜中广为使用，可作冷盘，也可作各式腊味菜肴，其味柔韧不腻，咸香可口，是具有浓郁地方风味的佳肴。说起“腊味合蒸”，还有一段故事。

从前，在湖南一小镇上有家饭馆，店主刘七为逃避财主逼债流落他乡，以乞讨为生。一日来到省城，因时近年关，人家就把家里腌制的鱼肉鸡拿点给他。刘七见天色已晚，早已饥肠辘辘，便把腊鱼、腊肉、腊鸡等略洗净，加上些许调料装进蒸钵，蹲在一大户人家屋檐下，生起柴火蒸开了。此时大户人家正在用餐，且席上嘉宾满座。酒过三巡，菜已上足，忽又飘来阵阵勾鼻浓香。主人忙问家童，还有何等佳肴，快快端来。家童明知菜全上完，怎有遗漏？但还是跑进厨房，真的闻到一股浓香从窗外飘来。他赶紧打开后门观看，只见一乞丐蹲在地上，刚掀开热气腾腾的蒸钵盖，准备受用。家童二话不说，上前端起蒸钵就走。刘七一急，紧追而来。一客人见刚出炉的蒸钵，忙伸箸夹进嘴里，连说好吃。却说此客人乃当地富翁，在长沙城里开一大酒楼。于是当面问明刘七身份，带他回去在自家酒楼掌勺，挂出“腊味合蒸”菜牌，果然引得四方食客前来尝鲜。从此“腊味合蒸”作为湘菜留传下来。

“腊，干肉也”（《辞源》)，凡是经过腌制，并且到了腊尾春头时才拿出来吃的，才算腊肉。而咸肉之类虽然也是经过腌制的很好吃的“干肉”，终究不能称为腊味。腊肉以湘粤两省所产最佳。不同的是，湘腊偏咸，而且在腌渍过程中还加以烟熏，滋味刚烈，且有错综复杂的烟熏感（包括稻谷、甘蔗皮、橘皮及木屑)。腊味做主角的代表作，“腊味合蒸”是也。参与“合蒸”者，除了片状的腊肉，还有条状的腊鱼，以料酒、猪油和鸡汤调味，入蒸笼中蒸 20min，色泽金黄，咸香味浓。

粤式腊味味道较淡，在秋、冬季节应市的煲仔饭，便最能体现粤式腊味的魅力。炉火在煲底不紧不慢地烧着，而在煲内，米饭是主体，腊肉是陪衬，当那些覆盖在表面的腊肉、腊鸭、腊肠的肉汁渗透进满煲的米饭，揭开煲盖，浇上酱油，米香肉香扑面而来。

思考题

1. 腌腊风味形成的机理是怎样的？
2. 制作此菜的技术要领是什么？

六、竹荪肝膏汤

（一）菜品简介

传说四川有一名家厨，根据老爷年老体弱，牙齿不好以及饮食爱好等特点，反复琢磨，用猪肝捣烂去渣、取汁，加味蒸成肝汁汤。老爷吃后感到汤鲜味美，很合口味，身体也渐渐地康复。有一次，家厨一时疏忽，忘了及时出笼，把肝汁蒸成了肝膏。家厨灵机一动，称是为老爷变换口味而特制的，老爷听后非常高兴，吃后又感到确有风味，十分满意。这样制作肝膏汤的事也就流传开了。后来厨界根据其制作特点，不断研究、提高，原料使用更高级，制作更考究，成形更美观，营养更丰富，使“肝膏汤”成了四川传统名菜之一。

（二）烹调方法

蒸。

（三）原料组成

主料：鸭肝 200g，竹荪 100g。

配料：鸡脯肉 100g，全蛋液 80g，特制清汤 1200g，鸡蛋清 100g。

调辅料：精盐 5g，胡椒粉 3g，姜 5g，葱 5g，味精 2g，料酒 2.5g，冻猪油 30g，湿淀粉 30g。

（四）制作过程

（1）竹荪用温水洗净泡涨，改刀成蝴蝶形，用清汤氽一二次。

（2）将鸡脯肉斩成肉糜，加清水、鸡蛋清、精盐、味精、湿淀粉、冻猪油和成鸡糜，镶在蝴蝶竹荪上，入笼蒸熟定形。

（3）将鸭肝捣成浆，入碗中，加入凉透的清汤搅匀，加姜、葱、全蛋液、盐、胡椒粉、料酒搅匀，去掉姜、葱，用稀眼纱布过滤，去掉肝渣，肝汁倒入蒸碗，上笼用中火沸水蒸 10min，使肝汁变成肝膏。

（4）炒锅置旺火上，倒入特制清汤烧开，加盐、胡椒、味精等调味，入汤碗中。再将蒸好的肝膏整块拨入汤碗中，周围镶放蒸好的蝴蝶竹荪即成。

（五）制作要领

（1）选用上等竹荪洗净泡涨，做菜前用鲜汤煨煮入味，以增加鲜美滋味。

（2）鸭肝必须捣成浆状，没有子眼或颗粒。也可选用鸡肝或猪肝。

（3）鸡糜的水量、蛋清、湿淀粉比例恰当，使其口感细嫩。

（4）蒸制肝膏时用中火徐缓蒸，且蒸制时间要适度，避免出现蜂窝眼。

（六）风味特点

汤清澈，形美观，味鲜美，膏嫩如脂，鸡糜竹荪滑嫩。

（七）知识拓展

竹荪又名竹笙、竹菌、竹参、网纱菌、竹鸡蛋等，是一种隐花菌类植物。因其寄生于竹林中的腐竹根上，又因其浓郁清香而得名（荪者，香草也）。竹荪生长在川滇或其他省份湿热的竹林里，不易采集，故价格昂贵。近些年来，才对竹荪进行人工栽培。竹荪质地松脆，其味清香鲜美，不仅含有丰富的营养成分，还具有延长菜肴存放时间保持鲜味不败不馊的功能，被国内外誉为“草八珍”、“山珍之王”。在巴西，人们甚至把竹荪视为“自然生灵之神的化身”，见了它还要顶礼膜拜。

竹荪入馔始见于唐代，南宋陈仁玉《菌谱》有“竹菌，生竹根，味极甘”的记载。清代《素食说略》中的记载更详细：“竹松，或作竹荪，出四川。滚水淬过，酌加盐、料酒，以高汤煨之。清脆腴美，得未曾有。或与嫩豆腐、玉兰片色白之菜同煨尚可，不宜夹杂别物并搭配也。”竹荪用于烹调，多为汤羹。1972 年基辛格访华时就曾为一道“芙蓉竹荪汤”的清香鲜美而倾倒。

用竹荪作主料能烹调出许多色香味俱佳的上等佳肴。竹荪可用于烧、酿、扒、氽、烩、焖等方法烹制成菜，尤宜于做汤，无不清香鲜美。在川菜中多用于高级筵席的汤菜，如“竹荪鸽蛋”、“推纱望月”、“竹荪肝膏汤”、“蝴蝶竹荪”、“竹荪莲蓬汤”、“龙井竹荪汤”、“竹荪扒凤燕”、“竹荪烩鸡片”、“竹荪气锅鸡”等。

思考题

1. 用蒸与煮的烹调方法分别制作“竹荪肝膏汤”，其风味有何差异？
2. 如何制作才能使竹荪肝膏汤浮在汤面不沉？

第五节　其他制法菜品

一、美味人参汤

（一）菜品简介

“美味人参汤”是吉林省传统名菜之一。人参是吉林省特产，它是东北“三宝”第一宝，为多年生草本植物，素有“百草之王”美称。吉林人参以品质上乘、产量大而被誉为中国人参的正宗。野生的称“野参”，较名贵，栽培的称“园参”。长白山的野山参，是人参中的最名贵者。园参因产地不同而分为集安路和抚松路两种，集安路参为园参中的精品。现代药理学家认为：服用人参有助于改善人体脏器，特别是循环、神经和内分泌的功能；有助于改善人体的免疫状态和对自然环境的适应能力。因此，人参对于久病体衰或老年人脏器功能衰退、内分泌和免疫功能低下，无疑将起到一定程度的保护作用，而有利于健康和延长寿命。

（二）烹调方法

蒸、氽、煨。

（三）原料组成

主料：人参 25g。

配料：鸡脯肉 100g，熟火腿 50g，鸡蛋 50g。

调辅料：精盐 1g，味精 2g，料酒 10g，干淀粉 10g，鲜汤 1000g，葱姜水 5g，白糖 3g。

（四）制作过程

（1）把人参清洗干净切成薄片，放进汤碗里，加少许鲜汤，盖上盖，蒸熟取出。

（2）将鸡脯肉切坡刀片，用鸡蛋清、精盐上浆，裹干淀粉待用；火腿切薄片。

（3）炒锅放火上，放鲜汤烧开，放上浆鸡片汆熟，捞出，控净水。

（4）原锅刷洗干净，倒入蒸好人参汤汁烧开，放入火腿片及各种调料烧开，撇去浮汁，放鸡片、人参片，用火煨透出锅后，倒入汤碗内即成。

（五）制作要领

（1）人参洗净切片均匀，要蒸透。

（2）制作时要掌握好时间、火候。

（3）汆制鸡片时，水不要太开。

（六）风味特点

色泽洁白；鲜嫩柔软；营养丰富。

（七）知识拓展

人参在古代有许多雅号，如神草、王精、地精、土精、黄精、血参、人微等。

人参商品分园参和山参两大类。野山参主根粗短呈横灵体，支根八字分开，横纹紧密而深，芦、丁、纹、体、须相衬，五形全美，皮紧细，须根清疏而长，质坚韧，有明显的珍珠疙瘩，表面牙白色或黄白色，断面白色。园参以根条粗圆、横纹多细密、质坚实、色鲜亮、气香味苦者为佳。园参由于加工方法不同，又分红参、糖参、生晒参三种规格，再按大小质地各分若干等级。

以保健菜肴形式服用时，可用人参制作风味人参菜肴。人参菜肴是健康食品，同时又拥有人参独特的味道与香味，是上好的开胃食品。可根据喜好，选择人参色拉、人参泡菜、凉拌、参鸡汤等。入菜的人参宜为水参，宜使用整根人参。

“人参鸡”：用吉林人参与当年老母鸡经加工做的菜为“人参鸡”。此菜上桌，只见参卧鸡中，鸡卧汤中，形体美观，姿态饱满。常吃人参鸡可提神健脑，大补元气，延缓衰老。

“人参汤”：将人参 12g，陈皮 3g、紫苏叶 6g 同入沙锅中水煮熬成汁，去渣澄清，再加入 50g 砂糖。顺气开胸、止渴生津。适用于因气虚运行迟缓，以致气机阻隔而引起的胸隔闷塞、胃腰虚胀、津液不布之口渴又不欲多饮之症。

“人参旱莲粥”：将 5g 人参洗净，置冷水中泡一夜，晨起时取出，将人参切碎，重用泡参的水，置碗中，炖熟人参；将 10g 旱莲草洗净，煎浓汁，去渣；将人参汤、旱莲草汁及 60g 粳米同煮粥。具有大补元气功效。可补血，改善贫血状态，使脸色红润；增加血小板数量，减少皮肤紫癜。适用于有气血两虚，面色苍白无光泽者，病后体虚面色苍白者。

自 1999 年以来吉林省曾在香港、广州、北京、上海等地举行过多次绿色山珍宴——

"长白山珍宴"美食节活动受到了各地人们的普遍欢迎和赞誉。其中以人参为主的菜肴有"人参乌鸡汤"、"人参鹿鞭花"、"人参狗肉汤"、"人参鳖花鱼"、"拔丝人参"等。现在长白山腹地的人参之乡抚松县宾馆的厨师们率先搞出"人参宴",在中国抚松长白山人参节期间推出,受到中外宾客的称赞。人参宴最初有几十种菜,现在已达上百种。如"鲤鱼参片"、"人参甲鱼"、"人参粥"等。

思考题

1. 用此方法还能制作哪些菜肴?
2. 人参的药用价值有多大?对人体有什么疗效?

二、奶豆腐两吃

(一)菜品简介

"奶豆腐两吃"是内蒙古名菜,以奶豆腐为主料,经炸制和蜜汁两种烹调方法制成风味各异的两种奶豆腐。奶豆腐,蒙古语称"胡乳达",是蒙古族牧民家中常见的奶食品。其制法是将提取出奶油的酸奶子放入锅里熬煮,使水分蒸发,奶液凝固后将其装入奶豆腐模子中固定成型,阴凉风干即可。也有的是将酸奶加热后冷却后装入粗布口袋中过滤挤压,浓缩后再压制成各种块状的奶豆腐。奶豆腐可酸可甜,制作时加糖即甜,不加糖则酸。晒干的奶豆腐可以存放很长时间,日常可和以炒米奶茶食用,外出放牧或远行又可以充当干粮,还可以做成"拔丝奶豆腐",其软韧牵丝为断,是筵席上的一道风味名菜。

(二)烹调方法

炸、蜜汁。

(三)原料组成

主料:奶豆腐700g。

配料:果脯100g,京糕100g,鸡蛋清5个。

调辅料:白糖200g,熟猪油1000g(实耗约100g)。

(四)制作过程

(1)取奶豆腐300g、果脯100g一起切碎,做成圆球形。鸡蛋清搅打成蛋泡糊。炒锅置中火上,下熟猪油烧至150℃时,将奶豆腐球逐个裹上蛋糊,入油中炸至淡黄色捞出,装入盘中,撒上白糖50g。

(2)取奶豆腐400g切成厚1.5cm、边长为4cm的菱形块,加白糖上笼蒸透取出。京糕切成比奶豆腐薄、边长为3cm的菱形块,置奶豆腐上,摆在炸好的奶豆腐球周围,锅内加适量水烧热,放入白糖熬成蜜汁浇在菱形块奶豆腐上即成。

(五)制作要领

(1)蛋泡糊应一气呵成,搅打好的蛋泡糊需迅速裹匀奶豆腐球炸制,不可久放。

(2) 炸奶豆腐球的油温不宜过高，熬糖的火不宜过猛。

(六) 风味特点

色泽淡黄，味甜可口，奶香浓郁；炸奶豆腐球质地松软，蜜汁奶豆腐质地软嫩。

(七) 知识拓展

奶豆腐，分为生奶豆腐和熟奶豆腐两种。熟奶豆腐的做法是，把熬制奶皮剩下的奶浆，或提取酥油后余下的奶渣，放置几天，待其发酵。当奶浆或奶渣凝结成块时，用纱布把多余的水分过滤掉。然后将固体部分在锅里文火煮，边煮边搅，直到黏着程度时，再装进纱布里，把黄水挤出。这时就可以装馍压制成型，或置于木盘中，用刀划成各种形状；生奶豆腐的做法是，把鲜奶发酵，使其变酸后，倒入锅里煮熬，奶浆就变成老豆腐形状。然后在纱布中，挤压去水分，装模成形，奶豆腐色泽乳白为最佳。奶豆腐可现吃，柔软细腻，十分可口，也可晾干久存食用。

在奶豆腐里也可以放点黄油或奶油，以防止硬化。在科尔沁草原上的牧民制作奶豆腐时，除放点黄油外，还掺进鲜红的麻黄籽，那种奶豆腐吃起来既香甜又增加食欲，回味无穷。奶豆腐是营养价值高，携带方便的养食。据营养专家分析，0.1kg 奶豆腐相当于 0.5kg 优质白面粉的营养。在早晨，草原上的人吃一小块奶豆腐，喝两碗奶茶就当成早餐的人大有人在。

“拔丝奶豆腐”是内蒙古风味名菜。以奶豆腐为主料烹制而成。将奶豆腐切条、裹面粉，挂上用鸡蛋清、淀粉、面粉制成的松糊入油锅炸熟，呈金黄色捞出。锅内加适量白糖熬成拔丝糖浆，倒入炸好的奶豆腐，并撒些芝麻，裹匀糖浆装盘即可。此菜色泽金黄，口味甜香，上席牵丝不断，是酒席中的佳品。

思　考　题

1. 蛋清搅打后起泡的原因何在？
2. 蛋泡的稳定性受哪些因素影响？怎样制好蛋泡糊？

三、三丝上汤如意菜

(一) 菜品简介

蕨菜又名龙头菜、蕨儿菜、假拳菜，是多年生草本植物，春天从根茎处萌发拳卷状嫩叶，有白色茸毛，形似猫爪，也有人称猫爪菜。蕨菜鲜嫩细软，余味悠长，吃起来清脆细嫩、滑润无筋、味道馨香，且营养价值高，又有多种药用功能，有提神、去油腻、助消化的作用，并对关节炎、高血压有一定疗效，也可作驱虫剂。它长于山野，属天然蔬菜，极少受到农药、化肥的污染，因此是一种洁净的无公害蔬菜，越来越受到消费者的青睐。近年来，我国农业科技工作者研究出了蕨菜的人工栽培方法，可进行露地栽培和设施栽培，一年四季均可上市。

（二）烹调方法

炒、烧。

（三）原料组成

主料：净蕨菜200g。

配料：海参50g，鸡脯肉50g，鸡蛋皮1张，红辣椒20g。

调辅料：精盐10g，味精5g，芝麻油5g，蒜丝5g，鸡蛋清半个，湿淀粉5g，色拉油30g，清汤300g。

（四）制作过程

（1）将蕨菜洗净，切3.3cm长段。锅内放色拉油，下入蒜丝、蕨菜煸炒，放精盐5g、味精2g，炒至入味装盘。

（2）将海参、鸡胸脯肉、蛋皮分别切丝；鸡脯肉加鸡蛋清、湿淀粉上浆，用开水滑熟；红辣椒切小菱形片。

（3）锅内放清汤、海参、鸡脯肉、蛋皮、辣椒、精盐5g、味精3g，烧开，去浮沫，倒在蕨菜上即成。

（五）制作要领

（1）蕨菜要炒得嫩而入味。

（2）汤要清澈。

（六）风味特点

色艳汤清，蒜香味鲜，质嫩滑润，营养丰富。

（七）知识拓展

早在我国周朝初年，就有伯夷、叔齐二人采蕨于首阳山（今陕西省西安西南）下，以蕨为食的记载。蕨菜是其嫩芽可供食用的野生蕨类植物的统称。蕨菜由于具有特殊的清香味道，很少受到污染，可作为美味蔬菜，是我国北方重要的外贸土产商品。

可供食用的蕨类较多，如蕨属、荚果蕨属、蹄盖蕨属和莲座蕨目的很多种类。采来的蕨菜幼叶，在食前须先用米泔水或清水浸泡数日，除去有毒成分。蕨菜可炒食、做菜汤、沙拉或干制成蔬菜。

蕨菜可做鲜食，也可盐腌，还可干制。鲜食时应用开水煮二三分钟，再炒食或冲汤；盐腌时应选择粗细整齐、色泽鲜艳、柔软鲜嫩的，配以适量的盐，制成酸菜备食；干制则稍蒸后摊晒成干菜备用。蕨菜根可制成蕨粉，是用来做饴糖、饼干、粉条的一种高级淀粉。

蕨菜吃起来清脆细嫩、滑润无筋、味道馨香。家常可炝、炒、打卤下面条、做包子馅等，吃法极多。烹饪界对蕨菜更是珍爱，因其颜色翠绿，造型美观，能做出多种色味香形俱佳的凉热菜，既富有浓厚的山村风味又清香四溢，使人垂涎。经名厨之手，也可做出不少美味佳肴，如“商芝肉”、“炒肉蕨菜”、“木樨蕨菜”、“海米蕨菜”等，都是脍炙人口的珍馔。日本“鸡素烧”更是知名的蕨菜佳蔬。下面介绍蕨菜菜肴数款：

“蕨菜肉丝”：将干蕨菜用清汤煮好，切成段，锅内下油炒肉丝，下入姜葱蒜炒出香味，放入蕨菜、青红椒丝，下味料、味精、鸡精、料酒、白糖、芝麻油，勾芡起锅装盘。

“鸡蓉蕨菜”：将取自吉林东部长白山区的蕨菜用开水焯透，鸡肉斩成肉糜，加入各种调料搅拌均匀。蕨菜挂鸡肉糜在汤中汆熟，再经扒制而成。成菜白绿相映，鲜美适口。

“扣蒸柴把蕨菜”：蕨菜切成5cm长的段，在沸水中稍汆，过凉水，冬笋、熟猪肚、熟猪肚、熟火腿均切成5cm长的段，水发香菇亦切成长细丝状。把切好的蕨菜、冬笋、熟猪肚、水发香菇、熟火腿按比例分为数等份，然后逐个用黄花菜捆扎起来，成柴把状，按一定形状整齐地排列在蒸碗内，加入鸡汤、盐、味精、料酒，上笼蒸熟取出，翻扣在汤盘中，滗出汤，入锅烧开，用湿淀粉勾芡，淋上芝麻油，浇到柴把上即成。

“五彩蕨菜”：鲜蕨菜切成3cm左右的段，入沸水中略汆片刻，然后用冷水过凉。火腿肉、水发香菇、柿子椒、冬笋、生姜切成细丝；冬笋丝入沸水中汆熟备用。炒锅放旺火口，加油烧至六成热，依次放入蕨菜、火腿肉丝、香菇丝、冬笋丝，柿子椒丝、生姜丝煸炒出味后，加料酒、盐和少许水，沸后撒上胡椒粉、味精，淋入湿淀粉和芝麻油，颠翻拌匀即可出锅装盘。

思 考 题

1. “三丝上汤如意菜”的制作关键是什么？
2. 蕨菜的营养价值是什么？

参 考 文 献

1. 黄明超主编. 中国名菜. 北京：中国轻工业出版社，2000
2. 谢定源主编. 中国名菜. 北京：高等教育出版社，2003
3. 《中国烹饪百科全书》编辑委员会，中国大百科全书出版社编辑部. 中国烹饪百科全书. 北京：中国大百科全书出版社，1992
4. 河南省商业管理委员会，河南省烹饪学会. 中国名菜谱（河南风味）. 北京：中国财政经济出版社，1990
5. 湖北省饮食服务公司，湖北省烹饪协会. 中国名菜谱（湖北风味）. 北京：中国财政经济出版社，1990
6. 湖南蔬菜饮食服务公司. 中国名菜谱（湖南风味）. 北京：中国财政经济出版社，1988
7. 广东省饮食服务公司，广东烹饪协会. 中国名菜谱（广东风味）. 北京：中国财政经济出版社，1993
8. 云南省饮食服务公司. 中国名菜谱（云南风味）. 北京：中国财政经济出版社，1993
9. 四川省饮食服务公司. 中国名菜谱（四川风味）. 北京：中国财政经济出版社，1990
10. 浙江省饮食服务公司. 中国名菜谱（浙江风味）. 北京：中国财政经济出版社，1990
11. 福建省饮食服务公司. 中国名菜谱（福建风味）. 北京：中国财政经济出版社，1988
12. 安徽省饮食服务公司. 中国名菜谱（安徽风味）. 北京：中国财政经济出版社，1988
13. 北京市饮食服务总公司. 中国名菜谱（素菜风味）. 北京：中国财政经济出版社，1993
14. 北京市饮食服务总公司. 北京市旅游事业管理局. 中国名菜谱（北京风味）. 北京：中国财政经济出版社，1993
15. 天津市饮食服务总公司，天津市旅游事业管理局. 中国名菜谱（天津风味）. 北京：中国财政经济出版社，1993
16. 山东省饮食服务公司. 中国名菜谱（山东风味）. 北京：中国财政经济出版社，1990
17. 萧帆主编. 中国烹饪辞典. 北京：中国商业出版社，1992
18. 国内贸易部饮食服务业管理局. 烹坛群英——首届全国烹饪名师技术表演鉴定会获奖作品集 北京：中国商业出版社，1993
19. 林则普主编. 烹坛荟萃——第二届全国烹饪大赛获奖作品集. 北京：中国商业出版社，1990
20. 杜福祥，谢帼明主编. 中国名食百科. 太原：山西人民出版社，1988
21. 《中华传统食品大全》编辑委员会贵州分编委会. 中华传统食品大全贵州传统食品. 北京：中国食品出版社，1988
22. 石荫祥. 湘菜集锦（1～3集）. 长沙：湖南科学技术出版社，1983，1988，1993
23. 朱世奎，翟夫昌，管志源. 三楚名肴. 北京：中国食品出版社，1988
24. 黄昌祥. 武昌鱼菜谱. 武汉：湖北科学技术出版社，1983
25. 谢定源. 新概念中华名菜谱丛书. 北京：中国轻工业出版社，1999
26. 刘宝家，李素梅. 食品加工技术、工艺和配方大全编集2（中）. 北京：科学技术文献出版社，1995
27. 冉先德，瞿弦音. 中国名菜（松辽风味）. 北京：中国大地出版社，1997

28. 周三金．中国名菜精萃．长沙：湖南科学技术出版社，1990
29. 张磊．广东饮食文化汇览．广州：暨南大学出版社，1993
30. 朱彪初．潮州菜谱．广州：广东科技出版社，1994
31. 萧文清．中国正宗潮菜．广州：广东科技出版社，1998

后　记

《中国名菜》教材出版4年来，已被全国各地高校广泛选用，并得到了不少读者的好评，读者也提出了一些宝贵的意见。为认真贯彻《中共中央国务院关于深化教育改革全面推进素质教育的决定》和《面向21世纪教育振兴行动计划》，推进高职高专教学改革，提高烹饪专业人才的培养质量，高等职业教育烹饪专业系列教材编审委员会、中国轻工业出版社决定在原教材基础上重新编写《中国名菜》等教材。

这次重编《中国名菜》，本着教改的实际需要和科学实用原则，力求与《烹调工艺学》等先修课程有效衔接，便于学生对该课程主要知识点的掌握，利于学生对知识的融会贯通，促进学生的思路展开。主要突出了四点：一是将烹饪原料相似、烹调方法相同的名菜归纳在一起，详述其中一二例代表品种，其他品种则附在其后简要介绍；二是对常用烹饪原料、烹调方法从其特点、应用规律等方面做了分析和介绍；三是从教学实际出发，选择实用性强、技术成熟、适合教学、用料中不涉及国家保护动植物的代表菜，原则上选编了风味特色鲜明、影响较大，且营养结构较合理的品种。其中既有久负盛名的传统菜，也选介了一些近年来创新、流行的菜品；四是突出了教学重点和难点，注重知识的拓展与延伸，期望有利于启发学习者深入思考和创新思维的发展。

全书共分六章，由华中农业大学食品科技学院谢定源主编，其中第一、二、三、四章由谢定源编写，第五、六章由无锡商业职业技术学院陈金标编写，参加本书编写和提供素材的还有广东商学院粤菜文化研究所黄明超、四川行政学院旅游经济系胡晓远、扬州大学旅游烹饪学院陈忠明、吴东和等老师。本书编写工作得到了华中农业大学食品科技学院、教务处领导及老师的大力支持和帮助，杭州商学院赵荣光教授、扬州大学季鸿崑教授、中国轻工业出版社领导和编辑提出了不少具体的宝贵意见，在此一并深表感谢。

尽管这次重编《中国名菜》，在原教材的基础上做了较大改进，但本书仍难免出现错漏之处，我们欢迎读者提出宝贵意见，以便今后进一步修订完善。

作者

2004年4月